《物理力学前沿》第一届编撰委员会

主　编：周益春

编　委 (按姓氏拼音排列)：

韩增尧　姜利祥　石安华　王红岩

许晓军　杨　丽　祝文军

物理力学前沿·卷Ⅰ

周益春 等 著

科学出版社

北京

内 容 简 介

本书分卷 I 和卷 II 两部，对我国物理力学的科学发展以及相关领域近十年做出的成绩进行了简要的介绍，由几十位物理力学领域的专家撰写。卷 I 包括绪论和三个主题：第一篇复杂流体物理力学，第二篇固体介质和表界面物理力学，第三篇高压物理力学。卷 II 包括两个主题：第四篇激光物理力学，第五篇空间环境效应物理力学。

本书可供物理力学等相关专业的本科生、研究生以及科研人员参考和使用。

图书在版编目(CIP)数据

物理力学前沿·卷 I/周益春等著. —北京：科学出版社，2018.12
ISBN 978-7-03-058394-9

I. ①物… II. ①周… III. ①物理力学 IV. ①O369

中国版本图书馆 CIP 数据核字 (2018) 第 171393 号

责任编辑：刘凤娟 孔晓慧 / 责任校对：彭珍珍
责任印制：吴兆东 / 封面设计：彭 涛

科学出版社 出版
北京东黄城根北街 16 号
邮政编码：100717
http://www.sciencep.com

北京虎彩文化传播有限公司 印刷
科学出版社发行 各地新华书店经销
*
2018 年 12 月第 一 版 开本：720×1000 1/16
2022 年 1 月第二次印刷 印张：26
字数：532 000
定价：199.00 元
(如有印装质量问题，我社负责调换)

序

 "物理力学"是钱学森先生在 20 世纪 50 年代初基于国内重大工程需求提出的新兴学科,其核心思想是从物质的微观结构和运动规律出发,研究和揭示物质的宏观性质和运动规律。钱学森先生指出,在物质原子层次理论已经比较清楚和计算手段日趋强大的 "今天",物理力学在高温高压等极端环境下物质的性质、新型材料和微结构的设计、高温超导机制、薄膜技术及分子水平医学问题等诸多领域都具有巨大的应用潜力。后来在芶清泉等老一辈科学家带领下,经过几代科学家的努力,物理力学的研究方法和研究内容得到了极大的丰富和发展,目前已经成为以原子、分子微观物理机制为基础,研究介质的宏观力学性质,并服务于重大工程科学的力学学科的一个重要分支。数十年来,物理力学领域的研究工作者秉承钱学森先生的学术思想,在航空航天工程、激光武器、高温高压下材料的演化和失效、新型材料及其微纳器件的设计等领域取得了重要的突破,为国家重大工程做出了不可磨灭的贡献。

 半个世纪以来,在物理力学领域的研究工作者和中国力学学会历届物理力学专业委员会的推动下,物理力学学科建设已日趋成熟和规范化,物理力学的研究队伍已经得到了较大的发展和壮大,同时对国内外的科技发展也已产生了深远的影响。钱学森先生曾说,对于物理力学学科的宣传,我们要采取 "攻势"。一个学科的发展,除了要依靠本学科研究人员的努力外,也离不开外部的认可与支持。对学科方向的凝练和宣传,是物理力学专业委员会的重要职责之一。第七届物理力学专业委员会在周益春教授的带领下在这方面做了很多努力,包括组织各类学术会议、组织编写《大百科全书》物理力学相关的词条、扩充国家自然科学基金委员会的相关学科方向及其关键词等。这些工作在凝练物理力学的学科方向、稳定和壮大物理力学的研究队伍、提升物理力学学科的影响力等方面都发挥了重要作用。

 该书就是在周益春教授及第七届物理力学专业委员会的倡议下,为进一步促进物理力学学科发展而发起并编纂的,里面包括了国内很多科研工作者的重要创新性成果,涉及了复杂流体物理力学、固体介质和表界面物理力学、高压物理力学、激光物理力学、空间环境效应物理力学等诸多方面,既有深入的理论研究,也有重大的工程应用研究。我认为这是一个很好的尝试。"物理力学前沿" 丛书给物理力学领域的学者提供了一个很好的研讨和展示平台,对促进物理力学的发展将具有重要的意义。期望物理力学领域的科学家和年轻学者能树立信心,以此丛书的出版为契机,努力在物理力学学科砥砺深耕,将钱学森先生的物理力学思想继承和发扬光大。我相信物理力学学科将在我国的工程科学领域做出更重要的贡献!

为此,我乐于作序并向读者推荐该书。

赵伊君

2018 年 5 月 20 日

前　　言

一、钱学森与物理力学的创立

在 20 世纪 30~50 年代，以火箭、喷气推进、核能工程为代表的重大工程技术陆续兴起，要求人们对非常规条件下的材料和介质的宏观性能有清晰的认识。这些非常规条件下的宏观性质的直接实验测量相当困难，有些甚至是完全不可能的。怎么办？显然只能通过理论计算来进行研究。当时，描述物质微观行为的量子力学和描述电磁相互作用的量子电动力学，以及以此为基础的量子化学计算方法、原子分子结构理论和量子辐射理论已经建立，同时平衡态系统统计理论、近平衡态输运理论也得到了发展。所有这些已经建立的理论和知识体系，为从物质微观结构出发计算体系的宏观性质提供了基础。中国学者钱学森在研究喷气推进火箭发动机的燃烧过程时，将稀薄气体的物理力学特性和化学动力学结合起来，准确地判断并预见了新型材料和介质的计算方法，为从微观状态推算出宏观特性提供了基础和可能。钱学森在微观理论、统计理论、宏观理论、应用力学等领域具有深厚的知识背景，同时也具有微观与宏观统一的哲学思维方式和独特的大智慧与前瞻性，他决不满足于有限问题的具体解决，而是主张从物质的微观规律出发确定其普遍的宏观力学特性，他认为基于微观状态研究宏观特性的方法已初步具备成熟的理论基础，而这种扎根于物质的微观存在，服务于实际工程技术的计算和研究模式不仅仅是喷气推进等少数工程需要采用，而是未来相当普遍的工程都需要并能够采用的[1], [2]。

1953 年，钱学森在 *Physical mechanics, a new field in engineering science* 一文中正式提出了"物理力学"这一新学科和新方向[3]。他在文中指出："物理力学是用于指定一个新领域的工程科学，其目的是从已知的物质成分的微观性质预测材料的宏观性质。这样一个科学分支的出现，最初源于在喷气推进、航空、原子能等领域的尖端工程技术问题，这一新学科将不可避免地在所有工程领域中产生影响。"在 1955 年之前，钱学森就发表了数篇物理力学的重要论文，内容涉及液体特性、稀薄气体、高温高压气体的热力学性质、双原子气体的辐射计算和光谱吸收系数的

　① 朱如曾. 钱学森开创的物理力学之路. 力学进展, 2001, 31(4): 489-499.

　② 谈庆明. 钱学森对近代力学的发展所做的贡献. 力学进展, 2001, 31(4): 500-508.

　③ Tsien H S. Physical mechanics, a new field in engineering science. Journal of the American Rocket Society, 1953, 23: 17-24.

计算等①～③。 这些文章都清楚地体现出了物理力学的规范和风格,同时也体现
了钱学森解决问题的灵活高超的技巧。同时,他在加州理工学院亲自给 Daniel and
Florence Guggenheim 喷气推进中心的研究生讲授 "Physical Mechanics" 课程,大
力培养具有物理力学思想和风格的技术科学家。当时他所采用的讲义,就是回国后
出版的《物理力学讲义》的前身④。

  1955 年,钱学森冲破重重阻力回到了祖国后,在中国科学院力学研究所成立
了第一个物理力学研究小组,他亲任组长。为了发展物理力学,1956 年,钱学森在
《1956—1967 年科学技术发展远景规划纲要》的 "若干边缘学科建立" 一节中,把
物理力学列为边缘学科之一。1956 年和 1962 年两次自然科学规划中都列入了这门
学科,并列为重点。1957 年 2 月,钱学森在中国物理学会北京分会年会上作了 "物
理力学介绍" 的报告,就物理力学的根源、研究内容和研究方法向中国学者进行了
深入的介绍⑤。同年 6 月,钱学森在《科学通报》上发表《论技术科学》一文,指
出在一些力学问题中,出现了特征尺度与微观结构的特征尺度可比拟的情况,因
而必须从微观结构分析入手处理宏观问题,强调中国应该大力发展物理力学⑥。随
后,钱学森整理了在加州理工学院给研究生讲授 "Physical Mechanics" 课程时编写
的讲义,于 1962 年正式出版《物理力学讲义》⑦。该书系统地阐述了物理力学的基
本概念、研究内容和研究方法,也介绍了钱学森的代表性工作。他在书中指出,物
理力学虽然引用了近代物理和近代化学的许多成果,但它是力学的一个新分支。无
论是近代物理和近代化学都不能完全解决工程技术领域的各种具体问题。物理力
学所面临的问题往往比基础学科里提出的问题复杂得多,它不能仅靠简单的推演
方法或者只借助于某一单一学科的成果,而必须尽可能地结合实验和运用多学科
的成果。他将物理力学的研究工作集中在三个方面: (1) 高温气体性质,研究气体
在高温下的热力学平衡性质、输运性质、辐射性质以及与各种动力学有关的弛豫现
象; (2) 稠密流体的性质,主要研究高压气体和各种液体的热力学平衡性质、输运
性质以及相变行为; (3) 固体材料的性质,利用微观理论研究材料的弹性、塑性、强
度以及本构关系等。

---

  ① Tsien H S. Superaerodynamics, mechanics of rarefied cases. Journal of the Aeronautical Sciences, 1946, 13(12): 653-664.

  ② Tsien H S. The properties of pure liquids. Journal of the American Rocket Society, 1953, 23: 14-16.

  ③ Tsien H S. Lennard-Jones and Devonshire theory for dense gas. Jet Propulsion, 1955, 25: 471-478.

  ④ 钱学森. 物理力学讲义. 北京:科学出版社, 1962.

  ⑤ 钱学森. 物理力学介绍. 物理通报, 1957, (4): 193-200.

  ⑥ 钱学森. 论技术科学. 科学通报, 1957, (4): 97-104.

  ⑦ 钱学森. 物理力学讲义. 北京:科学出版社, 1962.

二、物理力学学科的发展历程回顾

1956~1966 年是物理力学的奠基期。在这个时期内，钱学森提出了物理力学的概念和学科，并在自然科学规划中将物理力学列为重点学科。钱学森在中国科学院力学研究所成立了全国第一个物理力学研究小组，定期召开学术讨论会和读书会，这个讨论会中逐步确立了高温气体、高压气体、高压固体、高温辐射和临界现象等国家急需同时具有物理力学学科背景的重要课题。到 1965 年，物理力学研究已发展成一个初具规模的高温激波管实验室，初步建成了一支有攻坚能力的研究队伍。1958 年，在钱学森和郭永怀的主持下，中国科学技术大学设置了化学物理系，郭永怀任主任，下设物理力学专业。由钱学森亲自授专业课的理论部分，教材就是他的《物理力学讲义》①。"文化大革命" 前，先后培养了 3 届毕业生，1962 年还招收了一届研究生。这个时期，钱学森积极规划并构思了推进物理力学研究的三大步，即建立队伍、培养队伍、接受党和国家任务，为物理力学的发展奠定了基础②。

在 1963 年的中国物理学会年会上，钱学森作了题为 "力学研究中的若干物理问题" 的报告，他提出的问题主要是高温气体、高压气体与高压固体中的原子和分子问题，他认为这些宏观力学性质以及尖端科学技术中的力学问题离不开原子和分子物理作为基础。会上，他呼吁物理学家开展这方面的研究工作。在中国科学院副院长吴有训先生的极力主张下，钱学森与原子和分子物理学家芶清泉进行了会谈，并嘱托芶清泉组织力量对高温、高压体系中的原子和分子物理进行研究。随后，芶清泉在吉林大学和中国科学院东北物理研究所组织了二十余人，进行了高温气体和高压固体中的原子间相互作用力与慢电子碰撞方面的研究，以及高温气体、高压固体的状态方程与高压固体能谱的研究③。1966 年，芶清泉在《物理通报》上发表了《物理力学及其物理基础》一文，进一步明确了物理力学是研究宏观力学规律的微观理论，是原子分子物理与力学相结合产生的新兴交叉学科④。为了加强原子分子物理与物理力学之间的相互促进和与国防科研的联系，在钱学森的倡导下，中国物理学会与中国力学学会于 1966 年 2 月 3 日起在北京科学会堂联合召开了 "原子分子物理与物理力学学术座谈会"，史称 "6623" 会议，这是我国第一届全国性的物理力学学术会议⑤。这次会议由芶清泉主持，钱学森在会上作了 "如何从原子分子物理出发搞发明创造" 的重要报告，提出了很多新思想、新观点，并号召大家共同努力建立我国独特的学派。老一代力学家和物理学家周培源、施汝为等参加

① 钱学森. 物理力学讲义. 北京: 科学出版社, 1962.
② 崔季平. 钱学森与物理力学// 钱学森科学贡献暨学术思想研讨会论文集. 北京: 中国科学技术出版社, 2001.
③ 芶清泉. 物理力学的发展与展望. 力学进展, 1991, 21(1): 1-5.
④ 芶清泉. 物理力学及其物理基础. 物理通报, 1966, 5: 193-196.
⑤ 芶清泉. 物理力学的发展与展望. 力学进展, 1991, 21(1): 1-5.

了这次开幕式，西北核技术研究所的程开甲也参加了这次会议。通过这次会议，大家进一步认识到研究和发展原子与分子物理的重要意义，同时也明确提出以它为基础来研究和发展高温、高压物理与物理力学及固体物理与新材料的合成，形成我国自己的特色[①]。

1966 年开始，长达 10 年的 "文化大革命"给我国的科技事业的发展带来了巨大的影响。物理力学刚刚形成的研究队伍被拆散转行，各类学术活动都被停滞，致使这门学科的发展遭受了极大的损失。即使在如此艰难的环境中，仍有吉林大学、中国科学院东北物理研究所、北京应用物理与计算数学研究所、西北核技术研究所等单位在高压气体和固体的实验数据与状态方程、高温空气的辐射吸收系数和爆轰波与激波物理研究方面取得了系列成果[①]。

"文化大革命"结束后，1978 年的全国力学会议上，钱学森亲临讲话，强调力学的技术科学性质和力学的微观化道路，建议采用苟清泉提出的 "细观"概念。在最后制订的规划中，物理力学被列为重点发展的边缘学科之一，这是钱学森对物理力学规范的第二次调整。从此，细观力学的概念得到公认，并明确纳入物理力学的范畴，成为物理力学在固体问题上的侧重方向。在会议的鼓励下，中国科学院力学研究所、中国科学院物理研究所、吉林大学、国防科技大学、中国工程物理研究院、北京应用物理与计算数学研究所、中国航天科工集团第二研究院 207 所、中国科学院金属研究所等单位都相继开展了物理力学的研究工作。在这些举措下，物理力学研究工作得到了很快的恢复和发展。1979 年，苟清泉在吉林大学建立了原子与分子物理研究所，侧重研究高温高压下的原子分子状态与相互作用以及辐射与吸收过程，大力培养研究生。1984 年，苟清泉在成都科技大学主持创建了 "高温高压物理研究所"，从原子与分子物理出发开展了高温高压物理力学和新材料的设计与合成的研究。中国工程物理研究院流体物理研究所组建了应用物理研究所，建立了 "动高压" "静高压" "高温激波管"及 "新材料合成"4 个实验室，装备了先进的实验设备，为物理力学的实验研究提供了较好的条件。这两个研究所先后开展了慢电子与原子分子碰撞散射截面的系统研究与计算工作，提出了高压下固体氢转化为金属氢的微观机理。他们还开展了锰铜压力计的动高压标定、高纯金刚石的动高压合成等研究[②]。

1986 年 11 月，苟清泉组织召开了第二届全国物理力学学术会议，地点是成都科技大学，并首先作了 "物理力学的发展与展望"的报告[③]。他在报告中重点介绍了物理力学产生的背景和在我国发展的经过，论述了物理力学研究的主要内容和发展的特点。会上成立了物理力学专业委员会，苟清泉当选为主任委员，并决定物

---

① 钱学森. 从原子分子物理出发，经由物理力学的思路和方法搞发明创造. 原子与分子物理学报, 2007, 24(2): 203-205.

② 白欣, 白秀英. 苟清泉与物理力学在中国的发展. 力学与实践, 2014, 36 (3):361-366.

③ 苟清泉. 物理力学的发展与展望. 力学进展, 1991, 21(1): 1-5.

理力学学术会议每两年召开一次。这次会议标志着物理力学学科的兴旺发展，物理力学迈入了有计划有组织的发展阶段。国防科技大学成立了原子分子物理与物理力学研究中心，大力开展以原子分子物理为基础的物理力学研究工作，学术水平有了很大的提高。1989 年初，在国防科技大学举行了第三届全国物理力学学术会议，随着材料本构关系、强度与断裂等固体力学的发展，物理力学扩展为包括从微观角度研究损伤、断裂等全新的材料物理力学学科方向。1990 年，第四届全国物理力学学术会议在合肥召开，会议内容涉及了以下几个方面：(1) 固体强度的微观理论、固体缺陷和固溶体的电子计算机模拟；(2) 高压相变、激光与材料相互作用的破坏机理研究；(3) 高温气体辐射和反应流以及纳米固体材料的力学性质；(4) 物理力学计算中的状态方程、原子参数等方面的研究。至 20 世纪末，我国的物理力学研究队伍已相当壮大，研究队伍和研究工作比较集中的有中国科学院力学研究所、中国科学院金属研究所、钢铁研究总院、清华大学、吉林大学、中国航天科工集团第二研究院 207 所、国防科技大学、四川大学、北京应用物理与计算数学研究所、中国工程物理研究院流体物理研究所、中国科学技术大学、中国科学院固体物理研究所、中国科学院物理研究所、北京理工大学、中国空气动力研究与发展中心高速空气动力研究所、云南大学、浙江大学等单位。

　　20 世纪下半叶，钱学森先后四次调整和发展了物理力学的规范，对物理力学的研究内涵进行了不断的丰富，使我国物理力学道路越走越宽[①]。第一次是在 1966 年召开的第一届全国物理力学学术讨论会上。钱学森作了 "如何从原子分子物理出发搞发明创造" 的重要报告，指明了在当时的条件下，发展物理力学的最佳途径是从原子和分子物理出发。在这次会议上，钱学森还动员了一大批原子和分子物理学家转向物理力学方向，或者有意识地与物理力学结合起来开展研究工作。第二次是在 1978 年的全国力学规划会议上。钱学森建议采用苟清泉提出的 "细观" 概念。从此细观力学的概念得到了公认，并且被明确地纳入了物理力学的范畴，成了物理力学在固体问题上的侧重方向。第三次是在 1985 年。当时统计力学已经取得了很大的进展，但是在简化和近似方法的基础上完成实际物理力学计算的能力仍然有限，特别是对于稠密系统；另一方面，随着计算机能力的迅猛增强，国际上开始兴起量子力学密度泛函理论与分子动力学相结合的从头计算方法、蒙特卡罗方法等[②, ③]，钱学森认为这一方法将会使物理力学解决实际问题的能力大幅提高，他向苟清泉和崔季平建议，把巨型电子计算机的计算能力用到固体物理学的研究中去，不使用简化和近似手段，从量子力学出发对研究对象进行严格的计算，同时指

　　① 朱如曾. 钱学森开创的物理力学之路. 力学进展, 2001, 31(4): 489-499.

　　② Car R, Parrinello M. Unified approach for molecular and density-functional theory. Physical Review Letters, 1985, 55: 2471-2474.

　　③ Binder K. Monte Carlo Method in Statistics. Berlin: Springer-Verlay, 1979.

出了固体强度问题要走微观道路[①]。第四次是在 1993 年。钱学林在给崔季平的信中指出,物理力学的范围应该包括纳米材料的性质的研究,并建议崔季平成立一个研究所,以促进物理力学的发展。钱学森对物理力学规范的四次调整和发展,每次都极大地促进了物理力学的发展,使物理力学的研究取得了丰富的成果。

在钱学森先生的领导下,经过苟清泉先生、赵伊君院士等著名科学家的直接推动,我国物理力学取得了巨大的发展,在 20 世纪下半叶的成就包括以下几个方面[②]:高温、高压下的辐射不透明度和物态方程等问题的研究;高压效应、高压相变理论和应用以及二维 Ising 模型解法研究;离子化气体和高温气体的化学反应及其动力学研究;气体化学反应速率的微观理论;气流介质与激光相互作用的理论和数值研究;液体结构的分子动力学研究;量子蒙特卡罗方法研究;Thomas-Fermi-Dirac 理论的改进及其对材料研究的应用;晶界弛豫研究;固体力学性质的第一性原理分子动力学研究;电子结构与跨尺度物性耦合研究;固体破坏问题研究;固体界面物理力学研究[③]~[⑨]。物理力学思想在国际上也得到了普遍的承认,并产生了深远的影响。在钱学森的《物理力学讲义》出版后不久就被译成俄文,并被广泛引用。1964 年,苏联乌克兰科学院成立了现在在国际上很有影响力的物理力学研究所,主要研究方向是利用物理力学的有关方法研究固体材料的强度、塑性、韧性和断裂。1965 年,该所还创办了《材料的物理化学力学》期刊。1986 年,美国国家标准局蔡锡年博士明确认为:“分子动力学是钱学森教授在 20 世纪 50 年代初创立的物理力学的延伸。” 在国际上,力学领域的研究内容和研究方法都开始走微观化的道路。2000 年,俄罗斯科学院西伯利亚分院强度物理和材料科学研究所创办了国际杂志 *Physical Mesomechanics*。可见,钱学森指出的从微观结构出发、研究宏观力学性能的物理力学思想,已被世界范围内的科学家所接受,同时世界上许多科学家和研究单位所走的道路实际上就是钱学森指出的物理力学道路。物理力学思想已经与物理、力学、生物、化学等学科深入地交叉融合,且已经渗透到科学和工程

① 苟清泉. 钱学森同志促进了原子分子物理与物理力学的长期结合与发展. 原子与分子物理学报, 2009, 26(6): 985-987.
② 朱如曾. 钱学森开创的物理力学之路. 力学进展, 2001, 31(4): 489-499.
③ 赵伊君, 张志杰. 原子结构的计算. 北京: 科学出版社, 1987.
④ 苟清泉. 人造金刚石合成机理研究. 成都: 成都科技大学出版社, 1986.
⑤ 朱如曾. 化学反应速度的微观理论. 中国科学, 1982, (11): 481-492.
⑥ Li W X, Wang T C. Elasticity, stability, and idealstrength of β-SiC in plane-wave-based ab initiocalculations. Physical Review B, 1999, 59(6): 3993-4001.
⑦ 夏蒙棼, 韩闻生, 柯孚久, 等. 统计细观损伤力学和损伤演化诱致突变. 力学进展, 1995, (25): 1-40.
⑧ Zhou F X, Peng B Y, Wu X J. Molecular dynamics study of deformation and fracture for pure and bismuth-segregated tilt copper bicrystals. Journal of Applied Physics, 1990, 68: 548.
⑨ 肖慎修, 王崇愚, 陈天朗. 密度泛函理论的离散变分方法在化学和材料物理学中的应用. 北京: 科学出版社, 1998.

研究的各个领域中①。

　　经过了半个多世纪的努力和积累，在 2000 年以后，我国物理力学学科得到了较快的发展，各方面都取得了可喜的成绩，物理力学学科的各项组织工作和学术活动日趋规范和成熟，形成了稳定和壮大的学术队伍，学科的内涵得到了较大的丰富，影响力也有了明显的提升。(1) 在学科组织机构方面：到目前为止，物理力学学科共产生了七届物理力学专业委员会，形成了正式的专业委员会章程，物理力学专业委会员的产生机制、组织结构和职责得到了明确，而且在专业委员会内设置了复杂流体与非平衡流动、表界面物理力学、多尺度物理力学、高压物理力学、激光物理力学、空间环境效应物理力学六个专业组。同时，为了培养物理力学的青年人才，委员会还设置了物理力学杰出青年奖、物理力学优秀学生奖，对这一学科领域的优秀人才进行奖励。(2) 在学术活动方面：迄今为止，全国物理力学学术会议已经成功召开了十四次，会议的周期和组织形式较为稳定。最近的四次全国物理力学学术会议分别在陕西西安、广西桂林、湖南湘潭、四川绵阳等地召开，涉及专题包括：高温气体与复杂流体物理力学、强光与物质相互作用、微重力和高超声速条件下的物性、表面与界面物理力学、多尺度物理力学、超高压极端条件下的物质、半导体材料辐射效应等，参会人员接近三百人，报告形式有大会报告、口头报告、张贴报告等。除了全国物理力学学术会议外，还形成了中国力学大会物理力学分会、物理力学青年科学家论坛等固定的学会会议，为物理力学领域的工作者和青年学生提供了广泛的交流平台。(3) 在学科影响方面：物理力学在大百科全书中的词条由原版的四条增加到了新版的八十条，进一步明确了物理力学的学科方向、特色与发展趋势，扩大了物理力学学科的影响力。同时，物理力学在国家自然科学基金委员会数学物理科学部力学科学处下设了高温气体与复杂流体物理力学、固体介质和表界面物理力学、高压物理力学、激光物理力学、空间环境效应物理力学五个学科方向，共 118 个关键词，这对物理力学领域的自然科学基金项目的申报起到了巨大的推动作用，近年来，我国物理力学领域获批的自然科学基金项目逐年提升。

三、物理力学的学科内涵、研究方法和研究内容

1. 物理力学的学科内涵

　　我国著名力学家钱学森认为，物质的微观结构和宏观力学性质之间存在着紧密的联系，于是在 20 世纪 50 年代初提出和建立了物理力学这门新兴的交叉学科。经过半个多世纪的发展，物理力学已成为从物质的微观结构及其运动规律出发研究介质的宏观力学性质的力学分支学科，也是爆炸力学、飞行力学、冲击力学、纳米力学等领域发展的支撑性学科。力学原理与量子力学、统计力学和原子分子原理

① 朱如曾. 钱学森开创的物理力学之路. 力学进展, 2001, 31(4): 489-499.

相结合是物理力学学科的基本特征。物理力学的主要特点有以下三个方面：(1) 注重机制分析。着重分析问题的机制，进而建立理论模型来解决实际问题。(2) 注重运算手段。力求用高效率的计算方法和现代化的运算工具来解决问题。(3) 注重从微观到宏观。以往的技术科学和绝大多数基础科学，都是从宏观到微观，或从微观到微观。物理力学建立在近代物理和近代化学成就之上，运用这些成就，建立起物质宏观性质的微观理论，这是物理力学建立的主导思想和根本目的。物理力学所面临的问题往往要比基础科学里所提出的问题复杂得多，它不能单靠简单的推演方法或者只借助于某单一学科的成就，而必须尽可能结合实验和运用多学科的成果。物理力学由于它的目的，从而内容和方法都是服务于工程，是一种自然科学的工程理论，故属于技术科学；另一方面，它从微观本质上研究物质的宏观力学性质，所以同时又是一门力学的基础科学。因此，物理力学是理科和工科有机结合的典范，同时又具有技术科学和基础科学的二重性的统一性。由于物理力学从物质的微观结构出发认识宏观行为，从根本上认识现象和规律的起源，因此上至对航空航天重大工程、下至对微纳米器件制造，都具备滋生颠覆性技术的潜力[1], [2], [3]。

2. 物理力学的研究方法

钱学森提出物理力学的概念和学科以来，物理力学的研究方法得到了极大的丰富，解决工程问题的能力也有了很大的提升。具体来说，经过半个多世纪的发展，物理力学的研究方法主要包括以下几个方面[4]：(1) 平衡态和非平衡态统计力学有了很大的发展，为物理力学分析问题提供了新概念、新理论、新思路和得力的新工作，如格林函数理论、临界现象理论中的标度律和重正化群理论，非平衡过程随机理论中的广义 Master 方程、非平衡统计算符法、广义正则算符法和关于开放系统用投影算子法得到的广义朗之万方程、关联动力学普遍理论、非平衡热力学和非平衡动力学方法等；(2) 原子分子物理及量子力学等理论基础已基本建立，分子动力学方法、蒙特卡罗方法、从头计算分子动力学方法得到了较快的发展，同时介观尺度的连续介质力学也已经非常成熟，这些微观和介观理论的发展为不同研究体系的跨尺度计算提供了方法，同时分子动力学等计算方法的发展为材料的平衡或非平衡乃至瞬态力学性质的研究提供了有效手段；(3) 早在 1957 年就被钱学森在《论技术科学》一文中列为应该大力发展的十项技术科学新方向之一的计算机技术获得了迅速的发展，出现了大容量的高速电子计算机，使大规模计算成为现实，促成了分子动力学方法、蒙特卡罗方法和从头计算分子动力学方法的研究能力大幅提高，使得采取少用或者不用简化和近似手段的计算方法研究宏观力学性质成为

---

① 朱如曾. 钱学森开创的物理力学之路. 力学进展, 2001, 31(4): 489-499.
② 苟清泉. 物理力学的发展与展望. 力学进展, 1991, 21(1): 1-5.
③ 白欣, 白秀英. 苟清泉与物理力学在中国的发展. 力学与实践, 2014 , 36 (3):361-366.
④ 朱如曾. 钱学森开创的物理力学之路. 力学进展, 2001, 31(4): 489-499.

可能，使物理力学的发展如虎添翼；(4) 微观实验技术有了重要突破，原子力显微镜和扫描隧道显微镜等新型观测分析仪器可实现原子分辨的观测，为原子尺度的微观力学理论分析提供了实验数据；(5) 针对大气压非平衡、偏离局域热力学平衡和考虑稀薄气体效应等极端环境，物理力学发展了崭新的研究领域和方法——等离子体动力学，可以研究与高比压、高约束、高自举电流份额等性质集成的等离子体有关的科学问题。

3. 物理力学的研究内容

物理力学是从物质的微观结构及其运动规律出发研究介质的宏观力学性质的学科，其主旨思想是从原子、分子微观尺度的物理机制出发，结合热力学统计物理、连续介质力学等，建立微观与宏观之间桥梁的关系，服务于工程科学。该方向的研究内容包括：(1) 高温和高压物理力学。高温高压下材料的微观结构、宏观变形和力学参数演化的理论框架和物态方程，爆炸和飞行器载入等问题的实验技术和计算方法，设计适用于高温、高压等极端环境的特种材料；(2) 固体和表界面物理力学。固体力学性质的第一性原理、分子动力学和跨尺度力学研究方法，材料物理力学性能、破坏与微观结构的关联，表面与界面物理力学行为及其对于微纳米结构和系统的整体力学性能的影响；(3) 强激光束、电子束等强粒子束与物体相互作用物理力学。强流电子束、高功率微波、X 射线束等发射装置、性能诊断和大气传输，强激光等强粒子束与物质的相互作用及其对固体材料的破坏机制；(4) 化学物理力学。离子化气体和高温气体的化学反应及其动力学、碳氢燃料点火特性、气体化学反应速率常数的微观理论、气流介质与激光相互作用的理论和数值方法等；(5) 液体、稠密气体和复杂流体的物理力学。复杂介质如液体、稠密气体和复杂流体的物理力学特征，液体结构的分子动力学研究，稠密流体的热力学与非平衡性质，复杂流体和软物质的物理力学行为；(6) 微纳系统物理力学。微纳米材料模拟方法，微纳材料和结构的微结构与微缺陷的形成和演化及其对材料总体力学性能的影响，低维材料结构与系统的力–电–磁–热多场耦合行为，微纳材料和系统的构型及功能的设计与调控，发展相关器件；(7) 等离子体物理力学。实验与数值模拟相结合，开展磁流体不稳定性、湍流和输运、加热和电流驱动、激光与等离子体相互作用、高温辐射流体力学和内爆动力学等研究；(8) 空间环境效应物理力学。空间粒子辐射环境、等离子体环境、真空紫外环境、中性粒子环境、微流星/碎片环境等空间环境对航天器的载荷部件、电子器件的破坏效应及其微观机理[1], [2]。

---

[1] 国家自然科学基金委员会, 中国科学院. 未来 10 年中国学科发展战略——力学. 北京: 科学出版社, 2012.

[2] 中国科学院文献情报中心课题组. 力学十年: 中国与世界. 科学发展态势评估系列研究报告, 2018.

四、物理力学学科近十年的研究进展

在过去十年内,中国物理力学理论和应用研究取得了长足的发展,针对低维材料的力学性能、多场耦合与器件原理、材料结构性能调控、高温高压材料演化、激光作用、非平衡流体等领域重要的科学问题开展了一系列深入系统的研究,与物理、材料、化学、生物等学科研究形成紧密的交叉。中国首创快速增压大压机等代表国际先进水平的静态和动态加载技术;在热障涂层等材料在高温或高压下的破坏机理研究取得了高水平的成果;合成的超细纳米孪晶立方氮化硼和金刚石、玻璃碳等超硬材料在国际上取得了广泛的工业应用;对神舟飞船、临近空间高超声速飞行器等在高超声速非平衡流作用下的力、热、辐射等问题的研究处于国际先进水平;构建了低维纳米材料结构力–电–磁–热耦合的物理力学理论体系,发现了流–固耦合发电的新效应和流体传感新方法,发展了铁电信息器件、微生化传感器、软体器件等微纳系统和器件;在黏附、摩擦润滑等表界面物理效应和调控领域的研究也处于世界领先水平;在气流激光器辐射流体力学和激光辐照效应领域的研究成果为国防工业的发展做出了重要贡献;在航天器的空间环境及其效应领域也开展了一系列重要的研究,为航天事业的发展提供了有力的保障。下面对我国物理力学领域近十年做出的成绩进行简要的介绍[①]。

(1) 在高温、高压环境和材料领域,发展了完备的动、静高压加载技术,研究了材料在高温高压下的演化和破坏机理,同时在耐高温和高压材料的设计方面也取得了重要进展。中国在动态加载技术方面发展了世界上最完备的技术途径,包括炸药爆轰驱动装置、不同口径的轻气炮、高功率激光、磁箍缩、磁驱动等加载技术,其中三级轻气炮最高压力已经超过 TPa,磁驱动装置加载压力已超过 100GPa,均处于国际领先水平。静态加载能力也处于国际先进水平。拥有国际上首创的快速增压大压机。在数值模拟与理论方面,具有国际领先水平的 CALYPSO 高压结构预测方法和程序,以及国际上广泛采用的共价晶体硬度模型,在高压新结构预测、超硬材料设计方面做出了系列原创性和引领性工作。在超硬材料合成、制备和规模化生产方面在国际上具有显著优势。特别是在高压力学性质的理论和数值模拟研究指导下,国内在超细纳米孪晶立方氮化硼和金刚石、玻璃碳等超硬材料合成方面取得国际领先的结果。在工业应用领域,中国由于大规模大压机的成功应用,提供了国际市场 80% 的人工合成金刚石,其他超硬材料产品正逐步占据国际高端市场。

(2) 在固体和表界面物理力学领域,发展了材料的固体理论,为微观设计和制备材料提供了基础,同时在表界面物理力学性质及其应用方面也取得了重要的成果。首次提出了描述晶体电子结构的某些参量将决定晶体的宏观硬度的学术思想,通过概念引入、参量定义、模型建立到数据验证的系统研究,建立了极性共价晶体

---

① 中国科学院文献情报中心课题组. 力学十年:中国与世界. 科学发展态势评估系列研究报告, 2018.

硬度的理论模型，发现硬度只取决于价电子密度、键长和键离子性三个微观参量，实现了硬度的第一性原理计算；围绕微尺度表面与界面的接触和摩擦行为展开研究，包括多场耦合下功能梯度材料间接触的失稳、损伤、疲劳等力学特性，纳米金属材料界面演化的微观机制，以及界面演化机制与力学行为的关系，研究成果为解决工程中常见的接触损伤、微动疲劳和接触失稳问题提供了理论依据；研究了表界面黏附接触力学及其仿生黏附应用，成功揭示了壁虎类生物的宏、微观黏附力学机制，为超强黏附材料、壁虎手套、仿生爬壁机器人及黏附敏感器的设计提供了新思想，为解决 MEMS/NEMS 中普遍存在的黏附失效问题提供了新途径。在纳米孪晶界的微观增韧机制和持续强化机制、非均质材料和复杂形貌固体表面的弹性理论等方面做出了重要贡献。

(3) 在液体、稠密气体和复杂流体的物理力学领域，我国在高超声速非平衡流动方面取得了重要的进展，建设了包括高温激波管、弹道靶、电弧风洞、高频等离子体风洞、高焓激波风洞、炮风洞等具有模拟高超声速非平衡流的试验模拟设备，包括静电探针和微波干涉仪与微波谐振器等电子密度测量系统、瞬态光谱测量系统、瞬态辐射成像测量系统、激光诱导荧光测量系统、质谱仪、耐高温测力天平、耐高温热流计等配套的测量设备，并已发展了高超声速非平衡流的试验模拟技术和测试分析技术，对神舟飞船、临近空间高超声速飞行器、探月返回器、再入弹头等在高超声速非平衡流作用下的气动力、热、辐射问题进行了试验研究，为其在高超声速非平衡流作用下的气动力、热、辐射计算模型验证提供了试验数据支持，有力地支持了这些高超声速飞行体的设计研制工作。在高超声速非平衡流动计算模拟能力方面，已发展了可分析高超声速非平衡流的二维、三维计算仿真分析手段，支撑了我国高超声速飞行体的设计研制工作，促进了我国高超声速飞行技术的发展。另外，在极端条件下液体结构和物性测量、胶体的奥斯特瓦尔德分步律的普适性等方面也取得了重要的成就。

(4) 在激光物理力学领域，1960 年激光诞生以后，立即成为影响广泛的尖端技术，并随即催生出了以激光武器、激光核聚变等为代表的重大需求，也提出了大量需要物理力学解决的问题；激光的相干性、单色性、高亮度等特质产生了强场这样一种特殊的极端条件，也为研究各种物质极端条件下的物性参数等提供了新的研究工具，这些都是激光物理力学得以成形和发展的环境。近十余年来，我国物理力学研究者在气动激光器和化学激光器等气流化学激光器的辐射流体力学、激光辐照效应及激光与材料的相互作用机理方面做出了开创性的贡献，并在激光武器、激光核聚变等重大需求中发挥了不可替代的作用，由于需求的特殊性，上述成果以公开发表学术论文的形式出现的并不多[1], [2]。

---

① 赵伊君. 激光与材料相互作用研究中的气体物理学. 力学进展, 1991, 21(1): 6-22.
② 赵伊君, 姜宗福, 华卫红, 许中杰. 气体物理力学. 北京: 科学出版社, 2015.

(5) 在空间环境及其效应领域, 我国物理力学工作者围绕航天器在空间粒子辐射环境、等离子体环境、真空紫外环境、中性粒子环境、微流星/碎片环境等空间环境对航天器各类部件、电子系统等的作用, 开展了一系列重要的研究。载荷部件、电子器件的破坏效应及其微观机理, 主要包括重力场、大气压等对两相流及其传热传质过程的影响, 空间微重力环境下的蒸发/升华过程及传热传质, 空间重力场及气压综合效应下的气体流动与换热, 空间碎片的危害和典型空间碎片环境模型, 典型防护结构及撞击极限方程, 超高速撞击地面试验, 超高速撞击数值仿真, 空间碎片防护技术, 有效载荷子系统中的电连接问题和空间网状天线的多点接触问题。这些研究成果在防护技术研究和航天工程应用等方面具有较好的参考价值, 为航天事业的发展提供了有力的保障。

(6) 在微纳系统物理力学领域, 从空间、时间、能量尺度关联的视角, 以现代连续介质力学理论结合量子力学与材料物理, 针对低维材料的力学性能、多场耦合与器件原理、结构性能调控、受限环境内的结构相变、流致生电和能量转换等重要的科学问题开展了一系列深入系统的物理力学研究, 提出了低维体系局域场和外场耦合的概念, 构建了低维纳米材料结构力-电-磁-热耦合的物理力学理论体系, 发现了流-固耦合发电的新效应和流体传感新方法, 发现了光电半导体受应变、应变梯度和外场显著调控的柔性光电性能及氮化硼纳米结构的场致绝缘体-半导体-金属转变。揭示的碳-硅体系的线性磁电效应, 被称 "为在非金属磁性系统的磁电效应耦合打开了一条新路"。发现了氟化产生的化学驱动力可将氮化硼薄膜由六方相转变为立方相, 且因内建电场作用由绝缘体变为半导体, 并具有铁磁性和巨大致变形等一系列性质; 发现了二维材料的弯曲泊松比效应, 并得到解析关系。发现了单层透明的石墨烯能产生与表面气流马赫数的平方呈线性的电压, 为无源空速传感提供了新方法; 发现了液滴在石墨烯表面运动发电的拽势和液面沿石墨烯波动发电的波动势两种由双电层边界运动发电的新动电效应; 进而获得了大气环境中水的自然蒸发引起廉价炭黑薄膜持续产生伏级电压的突破常识的发现, 产生的电能可直接驱动商用电子器件。开辟了利用电子束刻蚀和亚纳米尺度的自发相变耦合制造亚纳米结构的新途径, 突破了自上而下制造纳米结构的极限, 被橡树岭国家实验室等机构的学者称为 "先驱性的结果"。在铁电存储器、微生化传感器、软体器件等微纳系统和器件的设计与物理力学规律方面取得了突破性进展。

在未来十年, 物理力学领域的发展将主要着重两个方面: (1) 物理力学研究方法的发展。重点是将多学科的最新研究成果应用于研究介质的宏、微观力学性质和运动规律, 注重物理力学与材料科学、计算科学、物理化学、生物学等多学科的交叉融合, 发展跨时空尺度的理论和计算方法及大型仪器设备, 加强实验观测与大型计算的有机结合, 同时加强国际交流和国际合作, 进一步提升物理力学方法解决重大科学和工程问题的能力, 使我国在与基础前沿科学研究和国家重大战略需求相关的物理力学领域得到重要的进展和突破，提高国际影响力。(2) 面向国家重大工程需求的应用研究的发展。立足于物理力学学科的国际前沿，以新时期国家满足重大战略需求为牵引，突出重点前沿基础研究和重大需求的应用基础研究，着力解决核武器、激光武器、能源技术、航空航天、基础材料中的关键物理力学问题，不断为我国科学技术、国民经济发展和国防安全等现代工程技术的自主创新做出重要贡献。例如，运用物理力学方法，从微观角度自下而上地设计具有特殊功能的新材料；发展新型装备和大型计算方法，实现现代战争、深海、深空等极端条件下材料和器件服役性能模拟与服役可靠性保障；发展更加精细可靠的非平衡流动仿真技术，实现高超声速飞行技术精细化设计、高超声速目标光电特性精细化研究；解决薄片、光纤激光器等全固态激光器的光纤光暗化和光纤放电问题，设计纳米气体激光器等基于低维材料的更高效的激光器；研发新型软体智能材料、结构和器件，设计和制备小型化器件以及低维材料和含微纳结构的新型材料，运用 "表界面工程" 和 "表界面设计" 的概念解决在先进材料、纳微系统、生物医学、新型机器等领域应用的问题①。

五、本书的内容概述

　　本书围绕物理力学的几个主要的研究方向，遴选了近十年来我国物理力学领域研究工作的重要成果，旨在向读者介绍我国物理力学的基本理论方法和在科技工业中取得的主要成绩，为物理力学工作者提供一个学术交流和讨论的平台，促进物理力学学科的蔚然发展。本书的各部分内容的编写秉承了钱学森先生提出的立足微观、服务工程的物理力学宗旨，始终体现了微观和宏观相结合、科学和工程相结合的基本原则，内容既有较为基础的理论和方法研究的介绍，同时也阐述了物理力学学科在工程应用中所取得的成就。编者期望通过本丛书的陆续出版，可以让读者较为全面和深入地了解物理力学学科的前沿动态，也希望广大青年学者能够加入物理力学的研究队伍中来，继承和发扬这一门由钱学森提出的、以微观和物理的方法为基础解决宏观和工程问题的学科。

　　本书分卷 I 和卷 II 两部，共五篇，23 章。其中，卷 I 包括三篇：第一篇为复杂流体物理力学，包括第 1 章和第 2 章。第 1 章为高超声速非平衡流计算模拟研究进展，主要介绍了高超声速非平衡流研究背景、高超声速非平衡流输运方程、DSMC(direct simulation Monte Carlo) 方法和 CFD(computational fluid dynamics) 方法在研究高速非平衡流的基本原理和研究进展及气体表面相互作用模型；第 2 章为以胶体模型体系研究奥斯特瓦尔德分步律的普适性，基于物理力学从微观入手的方法，研究了奥斯特瓦尔德分步律普适性方面的一些进展，深化了对结晶动力学途径中存在亚稳态必要性的理解，并且推进了对分步律普适性的肯定。第二篇为固体介质和表

---

① 中国科学院文献情报中心课题组. 力学十年：中国与世界. 科学发展态势评估系列研究报告, 2018.

界面物理力学，包括第 3 章至第 5 章。第 3 章为多尺度物理力学，主要介绍了近年来低维材料的力学性能、多场耦合、结构性能调控、受限环境内的结构相变、应变调控等物理力学方面的主要研究进展，并讨论了多尺度物理学的发展趋势；第 4 章为界面基本力学问题的第一性原理计算研究，主要结合理论和实验经验，系统地介绍了第一性原理计算应用于典型界面的研究方法及其在界面强度、界面诱发的晶构转变、晶界等体系中的研究进展；第 5 章为物理力学在铁电薄膜及其存储器当中的工程应用，简述了铁电薄膜及其存储器的发展，介绍了物理力学规律在铁电薄膜及其存储器的设计、电学性能调控及失效机理研究中的应用。第三篇为高压物理力学，包括第 6 章至第 11 章。第 6 章为基于同步辐射的 X 射线成像技术在静高压研究中的应用，系统地总结了近年来 X 射线成像技术的发展及其在静高压研究中的研究进展，主要包括利用 X 射线成像技术测量液体和无定形材料的密度，研究材料的相变动力学行为，以及铁合金在地球内部的输运机制等；第 7 章为磁驱动准等熵平面压缩和超高速飞片发射实验技术原理、装置及应用，主要对该加载技术的基本原理、装置研究及其在材料的高压物性和材料动力学方面的研究进展进行了详细的介绍、分析和评述；第 8 章为爆轰加载材料和结构动力学行为精密物理机制辨识和建模，介绍了精密物理实验研究的新发现和建模思路，以及要真正实现精密物理模拟所面临的诸多问题和挑战；第 9 章为极端条件下液体结构和物性的实验研究进展，重点介绍了近年来液体结构、密度及黏度测量实验技术的进展，利用这些实验技术取得的研究成果，以及对后期研究工作的启发；第 10 章为金属材料在准等熵加载和冲击加载下的强度，通过对基本物理图像的分析，就单轴应变加载下材料的本构关系或强度特性的一些基本问题展开了讨论；第 11 章为延性金属动态拉伸断裂的损伤演化研究，从宏观响应、微细观机理、损伤演化模型等方面对延性金属动态拉伸断裂进行综合性分析。第三篇的内容涵盖了载荷加载技术、材料结构和物性检测技术，以及材料演化和损伤机理研究。卷 II 包括两篇：第四篇为激光物理力学，包括第 12 章至第 18 章。第 12 章为高能光泵浦气体激光器研究进展，详细介绍了自碱金属蒸气激光器衍生出的一系列气体激光器，并且为解决碱金属蒸气激光器的缺陷而提出了将气固融合推进更高层次的半导体泵浦纳米气体激光器；第 13 章为化学激光中的物理力学问题，重点介绍了物理力学方法在化学激光研究中的具体应用，包括非平衡反应化学动力学研究、强激光大气传输热效应研究以及气动光学现象研究等；第 14 章为高功率光纤激光研究进展，从常规光纤激光器、高功率窄线宽光纤激光器、特殊波长光纤激光器、拉曼光纤激光器、超快光纤激光器和 $2\mu m$ 波段光纤激光器等几个方面阐述了高功率光纤激光器的研究进展；第 15 章为我国近期激光惯性约束聚变物理实验与诊断技术研究进展，主要介绍了国内自 2011 年以来的激光惯性约束聚变（ICF）实验及精密诊断技术的研究进展情况，以及基于新建成的神光Ⅲ主机和原型装置上近期发展的标志性综合物理实验进展、先进诊断技术和测量设备；第 16 章为激光干涉测量技术研究进展，以武器物理研究需求为背景，阐述了中国工程物理研究院独立研制的几种具有高时间、空间分辨率的激光干涉测速技术和大范围高精度频域干涉绝对距离测量技术，随后从频域维度展示了干涉测量学科的发展规划，并简要介绍了发展全空间干涉技术所面临的诸多诱惑与挑战；第 17 章为光电探测系统与激光的相互作用机理，主要介绍了激光在光学系统内的传播、激光对光电探测器的干扰及其对光电探测系统的损伤；第 18 章为连续波激光与材料/结构的能量耦合研究，主要结合典型材料与结构激光辐照热–力效应问题，介绍了激光耦合特性研究的进展。第四篇的内容涵盖了我国气体激光器、化学激光器和光纤激光器的研究进展、激光诊断和测量技术的研究进展，以及激光与材料及光电探测系统的相互作用机理。第五篇为空间环境效应物理力学，包括第 19 章至第 23 章。第 19 章为空间环境及其效应概述，包括空间粒子、等离子、真空紫外、中性大气和微流星/空间碎片等环境及其效应；第 20 章为空间载荷部件物理力学应用及进展，概述了有效载荷子系统中的电连接问题和空间网状天线的多点接触问题及其研究进展，详细分析了基于微观接触模型的电连接力学特性对接触阻抗和无源互调的影响，并且研究了金属丝网接触对网状反射面天线 PIM 的影响；第 21 章为空间环境下流体力学与传热性质，从重力场、大气压等空间环境入手，重点阐述了重力场对两相流及其传热传质过程的影响、空间微重力环境下的蒸发/升华过程及传热传质、空间重力场及气压综合效应下的气体流动与换热；第 22 章为空间碎片超高速撞击效应及防护技术，主要基于空间碎片防护角度，简述了碎片危害和典型空间碎片环境模型，随后重点阐述了国内外典型防护结构及撞击极限方程、超高速撞击地面试验、超高速撞击数值仿真；第 23 章为等离子体诱发航天器表面带电的作用机理，分析了低地球轨道的带电粒子分布特点，并由此探讨了在这两个轨道运行的航天器在此环境中可能发生的表面放电情况。第五篇概述了各类空间环境及其效应，同时对空间环境下的流体力学与传热性质、空间碎片对载荷部件等的撞击效应及其防护、近地空间等离子体诱发航天器表面充放电机理等。

周益春　杨　琼

湘潭大学

目　　录

物理力学前沿·卷 I

第二篇　固体介质和表界面物理力学

第三篇　　高压物理力学

物理力学前沿·卷 II

第四篇　激光物理力学

第五篇　空间环境效应物理力学

第一篇　复杂流体物理力学

第 1 章　高超声速非平衡流计算模拟研究进展

李海燕　石安华

(中国空气动力研究与发展中心超高速空气动力研究所)

1.1　高超声速非平衡流研究背景

高超声速非平衡流, 属于流体力学研究范畴, 起源于气动热力学研究领域, 但并不局限于气动热力学, 它也是空气动力学和气动物理学的重要组成部分。虽然该类流动广泛存在于各类高超声速飞行器周围及其发动机内部, 并且也存在于各种地面高焓试验与其他相关设备中, 但其研究内容和研究方法与航空航天领域内的高超声速飞行器设计紧密相关, 倍受关注。目前, 高超声速飞行器及其相关概念正在飞速发展, 已经成为战略打击、导弹防御、天地往返和太空探索的重要手段, 这也为高超声速非平衡流注入了更加丰富的研究内涵, 提供了更加广阔的研究平台。与此同时, 高超声速非平衡流也逐渐与其他学科相互融合, 如燃烧学、材料学、量子力学和等离子体物理等, 成了一门综合交叉学科。

1.1.1　高超声速非平衡流概念

所谓高超声速, 是和马赫数 (速度与声速之比) 大于 1 的超声速流动相比, 在某种高速流动范围内, 某些并不显著的物理化学现象, 由于马赫数的增大而变得重要 [1]。所谓非平衡, 是指流动中的上述物理化学现象, 特别是高温现象变化过程的特征时间尺度与当地流动特征时间尺度具有可比性。所谓高温现象, 是指当气体温度很高时, 其热力学性质与量热完全气体 [1] 发生显著偏离, 表现为比热比不再是常数, 定压比热和定容比热开始随温度发生变化。

高超声速飞行器, 如各类导弹、返回舱、天地往返运输系统和深空探测器等, 往往以很高速度穿越或再入地球大气层 (通常马赫数大于 5), 或者进入其他星球大气层时, 其速度可达几千米每秒 [2] 甚至是十千米每秒以上 [3], 飞行器头部形成的强烈弓形激波后的气体温度可达到几千开, 甚至超过上万开, 飞行器周围流场中存在的各种高温流动现象, 会经历不同模式内能激发、离解、电离, 甚至是能级跃迁与辐射等热化学过程。当飞行器热防护材料与周围的流场相互作用时, 会导致更加复杂的高温现象发生, 如表面催化、氧化、烧蚀热解以及烧蚀产物效应等。这些现象的发生会显著影响飞行器的气动力特性, 如飞行器稳定性、气动推力、升阻特性, 也会影响气动加热特性。当电离现象发生时, 还会使得飞行器周围高温电离非平衡流场通过电子浓度分布对电磁波信号传播造成强烈的影响, 如通信黑障 [4,5], 同时, 不同模式能量温度和不同组分的浓度变化也会改变流场的光辐射和辐射传热特性。当高温反应物是微量组分 (如离子与电子) 时, 虽然飞行器整体流场受不同模式能量和反应模型的影响很小, 但特定的辐射特征却可能受到强烈的影响 [6,7]。此外, 飞行器动力系统内部的燃烧流动也会在一些区域表现出化学非平衡特征, 甚至在特定情况下热力学非平衡现象也比较明显。地面高焓试验与相关等离子体设备中的流动也往往表现出强烈的热力学和/或化学非平衡效应。

高超声速非平衡流概念最早来自于人们对化学反应流动的认识。采用 Damköhler 数来表征化学非平衡程度, 此参数定义为 $Da = \tau_f/\tau_c$, 其中 τ_f 是流动的特征时间, τ_c 是化学反应特征时间。根据这个参数可以把化学反应流动分为三类: 当 $Da \ll 1$ 时, 流动为化学冻结流; 当 $Da \gg 1$ 时, 流动为化学平衡流; 当 $Da = 1$ 时, 流动为化学非平衡流。虽然 Da 表征了化学非平衡的程度, 但它是一个抽象的概念, 人们仍然不能确切知道 Da 和高超声速飞行器来流条件之间的关系, 并由此确定化学非平衡流动的物理特征。学者 Mitcheltree 和 Gnoffo[8] 曾在 20 世纪 90 年代对高超声速流动的非平衡特征进行了阐述, 论述了热力学平衡、热力学非平衡、化学平衡、化学非平衡以及热化学非平衡概念。当流场局部流体微团中每种组分的内能服从基于重粒子平动温度的 Boltzmann 分布时, 则认为混合气体处于局部热力学平衡状态。当振动能对平动温度而言, 不服从 Boltzmann 分布时, 则认为流体微团处于局部热力学非平衡状态。当流体微团化学组分的浓度仅是局部压力和温度的函数时, 则流体微团处于局部化学平衡状态。如果流体微团的组分浓度还要受到对流和扩散历程影响, 则认为此流体微团内的化学反应处于化学非平衡状态。当流体微团既处于热力学非平衡状态又处于化学非平衡状态时, 则认为此流体微团处于热化学非平衡状态。

在热力学平衡状态下, 不同热力学能级 (平动、转动和振动) 间的粒子布居数服从 Boltzmann 分布。如果气体没有达到热力学平衡, 则不存在可以描述上述粒子布居数分布的单一温度。在中等密度下 (非稀薄气体) 的高超声速流动中, 常常可以分别定义振动和平动温度, 即假设平动和转动模式彼此之间及各自内部处于平衡态, 不同振动能级间的粒子布居数服从单一振动温度所描述的 Boltzmann 分布 [9]。在高超声速稀薄气体流动中, 转动和平动温度可以是不相等的, 甚至其分布也不服从 Boltzmann 分布 [10]。这些情况表明, 在流动区域从连续流变化到稀薄气体流动时, 高超声速流动的非平衡程度愈加明显。

1.1.2   高超声速非平衡流动研究需求

早期的高超声速飞行器主要包括导弹火箭 (钝头细长体) 或载人航天飞行的钝

头体返回舱[11]。例如，"阿波罗"飞船再入地球大气层时马赫数达到 36[12]，深空探测飞行器进入火星大气时速度达到 7.5km/s[13]。最近十几年来，世界各国正在发展与早期传统高超声速飞行器弹道特点不同的临近空间飞行器。在临近空间飞行器中，高超声速飞行器不仅是未来对抗，实现全球快速到达、全球快速精确打击的重要手段，同时也是航空航天技术领域的重要前沿。新型的临近空间高超声速飞行器会长时间在临近空间 (高度 20~100km) 飞行[14]。

高超声速飞行器的下一个 "飞跃" 主要是高超声速吸气式推进技术。它将应用于空间进入与空间作战、巡航导弹、弹道导弹、运输机等。简而言之，吸气式高超声速推进技术将使得空射巡航导弹和其他固定翼飞行器在大气层内的航程成倍增加。世界多个国家纷纷制订并实施了现代的高超声速飞行器研究计划，如美国的 X-43、X-51、HyFly、HyTech、SR-72 和临界远程打击计划 (RATTLRS)[15]，美国、澳大利亚合作的 HIFiRE 计划[16]，法国的 LEA 高超声速飞行试验计划[17]，英国的 "云霄塔"(Skylon) 空天飞机计划[18] 等，都在前期研究基础上继续进行并取得了阶段性成果。

高超声速飞行器在大气层中飞行时，其周围流场和/或动力系统燃料燃烧流场中的高温非平衡环境给研究相关流动的基本物理特性带来了严重挑战。对这些高温非平衡流现象的认知缺陷会显著增加飞行器设计风险，严重时甚至会导致飞行失败。以美国航天飞机为例[19]，由地面风洞模拟得到的机身襟翼配平角为 7.5°，实际飞行试验结果约为 15°，导致这种极端不一致的原因是跨流域复杂的高温非平衡效应。2003 年 2 月 1 日，美国 "哥伦比亚" 号航天飞机返航再入到 60km 高空因左翼受损解体失事[20]，这直接与高空高温非平衡流动相关联。2011 年的 HTV-2(Hypersonic Technology Vehicle 2) 飞行试验[21] 最终未能实现高超声速再入机动滑翔，其主要原因是缺乏对与飞行器高温流场环境相关的空气动力学的充分认识 (力–热–结构–材料耦合)，飞行器高速飞行时的承受能力超出预测值，致使飞行器蒙皮局部产生裂缝和脱落，在飞行器周围形成了很强的脉冲激波，从而使飞行器发生多次滚转，最终超出了飞行器的飞行控制极限，导致坠毁。这些问题的出现，促使人们努力应对高超声速飞行器设计中由高温非平衡流环境带来的严酷挑战。此外，飞行器高温流场热化学非平衡过程引起的辐射加热问题和对光电特性影响问题、推进系统非平衡流引起的大气及飞行器表面污染问题等也日益引起人们的关注。

综上所述，世界各国高超声速飞行任务和飞行器设计的发展，迫使相关设计部门、研究机构和学术团体去深刻理解高超声速非平衡流中出现的各种现象，以满足飞行器研制过程中在气动特性评估、热防护系统设计、目标光电特性分析、推进系统研发等诸多方面提出的要求。

1.1.3 高超声速非平衡流动模拟方法

在高超声速非平衡流模拟中，Kn(克努森数) 是衡量气体稀薄程度的典型参数，即气体分子平均自由程与流动特征长度的比值。根据 Kn，通常可以将高超声速飞行器跨越大气飞行的气体动力学流动区域分成连续流、过渡流和自由分子流区域。图 1.1.1 描述了不同的流动区域，从连续流区域 (Kn <0.01) 跨越过渡流区域 (0.01< Kn <10)，再到自由分子流区域 (Kn >10)。有时，$0.01 < Kn < 0.1$ 区域又被称为滑移流区域。$Kn > 0.01$ 的区域也被称为稀薄气体流动区域。

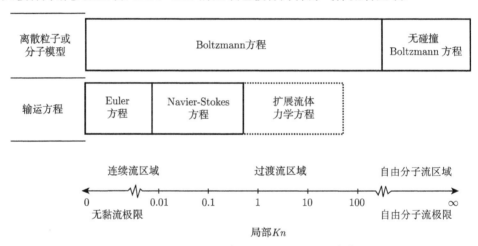

图 1.1.1   关于不同数学模型的 Kn 极限[22]

稀薄气体动力学 [22] 的基本数学模型 Boltzmann 方程对所有区域都有效。对不同 Kn 的流动，在原则上可以通过求解 Boltzmann 方程来进行分析 [23]，但 Boltzmann 方程在一般性和鲁棒数值求解格式方面的发展面临着严峻挑战 [24]，此外，该方法的计算代价依赖于问题的维数，模拟三维问题时所需的计算代价非常高 [25]，直接数值求解会因为方程维数过高和碰撞积分项计算困难而研究进展缓慢，因此，人们针对不同流域发展了各自不同的简化理论与数值计算方法。通常在 Kn 趋于 0 的连续流条件下，流动介质可以假设为连续流介质并采用 Navier-Stokes(N-S) 方程进行求解；在 Kn >10 的自由分子流区域，分子间的相互碰撞可以忽略不计而仅考虑粒子与物面的相互碰撞，Boltzmann 方程中的碰撞积分项可得到极大简化，因而自由分子流理论在该流动区域得到广泛应用。而在 $1< Kn <10$ 的过渡流区域，各种粒子仿真方法如直接模拟 Monte Carlo(direct simulation of Monte Carlo, DSMC) 方法能够高效、准确预测流动物理特征并证明收敛于 Boltzmann 方程。然而在滑移流区域与部分过渡流区域，传统 Navier-Stokes 方程连续流方法的模型准确性与 DSMC 等粒子仿真方法的计算效率均表现出各自的局限性，使得问题的求解会遇

到不同困难。

在分析方法方面，由于 Boltzmann 方程的复杂性以及处理碰撞项的困难，研究者往往需要做出各种各样的假设或特殊的简化处理，这其中比较具有代表性的有：对碰撞积分本身进行简化的模型方程、对分布函数形式做假设处理的矩方程以及做线性化假设的线化 Boltzmann 方程方法，其中模型方程方法得到了很大程度的推广和完善。在该方法中，研究者采用简化的碰撞项或碰撞模型来代替 Boltzmann 方程右端的碰撞项，如 Bhatnagar、Gross 和 Krook 在 1954 年提出的 BGK 方程 [26]。后来，人们发展了多种形式的 Boltzmann 模型方程，如 Holway 的椭球模型 [27]，Shakhov 基于 BGK 方程修正而得到的高阶推广模型方程 [28] 等。同样，国内一些学者 [29] 在 BGK 方法基础上，发展了气体动理学格式。由于对碰撞项进行了简化处理，模型方程方法在求解过渡流区域流动问题中得到了一定的应用，但该方法终究是用一个近似碰撞项代替以真实物理背景为基础的准确碰撞项，模型方程中简化碰撞积分项的随意性导致了方法本身的不确定性，其应用范围以及由模型方程得到的数值解是否与物理实际相一致仍需要实验检验。在数值方法方面，包括：①对 Boltzmann 方程的直接求解，如求解 Boltzmann 方程的有限差分方法 (碰撞积分项采用 DSMC 方法计算)、基于速度空间间断假设进行简化的间断速度方法 [30,31] 和积分形式的 Boltzmann 方程积分方法。其中，间断速度法又称为间断纵坐标法，其基本思想是采用有限个间断的速度来代替整个速度空间使得 Boltzmann 方程得到极大简化，最著名的是 Broadwell[32] 提出的八速度气体模型以及 Cabannes[30] 提出的十四速度模型等。Bobylev 等 [33] 曾证明均匀网格的间断速度方法收敛于 Boltzmann 方程。②介于微观与宏观之间所谓介观层次的格子 Boltzmann 方法 [34](lattice Boltzmann method, LBM)，LBM 研究宏观充分小而微观充分大流体微团的格点碰撞，采用统计力学观点获得宏观流场特性参数，被认为是一种简化分子动力学方法。但有学者指出 LBM 基于分子动力学方法的简化使其已经失去了物理真实性 [35] 且最终收敛的方程为简化 BGK 模型方程，而不是 Boltzmann 方程本身 [36]。③物理意义十分明确的粒子仿真方法，包括确定论模拟的分子动力学方法 (molecular dynamics, MD)、概率论模拟的实验粒子 Monte Carlo 方法和 DSMC 方法等。虽然可以按照求解思路将 Boltzmann 方程的求解方法分为分析方法与数值方法，但分析方法所得到的简化方程形式最终也需要采用有限差分或有限体积的数值方法进行求解实现，因此，在实际应用中，它们之间往往相互结合、相互包含。国内相关学者 [37] 结合 Boltzmann 模型方程方法和间断速度方法，从考虑转动松弛变化特性的 Rykov 模型出发，考虑转动非平衡效应，采用气体运动论统一算法 (gas-kinetic unified algorithm，GKUA)[31] 完成了对氮气激波结构、二维钝头体和三维尖双锥跨流域绕流的模拟分析。

矩方法以求解 Boltzmann 方程的矩方程形式为目标，而矩方程则是将 Boltzmann 方程乘以分子的某个量后在速度空间积分所得到, 从而得到宏观量守恒方程组, 但该方程组不封闭。矩方法的核心思想是将分布函数通过简化表达为宏观物理量的函数, 从而封闭守恒方程组。矩方法希望能够获得高阶流体力学方程对热力学非平衡现象进行的准确描述, 其中包括扩展流体力学方程 (extended hydrodynamics equations, EHE) 与广义流体力学方程 (generalized hydrodynamics equations, GHE)。Chapman-Enskog 展开方法 [38] 是扩展流体力学方程方法中的一种重要方法, 利用 Chapman-Enskog 展开方法, 可以从 Boltzmann 方程推导出连续流体力学方程, 如零阶矩展开可得到 Euler 方程, 一阶矩展开可得到 Navier-Stokes 方程, 二阶矩展开可得到 Burnett 方程, 三阶矩展开可得到超 Burnett 方程 [23]。Euler 方程虽然也通常用于模拟连续流区域问题, 但没有考虑黏性热传导和组分扩散项等带来的影响。而 Navier-Stokes 方程仅对于接近连续流极限的那些区域有效。钱学森 [39] 曾指出高超声速滑移过渡流区数值计算采用 Burnett 方程能够给出优于 Navier-Stokes 方程的计算结果。由于 Navier-Stokes 方程与 Burnett 方程同属于 Chapman-Enskog 展开方法, 属于理论意义上的连续性方法, 流动宏观量空间与时间连续, 并且可用一组非线性偏微分方程进行描述, 两者在数值方法上可以进行借鉴, 但是 Burnett 方程求解的稳定性与高阶边界条件仍有待深入细致地展开研究, 尤其是部分形式的 Burnett 方程线性失稳与违背热力学第二定律的缺点极大阻碍了该方法的发展和应用 [23]。目前, 各种类型的 Burnett 方程及其计算方法正在发展当中 [40-42]。Grad 矩方程方法 [43,44] 和 Mott-Smith 双态矩方程方法 [45] 属于扩展流体力学方程中另一类方法, 但本身存在固有的局限性, 应用受到限制。主要表现在: 一是预先假定分子速度分布函数级数展开式中的不可预测性和随意性; 二是大多数矩方程方法中速度分布函数级数展开式中待求系数物理意义不明确, 给确定待求系数的定解条件带来了困难。此外, 虽然通过提高速度分布函数的阶数可以得到适用范围更大的控制方程组, 但能否使得稀薄气体流域与连续流域具有一致的流体运动控制方程则仍需更进一步的研究和努力。还有学者发展了三十五矩方程方法 [46]。Struchtrup 等 [47] 针对十三矩 Grad 方程进行了正则化处理, 得到了正则化十三矩方程, 正则化是通过在原始 Grad 输运方程上增加二阶导数项描述 Boltzmann 方程多尺度耗散特点, 使之能够获得全马赫数稳定光滑的激波结构。正则化的思想同样被广泛应用于其他矩方法之中 [48,49]。目前, 三维十三矩方程和三十五矩方程计算尚存在较大缺陷, 无法开展数值求解与计算。为克服扩展流体力学方程 (EHE) 物理与求解过程中的困难, Myong[50] 基于 Eu 方程提出了广义流体力学方程, 由于 Eu 方程 [51] 是基于非平衡正则分布函数及 Boltzmann 方程碰撞项累积展开, 严格满足热力学第二定律, 因此可以较为有效地解决一些一维条件下的过渡流问题, 但应用该方法求解二维与三维条件下的过渡流问题仍需进一步研究与突破。

DSMC 技术可以仿真 Boltzmann 方程所要求解的同样的物理问题, 而不必对方程进行直接求解。20 世纪 60 年代, Bird[52] 首先提出了 DSMC 方法, 用于稀薄气体流动。从那个时候起, 关于 DSMC 方法的研究逐步广泛开展起来。DSMC 方法同时跟踪流场中大量具有代表性的粒子, 模拟其碰撞和在物理空间的运动。该方法在过去五十多年的发展过程中, 模拟能力得到显著提高。已经表明: 在粒子数量很多的极限情况下, 该方法收敛于 Boltzmann 方程。尽管从原理上说, DSMC 方法可以应用到任何稀薄气体的流动模拟, 但网格尺寸和时间步长的限制会导致巨大计算花费, 因而 DSMC 方法无法应用到小 Kn 绕流问题 [53,54]。

对于飞行器周围流场可能同时存在局部连续流和稀薄气体流动区域问题 (如钝体近尾迹、尖前缘、膨胀波等), 人们发展了耦合模拟方法。在连续流区域求解宏观输运方程或者采用平衡态粒子模拟方法, 在稀薄气体流动区域基于动力学理论方法模拟, 通过局部流动的 Kn 来确定两种求解流场方法间的边界。目前已经发展了多种形式的混合算法, 如 NS-DSMC[54-56]、LD-DSMC[57]、UFS[58]、DSMC-EPSM[59,60] 等。Kolobov 等 [61] 指出: 非连续流区域的 Boltzmann 方程直接求解和连续流区域的 BGK 模型运动学方程耦合时, 基于自适应网格和算法细化可以得到一类稀薄–连续流动的精确的稳定解。混合算法不仅保证了物理描述的准确性, 又尽可能地提高了计算效率, 是很有发展前景的数值模拟方法。目前上述混合算法, 尽管在转动和振动非平衡流模拟方面取得了进步, 甚至实现了多组分混合气体条件下的流动模拟或者初步实现了化学反应流动模拟, 但在考虑复杂高温化学反应流动的模拟能力方面还存在着很大差距, 且还难以满足解决实际问题的要求。

通过上述回顾, 可以得到如下结论: 基于稀薄气体流动区域 DSMC 方法和连续流区域计算流体力学 (computational fluid dynamics, CFD) 方法, 都具备了热化学非平衡流的模拟能力, 而且也在科学研究和工程实践中得到了广泛应用。高超声速非平衡流场中同时存在稀薄气体流动区域和连续流区域时, 由于连续流 CFD 方法和 DSMC 方法分别存在着失效和计算效率及资源问题, 所以人们发展了各种不同的耦合方法。尽管一些耦合方法在模拟热力学非平衡流动和简单化学反应流动时取得了巨大成功, 但由于高温热力学与化学反应现象的复杂性, 这些方法距离实际应用还存在着较大距离。

过去几十年中, 随着上述模拟手段和计算硬件条件不断地发展, 某些阶段建立起来的物理模型, 其局限性或者某些缺陷往往被后来者所发现, 并被新的模型所取代。例如, 在 20 世纪 60 年代提出的简单的 Lighthill 离解模型、Landau-Teller 振动松弛模型等; 在 20 世纪 80 年代提出的确定离解流动的 Park 两温度模型、稀薄气体流动分析中的内能松弛 Larsen-Borgnakke 模型等, 这些模型在实际问题中面临着局限性。最近在高温非平衡流动模拟方面, 人们越来越注重采用动力学理论基本原理和量子化学来描述微观气体粒子的动力学过程和热力学状态。

1.2 高超声速非平衡流输运方程

从前面的论述中可以看到，高超声速非平衡流动的控制方程为高超声速非平衡流输运方程，其实质是描述不同能态、不同化学组分速度分布函数的广义 Boltzmann 方程。流体动力学宏观守恒方程可以采用连续流方法结合原子分子物理学和分子运动论获得，也可以基于广义 Boltzmann 方程通过以 Chapman-Enskog 展开 [62] 方法为代表的矩方法获得。

1.2.1 广义 Boltzmann 方程的半经典描述

Josyula 等基于广义 Boltzmann 方程的分子运动论半经典描述，给出了 WCU (Wang Chang-Uhlenbeck) 方程 [63]。在 WCU 方程中，假设气体由分子构成，对分子的平动自由度采用经典力学方法处理，对分子的内部自由度采用量子力学方法处理。考虑某种多组分气体混合物，假设组分 α 在内部能态 i[64](量子化能级 i) 的速度分布函数为 $f_i^\alpha \equiv f_i^\alpha(\boldsymbol{x}, \boldsymbol{\xi}, t)$，其中 $\boldsymbol{x}$，$\boldsymbol{\xi}$ 和 t 分别代表位置空间、速度空间和时间变量。通常，在高超声速非平衡流中双原子分子气体的不同热力学模式分别为平动、转动、振动和电子能，而且分子能够发生离解和电离等化学反应。混合物的宏观特性可以通过对每种组分求和得到。气体混合物速度分布函数的发展演化过程，可以通过 WCU 方程来给出，即

$$\frac{\partial f_i^\alpha}{\partial t} + \boldsymbol{\xi} \cdot \frac{\partial f_i^\alpha}{\partial \boldsymbol{x}} + \boldsymbol{F}_i^\alpha \cdot \frac{\partial f_i^\alpha}{\partial \boldsymbol{\xi}} = \sum_{j,k,l,\alpha^*} Q_{(i,j)\to(k,l)}^{\alpha,\alpha^*} \tag{1.2.1}$$

其中，$\boldsymbol{F}_i^\alpha$ 代表单位质量的外部体积力；"*" 代表参与当前碰撞的另外的粒子；$Q_{(i,j)\to(k,l)}^{\alpha,\alpha^*}$ 为碰撞项积分，代表了粒子碰撞对量子态跃迁 $(i,j) \to (k,l)$ 的贡献。考虑量子化振动能级 v、转动能级 r 与电子能态 s 时，可以将能态 i 与三种能态 (v,r,s) 相关联，有 $i \equiv (v,r,s)$。可通过求解方程 (1.2.1) 来获得速度分布函数 f_i^α 的演化过程。碰撞项积分不仅考虑了弹性碰撞，也考虑了非弹性碰撞，包括：转动–平动、振动–平动、振动–振动、振动–电子能交换、化学置换反应和离解–复合反应。碰撞项积分可以在均匀的网格上通过 Tcheremissine[65] 所给的方法来实现。

在工程应用中可以对 WCU 方程通过直接积分算法获得数值解 [63]，如图 1.2.1、图 1.2.2 给出了计算 WCU 方程求解结果和 DSMC 方法的对比。但其计算代价很高，并且真实碰撞截面的有效性也需要检验。因此需要尽可能以非常低的计算代价对 WCU 方程进行近似求解，来满足特定流动区域流场特性精确预测的要求。例如，在 Kn 较低时的近连续流区域和连续流区域，其宏观行为可以通过数值求解基于 Chapman-Enskog 展开方法的 Euler 方程或者 Navier-Stokes 方程来获得。在稀薄气体流动区域，黏性热传导与质量扩散等线性梯度输运特性假设不再成立，导

致传统的连续流气体动力学模型趋向失效。此外, 在热力学非平衡程度较高的情况下, 即使是同一内能模式, 内部也不一定能够满足 Boltzmann 分布条件。因此, 基于态态 (state-to-sate, STS) 运动论的气体动力学方程以及相关的热化学模型与输运特性研究日益引起人们的注意。

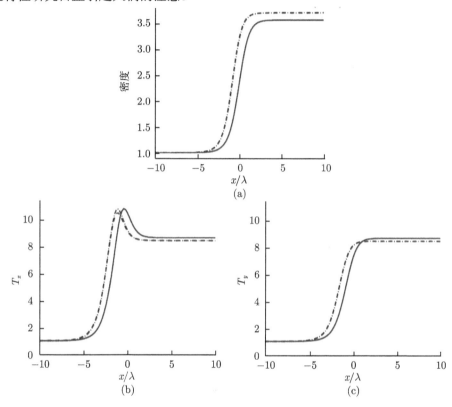

图 1.2.1 马赫数 5 激波结构不同计算方法宏观变量的比较 [63]

实线为只考虑弹性碰撞的 Boltzmann 方程数值解; 虚线为基于两个内部能级, 间隔为 $\varepsilon=2$ 的考虑弹性与非弹性碰撞 WCU 方程数值解; 点划线为考虑弹性与非弹性碰撞的 DSMC 仿真结果。图中虚线和点划线几乎是重合的, 因此很难区分

从图 1.2.1 中可以看到非弹性碰撞使得下游不同平衡态过程趋向快速平衡。x 方向和 y 方向温度由于非弹性碰撞会过早地上升, 并且在激波下游区域非弹性碰撞效应导致较低的温度。直接求解 Boltzmann 方程与 DSMC 方法吻合很好。图 1.2.2 给出了两层内部能级和三层内部能级系统中的密度、速度和温度。在最高能级下的密度最低。密度轮廓表明: 能级 1 和能级 2 跨越激波时其密度增加幅度要高于能级 0 的密度增加幅度。从能级 0 激发到能级 1 和能级 2 以及从能级 1 激发到能级 2, 解释了能级 1 和能级 2 的速度和温度轮廓连续增加位置更加靠近激

波上游。这种现象可以被新激发的粒子在相对较冷的平动能下所形成的事实所解释，因为激发需要能量。因此激发态能级的温度轮廓在前期要高于能级 0 的粒子温度。由于新的激发态粒子以相对冷的状态生成，所以其扩散进激波的速率也会降低，因此它们的平均速度降低现象要早于能级 0 的粒子。

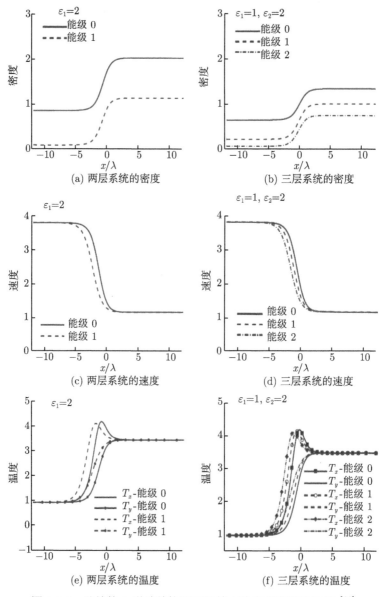

图 1.2.2　马赫数 3 激波结构不同计算方法宏观变量的比较 [63]

两层和三层内部能级系统下考虑弹性与非弹性碰撞的 WCU 方程数值解，间隔为 $\varepsilon=2$

1.2.2 基于 Chapman-Enskog 展开方法的宏观输运方程推导

Josyula 等 [66] 在 Boltzmann 方程基础上通过 Chapman-Enskog 展开 [62] 方法推导了处于振动和化学非平衡状态的不同振动能级多组分 Navier-Stokes 方程和输运系数。对于化学组分 c 而言，其量子化振动能级为 i、转动能级为 j 时，则速度分布函数为 $f_{cij}(\boldsymbol{x}, \boldsymbol{u}_c, t)$。其中，$\boldsymbol{x}, \boldsymbol{u}_c, t$ 分别代表空间坐标、速度坐标和时间。忽略电子能态和辐射的影响时，基于运动论的速度分布函数演化发展方程为 [67]

$$\frac{\partial f_{cij}}{\partial t} + \boldsymbol{u}_c \cdot \frac{\partial f_{cij}}{\partial \boldsymbol{x}} = J_{cij} \tag{1.2.2}$$

J_{cij} 是碰撞项，不仅考虑弹性碰撞，也考虑由转动振动能交换以及化学反应引起的相互作用。通过典型再入飞行试验数据发现，不同热化学过程的松弛时间尺度大致满足 $\tau_{\text{el}} < \tau_{\text{rot}} \ll \tau_{\text{vib}} < \tau_{\text{react}} \sim \theta$，其中，$\tau_{\text{el}}, \tau_{\text{rot}}, \tau_{\text{vib}}, \tau_{\text{react}}$ 和 θ 分别对应于能导致平动、转动、振动能传递以及化学反应的特征碰撞平均时间和宏观时间尺度。

虽然方程 (1.2.2) 的直接求解代价十分高，但 Josyula 等 [66] 通过推广了的 Chapman-Enskog 方法获得了该方程的近似解。在此方法中，分布函数 f_{cij} 写成关于 Kn 的级数展开函数。在零阶速度分布函数近似条件下，通过方程 (1.2.2) 结合气体分子各种微观量的速度分布函数平均过程，得到包括不同化学组分和不同量子化能级的粒子数密度守恒方程、动量方程和总能量守恒方程在内的 Euler 方程。在一阶速度分布函数近似条件下，同样采用上述过程，推导得到 Navier-Stokes 方程，相比 Euler 方程增加了剪切黏性、热传导、质量扩散和热扩散系数等输运项。通常情况下，对于不同内部能态化学组分混合物系统而言，虽然态态输运系数原则上可以从碰撞积分数据获得，但这种情况下扩散系数的数量十分庞大。尽管存在着一些简化和近似 [66-69]，但将基于严格运动论的态态输运系数引入 CFD 中去时，仍然面临着难以承受的计算代价。此外，不同能级间的跃迁速率系数以及各种能态条件下的化学组分反应速率系数的计算也是十分复杂的问题 [70-73]。

在输运特性方面，通过不同输运特性模型的比较，可以研究态态动力学模型的影响。早期采用态态动力学方法计算高超声速流动时，Candler 等 [74] 和 Josyula 等 [75,76] 假设 Lewis 数为常数来处理振子的双组元和自扩散。Josyula 等 [77] 采用数值方法研究了两个态态动力学模型对马赫数 7 高超声速绕流下球锥体表面传热速率的影响。其中一个模型是简化的态态动力学模型，包括采用 Euken 关系计算热传导，并基于 Lewis 数常数假设来计算振动量子能级中的自扩散。另外一个模型是严格的运动论模型，此模型用碰撞积分确定与热扩散、热传导、自扩散和振动能扩散相关的输运系数。

图 1.2.3 和图 1.2.4 是 Josyula 等 [77] 的典型结果。计算条件包括三个：①T_∞=191K, T_{wall}=300K；②T_∞=250K, T_{wall}=300K；③T_∞=191K, T_{wall}=600K。图

1.2.3 显示了自扩散对不同壁面温度下的球锥体表面热流的影响, 在三种情况下, 自扩散的出现可以导致部分区域的热流增加, 包含自扩散所导致的表面热流在肩部区域上游增加 6.5%(图 1.2.3(b))。图 1.2.4 给出了绕球锥体流动不同位置上不同量子振动能级布居数分布, 从不同位置上的所有结果可以看到, 低能级分子布居数服从 Boltzmann 分布。而随着量子能级的增加则逐渐偏离 Boltzmann 分布, 随着自由流温度的增加, 正激波后与表面的布居数增加 (见图 1.2.4(a) 和 (c), 图 1.2.4(b) 和 (d))。当表面温度由 T_{wall}=300K 增加到 T_{wall}=600K 时, 在激波后低量子能级下的布居数开始变成非 Boltzmann 分布 (见图 1.2.4(a) 和 (e))。表面不同位置的低振动能级接近 Boltzmann 分布, 特别是在 T_{wall}=600K(图 1.2.4(f))。但是, 相比后部 (位置 3 和 4) 而言, 头部区域分子高能级布居数更高一些。布居数分布上的这些差别说明了量子振动能级上的自扩散速度梯度会出现差别, 反过来影响表面热流, 也说明了流场分析考虑自扩散及其相关梯度的重要性。

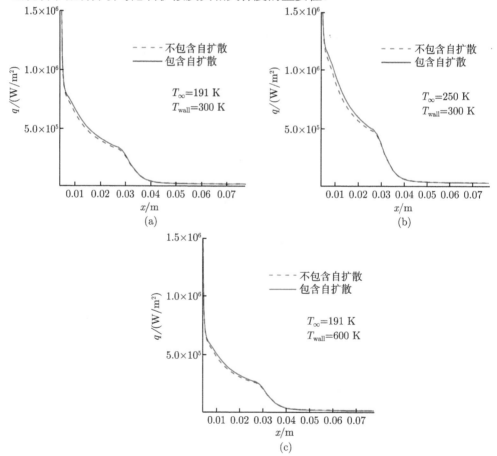

图 1.2.3　自扩散对不同壁面温度下的球锥体表面热流的影响 [77]

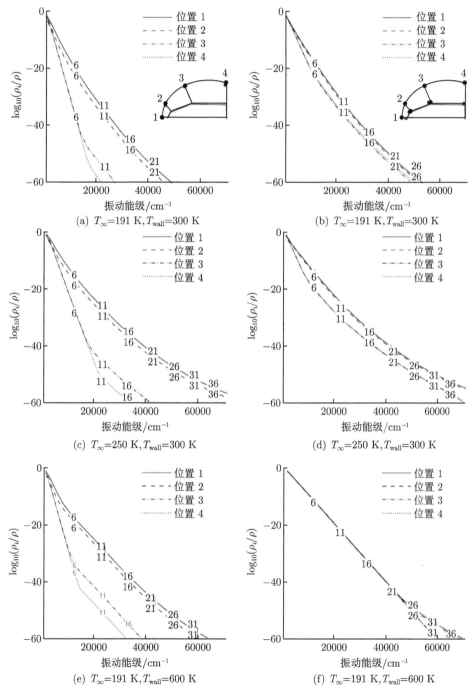

(a) $T_\infty=191$ K, $T_{\text{wall}}=300$ K

(b) $T_\infty=191$ K, $T_{\text{wall}}=300$ K

(c) $T_\infty=250$ K, $T_{\text{wall}}=300$ K

(d) $T_\infty=250$ K, $T_{\text{wall}}=300$ K

(e) $T_\infty=191$ K, $T_{\text{wall}}=600$ K

(f) $T_\infty=191$ K, $T_{\text{wall}}=600$ K

图 1.2.4 球锥体空气流动激波后及表面位置的布居数分布 [77]

1.2.3　高超声速非平衡流宏观输运方程发展概况

人们对高超声速非平衡流动中存在的各种现象机制、计算方法以及高超声速非平衡流动对气动力、气动热、防热材料热响应与气动物理现象的影响,开展了广泛的研究,主要是通过对各种复杂的物理化学现象进行建模,构建高超声速非平衡流宏观输运方程,发展和完善不同的计算方法,用于高超声速飞行器的设计。

Lee[78] 在连续流假设条件下,采用气体动力学理论推导了空气 11 组分的控制方程组,除了有限速率化学反应、非平衡电离、振动松弛等现象之外,还考虑了包括电场极化、三温度现象 (平动温度、振动温度、电子平动温度) 和辐射等所有显著的物理化学现象,假设空气中只有一个振动温度。Häuser 等 [79] 研究高温空气热化学非平衡流动时,采用了 5 组分空气模型假设,并且对双原子分子组分的振动能而言,采用它们各自的振动温度分别描述其振动能。Josyula 等 [80] 与 Candler 等 [81] 在分析 7 组分空气热化学非平衡高超声速弱电离流动时,在 Lee 基础上,发展了考虑不同双原子分子与离子各自振动温度的振动能松弛模型。上述学者在描述电子能时,只考虑了电子平动能。Park[82] 在高温空气分子物理学的经典和量子力学描述基础上,推导了 11 组分空气离解和电离非平衡流动的控制方程,考虑了不同内部模式之间的能量交换。他认为自由电子平动能与重粒子的电子激发能很快达到平衡,因此采用共同的电子温度来表示这两种能量,并在此基础上推导了三温度模型的热化学非平衡流动守恒方程。Grasso 等 [83] 采用 7 组分空气两温度模型模拟高超声速非平衡电离流动时,以及 Surzhikov 等 [84] 采用多个组分振动温度模型模拟飞行器气动物理特性时,电子能同样包括了自由电子平动能和重粒子的电子激发能。上述这些作者在分析不同模式的能量模型时,没有考虑这些模式间的耦合作用,在模拟振动能时,采用了简谐振子假设。Gnoffo 等 [85] 在 Lee 基础上推导了高超声速流动情况下的空气 11 组分热化学非平衡流动守恒方程,同样认为电子平动能与重粒子的电子激发能达到平衡,得出了三温度模型,并且基于曲线拟合方法描述了不同模式的内能。Gnoffo 等在考虑电离流动的两温度模型中认为电子平动能、重粒子的电子激发能和振动能迅速达到平衡,采用同一个振动温度来描述,并且对振动能考虑了非简谐振子的影响以及不同模式能量间的耦合作用。Candler[86] 在分析热力学非平衡效应时,曾提出了更加复杂的守恒方程,在守恒方程中假设平动温度与转动温度不同,自由电子温度与电子激发能温度不同。Olynick 等 [87] 和 Hatfield 等 [88] 在分析复杂的热化学非平衡流动现象时,尽管也考虑了转动温度不等于平动温度的情况,但他们仍然假设自由电子温度等于电子激发能温度。上述这些作者分析振动松弛过程时,所采用的振动松弛时间来自于 Landau-Teller 模型 [89](在高温时或许增加 Park 修正 [82,90]),或者 SSH(Schwartz, Slawsky and Herzfeld) 模型 [91],或者是强制简谐振子 (forced harmonic oscillator,FHO)[92] 模型, 这些模型在推导时没有考虑分子转动效应, 并且通过调整简单分子排斥势能所具有的参数来复现试验确定的松弛时间。Giordano[93] 提出了不同的新两温度模型, 认为转动和振动模态是耦合的, 转振能级的布居数采用一个不同于振动温度的内部温度来表征。虽然此模型结果与阿波罗飞船和航天飞机任务的飞行数据进行了比较, 也与地面激波管试验数据进行了比较, 但是其基本假设都没有经过严格的验证。

Kim 等 [94] 分析 N_2 流动环境下热化学非平衡效应对激波脱体距离的影响时, 假设反应混合物包括 N、N_2、N^+、N_2^+ 和 e^-。在方法中考虑了不同模型的影响, 包括两温度模型 (2-T)、四温度模型 (4-T) 和电子激发主控方程耦合模型 (EM)。在两温度模型中, 考虑电子–平动 (E-T)、电子–转动 (E-R)、振动–平动 (V-T) 之间的能量传递, 以及由化学反应移除能量所导致的电子–电子激发–振动能的松弛过程。在 4-T 模型中, 考虑平动、转动、振动和电子能模式。在描述转动松弛过程时, 采用 Parker[95] 和修正 Park 模型 [96,97]。在电子激发主控方程耦合模型 (EM) 中, 对于中性组分而言, 考虑 N 原子的 82 个电子能态和 N_2 分子的 5 个电子能态, 对于带电粒子 N^+ 和 N_2^+ 而言, 考虑电子基态。N 和 N_2 不同电子能态的非平衡布居数是通过求解电子激发主控方程来获得的。在 EM 模型中, 转动与振动能松弛过程采用与 4-T 模型相似的形式来处理, 并且转动非平衡方程采用了修正 Park 模型。图 1.2.5(a) 中, 2-T 模型和采用 Parker 模型的 4-T 模型结果与激波管试验数据进行了比较。转动和振动松弛在 2-T 模型和 4-T 模型之间几乎是等同的, 4-T 模型的转动松弛非常快, 几乎可以被处理成与平动温度相平衡的温度。相比 Sharma 和 Gillespie 的测量数据, 转动和振动温度的松弛过程非常快, 转动温度结果和 AVCO 测量值相比而言要低一些。在图 1.2.5(b) 中, 基于修正 Park 模型的 4-T 模型以及 EM 模型计算结果与激波管测量值进行了比较。采用修正 Park 模型的 4-T 模型得到的转动松弛速度很慢, 非平衡效应更加明显, 转动和振动温度结果与 Sharma 和 Gillespie 测量数据很吻合。在下游 EM 的转动温度相比基于修正 Park 模型的 4-T 模型而言略微低一些, 但是基于修正 Park 模型的 4-T 模型与 AVCO 测量的数据很吻合。

目前热化学非平衡流 CFD 模拟中广泛应用的是两温度或多温度模型, 但是这些模型不能描述各种化学组分粒子在各个能级上的不同分布, 只能假设其满足某种模式能量温度下的 Boltzmann 分布。随着对高超声速非平衡过程研究的深入, 人们愈加注意到上述模型已不能满足各种高温物理现象的研究要求, 如能级跃迁、辐射等, 而通过采用态态动力学模型研究热化学非平衡过程中粒子的能级分布特点, 可以非常有效地避免这一缺陷, 改善气体辐射特性以及高温流场结构计算精度。高温流动中的热力学非平衡过程尤其是能级跃迁过程会显著影响气体化学反应与流场特征,导致重要化学组分粒子数密度空间分布发生很大改变。另外,该过程还会导致气体不同能级上的粒子数分布显著偏离平衡态,化学组分的能量分布函数不满足 Boltzmann 分布,对气体辐射特征与流场特性的分析造成很大影响。因此人们又逐渐发展了态态热力学非平衡模型,来研究各种极端和细致的高温非平衡现象。态态模拟方法已经超出了前述宏观或不同模式温度模型的使用范围 [98]。

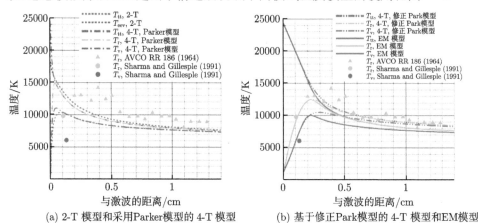

(a) 2-T 模型和采用Parker模型的 4-T 模型　　(b) 基于修正Park模型的 4-T 模型和EM模型

图 1.2.5　两温度模型与四温度模型中平动、转动和振动温度计算结果与激波管
测量数据比较 [94]

最近十多年来,在分析高温非平衡流动中不同物理化学过程时,基于态态动力学模型的求解方法得到了一些推广。态态动力学模型的核心是构建描述不同能态粒子布居数随时间变化过程的主控方程 [82,98],并对其进行求解。通常情况下主控方程只是关于时间的一阶常微分方程,仅能用于静止和空间各向同性的流体系统,当与流体力学方程耦合时,每个能态的粒子被当作一种化学组分来处理,并且需要采用空间 Euler 坐标体系处理成含有对流和黏性扩散输运项的方程。主控方程中的不同碰撞截面和速率系数可以通过试验测量获得,例如,NO、O_2 和 CO 的高振动能态的态给定速率测量 [99-103]。由于很多高振动量子态间的能量传递过程试验数据有效性存在问题,因此大多数这种速率则是通过非弹性散射理论来计算得到 [104],其前提是获知分子间力。分子间力通常来自于描述构成分子的粒子间电磁相互作用的薛定谔方程的解。这种计算过程属于量子理论的从头计算方法,计算非常复杂而且耗时,即使在现代计算资源与流场模拟结合的情况下,也是不现实的。因此人们发展了不同的速率近似计算方法 [104],包括解析方法,经典、准经典和半经典数值轨道计算方法。解析方法的速率表达式由于其简单性,常常广泛应用于非平衡流模拟,常见的包括一阶扰动理论 (first order perturbation theory,FOPT) 方法和强制简谐振子 (forced harmonic oscillator,FHO) 模型方法。一阶扰动理论即广泛应用的 SSH 方法 [105] 以及在其基础上推广的方法 [106-108],此类方法的一

个特征是 V-V 过程和 V-T 过程都采用单量子跃迁来处理，即碰撞中量子数的变化仅发生在相邻的振动态之间，忽略其他的所有跃迁 [109]。当在飞行器高温流动不同区域发生大量高能态的粒子间碰撞时，往往导致：①传统的小扰动理论无法模拟这种碰撞过程；②多量子跃迁几率变得几乎与单量子跃迁相同。此时小扰动理论的结果会存在问题。基于非小扰动理论的 FHO 模型 [110] 在碰撞过程中考虑了多量子 V-T 和 V-V 跃迁，克服了小扰动理论的缺陷。此外，上述解析方法在考虑真实碰撞三维效应和分子转动效应时，引入了可调节的参数，这些参数没有理论依据，需要依赖试验或者三维计算来修正。在经典、准经典和半经典数值轨道计算方法中，通常的简化与近似是：采用经典力学方法处理碰撞分子的平动与转动，采用量子力学方法处理振动。基于这种近似处理，并结合势能函数，可通过数值计算获得分子碰撞截面与速率。经典和准经典轨道计算方法仅对于很大的跃迁几率有效。对于小跃迁几率的精确预测而言，需要对大数量的碰撞轨道进行平均。在半经典方法中，Billing 和他的同事基于基本而详细的势能函数发展出准经典轨道 (quasi-classical trajectory, QCT) 方法，并计算了态给定的碰撞截面和速率，并且和精确的量子力学计算结果及试验数据进行了比较 [111]。Adamovich[104] 进一步发展了半经典的解析松弛 FHO-FR 模型 (forced harmonic oscillator-free rotator model) 方法，考虑了三维碰撞效应和分子转动效应，对涉及单量子跃迁和多量子跃迁的碰撞截面进行了很好的预测，包括空气反应组分间的碰撞如 N_2-N_2、O_2-O_2、N_2-O_2 等，而没有引入可调节的参数，但对于长程多极--多极相互作用的分子碰撞而言，如 CO-CO 和 CO-N_2 是否适应，还需要研究。FHO-FR 模型方法不但在预测三维原子--分子和分子--分子碰撞中的态给定的 V-T、V-V 和分子离解速率方面取得了很大成功，而且也复现了跃迁几率对不同碰撞参数的依赖特性，如转动能和碰撞缩并质量等。虽然 FHO-FR 模型包含了碰撞过程中分子转动对振动能跃迁几率的影响，但是自由转动假设并不能预测转动能跃迁。这种局限对于高振动能级下的分子离解而言是很关键的。Adamovich[112] 对 FHO-FR 模型进行了推广和完善，考虑了转动松弛以及振动、平动和转动能传递。不同态态跃迁与化学反应速率模型在高温非平衡流动模拟中得到了推广。

图 1.2.6 和图 1.2.7 比较了采用解析方法 FHO-FR 模型和半经典轨道数值计算方法 DIDIAV 得到的 V-V 跃迁几率 [104]。可以看到：对于共振和非共振情况下的单量子和多量子跃迁过程而言，FHO-FR 和 DIDIAV 方法都比较吻合。而 SSH 方法得到的跃迁几率在整个碰撞能范围内都发生了很大的偏差，这再次说明一维扰动理论方法对于高振动量子数而言是不适用的。

在化学速率数据方面，由于高能粒子碰撞试验测量存在着困难，因此关于态态动力学模型的化学速率数据通常来自于唯象碰撞模型 [22,113]。对这些唯象模型常常进行校核来复现平衡测量结果，但并不能保证在非平衡区域是精确的 [114]。通常 FHO 模型理论在满足一定近似条件下也可用于获得态给定的反应速率[115,116]，但具有一定的局限性。Adamovich 等基于 FHO 模型方法，通过求解非平衡离解气体的主控方程，模拟了 N_2 和 O_2-Ar 等气体在强激波后的离解和松弛过程。此

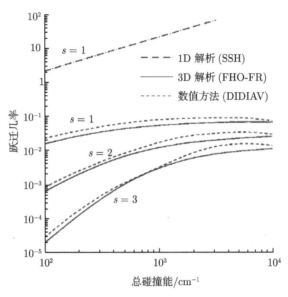

图 1.2.6　N_2-N_2 碰撞 V-V 共振跃迁概率解析方法与数值方法比较 [104]

$$(i, i-s \rightarrow i-s, i),\ i = 40$$

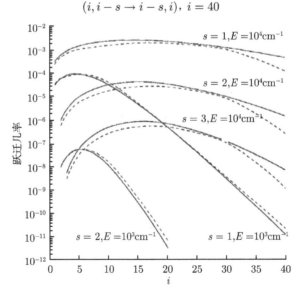

图 1.2.7　N_2-N_2 碰撞 V-V 非共振跃迁几率解析方法与数值方法比较 $(i, 0 \rightarrow i-s, s)$[104]

——解析 FHO-FR 模型方法；- - 半经典轨道计算方法 DIDIAV

外, QCT 方法近些年来也广泛用于态给定的离解反应截面和速率研究中。不同学者采用 QCT 方法研究了 N_2+N[117]、N_2+N_2[118]、O_2+O[119,120] 以及高焓条件下的其他化学系统 [121,122]。轨道计算需要关于所有相互作用粒子的一个势能曲面 (potential energy surfaces, PES)。从头计算的势能曲面常通过对离散的原子位置进行详细电子结构计算并将结果拟合成解析函数来获得。但是即使在简单的空气反应流动中, 也会存在着超过 40 种可能的碰撞对组合 [82]。当进一步在高焓流动中考虑烧蚀组分时流动会更加复杂, 所需的 PES 数量也会显著增加。在从头计算的势能曲面不可用的情况下, 人们往往求助于唯象反应模型或者构造简化的势能曲面 [123]。通过对比从头开始计算的势能曲面和简化势能曲面以及测量数据, 可以分析势能曲面简化带来的影响。

　　Kulakhmetov 等 [119] 采用基于两种势能曲面的 QCT 方法得到了 O_2 与 O 的碰撞离解反应速率。其中一个势能曲面是从头开始计算结合试验数据拟合得到的 Varandas-Pais 曲面, 此模型由于得到试验验证而作为基准曲面; 另外一个势能曲面是 MAP 势能曲面 (Morse additive pairwise potential)。如图 1.2.8 所示, 在 10000K 以下采用 Varandas-Pais 势能和 MAP 势能得到平均速率比 Shatalov 试验数据低 40%。抽样的态给定速率数据的标准偏差近似为平均值的 30%。由于在 10000K 以上时缺乏试验测量数据, 此温度范围以上的离解速率与 Park 的数据 [82] 进行了比较。Park 对有效的试验数据进行了处理, 并且外插到高温范围。在 10000K 和 20000K 之间, QCT 速率数据比 Park 的数据高 30%～70%。在描述势能曲面模型对非平衡离解速率的影响时, 采用了两温度模型 ($T = T_t = T_r, T_v \neq T$), 即平动和转动能服从在平动温度 T 下的 Boltzmann 分布, 而振动能则服从振动温度 T_v 下的 Boltzmann 分布。从图 1.2.9 中可以看到: 基于 MAP 和 Varandas-Pais 势能计算的非平衡速率在 T=5000K 时, 在热振动条件下 ($T_v > T$) 偏差小于 10%, 在冷振动条件下 ($T_v < T$) 偏差小于 70%。当平动温度增加时偏差会减小, 在 $T = 20000K$ 时, 整个温度范围内, 两者偏差小于 20%。Park 模型通常采用平动温度和振动温度的几何平均作为离解速率的有效温度, 并且可采用平均动力学温度来代替上述几何平均温度。尽管 QCT 方法和 Park 的平均速率偏差小于 37%, 但标准的 Park 非平衡速率在热振动条件下与 QCT 差 60%, 并且在冷振动条件下偏差超过两个量级幅度。从物理上说, 在低振动温度下, O_2 仅分布在振动基态上, 振动温度的进一步降低应该不影响非平衡速率。这些趋势通过图 1.2.9 中的 QCT 结果得到复现。通过采用动力学平均温度 [22], Park 模型的低振动温度性能得到改善, 但是此平均方法在热振动条件下会导致速率降低。总之, 非平衡唯象模型在冷振动条件下 ($T_v < T$) 偏差超过两个量级幅度, 而简化势能模型与较为精确的势能模型结果差别仅小于 70%。因此, 简化的 MAP 势能模型所提供的速率相比目前的唯象模型更加准确。

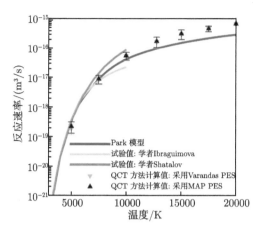

图 1.2.8　$O_2+O \longrightarrow 3O$ 基于 Varandas-Pais 与 MAP 势能曲面的平衡离解速率常数 (试验数据来自文献 [124] 和 [125])[119]

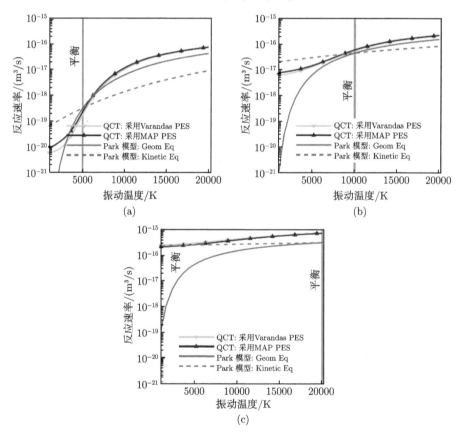

图 1.2.9　两温度 ($T = T_t = T_r, T_v \neq T$) 在 T =5000K, 10000K 和 20000K 时的非平衡离解速率[119]

1.3 DSMC 方法研究进展

在过去五十多年中，DSMC 方法得到了快速发展。该方法不是直接数值求解 Boltzmann 方程，而是通过对大量有代表性的粒子运动和碰撞进行跟踪来模拟 Boltzmann 方程所代表的物理过程。每个粒子带有分子层面的信息，包括位置矢量，速度矢量，分子质量、尺寸与内能状态等物理信息。计算中需要模拟的物理区域被划分成若干网格单元。在小于局部平均碰撞时间的时间步长内对粒子的运动与碰撞进行解耦计算。关于碰撞的模拟，当确定网格单元内发生碰撞的两个粒子时，不考虑其相对位置的影响，要求网格单元尺度小于局部的分子平均自由程。Bird 的非时间计数器 (no time counter，NTC) 方法 [126] 是应用最广泛的碰撞计算方法，该方法有利于计算机的向量化计算。首先在网格单元体内形成一定数目的粒子对，每对粒子以随机形式形成，然后采用碰撞截面和相对速度的乘积计算每对粒子的碰撞几率，结合粒子对抽样过程来复现所期望的真实气体分子平衡碰撞频率。由碰撞几率和计算产生的随机数进行比较来确定粒子对是否发生真实的碰撞。当碰撞发生后，则采用动量和能量守恒关系来确定碰撞后粒子的各自运动速度。非弹性碰撞后的粒子内能的分配通常采用 Larsen-Borgnakke 模型 [127] 来实现。当考虑离解、置换和电离等化学反应时，通过基于化学反应碰撞截面与总碰撞截面之比 (即位阻因子) 先计算反应概率，然后和计算产生的随机数进行比较来判断反应是否发生，若反应发生则根据反应碰撞类型确定碰撞后粒子运动和能量状态。上述过程反复进行，直到流动达到稳定状态，最后统计取样粒子的平均信息，获得流场解。

1.3.1 DSMC 内能交换模型

首先分析最基本的粒子弹性碰撞。不考虑内能交换和化学反应时，粒子间的弹性碰撞只能导致速度改变。这种相互作用的频率由碰撞截面决定。广泛应用的碰撞截面模型包括 VHS(variable hard sphere) 模型 [128] 和 VSS(variable soft sphere) 模型 [129]。VHS/VSS 碰撞截面模型的主要局限是它们需要采用简单的温度指数关系模拟黏性和扩散系数。即使对于常用的气体而言，尽管 Bird 已经提供了 VHS/VSS 参数，但其黏性的温度依赖关系在广泛的温度范围内也会变化。尽管不同学者又发展了其他的碰撞截面模型，如 GHS(general hard sphere) 模型 [130]、GSS(general soft sphere) 模型 [131]，这些模型也都依赖于能够复现试验确定的宏观输运特性，而通常不存在可靠的高温输运特性试验数据。因此将来需要在 DSMC 计算中发展更加一般的碰撞截面模型。此外，这些模型假设总碰撞截面仅依赖于碰撞粒子间的相对平动能，此假设在低温气体情况下分子高转动和振动态没有激发时是有效的，当高转动和振动态激发时，此假设失效 [132]。

通过对碰撞后的粒子分配转动、振动和电子激发能,可以在 DSMC 方法中实现内能交换的模拟。通常与 CFD 方法情况相同,忽略电子激发模态的贡献。在经典的物理方法中,假设转动能服从 Boltzmann 连续分布。当一个粒子进入 DSMC 计算区域时,需要基于上述转动能的连续 Boltzmann 分布对其转动能进行随机抽样。在连续分布假设下分析粒子通过碰撞进行的转动能交换时,通常采用 Jeans 转动松弛方程[133]。Jeans 转动松弛方程是一种宏观统计意义上的平均方程。与其等价的 DSMC 过程是:对每次碰撞的转动能交换几率进行估计,当碰撞满足这种几率时发生转动松弛。转动能交换的平均几率为

$$\bar{P}_{\text{rot}} = 1/Z_{\text{rot}} = \tau_{\text{t}}/\tau_{\text{r}} = 1/\left(\tau_{\text{r}}\nu\right) \tag{1.3.1}$$

其中,Z_{rot} 是转动碰撞数;τ_{t} 是平动松弛时间,等于平均碰撞频率 ν 的倒数。Boyd[134] 根据 Parker 转动碰撞数模型[95] 和 VHS 碰撞截面模型,得到了如下的转动能交换几率:

$$P_{\text{rot}} = \frac{1}{(Z_{\text{rot}})_{\infty}} \left(1 + \frac{\Gamma\left(\zeta + 2 - \omega\right)}{\Gamma\left(\zeta + 3/2 - \omega\right)} \left(\frac{kT^*}{\varepsilon_{\text{tot}}}\right)^{\frac{1}{2}} \frac{\pi^{\frac{3}{2}}}{2} \right.$$
$$\left. + \frac{\Gamma\left(\zeta + 2 - \omega\right)}{\Gamma\left(\zeta + 1 - \omega\right)} \left(\frac{kT^*}{\varepsilon_{\text{tot}}}\right) \left(\frac{\pi^2}{4} + \pi\right) \right) \tag{1.3.2}$$

其中,ε_{rot} 是总的碰撞能 (碰撞平动能和转动能之和),T^* 是分子间势能特征温度,$(Z_{\text{rot}})_{\infty}$ 是极限值,ζ 是参与碰撞的分子内部自由度,ω 是黏性的温度幂指数。采用 BL(Borgnakke-Larsen) 模型[135] 分配碰撞后的转动能。BL 模型在局部热力学平衡假设下根据如下几率来抽样转动能:

$$\frac{P}{P_{\text{max}}} = \left(\frac{\zeta + 1 - \omega}{2 - \omega} \left(1 - \frac{\varepsilon_{\text{rot}}}{\varepsilon_{\text{tot}}} \right) \right)^{2-\omega} \left(\frac{\zeta + 1 - \omega}{\zeta - 1} \left(\frac{\varepsilon_{\text{rot}}}{\varepsilon_{\text{tot}}} \right) \right)^{\zeta-1} \tag{1.3.3}$$

为了使得 BL 能量交换模型与连续流转动松弛 Jeans 方程一致,Lumpkin 等[136] 对 DSMC 方法中的转动能交换几率进行了如下修正:

$$P_{\text{particle}} = P_{\text{continuum}} \left(1 + \frac{2\zeta}{4 - 2\omega} \right) \tag{1.3.4}$$

尽管转动能常常采用传统的连续分布假设进行交换,但是 Boyd[137] 也给出了量子化转动能级下的抽样几率方法。

振动松弛流动的模拟与转动松弛相似。平均的振动能交换几率通常也来自于高超声速 CFD 模型,典型情况下是 Millikan-White[138] 模型,并进行了 Park 的高温修正[139],即

$$\tau_{\text{vib}} = \tau_{\text{MW}} + \tau_{\text{Park}} \tag{1.3.5}$$

为了在 DSMC 计算中精确复现此振动松弛时间, 加之其复杂的温度依赖特性, 有必要估计一个碰撞平均交换几率 [135]。由于振动能级分布是不连续的, Bergemann 和 Boyd [140] 给出了关于量子化振动能交换的 BL 方法。首先基于总碰撞能整数截断确定最大振动量子能级:

$$\nu_{\max} = \left\lfloor \frac{\varepsilon_{\text{tot}}}{k\theta_{\text{v}}} \right\rfloor \tag{1.3.6}$$

其中, θ_{v} 是分子的特征振动温度, 碰撞后的振动量子数采用如下方法抽样:

$$\frac{P}{P_{\max}} = \left(1 - \frac{\nu k\theta_{\text{v}}}{\varepsilon_{\text{tot}}} \right)^{1-\omega} \tag{1.3.7}$$

采用 DSMC 方法模拟振动松弛过程时, Lumpkin 等 [136] 的修正因子也必须添加到振动能交换几率中去。

可以看到, 不管是基于 Parker 宏观转动松弛碰撞数的非弹性碰撞过程, 还是基于 Millikan-White 宏观振动松弛碰撞数的非弹性碰撞过程, 在高温下的这些松弛碰撞数试验结果是很少的, 相关数据外推到高度非平衡时会导致较大的不确定性。此外, 高速碰撞后的能量抽样分布假设为平衡分布, 会导致另外两个问题: 首先, 在强热力学非平衡下, 分子内能的分布不是平衡分布; 其次, 温度充分高时, 平衡分布函数预测的分子内能显著高于其束缚能, 不符合物理规律 [141]。

在高度非平衡情况下, 不同模式的各种能量已不满足平均模式温度所表征的分布。目前, 不同的学者已经发展了更加详细的涉及不同能态能量交换的态态模型, 并实现了典型高超声速非平衡流动中不同能级跃迁的 DSMC 模拟。Boyd 等基于 Adamovich 等 [142] 发展的关于态态跃迁几率的 FHO 模型, 给出了 DSMC 振动松弛模型和计算结果 [143]。对于分子–分子碰撞而言, 从振动初态到振动终态的跃迁几率为

$$P_{\text{VVT}}(i_1, i_2 \to f_1, f_2, \varepsilon, \rho) = \left| \sum_{r=0}^{n} C_{r+1,i_2+1}^{i_1+i_2} C_{r+1,f_2+1}^{f_1+f_2} \exp\left[-\mathrm{i}(f_1 + f_2 - r)\rho \right] P_{\text{VT}}^{1/2} \right.$$

$$\left. \times (i_1 + i_2 - r \to f_1 + f_2 - r, 2\varepsilon) \right|^2 \tag{1.3.8a}$$

其中, 有

$$P_{\text{VT}}(i \to f, \varepsilon) = i! f! \varepsilon^{i+f} \exp(-\varepsilon) \left| \frac{(-1)^r}{r!(i-r)!(f-r)!} \frac{1}{\varepsilon^r} \right|^2 \tag{1.3.8b}$$

$$\varepsilon = S_{\mathrm{VT}} \frac{4\pi^3 \omega \left(\tilde{m}^2/\mu\right) \gamma^2}{\alpha^2 h} \mathrm{arsinh}^2 \left(\frac{\pi\omega}{\alpha\bar{\nu}}\right), \quad \rho = \left(S_{\mathrm{VV}} \frac{\alpha^2 \bar{\nu}^2}{\omega_1 \omega_2}\right)^{1/2}$$

上述公式中不同的参数物理意义见文献 [142]。应该注意到在早期 DSMC 研究中，也考虑了态求解的振动松弛模拟 [144]。例如，在文献 [144] 中，将上述纯粹的振动平动跃迁几率 (1.3.8b) 用于分析振动松弛过程。而采用式 (1.3.8a) 则考虑了完整的振动平动和振动跃迁，被称作 DSMC-FHO 模型。由于方程 (1.3.8) 很复杂，对于 DSMC 中的每次碰撞计算跃迁几率代价难以承受。因此需要事先对固定数量的相对速度段设计几率表。首先对当前的两个碰撞分子的振动能级而言，从表中产生所有跃迁的总几率，然后确定跃迁是否发生，若发生跃迁则采用舍选抽样方法确定跃迁终态。

图 1.3.1 是 Boyd 等 [143] 结合 DSMC 方法和态态振动松弛模型获得的部分结果。图 1.3.1(a) 和 (b) 显示了振动冷却情况下温度轮廓和振动能分布随时间的发展历程。其中 CFD-LT 方法是指低保真度的 CFD(low-fidelity CFD) 方法，振动松弛时间取自 Millikan-White[138] 模型，并且采用了 Park 高温修正 [145]。在振动非平衡源项中考虑了 V-V 和 V-T 过程的贡献。CFD-FHO 方法是基于态态模型的 CFD 方法，振动跃迁速率系数来自于 FHO 模型。DSMC-LB 是指低保真度的 DSMC 方法，在该方法中每次碰撞发生振动能交换的几率与 CFD-LT 方法宏观层面的松弛时间相一致，并且基于简谐振子的离散能级的 LB 模型分配碰撞后的振动能量。图 1.3.1(a) 给出了四种方法的结果，可以看到两种低保真度的方法 (CFD-LT 和 DSMC-LB) 彼此之间很吻合，两种高保真度的方法 (CFD-FHO 和 DSMC-FHO) 彼此之间也很吻合，但低保真度方法相比高保真度方法而言，显著低估了松弛速率。图 1.3.1(b) 显示了 DSMC-LB 方法的振动能分布时间发展历程，在开始和最后都达到了平衡。图 1.3.1(c) 显示了 DSMC-FHO 方法结果，采用 FHO 模型方法预测的一系列过程中振动能分布都接近 Boltzmann 分布，相比 DSMC-LB 方法而言，显示出了较小程度的非平衡效应。

Wilson 等 [146] 曾指出：LB 模型基于碰撞后的 Boltzmann 分布假设来分配能量在非平衡情况下是不合理的。另一方面，态态模型可以采用更加详细的从头开始的计算数据来确定碰撞后的不同能量分布。态态模型方法给出了不同能态间的跃迁几率，可以直接用于 DSMC 方法来仿真热力学松弛和反应过程。该模型在 DSMC 方法中常依赖于简单简谐振子 (SHO)[147] 和强制简谐振子 (FHO) 假设 [148]。通常通过 QCT 计算来发展态态模型。在 QCT 数据中存在大量的转振能态和跃迁，导致计算代价巨大，因此人们发展了不同的方法来减少数据用于 DSMC(或者 CFD) 模拟，这包括采用 QCT 数据拟合宏观唯象模型 [149]、通过能量分组方法构建碰撞截面和速率桶方法 [147,150]、在 DSMC 双体碰撞过程中模拟 QCT 散射事件 [151] 等。

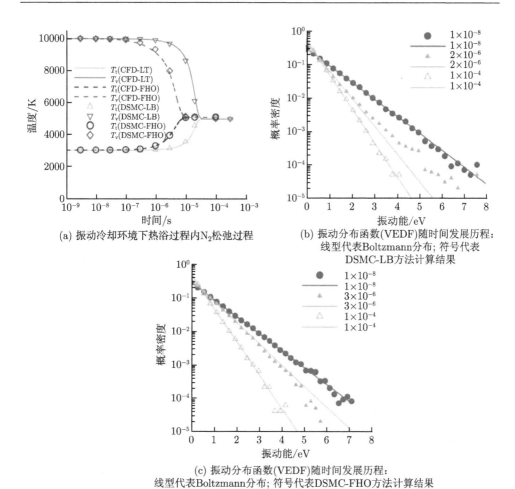

(a) 振动冷却环境下热浴过程内N₂松弛过程

(b) 振动分布函数(VEDF)随时间发展历程:
线型代表Boltzmann分布; 符号代表
DSMC-LB方法计算结果

(c) 振动分布函数(VEDF)随时间发展历程:
线型代表Boltzmann分布; 符号代表DSMC-FHO方法计算结果

图 1.3.1 基于态态模型的零维热浴过程 DSMC 方法模拟结果 [143]

1.3.2 化学模型

最常用的 DSMC 化学模型是 Bird 的 TCE(total collision energy) 模型 [22]。此模型基于修正的 Arrhenius 速率系数函数形式得到:

$$C = aT^b \exp\left(-\frac{\varepsilon_{\text{act}}}{kT}\right) \tag{1.3.9}$$

其中, a 和 b 是常数, ε_{act} 是反应活化能。结合关于总碰撞能的平衡分布函数与单次碰撞几率乘积的积分, 可以得到与宏观反应速率系数 (1.3.9) 相一致的 VHS 碰撞模型:

$$P_{\text{TCE}} = A\frac{(\varepsilon_{\text{tot}} - \varepsilon_{\text{act}})^{b+\zeta+\frac{1}{2}}}{(\varepsilon_{\text{tot}})^{\zeta+1-\omega}} \tag{1.3.10}$$

其中，$\varepsilon_{\mathrm{tot}}$ 是碰撞中两个粒子的所有模式的总碰撞能，参数 A 依赖于反应速率的
Arrhenius 参数和分子常数。Haas 和 Boyd[152] 在 TCE 模型基础上增加了振动离
解耦合效应，提出了 VFD(vibrationally favored dissociation) 化学模型。

$$P_{\mathrm{VFD}} = A \frac{(\varepsilon_{\mathrm{tot}} - \varepsilon_{\mathrm{act}})^{b+\zeta+\frac{1}{2}}}{(\varepsilon_{\mathrm{tot}})^{\zeta+1-\omega}} (\varepsilon_{\mathrm{vib}})^{\phi} \tag{1.3.11}$$

其中，关于空气分子的 VFD 参数 ϕ 值则通过与试验比较来确定。

可以看到，在 TCE 模型中，关于化学反应几率的微观信息由基于 Arrhenius 单
温度速率常数的宏观信息所决定。VFD 模型同样也是由宏观信息所决定。在热力
学平衡条件下，上述这些模型都满足宏观层面的 Arrhenius 温度依赖特性。当飞行
器飞行速度很高时，头部激波后面的温度显著超过 10000K，Arrhenius 形式的化学
速率描述是无效的 [153]，为此，Bondar 等 [153-155] 基于 Kuznetsov 振动离解速率模
型 [154](Kuznetsov-based state specific，KSS) 给出了基于数值方法得到的空气离解
反应截面模型。从图 1.3.2[154] 可以看到，TCE 模型虽然在 $T_{\mathrm{v}} = T$ 时与 Kuznetsov
模型吻合得很好，但是在 $T_{\mathrm{v}} = 0.7T$ 时预测值显著偏高，在 $T_{\mathrm{v}} = 1.5T$ 时预测值显
著偏低。图 1.3.2～图 1.3.4 采用不同热力学非平衡模式的热浴 DSMC 模拟得到了
N_2 和 O_2 分别在碰撞三体 N 和 O 下的离解速率，直接应用了基于不同振动态给
定的离解反应截面。可以看到：不管是直接对离解反应截面进行平动能和转动能的
Boltzmann 双重数值积分，还是通过 SMILE ++进行 DSMC 粒子仿真，都可以得
到与理论解析解一致的结果。

同样，TCE 模型也不能反映包括转动、振动等不同内能模式对反映速率的影
响。因此 Boyd 等又提出了推广的碰撞能 (generalized collision energy，GCE) 模型，
给出了如下的反应几率 [156]：

$$P_{\mathrm{GCE}} = A \frac{(\varepsilon_{\mathrm{tot}} - \varepsilon_{\mathrm{act}})^{b+\zeta+\frac{1}{2}}}{(\varepsilon_{\mathrm{tot}})^{\zeta+1-\omega}} (\varepsilon_{\mathrm{vib}})^{\phi} (\varepsilon_{\mathrm{tra}})^{\alpha} \left(1 - \frac{\varepsilon_{\mathrm{rot}}}{\varepsilon_{\mathrm{tot}}}\right)^{\beta} \tag{1.3.12}$$

TCE 模型、VFD 模型以及 GCE 模型都需要用到关于反应截面的信息。理想
情况下，DSMC 方法中所采用的反应截面应该可以直接确定。但在通常情况下，高
超声速空气流动中的反应截面测量除了少量涉及电子的反应之外，并不是有效的。
因此，很多研究采用从头开始的计算化学技术发展详细的 DSMC 化学模型数据库，
其中的一个方法是采用 QCT 方法来构建这种数据库。图 1.3.5 给出了采用 QCT
方法与 GCE 模型反应截面的对比 [24]，可以看到：在振动能级分别为 ν=0、7 和 13
条件下，GCE 方法在碰撞总能较低的情况下与 QCT 吻合较好。GCE 模型虽然考
虑了不同内能模式的影响，但在碰撞总能较高时与 QCT 方法并不完全吻合。这说
明 DSMC 化学模型今后仍然需要进一步改善。

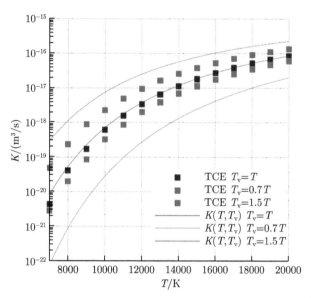

图 1.3.2 TCE 和 KSS 模型 $N_2+N \longrightarrow 3N$ 反应速率常数比较 [154]

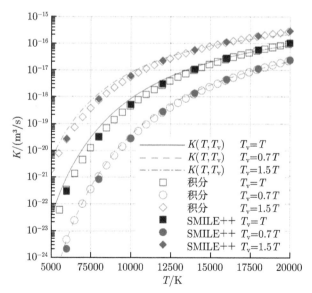

图 1.3.3 三种方法下 $N_2+N \longrightarrow 3N$ 反应速率常数比较 [154]

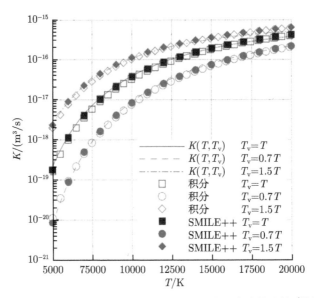

图 1.3.4　三种方法下 $O_2+O\longrightarrow 3O$ 反应速率常数比较[154]

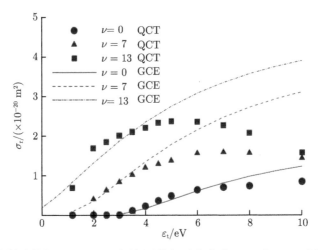

图 1.3.5　N_2 在转动能级 $J=64$ 及不同振动能级反应生成 NO 时 QCT 方法与 GCE 模型
反应截面比较[24]

　　前面曾提到，TCE 模型很大程度上取决于连续流平衡条件下的宏观速率常数的温度依赖关系，应用到高度非平衡条件时面临着不适用的问题。此外，VFD 模型中的振动能依赖参数的选择在很高温度下也存在着问题，因为不存在试验数据来校核这种模型。针对这些情况，Bird 发展了不依赖于宏观信息的基于量子力学的 Q-K(quantum-kinetic) 反应模型[157]，此模型是一个简单的唯象模型，采用简单的简谐振子来描述振动能,并且不考虑转动能的影响,假设碰撞总能是相对平动能和分子振动能之和。对于离解反应而言,当碰撞总能超过离解能时则发生反应。对于正向吸热的置换和链式反应而言,当总能超过活化能时则以一定几率发生反应过程。根据微观可逆原理,逆向的复合反应几率通过基于合理的碰撞温度的平衡常数来获得,逆向吸热的置换和链式反应也是通过调整活化能与基于统计力学获得的平衡常数相吻合来得到。后来 Bird[158] 又将 Q-K 模型推广到振动态给定的化学模型,但是,这种假设在高振动激发态和非简谐振子效应变得显著时,其有效性是存在问题的 [159]。

Liechty 等 [160] 将 Q-K 模型方法推广到了电子能级跃迁和电离反应,在此情况下的碰撞总能包括相对平动能和电子激发能,若超过电离能,则粒子会丢失电子而发生电离。他们对试验气体 N_2 和 N 以及电子进行了零维 DSMC 模拟,得到了 N_2 和 N 由电子碰撞引起的能级跃迁和电离速率,并与相关文献和作者的速率数据进行了比较,结果比较吻合 (图 1.3.6~图 1.3.9)。

此外,Kim 和 Boyd[161] 把基于 QCT 方法的态态跃迁和反应速率模型应用到 DSMC 方法,并针对态求解方法中的弹性碰撞,构造了给定态的总碰撞截面。结合给定态的总碰撞截面和来自束缚–束缚与束缚–自由的态态跃迁碰撞截面构造了态求解方法,此方法不依赖宏观的 LB 唯象模型,实现了内能传递和反应的模拟。在零维热浴和二维圆柱的 $N+N_2$ 流动模拟中,与以前的 DSMC 模型和主控方程计算进

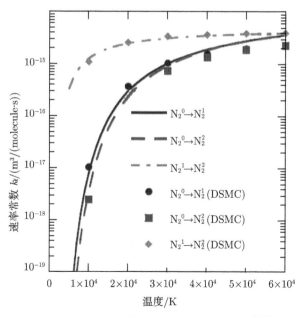

图 1.3.6 电子碰撞 N_2 电子能跃迁速率 [160]

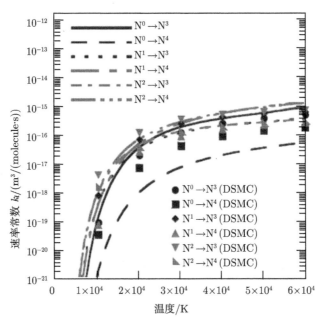

图 1.3.7　电子碰撞 N 电子能跃迁速率 [160]

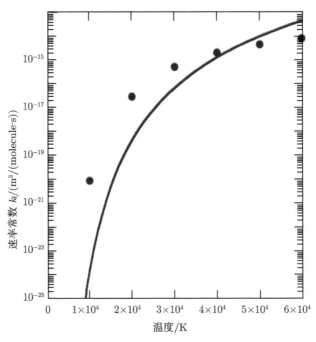

图 1.3.8　电子碰撞 N$_2$ 电离速率 [160]

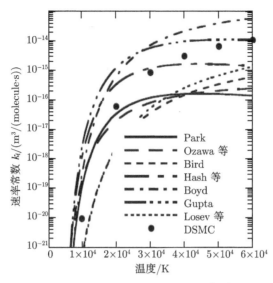

图 1.3.9 电子碰撞 N 电离速率 [160]

行了对比。图 1.3.10 中给出了态给定的总碰撞截面 (state-specific total cross section，SST) 模型与 VHS、VSS、GSS 模型的比较。可以看到：不同转动态的总碰撞截面差别是可以忽略的，不同振动态的总碰撞截面差别较为明显。VSS 和 GSS 模型的总碰撞截面比 SST 模型的最小碰撞截面小很多。在零维热浴情况下，初始的平动温度为 20000K，振动与振动温度为 1000K。二维圆柱情况下，自由流速度为 10km/s，温度为 200K。态求解模型 SST+RVT+QCT 是采用态给定的总碰撞截面与基于 QCT 方法得到的态态跃迁和化学反应截面来构造。VSS+LB+QK 模型是采用 VSS 总碰撞截面与 LB 唯象能量传递模型以及 Q-K 反应模型来构造；VSS+LB+TCE 模型是采用 VSS 总碰撞截面与 LB 唯象能量传递模型以及 TCE 反应模型来构造。图 1.3.11 中，通过态求解模型 SST+RVT+QCT 的 DSMC 方法得到转动和振动态数密度，并与主控方程方法结果进行了比较，两种方法得到了相同的分布。图 1.3.12 给出了二维圆柱流动的不同模型结果。图 1.3.12(a) 中，所有模型的转动温度与振动温度相比相同或者略高。在圆柱附近，VSS+RVT+QCT 模型的平动温度相比 VSS+LB+QK 和 VSS+LB+TCE 模型而言要高一些，而远离圆柱一段距离后反而偏低。SST+RVT+QCT 模型的平动、转动和振动温度几乎与 VSS+LB+QK 模型和 VSS+LB+TCE 模型相同。图 1.3.12(b) 中，SST+RVT+QCT 模型相比其他两个模型，引起的离解的 N 数密度要高一些。

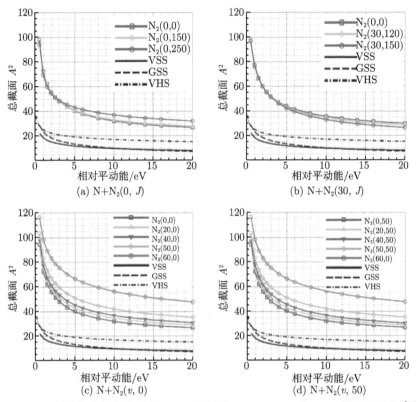

图 1.3.10　态给定的总碰撞截面 (SST) 模型与 VHS、VSS 和 GSS 模型的比较 [161]

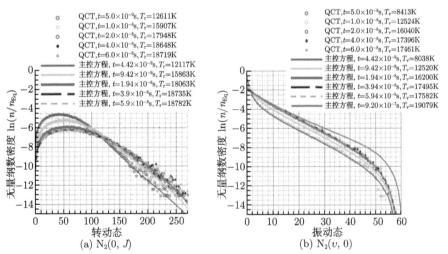

图 1.3.11　基于 SST+RVT+QCT 模型 DSMC 方法的无量纲数密度与主控方程

计算结果比较 [161]

$T=8000\mathrm{K}$，$T_\mathrm{r} = T_\mathrm{v}=2000\mathrm{K}$

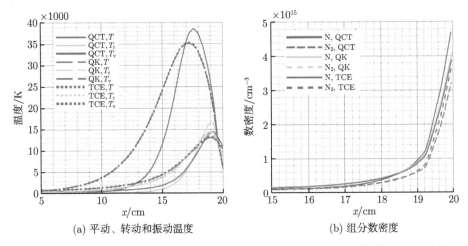

(a) 平动、转动和振动温度　　　　(b) 组分数密度

图 1.3.12　基于 SST+RVT+QCT、VSS+LB+QK、VSS+LB+TCE 模型 DSMC 方法在二维圆柱驻点线温度和组分数密度比较 [161]

1.3.3 电离反应流动

当 DSMC 方法应用到电离流动时，会面临着很大的挑战，因为电子流动特性与中性或者离子等重粒子组分的流动有很大区别。主要的区别是：①电子质量轻近似 5 个量级，热力学速度比空气重粒子组分高近似 2 个量级；②电子的碰撞频率比其他重粒子高出若干数量级。如果电子不是带电粒子，则第一个问题只是采用相比其他粒子小很多的时间步长 Δt 来解决。但是静电吸引意味着电子与离子彼此之间相互作用时，电子扩散速度受其影响减小，离子扩散速度受其影响而略有增加。用于反映此效应的通用模型是双极 (ambi-polar) 扩散模型，该模型假设离子与电子以相同的速率扩散。Bird[162] 首先在 DSMC 方法中引入了双极扩散模型，使得每个电子粒子直接与产生该电子时由于电离而出现的离子绑定。这些对带电粒子然后以该离子速度在流场区域运动。此方法虽然取得了一定的成功，但在应用于高电离度的流场时出现了困难且性能较差。Carlson 和 Hassan[163] 引入了另外一种处理方法，在此方法中他们采用零电流假设，并且假设电荷中性，通过基于平均的带电粒子特性对电场进行计算。带电粒子在电场中运动时，电子运动的时间步长远小于离子运动时间步长。Boyd[164] 则提出了一种新颖的方法，在此方法中电子以离子平均速度在流场区域运动，电子与离子不再以明确的方式绑定在一起，这使得该方法更加容易实现，并且相比 Bird 提出的处理方法更加实用。不管是 Bird[162] 方法还是 Boyd[164] 方法，都意味着电子在重粒子的时间尺度上运动，因此没有必要缩小时间步长。模拟电子运动面临的第二个问题与其显著的高碰撞频率相关，可选择的解决途径包括：①减小全局时间步长；②允许电子在每次迭代中发生一次以上

的碰撞; ③实施子循环碰撞。子循环涉及在每个运动迭代步上调用许多次碰撞子循环, 以便在比全局时间步长小很多的子循环时间步长 Δt_c 情况下待检测的碰撞对数目高出若干倍。所有这些选择, 相对没有电子时都会大大增加计算代价, 显著降低 DSMC 方法的效率, 为解决实际问题带来诸多困难。Boyd[165] 为缓解上述第二个问题带来的困难, 则人为地将电子质量增加 3 个数量级, 把电子当作普通分子来对待。该方法尽管获得了合理的电子数密度, 但是给电子能量和电子温度的预测带来较大的偏差。Farbar 等 [166] 则是基于流场中所有重粒子碰撞时间的最小时间步长计算粒子的运动, 并且在每个模拟时间步长内通过多次碰撞子循环来模拟电子和重粒子的碰撞。涉及电子的碰撞过程和能量分配机制在 DSMC 模拟方法中仍然处于探索和发展阶段。

在飞行器速度非常高的情况下 (如 FIRE 飞行任务再入速度 11.4km/s), 需要模拟辐射加热。为此, 精确预测流场时需要正确地模拟电子激发过程。通常大部分 DSMC 计算都是假设粒子处于电子能基态, 但电子激发能级和电子跃迁将会改变辐射与化学反应效应。Bird[162] 和 Carlson 等 [163] 模拟了电子激发能级和电子跃迁。Gallis 和 Harvey[167] 采用 DSMC 方法模拟非平衡辐射时, 也考虑了电子激发过程, 但是, 在他们的方法中, 需要精确的电子激发和吸收截面数据, 而大部分组分的这些截面数据存在着很大的不确定性。Liechty 等在 DSMC 中也研究了电子能级跃迁的模拟, 发现对于平衡条件而言, 采用隐式细致平衡模型的单量子跃迁结果最优 [168]。Ozawa 等 [169] 采用 DSMC 方法模拟 Stardust 飞行器再入过程中 68.9km 的电离空气流动时, 考虑了 N 与 O 原子的电子激发能级和电子碰撞激发/退激以及电离过程。图 1.3.13 是基于从基态到激发态能级的碰撞截面和速率系数

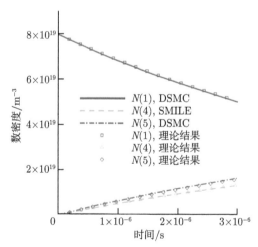

图 1.3.13　电子基态和两个电子激发能级 (第 4 和第 5 能级)N 原子的数密度比较 [169]

并采用 DSMC 模拟的零维计算结果。模拟中考虑了从基态到第 4 能级与从基态到第 5 能级的电子跃迁过程, 和基于相同跃迁速率的理论结果很吻合。图 1.3.14 显示了总数密度、平动温度、电子数密度和电子温度分布。电子温度显著低于平动温度。图 1.3.15 比较了考虑与不考虑电子激发时 Stardust 飞行器流场驻点线上的离子组分结果, 可以看到考虑电子激发时, N^+ 和 O^+ 的离子数密度显著增加。而其他离子组分如 N_2^+ 和 NO^+ 的数密度变化则不明显。图 1.3.16 给出了相应的总数密度、离子数密度和电子数密度。通常情况下电子数密度与离子数密度接近。总数密度在是否考虑电子激发时变化不大, 而离子数密度会发生显著变化, 因为当考虑原子的电子激发时, N^+ 显著增加, 最大幅度可达 40% 左右。考虑原子的电子激发会改善对电离的预测。

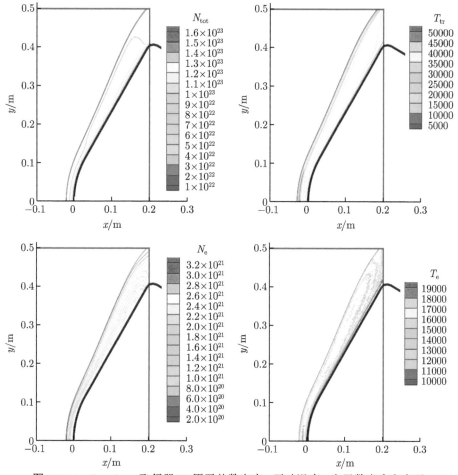

图 1.3.14 Stardust 飞行器 N 原子总数密度、平动温度、电子数密度和电子

温度分布 [169]

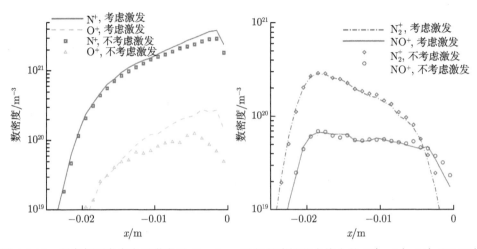

图 1.3.15   考虑与不考虑电子激发时 Stardust 飞行器流场驻点线上的 N^+, O^+, N_2^+ 和 NO^+

分布[169]

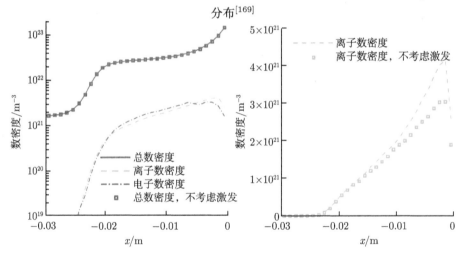

图 1.3.16   考虑与不考虑电子激发时 Stardust 飞行器流场驻点线上的总数密度、离子数密度

和电子数密度[169]

    需要指出的是：在飞行器周围流场中的某些部位双极扩散并不存在，如固体壁面附近，来流电荷中性气体和激波层等离子体之间的区域等。这些地方存在着巨大的电荷分离，阻止了电子的扩散，导致等离子体难以满足电荷中性，所以双极扩散假设不能用于计算电场。上述不同作者的各种电离流动处理方法不能以完整和自一致的方式模拟由于电荷分离产生的电场[170]。Farbar 等[170] 采用 DSMC 与 PIC(particle-in-cell) 方法相结合的技术，模拟了高超声速稀薄气体电离激波层流动。在 PIC 方法中，基于每个网格中的电子和离子，通过云团电荷内插方法[171]来求解网格节点上的空间电荷密度，然后以空间电荷密度作为源项来求解电场势

能方程，并从电场势能分布获得电场，进而获得通过电场加速后的带电粒子的速度，实现电场效应的模拟。

1.3.4 高超声速非平衡流 DSMC 模拟软件

DSMC 方法中模拟分子碰撞的基本模型如分子作用势、内能激发、化学反应、电离和辐射等各方面都取得了巨大进展。先后发展了基于结构网格、非结构网格、笛卡儿直角网格、多级直角网格等框架下的数值算法。为了提高计算的空间精度，发展了亚网格、虚拟亚网格以及网格自适应技术。日益增长的空间探测活动和各类航天飞行器在稀薄流动区域的应用，驱使人们构建了多种形式的通用计算代码并在工程应用中不断完善，如 Bird 等开发的二维和三维代码 DS2V[172,173]、DS3V[173]，NASA(National Aeronautics and Space Administration) 开发的基于两级直角网格的代码 DAC(DSMC analysis code)[174,175]，俄罗斯 ITAM 开发的基于两级直角网格的代码 SMILE(statistical modeling in low-density environment)[176] 和 SMILE++[155]，密歇根大学 Boyd 及其同事开发的研究型非结构网格代码 MONACO[177]，美国空军试验室 Burt 等发展起来的基于两级直角网格自适应的代码 HAP(hypersonic aerothermodynamics particle DSMC code)[178,179]，明尼苏达州大学 Gao 等发展起来的基于三级直角网格的代码 MGDS(molecular gas dynamic simulator code)[180]，犹他州立大学 Allen 等开发的定常/非定常并行代码 foamDSMC[181]。

1.4 CFD 方法研究进展

对于高超声速非平衡流 CFD 方法而言，高超声速飞行器气动加热与高温非平衡流场特性的可靠预测，仍然面临着挑战。在气动加热模拟方面，热流的精确预测需要精确计算飞行器表面的温度梯度，特别是边界层内表面法向温度梯度对表面法向网格质量非常敏感 (至少对于附着流动就是如此)。强激波的模拟也很重要，当网格没有和激波对齐时会产生很大误差。这在飞行器头部驻点区域特别明显。在极端情况下，误差会主导流场，导致出现向前的人工透镜现象，下游流场出现灾难性的失效数值解。在这种情况下，流场是非物理解，预测的表面量没有意义。为解决这种问题需要在数值通量的构造中添加人工耗散，在激波位置和驻点区域附近调整网格质量。在流场特性模拟方面，在高度非平衡情况下，各种复杂的化学与热力学松弛过程的出现导致热化学非平衡源项的出现，进而会使得 Navier-Stokes 方程或者 Euler 方程的求解面临着很强的刚性问题。解决这种问题通常采用化学组分与内能方程和流体力学方程的全耦合或者部分耦合隐式方法，以及一些非耦合的处理方法。

温度和其他流场变量梯度在飞行器表面跨越边界层的精确求解会对数值方法提出另外的挑战。通常情况下，控制跨越激波与驻点区域的数值耗散会影响边界层的物理量分布，进而导致热流的预测结果很差。进一步而言，壁面附近的法向网格很密，会导致非常大的网格长宽比 (10^4 或者更大)，这样，所采用的时间积分方法必须在此类网格上能够收敛到定常状态；对于非定常问题，能够在实际中采用大的时间步长获取时间精确解。在高超声速和高焓流动情况下，气体内部和气体与表面相互作用之间会发生复杂的高温现象。在高压和低速流动情况下，热化学状态可以根据流动状态而达到快速调整，实现热力学平衡。在很多情况下，化学动力学和热力学松弛时间尺度与流动特征时间尺度相似，这就需要给出所有相关的化学组分和非平衡气体内部能态的守恒方程。由于往往存在着包括表面催化、氧化、烧蚀与热解等复杂的气体表面相互作用，气体表面边界条件会非常复杂，出现了涉及材料特性、输运特性的表面质量和能量平衡方程。表面边界方程在流场中的求解算法十分复杂。

实际应用和研究中大部分高超声速非平衡流动模拟都采用二阶精度的迎风数值通量，对激波和其他间断的数值计算，通过通量限制器进行控制。改善高超声速流动数值模拟鲁棒性的关键是：通过增加耗散来构造新型数值通量，并且在保持稳定性的同时不会对真实的流场物理过程产生不利的影响。典型情况下，高超声速非平衡流数值通量函数的推导与可压缩动能输运方程一致，相比传统的迎风通量更加稳定，在本质上限制在强梯度区域内的动能非物理上下振荡。根据激波/间断感应器，通过添加迎风耗散来保持数值稳定。这种感应器的设计对于获得具有最小数值耗散的稳态解而言是很关键的。

目前，在高超声速非平衡流模拟中广泛应用的是修正 Steger-Warming 分裂方法 [182-184]。该方法在很多具有挑战性的问题中，如强激波、激波相互作用和流动分离等，得到了广泛验证，其重点是基于二阶精度方法，分析斜率限制器在限定耗散程度时的重要性。在此基础上，Candler 概括了动能一致性 (kinetic energy consistent, KEC) 通量方法的发展，描述了其解决大范围多尺度问题的能力，然后基于时间积分，推导出了适用于可压缩化学反应流动的并行化隐式方法，提出了减少涉及大量化学组分非平衡反应流计算代价的关键理念。这些方法和理念可以推广到其他类型的无黏通量构造方法中，如 Roe 通量差分方法 [185,186]、van Leer 通量分裂 [187]、AUSM(advection upstream splitting method)[188]、加权本质无振荡 (weighted essentially nonoscillatory，WENO) 方法 [189,190]、CUSP(convective upwind and split pressure) 方法 [191,192] 等。

1.4.1 迎风数值通量函数

这里讨论在高超声速流动和气体动力学模拟中广泛应用的 Steger-Warming 数值通量分裂函数。其他方法可以在此基础上进行推广和借鉴。通常情况下，这些方法广泛用于基于完全层流或者基于 RANS(Reynolds-averaged Navier-Stokes) 湍流模型的定常流动问题。Candler 等 [184] 推导了与实际通量函数相关的雅可比矩阵，得到了用于描述可压缩流动的满足任意状态方程的特征系统和热完全气体化学反应混合物的特征系统。采用经典的 Steger-Warming 矢通量分裂方法 [193] 可以获得正向和逆向通量 F^+ 和 F^-。在此基础上对其进行修正，其关键点是采用网格单元界面上的变量去计算正负雅可比矩阵。Candler 等 [184] 指出：修正的 Steger-Warming 矢通量分裂和 Roe 通量差分 [194,195] 仅仅是在跨越网格单元界面的变量平均方式上存在着差别。这两种方法都包含了变量平均和耗散迎风分量。

对于非常强的激波，即使是一阶精度形式的迎风通量也会产生非物理结果，特别是多维流动网格激波对准效果较差时，会出现这种情况。对于修正的 Steger-Warming 矢通量分裂而言，解决此问题的一个方法是在强压力梯度区域使其恢复到原始的 Steger-Warming 矢通量分裂。即在原始的 Steger-Warming 矢通量分裂方法和其修正方法间实现光滑的过渡。为此，Druguet 等 [196] 给出了基于压力权重的过渡函数，通过此函数对用于计算雅可比矩阵的变量进行平均。而 Gnoffo[197] 在模拟化学平衡流与高温非平衡流动时，则采用了基于 Roe 平均方法 [194] 的通量差分格式，并对特征值采用了 Harten 的熵修正 [198]，基于 Yee 的对称 TVD 差分格式（symmetric total variation diminishing）形成二阶耗散通量 [199]。另外需要考虑的是在变量平均过程中应该采用哪个变量，通常采用守恒变量来计算网格界面上的平均值，但实际上，这会在强温度梯度的边界层中导致较差的边界层预测结果。采用原始变量进行平均效果会更好。存在很多可能的限制器、特征值修正以及其他形式的耗散的结合。因此理解这些选择如何影响计算结果很重要。

对于高马赫数高超声速流动而言，大部分所感兴趣的几何体都是趋向简单的，许多问题采用多块结构网格可以得到充分解决。但是结构网格方法需要在网格设计和求解特定流场特征所需的额外网格之间进行很好的权衡。可以构建内嵌的精细网格来捕捉关键特征，在不关键的流场区域采用重新定义的网格。这种方法或许会导致大量非常小的网格块，难以在常规的多块结构网格代码中实现。因此，对于高超声速流动而言，采用非结构网格更具前景。

在非结构网格情况下，对于一个给定的网格单元而言，事先需要知道相邻网格单元的位置和变量，基于这些信息来构建每个网格中心的流场变量梯度。这可以采用权重最小二乘方法或者一些其他方法 [200] 来实现。因此，在一个给定的网格界面，需要给定其左右两侧的流场变量值和梯度，并基于这些信息来构建高阶通

量。Candler 等基于格心有限体积方法求解 Navier-Stokes 方程,并且采用 Darwish
和 Moukalled[201] 提出的方法构建网格界面变量。其中,为了使格式的总变差减小,
则需要采用限制器,同样对于网格界面左右两侧的插值采用基于网格界面变量的
二阶精度外插算法进行计算。并且 Candler 等指出 [184]:对于高长宽比网格下的黏
性通量计算而言,标准的权重最小二乘方法可能会产生质量较差的梯度,特别对在
壁面法向网格方向的黏性项而言更是如此。为此 Candler 等采用了 Kim 等的修正
方法 [202]。Gnoffo 则采用格点有限体积方法求解非结构网格下的 Navier-Stokes 方
程,在三维流动条件下则采用格林–高斯公式计算流场变量梯度。

1.4.2　低耗散数值通量

可压缩湍流的精确计算对数值算法提出了相互矛盾的要求:首先,数值算法需
要有低的数值耗散并且需要非线性稳定;其次,算法要求高精度分辨激波以及涡结
构。采用能够处理复杂几何外形的非结构网格流场求解器时,有效地权衡这些要求
是很重要的。存在很多不同方法来解决这些问题:最主流的方法是基于基本的物理
原理去构建或者细化数值算法 [203]。

典型情况下,采用迎风方法计算可压缩流动,大部分都是基于每个网格界面上
的 Riemann 问题求解过程而发展的。主要原因是这些迎风方法是稳定的并且可以
捕捉激波。但是,它们都存在过高的数值耗散:这些耗散掩盖了精细的尺度特征,
用于 DNS 和 LES 问题时代价过高。从理论上说,不存在间断的流动区域应该可以
采用无耗散的中心差分格式;数值感应器可以用于探测激波,可以只将迎风格式限
定在这些区域。实际上,尽管很容易构建精确的局部激波感应器 [204] 以及杂交格
式,但是需要注意来自于方程对流项的非线性的误差,处理这种问题的一大类方法
是能量守恒格式或者斜对称方法 [203]。

1. 第二守恒律

第二守恒律来源于与可压缩流计算方法发展相关的理念,并且与其紧密相关。
通常所求解的守恒方程,典型情况下包括质量、动量和能量方程,可以发现除了原
始守恒变量外,还存在无限多的导出变量,又称为第二变量 [203],这些第二变量满
足相关守恒律或者不等式。典型的一个例子是熵不等式,此不等式关系构成了与
选择非线性守恒律相关的解的重要机制。方程离散中面临的挑战是如何保证离散
解以及定义这些离散解的微分方程服从这些第二守恒律的约束。Candler 等将动能
作为关注的变量进行研究,主要是因为动能的转化可以在湍流中被定义为一个物
理过程。就像大多数激波捕捉方法求解总能量方程那样,动能仅仅是以隐含的形
式出现,是总能定义的一部分。作为总能方程的一部分,强制动能通量与基于动量
和连续方程中所隐含的动能通量之间满足一致性,可以给出在形式上与斜对称格

式 (skew-symmetric scheme) 非常相似的格式；此外也强制时间偏导数项保持这种一致性，这就给出了一种全新的完全离散的密度权重的 Crank-Nicolson 类型的时间推进方法。Jameson[205] 和 Morinishi 等 [206] 也对动能守恒性进行了分析。基于第二守恒律的理念，也出现了一些其他相关的方法。Tadmor[207]、Ismail 和 Roe[208] 构建了熵守恒的通量公式，Honein 和 Moin[209] 通过应用热力学第二定律和熵方程来构建增强稳定性的差分格式，Kennedy 等 [210] 与 Pirozzoli[211] 对非线性对流项采用了新型分裂方法进行处理，并且推导了可以保持稳定的数值格式。

首先分析一维 Euler 方程，然后推广到多维化学反应流动。将动能 $u^2/2$ 采用 k 来代替，对于一维 Euler 方程而言，有 [203]

$$-k\left(\frac{\partial \rho}{\partial t}+\frac{\partial \rho u}{\partial x}\right)+u\left(\frac{\partial \rho u}{\partial t}+\frac{\partial \rho u^2}{\partial x}\right)\equiv\frac{\partial \rho k}{\partial t}+\frac{\partial \rho k u}{\partial x} \tag{1.4.1}$$

关于方程 (1.4.1) 的左边，可以看到连续方程乘以 $(-k)$，动量方程 (忽略压力) 乘以速度 u，然后相加。在恒等式右边恰好是总能方程的动能部分。注意：对于时间偏导数和对流项的相应方程分别是

$$-k\frac{\partial \rho u}{\partial x}+u\frac{\partial \rho u^2}{\partial x}\equiv\frac{\partial \rho k u}{\partial x},\quad -k\frac{\partial \rho}{\partial t}+u\frac{\partial \rho u}{\partial t}\equiv\frac{\partial \rho k}{\partial t} \tag{1.4.2}$$

满足第一等式的离散方法会导出动能一致的半经验离散格式。采用等价关系 $\Delta k=\bar{u}\Delta u$，其中 Δ 是一些变量跨越网格单元界面的跳跃，"–" 代表中心平均，采用式 (1.4.3) 关于质量和动量的通量矢量形式，则是第一个恒等式在有限体积公式中成立的充分条件。

$$\rho_f u_f\begin{pmatrix}1\\u\end{pmatrix} \tag{1.4.3}$$

这里，在单元体界面重新构造的密度和速度 (ρ_f 和 u_f) 是待定量，如果它们是对称的，则可以获得非耗散的通量。满足式 (1.4.2) 中第二个等式时，可以得出完全的动能一致性离散格式，过程有些复杂。首先注意到：直接采用时间平均量不会产生一个离散的等式，即

$$-\frac{k^{n+1}+k^n}{2}\cdot\frac{\rho^{n+1}-\rho^n}{\Delta t}+\frac{(u^{n+1}+u^n)}{2}\cdot\frac{(\rho u)^{n+1}-(\rho u)^n}{\Delta t}\neq\frac{(\rho k)^{n+1}-(\rho k)^n}{\Delta t} \tag{1.4.4}$$

问题的关键是找到唯一的一组 k^*,u^* 变量，满足如下关系：

$$-k^*\frac{\rho^{n+1}-\rho^n}{\Delta t}+u^*\frac{(\rho u)^{n+1}-(\rho u)^n}{\Delta t}\equiv\frac{(\rho k)^{n+1}-(\rho k)^n}{\Delta t} \tag{1.4.5}$$

根据 Roe[194] 提出的思想，Candler 等对网格界面平均量进行构造，即借鉴 Roe 所提出的巧妙的构造公式，Candler 等将守恒变量矢量以一个 "参数矢量" $Z=$

$\sqrt{\rho}\,(u)$ 的方式表达成相关项的二次乘积。经过一些代数转换后，得到如下的关系：

$$k^* = \frac{u^{*2}}{2}, \quad u^* = \frac{\sqrt{\rho^{n+1}}u^{n+1} + \sqrt{\rho^n}u^n}{\sqrt{\rho^{n+1}} + \sqrt{\rho^n}} \tag{1.4.6}$$

采用此结果，关于质量和动量的对流通量分别为 $\rho_f u_f$ 和 $\rho_f u_f u^*$。

对于完全的三维流动通量及其详细过程见文献 [212]。动能一致性通量方法比采用非偏倚数据获得网格界面状态的方法更加稳定，这是因为此方法要求流动状态与动能所允许的物理变化相一致，减小了非光滑区域上下过度振荡。但是，对于存在强激波和其他间断的流动，则需要在数值通量中添加耗散。为了添加耗散，需要将网格界面通量表达成非耗散非偏倚的动能一致性通量与耗散通量之和的形式：

$$\boldsymbol{F}_f = \boldsymbol{F}_{f,\text{KEC}} - \alpha_d \frac{1}{2}\left(\boldsymbol{R}^{-1}\,|\boldsymbol{\Lambda}|\,\boldsymbol{R}\right)_f \left(\boldsymbol{U}^{\text{L}} - \boldsymbol{U}^{\text{R}}\right) \tag{1.4.7}$$

其中，$0 \leqslant \alpha_d \leqslant 1$ 是一个间断感应器。正如前面所述，Ducros 等所给的激波感应器 [204] 对很多流动都是有效的。但是，在某些情况下，需要采用马赫数开关或者其他的间断感应器。例如，当具有小分子量的冷气体引射进入大分子量热气流中时，大密度梯度或许无法被 Ducros 感应器探测到。感应器的设计仍然是有待研究的问题——不仅仅是对动能一致性通量格式，而且对所有高阶的低耗散方法都是如此。

2. 二阶精度以上高阶精度格式

在一般的非结构网格情况下，如果不求助于更加复杂的公式如间断 Galerkin 方法和其他此类变种形式，则很难构造高阶精度格式。对于有限体积方法而言，采用六面体非结构网格情况会稍好一些：如果网格线在局部达到充分光滑，则可以采用特定模板和权重来给出局部的高阶通量。需要注意的是，高阶精度的实现在很大程度上依赖于网格的设计质量。黏性通量直接依赖于流场变量梯度的计算。流场变量的梯度包含了延伸到局部连接点以外的信息。对于采用梯度重构的方法而言，在简单情况下，通常考虑一个具有最小连接信息的均匀网格 (网格尺寸 Δx)：网格单元 i 仅存在网格界面 $i \pm 1$。当计算某个变量 ϕ 在网格界面 $i \pm 1$ 的梯度后，通过相邻网格梯度与局部流场解的线性组合，可以获得比单独基于网格单元连接信息得到的通量模板更长的模板：

$$\boldsymbol{U}_{i+1/2} = \alpha\left(\boldsymbol{U}_i + \boldsymbol{U}_{i+1}\right) + \beta\Delta x\left(\left.\frac{\partial\boldsymbol{U}}{\partial x}\right|_i + \left.\frac{\partial\boldsymbol{U}}{\partial x}\right|_{i+1}\right) \tag{1.4.8}$$

α 和 β 的不同取值来自于所对应的不同修正波数 (即对于通量而言，可以从傅里叶变换空间中看到这些不同)。通过对这些参数进行调整，可实现对通量偏导数特征的一些控制。如果网格单元连接信息相比上述情况具有一个大的带宽，则很容易根据上述的理念进行迭代来构建具有大模板的格式。

1.4.3 隐式时间积分

实际高超声速流动常常需要网格在飞行器表面具有很强的拉伸。典型的网格会存在非常大的网格长宽比，如果采用显式 CFL(Courant-Friedrichs-Lewy) 条件则会导致非常小的时间步长。这样，对于高雷诺数高超声速定常流动而言，显式时间积分方法几乎没有用处，必须采用隐式方法。对于许多非定常流动而言，需要时间精确的隐式方法。这里简单讨论隐式并行线松弛方法，可以广泛地用于很多问题。也存在着许多其他有效的方法；但因为壁面附近流动物理在高超声速流动中居主导地位，线松弛方法对于定常流动而言是最有效的。对于非定常流动的应用而言，线松弛方法会产生较大偏差，必须采用其他方法 [213]。

广泛用于高超声速非平衡流动的隐式方法是求解控制方程的完全耦合方法，即将组分守恒方程、动量方程、内能方程和总能方程作为一个大的线性系统同时进行求解。通常的隐式线性化定常流动求解方法包括 [214]：点松弛 SGS 解法、线松弛 SGS 解法、LU-SGS 解法、LU-ADI 解法和雅可比迭代法等。隐式线性化非定常流动求解方法包括单时间步法、双时间步法等。学者刘巍等对上述方法的算法效率和并行性进行了分析和比较 [214]。由于目前广泛应用的 LU-SGS 方法并行性较低 [215]，因此 Wright 等发展了一种新型的数据并行线松弛方法 (data-parallel line-relaxation，DPLR)[215]，该方法需要求解方程组的块三对角矩阵，其中网格块具有的维数为 (ns+5)×(ns+5)，并假设具有一个内能方程，ns 是化学组分的数量。此线松弛方法可以对定常流动问题给出很好的收敛结果，但是块三对角阵的求解代价随方程数量的二次方增加。广泛应用的 Gnoffo[216] 的 LAURA 隐式方法计算代价也表现出随方程数量增加的同样趋势。进一步而言，这些方法通常需要的雅可比矩阵存储上限数量为七个，这导致了很大的存储代价。

为试图减小高超声速流动隐式方法这种随方程数量二次方增加的计算代价，不同的学者进行了努力。例如，Bussing 和 Murman[217] 发展了一种半隐式方法，此方法采用显式方法计算对流通量，采用隐式方法计算化学源项，减小了刚性问题。Park 和 Yoon[218] 发展了一种方法，此方法利用了元素守恒来减小矩阵求逆的代价，但是他们的方法在推广到任意化学动力学模型时存在着困难。Eberhardt 和 Imlay[219] 对这些方法进行了修正，通过采用对角化的矩阵代替完整的源项雅可比矩阵来消除矩阵求逆过程。此方法具有诱人的前景，因为它具有很低的运行代价。但是这种方法鲁棒性差，会由于存在与化学时间尺度较大的时间步长差别而难以满足元素守恒要求。此外，Ju[220] 曾经指出：由于化学反应的有限速率具有很强的非线性，对于隐式算子的不合理简化，将会导致非物理解。上述这些方法存在隐式方法发展中所采用的近似，因而导致强拉伸网格下的收敛性较差。另外，Edwards[221] 在有关气动热和反应流动模拟手段中发展了多重网格和源项雅可比矩阵的近似以减小模拟代价。Schwer 等 [222] 发展了一种算子分裂 (operator splitting) 方法,涉及通过流体力学时间积分来获得化学状态。Katta 和 Roquemore[223] 针对非常庞大的化学动力学模型,发展了一种半经验的隐式方法,在此方法中,时间积分包括了部分源项雅可比矩阵。但是,实际上对于隐式问题仅涉及与相邻网格相关的雅可比矩阵。如果由于某种网格拓扑关系或者四面体网格原因而不能够构造某个网格线,则网格线上的网格数量被取为 1,因而方法会退化到局部的点隐式松弛方法。

关于有限体积方法离散方程的线性系统方程可以通过很多隐式方法来求解,其中一种是前述数据并行 DPLR 方法 [215]。此方法沿着壁面附近的网格线上的网格单元求解一个线性松弛问题;在松弛过程中方程左边非网格线上的项进行了更新。对于一个结构网格,网格线通常对应于一个计算坐标,对于非结构网格,网格线是通过沿表面起始的方向构造,并且在沿着离开表面的法向上寻找与其连接的六面体或者棱形网格单元。线松弛方法对于高雷诺数流动非常有效,因为壁面附近边界层必须基于强拉伸网格求解。已经表明:此方法可以在大的时间步长下进行,经过一定时间步数后收敛得到定常解,并且此定常解不依赖于雷诺数或者是壁面法向网格的拉伸。相比完全线性系统方程的求解而言,此线松弛方法代价不高。有学者将此线松弛方法和预处理的广义残差方法 (generalized method of residuals,GMRes)[224,225] 进行了对比,发现除了那些难以在壁面法向网格线上构造网格的情况外,DPLR 方法的代价都比较低。

最近 Candler 等已经发展了一种非耦合隐式方法 [226],此方法可以显著降低高马赫数条件下的定常流动计算代价,同时保持了完全耦合的线松弛方法的良好收敛特性 [227]。相关数据已经表明此方法的代价几乎与化学动力学模型中的化学组分数量呈线性关系。进一步而言,该方法仅需要一个雅可比矩阵的存储量,显著降低了内存需求。在此方法中,计算代价主要受化学源项及其雅可比矩阵的计算主导。该方法的内涵是将质量、动量和能量方程从组分质量和内能方程中分离开来。第一组方程采用 DPLR 方法求解,涉及 5×5 块 (三维流动) 三对角阵的求解。然后,对关于组分质量和内能方程的隐式问题采用近似处理,形成一个标量三对角阵方程系统。

该非耦合方法显著降低了隐式方程系统的计算代价。这种非耦合的修正 DPLR 方法已经在一些高超声速化学反应流动和气动热问题中显示出与耦合方法相似的收敛特性 [227]。其性能在化学时间尺度相对流动时间尺度非常小的情况下有些下降;在这种情况下,该方法或许需要重新还原到初始的 DPLR 方法。该非耦合方法的主要思想是将热化学非平衡方程从流体力学方程中提出来,然后对其求解 [228]。另外一种非耦合方法是采用时间分裂方法将热化学非平衡源项单独分离出来求解。Ferrer 等 [229] 对根据时间分裂法建立的多组分反应可压缩 Navier-Stokes 方程求解方法进行了详细的验证。Liu、Taylor、Uemura 及 Tsuboi 等 [230-233] 采用时间分裂方法求解了带有详细基元化学反应的 Euler 或者 Navier-Stokes 方程，对爆轰问题进行了数值模拟。刘君等[234] 以时间分裂方法为基础，采用 Strang 时间分裂格式[235,236]，构造了一种新型的化学非平衡流动解耦算法。该算法将气体内能中与温度无关的部分能量，即有效零点能或者化学焓分离出来并添加到化学反应源项中，同时引入等效比热比概念，通过时间分裂将物理问题分解成流动和化学反应进行求解，为实现基于量热完全气体解算器到求解化学非平衡流的功能拓展，提供了有效途径。

1.4.4   测试算例——双锥流动

绕双锥几何外形的高超声速流动包含了许多复杂的现象，如激波/边界层相互作用、激波交汇点、回流区等。图 1.4.1 是一个典型的高超声速双锥流场结构示意图[237]。激波前缘的附着流动与第二锥段形成的脱体弓形激波相互作用，形成了一道过渡激波在第二锥表面碰撞。这种作用在第二锥段产生了非常高的表面压力和热流；流动在两锥段结合处发生分离，并导致了一个回流区，此回流区改变了激波相互作用。分离区的尺寸对激波角和激波相互作用强度很敏感。激波碰撞位置的下游，出现了在第二锥段表面发展起来的超声速射流。

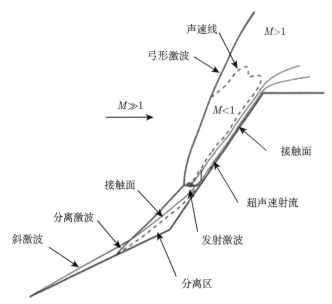

图 1.4.1   高超声速双锥流场结构示意图[237]

作为 CFD 方法有效性测试算例，双锥流动被设计成完全层流，并且受振动松弛和化学反应影响很小[238]。已经表明，为了精确复现试验数据，则风洞自由流中的振动非平衡和表面的振动能调节特性必须在模拟中包含进来[237]。进一步而言，基于研究的目的, 本算例重点关注与双锥流动模拟相关的数值问题, 而不是问题本身的物理模型。因此, 采用双锥流动作为一个测试算例来分析一系列有名的数值格式。可以表明: 激波相互作用的预测和分离区大小受数值耗散的影响很敏感, 这依赖于数值格式的精度和网格设计。已经表明, 分离区的长度可以用来评估数值解的精确度 [239]。

流动条件来自于 Holden 和 Wadhams[240] 所开展的 25° ∼55° 双锥试验。对 Run 35 进行研究, 来流条件为: T_∞=138.9K, ρ_∞=5.515×10^{-4}kg/m^3, 并且 u_∞=2713m/s; 壁面温度固定为 296.1K。这些条件对应于马赫数 11.30 和单位雷诺数 133300m^{-1}。双锥几何外形的两个锥面长度都是 10.16cm。对于这种模型尺度和自由流条件, 在试验时间内流动达到了稳定的定常状态, 并且处于层流。

为了显示数值耗散对双锥流动的影响, 采用了不同的无黏通量格式。这些通量格式包括: 修正的Steger-Warming 分裂、Lax-Friedrichs、Harten-Lax-van Leer(HLL)、Harten-Lax-van Leer-Contanct (HLLC) 和 Roe 通量差分; 限制器包括: minmod、van Albada、van Leer 和 superbee[241]。每种通量格式都具有耗散特征。Lax-Friedrichs 具有极大的耗散; HLL 格式由于其结构仅依赖于声波而不能够捕捉接触面; HLLC 格式由于缓解了 HLL 格式的弱点所以更加可靠; Roe 通量差分格式耗散特性合理并且结果很精确; 经典的 Steger-Warming 通量分裂格式具有较强的耗散, 而修正的 Steger-Warming 分裂耗散较小。关注斜率限制器时, minmod 限制器有很强的耗散性, 而 superbee 限制器可能会导致振荡。结果显示了这些通量格式和斜率限制器是如何影响双锥流动模拟结果的。

采用分离区的尺寸 L_s 来评价这些方法的精确性。定义 L_s 是两个分离点位置间的轴向距离 x, 即第一锥段的分离点和第二锥段的附着点之间的轴向距离。图 1.4.2 给出了每个网格上不同数值通量函数和限制器组合条件下的分离区长度结果 [239]。这里, N_x 是流动方向的网格数量。可以看到, 当网格加密 (N_x 增加) 时, 分离区长度收敛到单一的值。这样, 对于此双锥流动, 分离区越大, 方法的耗散就越小, 模拟就更加精确。

对于粗网格模拟而言, Roe+superbee, Roe+van Leer 和修正的 Steger-Warming 通量分裂给出了最大的分离区长度 L_s; 所有的其他方法给出的分离区长度都很小, 显示了过多的耗散。superbee 斜率限制器耗散最小, 但是应用它时应该需要注意, 它会在高阶重构格式中 [242] 导致所不期望的振荡。可以看到, 斜率限制器的选择至少与通量函数方法的选择具有同等重要性, 耗散性的限制器如 minmod 限制器会显著降低解的品质。

在最大网格 1536×768 条件下, 这三种方法彼此之间偏差小于 0.2%, 表明不同的方法会收敛到同样的唯一解。两个 Roe 通量差分方法的结果几乎相同 (0.04% 差别), 而修正的 Steger-Warming 通量分裂方法趋近于略有些偏大的分离区长度,这种差别的原因还不清楚,但是应该注意到,在此网格上分离点和附着点区域附近的轴向网格距离是 0.01cm,这个网格距离与两种方法之间的分离区长度偏差相同。因此,即使采用这种非常细的网格,或许也不能够完全精确捕捉分离区的长度。通过这些结果,可以得出一些关键结论:①分离区的长度对数值格式耗散特性的评估可以提供很好的依据;②所有的方法收敛到同样的分离区长度,尽管其中一些方法在实际应用中需要难以承受的巨大网格数量;③斜率限制器在这些激波主导的流动中至少和数值通量格式有相同的重要性;④修正的 Steger-Warming 通量分裂、Roe+superbee 和 Roe+van Leer 方法对于此问题而言是最佳选择;⑤对于此流动而言,van Leer 限制器是最佳选择,而 minmod 限制器由于引入过多的数值耗散而效果很差。

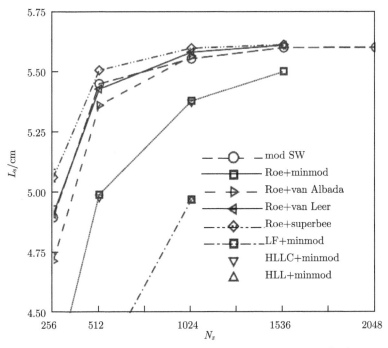

图 1.4.2 分离区尺寸随网格和无黏通量构造方法变化 [239]

双锥流动对于评估新的和旧有的数值通量方法精度而言是非常好的算例。它显示出了对方法中数值耗散程度的很强的敏感性,可以用于研究通量中不同部分数值解的影响。一个分离区长度很容易从模拟结果中推导出来,并且受数值解的品质影响很敏感。应该注意到相比分离区尺寸而言,表面热流受网格尺寸的影响要弱一些,这是因为壁面法向方向的网格加密相比轴向网格加密而言代价要低一些。

1.4.5　态态模型流场的 CFD 方程简化策略

目前热化学非平衡流模拟中广泛应用的两温度或多温度模型不能描述分子在各个能级上的分布，只能假设其满足振动温度下的 Boltzmann 分布。在多温度模型中，激波层内气体的化学物理特性也是通过假设所有组分的每个内能模式 (转动、振动或电子) 的布居数服从其各自温度的 Boltzmann 分布而得到的。为了计算这些温度和不同模式能量间的交换，需要对每种模式内能的守恒方程进行求解，对于化学动力学模型而言，宏观速率系数假设依赖于由试验确定的宏观温度函数[242]。采用态态模型研究热化学非平衡过程中粒子的能级分布特点，可以非常有效地避免这一缺陷，以改善流场特性与气体辐射特性计算精度。态态模型将不同振动能级上的分子处理成特定的组分，其能量跃迁和化学反应需要考虑所有可能的跃迁和能量交换，并包括离解、复合、置换和电离等化学反应，形成的化学动力学机制也非常复杂。这大大增加了流体力学 CFD 方法需要求解的方程数量。另外，某些微量组分也会增加求解方程的数量，由于在通常隐式算法中计算代价与方程数量的平方近似成正比。这就为该模型在实际工程中的使用带来困难。

不同学者建议基于态态模型来推导简化模型，使之容易在多维流动代码中实现和应用，并且相比广泛应用的多温度模型更加精确。推导简化模型的第一个方法，其目标是辨识出所要研究的流动中的主要物理化学过程。Colonna 等[243] 提出了一种两层分布模型，此模型假设最高振动能级的分子主导离解过程，并增加一个连续方程来代表最高振动能级的布居数，基于此考虑振动能的非 Boltzmann 分布效应。第二个方法是通过合并能级来形成模拟内部能级分布的简化模型。Magin 等[244] 将 NASA 数据库中 N_2 的 9390 个转振能级合并成几十个能量桶，并假设每个能量桶内能级是均匀分布的。后来，Munafò 等[245] 采用相同的数据库推导了一个 Boltzmann 转振能级碰撞粗粒度模型。在此模型中，每个能量桶内的能级布居数假设遵循局部平动温度的 Boltzmann 分布。Panesi 和 Lani[246] 对于空气推导了一个简化的动力学机制，将原子组分的电子激发态进行合并来模拟这些电子能态的跃迁行为，模型中每个能量桶内的能级布居数假设遵循局部自由电子温度下的 Boltzmann 分布。在 Guy 等[247,248] 的工作中，采用基于各自振动温度的多组能级来模拟 N_2 的振动能级分布，并在强激波振动松弛离解耦合和高超喷管 N_2-N 非平衡流动中得到检验。对于原子电离的等离子体流动，Le 等[249] 对比了两种能量桶的分组方法 (桶内能级满足均匀分布和 Boltzmann 分布)，结果表明：相比能级均匀分布，每个桶内能量组采用基于各自不同温度的 Boltzmann 分布具有良好的优越性。Guy 等[250] 对于电离的分子流动，发展了新的宏观模型，实现了对分子的振动能级分布和原子组分电子态行为的模拟。在他们的工作中，针对电离的 N_2 流动推导出了一个简化模型，模型中 N_2 的振动能级分组和 N 原子的电子能级分组分布都处于各自的温度。

与前面学者不同，Levin 等 [251-253] 提出的多能级组分与微量组分叠加计算技术可以大大减少计算代价，提高计算效率。在分子碰撞动力学和微观能量平衡原理基础上，通常采用两种主要的理论方法获得相关态态模型化学速率常数，并分析相关反应机制，包括：一种是爬梯 (ladder climbing, LC) 方法模型，一种是准经典轨道 (QCT) 模型。他们采用态态模型研究飞行器高温流场气体的化学组分和分子振动能级分布演化规律。其中，对于 LC 模型方法而言，处理离解–复合过程时，假设生成的原子为处于能级上限后的某一个振动能级 (伪能级) 分子，并假设离解–复合反应自身是涉及伪能级的 V-V 和 V-T 过程。通过将 V-V 和 V-T 速率外推到该伪能级来计算离解速率，复合速率则通过详细平衡原理来计算；对于 QCT 模型方法而言，是采用计算化学动力学过程碰撞截面和速率系数的分子动力学方法，结合反应系统演化和反应物生成物的量子化处理，来获得相关理论结果。

叠加计算技术的步骤实施包括两步：第一步，通过求解热化学非平衡 Navier-Stokes 方程，考虑主要化学组分的有限化学反应流动与内能松弛过程，获得流场；第二步，在第一步流场解收敛的基础上，迭代计算多能级组分和微量化学组分的质量守恒方程数值解。假设微量组分的量很少，多能级组分的非平衡分布不影响流动的总体质量、动量与能量守恒方程。内能采用平动温度和振动温度来描述，对振动能量有限速率的松弛过程也进行模拟。一旦整体流场解达到稳定的收敛状态后，则在此基础上开始考虑涉及多能级和微量组分的化学反应。对上述组分的叠加质量守恒方程，采用与整体流动方程组相一致的有限体积离散方法求解。注意到对流通量关于守恒量具有齐次性质 [251]，且不出现压力项，因此矢通量的分裂可以大大简化。通量雅可比矩阵是对角阵，因此通量计算易于处理。在流场整体流动方程组计算收敛后，叠加质量守恒方程的每一步迭代计算代价相比完整的耦合方程组计算代价是很低的。

Levin 等 [253] 为分析先进技术拦截器 (advanced interceptor technology，AIT) 的红外辐射特征，采用叠加计算技术求解包含 OH 和态态模型的 CO_2 系统振动跃迁流场。在计算中考虑两个振动模型，不同模型的大部分低振动能级相同，但是第二个振动模型在 $3000 \sim 6000cm^{-1}$ 包含非常多的能级。考虑的跃迁过程包括：自然发光辐射、有碰撞三体参加的 V-T 碰撞过程、有碰撞三体参加的 V-V 碰撞过程。其他参数意义详见文献 [253]。图 1.4.3 ~ 图 1.4.6 显示了计算的拦截器驻点和侧向位置 CO_2 振动态布居数分布，飞行速度为 3.5km/s、飞行高度分别是 30km 和 60km。图中也给出了三个重要的辐射波长 4.3μm、2.7μm 和 2.0μm 所对应的位置，便于分析振动态布居数对红外辐射特征的影响。每个能级的布居数除以其简并度之后与基于平动温度的 Boltzmann 分布进行比较。可以看到：第一个振动模型预测的布居数与 Boltzmann 分布存在显著偏差。虽然第一种模型在低振动能级上分

布较多粒子 (相对于 Boltzmann 分布), 但是它们并不在所关注的谱带区域发生辐射。此外, 在所关注的三个辐射谱位置上粒子布居数显著低于 Boltzmann 分布。图 1.4.3 和图 1.4.4 显示, 第二个模型预测的分布与 Bolzmann 分布非常接近。在 60km 高度上, 图 1.4.5 和图 1.4.6 显示两个模型预测的分布都显著偏离 Boltzmann 分布, 第二个模型偏差要小一些。总之, 第二个振动模型给出了更加合理的预测结果。

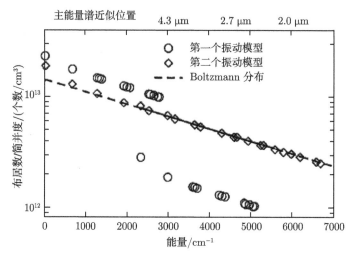

图 1.4.3　AIT 以 3.5km/s 速度在 30km 高度飞行时驻点 CO_2 振动态布居数分布 [253]

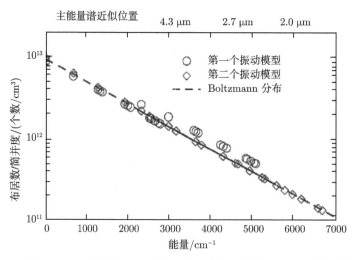

图 1.4.4　AIT 以 3.5km/s 速度在 30km 高度飞行时侧向位置 CO_2 振动态布居数分布 [253]

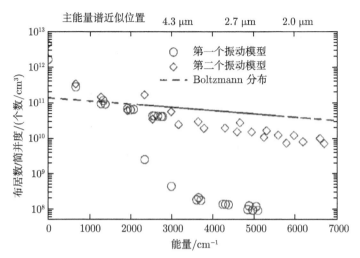

图 1.4.5 AIT 以 3.5km/s 速度在 60km 高度飞行时驻点 CO_2 振动态布居数分布 [253]

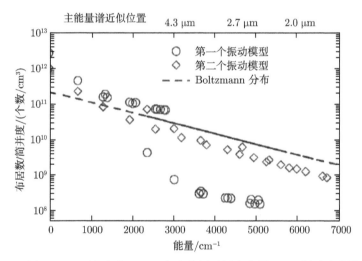

图 1.4.6 AIT 以 3.5km/s 速度在 60km 高度飞行时侧向位置 CO_2 振动态布居数分布 [253]

1.4.6 高超声速非平衡流 CFD 软件

为方便高超声速飞行器的设计，相关科研机构开发了不同的高超声速非平衡流 CFD 数值计算软件。目前国际上有名的高超声速非平衡流 CFD 软件主要包括 DPLR、LAURA、US3D、FUN3D 和 LeMANS 等，这些软件代码正处于不断发展和完善阶段。

1. DPLR

NASA 阿姆斯研究中心开发的 DPLR (data-parallel line relaxation) 软件 [215] 是多块结构网格有限体积并行计算代码,求解的控制方程是化学反应 Navier-Stokes 方程组,包含了有限速率化学反应和热力学非平衡效应。对离散方程组采用数据并行线松弛 (DPLR) 隐式方法进行时间积分。无黏通量采用修正的 (低耗散)Steger-Warming 矢通量分裂方法处理 [182],结合 MUSCL(monotone upstream-centered schemes for conservation laws) 外插方法和 minmod 限制器 [254] 可获得空间三阶差分精度。采用中心差分方法计算黏性通量。通过分离平动和振动模式的能量方程来实现热力学非平衡,对于热化学非平衡流动的化学反应采用 Park 的两温度模型 [90] 来模拟。可采用 Park 的不同模型确定正向反应速率数据,平衡常数采用最小 Gibbs 自由能方法获得 [255],这消除了对每个反应平衡常数进行曲线拟合的必要,然后,直接采用热化学数据来确定逆向反应速率。化学组分的热力学特性采用 Gordon 和 McBride[255] 的曲线拟合表达式获得。基于 Landau-Teller 公式模拟振动松弛过程,通过基于简谐振子假设的 Millikan 和 White[138] 公式获得松弛时间。采用基于简谐振子近似的特征振动温度数据来自于 Gurvich 等 [256] 的结果,但是松弛速率参数来自 Camac[257] 和 Park 等 [258] 的特定的碰撞数据。对于电子能而言,DPLR 假设所有组分处于电子基态。黏性输运和热传导采用 Yos[259] 和 Gupta 等 [260] 的混合法则获得,此混合法则是对更加精确的 Chapman-Enskog 公式 [261] 的合理近似。组分扩散系数采用 Fick 扩散定律或自一致有效的双组元扩散 (self-consistent effective binary diffusion, SCEBD) 方法 [262-264] 计算。允许通过变化组分扩散系数来精确模拟扩散过程,而不是强制扩散速度之和等于 0。在输运特性中,该代码不但考虑由重粒子之间的碰撞所引起的黏性和热传导,而且增加了涉及电子参与的碰撞的贡献。对于电离流动而言,采用双极扩散模型处理空间电荷诱导的电场对带电粒子动量输运的影响。电子激发态对总能的贡献或者可以忽略,或者与转动平动能达到平衡。通过特定的程序来确定关于库仑作用的碰撞积分。DPLR 软件基于 RANS 方法模拟湍流时,可以考虑多种湍流模型 [203,265-267] 的影响。

2. LAURA

NASA 兰利研究中心开发的 LAURA(Langley aerothermodynamic upwind relaxation algorithm) 软件也是多块结构网格有限体积并行计算代码,求解化学反应 Navier-Stokes 方程,不但可以考虑有限速率化学反应和热力学非平衡效应,而且可以模拟化学平衡流动。在 LAURA 中,既可以采用点隐式松弛也可以采用线隐式松弛方法进行时间积分。采用 Roe 平均 [194] 方法与 Yee 的对称 TVD 限制器 [254],并结合 Harten 熵修正 [198] 来构造无黏通量。对于黏性通量而言,同样采用中心差分方法计算。热力学非平衡也是通过分离平动和振动模式的能量方程来实现的,热化学非平衡流动中的反应模型为 Park 的两温度模型[90]。与 DPLR 不同的是，对于电子能而言，在 LAURA 中假设电子能完全激发，并且与振动能达到平衡；对于质量扩散而言，LAURA 采用变化的 Schmit 数[268] 来模拟；对于库仑作用的碰撞积分而言，LAURA 首先采用极限电子压力的 Gupta 温度曲线拟合这些碰撞积分，然后根据实际电子压力进行修正[260]。LAURA 软件基于 RANS 方法模拟湍流时，可以考虑多种湍流模型的影响[269]。

3. US3D

明尼苏达州大学和 NASA 阿姆斯研究中心联合开发的 US3D 软件[270-272]，采用并行非结构网格隐式 Navier-Stokes 求解，格心有限体积方法求解化学反应流动，考虑有限速率化学反应和热力学非平衡效应。US3D 在发展过程中借鉴了 DPLR 的方法，也采用数据并行线松弛 (DPLR) 隐式时间积分方法，采用的物理化学模型与 DPLR 接近。在 US3D 中，电子模式能量假设激发并且与转动平动能达到平衡。US3D 代码逐渐发展了多种不同无黏通量的迎风格式、激波探测方法和时间推进方法。标准的方法是基于 MUSCL 插值的二阶迎风通量，但是通过开关控制可以转换成具有多种激波探测和耗散选择的二阶、四阶和六阶数值通量。在时间积分方面，可以采用不同精度的方法，并且支持时间精确的非定常流动模拟，支持基于壁面模型的大涡模拟和直接数值模拟。黏性通量的计算采用基于权重的最小二乘方法重构物理梯度。在化学反应模型中增加了在 DSMC 方法基础上发展起来的 Q-K 反应模型[157,273]。

目前，US3D 已经被设计成下一代的 NASA DPLR 软件[274,275]，与当前 DPLR 最主要的不同点在于其采用非结构网格，对于复杂外形问题具有良好的优越性。此外，US3D 在某些方面已经超过了 DPLR。这些优点包括：高阶低耗散数值通量方法，基于壁面模型大涡模拟的湍流模型，运动网格等。US3D 软件支持一般的非结构网格如四面体、棱柱、棱锥和六面体等。对于高速流动而言，具有广泛的物理模型，包括有限速率内能松弛和化学动力学过程、广泛应用的湍流模型，多种标准的表面边界条件模型。输运特性也可以基于不同复杂程度的近似来计算，而且用户可以根据自定义的程序来增强和修正代码中的有效的标准方法。在某些需要涉及大量化学组分的应用中，标准的 DPLR 方法的计算代价与组分的数量平方成正比，而在 US3D 软件中采用了最近发展起来的非耦合隐式方法，用于解决定常流动问题。该方法将质量、动量和能量守恒方程的求解及化学组分质量、内能和湍流输运方程的求解进行解耦，显著降低了计算代价和内存需求，目前非定常流动问题模拟中正在发展这种方法。

US3D 允许采用多个独立的网格[275]，例如，可以在一个网格上求解气动力问题，在另一个网格上求解热力学输运问题。这使得该代码可以同时解决热传递问题和模拟其他不同区域多组控制方程。US3D 另外的一项独特能力是可以进行涉及网格变形和网格运动的时间精确的动力学模拟。此方法已经用于研究返回舱的气动稳定性问题。在网格运动耦合到多个网格流场解情况下，采用 US3D 可以直接进行热响应和烧蚀变形问题的求解，目前这种手段正处于发展和测试阶段。

4. FUN3D

FUN3D 软件是基于网格节点的完全非结构网格的有限体积方法的 Euler 和 Navier-Stokes 方程求解器 [276]。该软件包含了所有 LAURA 中关于气动热应用的物理模型，具有与 LAURA 相同的热力学特性、输运特性、化学动力学和热力学松弛与辐射参数 [276]。采用最小二乘方法获得的流场变量梯度信息构造精确的二阶精度的无黏通量 [277,278]。采用网格节点的格林–高斯梯度公式进行多维重构，并且基于格林–高斯公式计算跨越网格单元的黏性梯度。软件所采用的基准的无黏通量重构算法借鉴了 LAURA 软件的方法，使之推广到非结构网格 [279]。

5. LeMANS

LeMANS[280] 是在密歇根州大学发展起来的基于 Navier-Stokes 方程的三维计算流体力学软件。该软件求解层流 N-S 方程组，包括了化学和热力学非平衡效应。平动和转动模式能量对于所有的组分而言可以采用它们各自的温度来描述。所有组分的振动和电子激发模式能采用一个单一的振动温度 [281] 来描述。化学组分的产生和消耗速率采用 Martin 和 Boyd[282] 的有限速率化学模型结合 Park 的两温度模型 [283] 来模拟，以便考虑热力学非平衡效应对反应速率的影响。对于电离非平衡流动而言，增加了电子温度。

该软件基于非结构网格的有限体积方法进行求解，采用修正的 Steger-Warming 通量分裂格式 [182] 构造无黏通量，黏性项采用中心差分格式计算，时间积分采用点隐式或者线隐式方法。LeMANS 通过 METIS 策略进行并行 [284]，在进程之间分配计算网格，通过消息传递界面 (message passage interface，MPI) 协议来进行进程之间的通信。湍流可以通过采用零方程代数 Baldwin-Lomax 湍流模型 [285] 来计算。混合物的输运特性计算中包含两个模型：第一个是采用 Wilke 的半经验混合法则 [286]，其中组分的黏性计算采用 Blottner 等的模型 [287]，组分热传导系数采用 Eucken 关系 [288] 来确定。另外的模型是 Gupta 等的混合法则 [260]，组分黏性系数和热传导系数采用碰撞截面数据。对于质量扩散模拟而言，质量扩散通量采用修正的 Fick 定律计算 [268,289]，此定律强制总的组分质量扩散通量之和为零，计算电子的扩散通量时采用了双极扩散假设。这些方程模拟的详细细节见文献 [289]。LeMANS 可以模拟二维/轴对称流动，二维非结构网格可以包括任何四边形和三角形，三维非结构网格可以包括任何混合的六面体、四面体、棱柱和棱锥等混合网格。

1.5 气体与表面相互作用模型

从低空连续流区到高空自由分子流区,随着高度的增加,稀薄气体效应增加,流场的化学非平衡特点和热力学非平衡特点表现得更加明显。与此同时,飞行器周围的高温非平衡流动与热防护系统防热材料表面之间存在着复杂的相互作用,这些相互作用根据飞行器外形、弹道特点和防热材料化学物理性质的不同而表现出不同的特征。不同飞行器如典型的弹道导弹、载人飞船返回舱、航天飞机、深空探测飞行器、滑翔飞行器等采用碳基、硅基、碳化复合烧蚀材料及辐射防热材料等热防护材料与热防护原理上不同的防热手段时,防热材料表面与高温空气之间的氧化、催化效应和烧蚀机制各不相同。材料表面与高温流场气体之间的氧化、催化效应[290]和烧蚀热解[291]过程又极大程度地影响着流场特性,进而影响飞行器的气动加热环境与气动力特性,某些情况下气体烧蚀产物也会明显影响流场的辐射及电磁波的传输。此外,发动机内部的燃烧流动也会与喷管表面热防护材料存在着复杂的相互作用,影响发动机的设计性能。因此,关于气体表面相互作用的建模及其表面热化学物理过程与流场的耦合算法研究引起人们的广泛关注,成为高温非平衡流动不可分割的部分。在高超声速情况下,高温流场中的化学组分会向热防护系统 (thermal protection system,TPS) 表面扩散,或者在 TPS 表面复合,或者与 TPS 反应生成新的组分。在烧蚀防热情况下,TPS 也会由于烧蚀而产生新的组分。因此,材料催化特性、表面反应特性和烧蚀热响应特性确定了飞行器气动加热和表面变化的特征。

表面催化化学研究的是 TPS 介质表面上的气体碰撞粒子间的反应。材料表面只起到宿主的作用,TPS 物质本身不参与反应。没有任何产物保留在表面。催化反应不会产生气体和 TPS 之间的净质量流量,但是可以改变热传递。飞行器飞行过程中,氧气与氮气分子的离解会导致表面催化复合反应 $O+O \longrightarrow O_2$,$O+N \longrightarrow NO$,$N+N \longrightarrow N_2$ 的发生。复合反应对气动加热的贡献已经被飞行试验验证,如航天飞机轨道器[292]。以往,相对于 O_2 和 N_2 的催化复合反应而言,NO 的复合反应通常在气动加热模拟中被忽略掉,但是,等离子体风洞试验[293]以及轨道再入试验 (orbital re-entry experiment,OREX)[294]都表明了 NO 催化复合反应的重要性。此外,一系列试验也都表明 N+O 复合生成 NO 可以表现出与 O+O 和 N+N 反应具有相同的重要性[295,296]。在火星舱进入火星大气情况下,CO_2 分解为 CO 和 O,导致了两个相互竞争的消耗氧原子的表面复合反应:$O+O \longrightarrow O_2$、$O+CO \longrightarrow CO_2$。理论计算中常常保守地假设 CO_2 的复合反应居主导地位,因为此复合反应可以从流场中抽取最大能量,但是过去的一些试验表明 O+O 反应居主导地位[297,298]。两种反应之间的催化加热差别很大,这就导致了火星飞行器气动加热预测的显著不确定性，以及地面试验的 CO_2 大气理论模拟的不确定性。

表面参与的化学反应描述了 TPS 和气体之间既存在质量传递又存在能量传递的反应。表面参与的反应常常涉及来自 TPS 物质的反应物，但是或许可以不涉及来自气相的反应物。反应产物或许离开表面或许增加表面物质。涉及材料表面参与的化学反应案例包括碳基材料、硅基材料和碳化复合材料等，例如，碳材料表面被氧原子和氧分子氧化而生成气相 CO 和 CO_2；在 SiC 的氧化过程中生成附着在表面的 SiO_2；在 SiC 的活性氧化过程中生成 SiO；碳的升华 (C、C_2、C_3)。表面参与的反应可以是放热反应，也可以是吸热反应。目前关于表面反应和催化反应之间的分支比例并不清楚。例如，N 原子可以和碳表面复合而产生气态 CN，也可以在碳表面发生催化复合反应生成 N_2。因此，在实际应用中的表面反应模型必须同时考虑催化和表面反应。飞行器局部表面的反应往往对下游气体成分产生显著的影响。防热材料表面的化学活性会确定离解组分以多大程度从气相中移除，会确定新产生的组分以何种程度进入流场。表面反应速率的精确模拟会对烧蚀产物的预测产生关键的影响。

热解化学描述了防热物质热化学分解成气体和凝聚态物质的反应，其中气体产物通常通过内部压力驱动进入外部流场，碳化层残留物的化学元素与防热材料原始特性有很大不同。热解 TPS 物质通常是含有树脂和填充物的聚合体。热解反应由吸热引起，并且从表面向防热物质内部传播形成一个运动的热解区域。发生热解的物质如碳/酚醛，会形成多个孔隙和碳化层，内部热解气体通过孔隙向外流动，并且在烧蚀产物进入流场之前，仍可能发生内部气相和表面化学反应。

烧蚀是一个综合概念，同时涵盖了多种不同化学物理作用过程。烧蚀可以包括催化、表面参与的化学反应以及热解化学，以及其他的物理过程，包括熔融和膨胀。在烧蚀中，净质量传递通常表现为从 TPS 体积相到外部流场气体相之间的质量传递，尽管会存在着由凝结和沉积引起的质量积淀。总之，烧蚀是通过表面反应、热解气体质量引射和材料热解过程的总和作用减缓了气动加热。

当高超声速非平衡流气动热环境变得更加严酷时，防热材料表面和流场之间的耦合会变得更加强烈。增加的对流加热甚至是辐射加热会导致更高的表面温度；激波层边界层内的分子离解甚至是电离现象更加严重；反应物浓度和不同表面反应的速率增加。当表面反应更加活跃时，其贡献对气动加热更加重要；催化和表面参与的反应间的平衡确定了 TPS 气动加热和表面后退的程度。当表面参与的反应居主导地位时，表面特性如催化活性、发射率和表面粗糙度会伴随着 TPS 物质的消耗或转化而发生变化。高超声速高温非平衡流的模拟主要包括 CFD 和 DSMC 两种方法。关于如何在这两种方法框架特别是 CFD 模拟条件下实现复杂气体表面相互作用现象的模拟及其建模，人们开展了大量的研究工作。

1.5.1 DSMC 方法的气体与表面相互作用模型及其实现

在 DSMC 中最常用的气体与表面相互作用模型是完全漫反射模型。在此模型中，粒子与表面相互作用后发生漫反射，其速度分量从基于壁面温度的 Maxwell 分布进行抽样。在完全漫反射模型中，粒子的内能分配也是从基于壁面温度的 Boltzmann 平衡分布来抽样。与完全漫反射相反的是镜面反射，此模型仅仅是入射粒子的法向速度分量发生相反变化。在许多 DSMC 计算中通过适应系数 α 来结合漫反射与镜面反射模型。$\alpha=1$ 对应于完全漫反射，$\alpha=0$ 对应于完全镜面反射，此方法有时被称作 Maxwell 模型 [22,64]，实际工程应用中通常采用的 α 值在 0.8~0.9 变化。

图 1.5.1 为铂金属表面的氩原子反射分布测量 [299] 与计算结果 [300] 比较。可以看出，不管是镜面反射还是漫反射模型，都不能复现测量结果，而且两种模型的任意组合也都不能复现测量结果。这些比较结果促使人们发展更加复杂的气体表面相互作用模型，如 Cercignani-Lampis-Lord(CLL) 模型 [300]。此模型具有更强的理论基础，并且通过采用附加的参数给出更多的控制。在一系列不同气体表面相互作用模型条件下，对于绕平板的马赫数 10 的 N_2 流动 [301]，图 1.5.2(a) 给出了气体与壁面相互作用的粒子分布。完全漫反射模型给出了余弦分布，镜面反射给出了几乎与表面相切的一个分布。通过改变 CLL 模型中的适应系数 σ_t，可以在漫反射与镜面反射分布之间获得广泛的反射分布。图 1.5.2(b) 比较了与平板表面平行的速度分量的测量结果以及采用 Maxwell 和 CLL 模型的计算结果。注意到：在表面，不管是测量还是计算结果都显示了一个明显的速度滑移。但是这种模型由于缺乏真实系统环境下辨识参数的基本信息，因而受到很大限制。

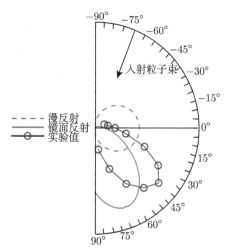

图 1.5.1 铂金属表面的氩原子反射分布测量 [299] 与计算结果 [300] 比较

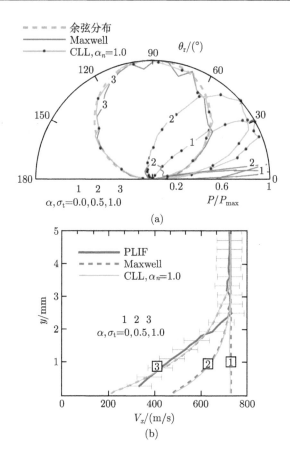

图 1.5.2　绕平板高超声速 N_2 流动 DSMC 不同模型反射分布结果 (a)[299] 和不同模型速度
轮廓 (b)[299]

　　在高 Kn 条件下，存在着两个重要的现象：速度滑移与温度跳跃。这两种效应模型应用于 CFD 时，可以改善 CFD 与 DSMC 结果之间的吻合程度，但是对于流动特性而言，并不是总能够得到相应的改善。这就需要在更高的 Kn 下发展如 DSMC 技术的动力学理论方法代替 CFD。

　　在考虑飞行器表面催化复合反应的高超声速非平衡流动 DSMC 研究方面，人们开展的工作很少 [302-304]，在考虑防热材料表面参与的异相反应方面，开展的相关 DSMC 模拟工作则是更少 [305]。目前，这方面的研究正处于发展阶段。在 DSMC 方法研究领域，人们往往不考虑催化复合反应的影响，或者做某些简化，例如，当考虑到电离时，飞行器表面对离子和电子而言通常是完全催化 [169,306,307]，但对原子而言是非催化的。对于烧蚀而言，通常在高空情况下，飞行器烧蚀产物主要来源于防热材料结构内部 [308]。Farbar 等 [307] 采用 DSMC 方法模拟了考虑材料热解的飞行器高温非平衡流动,但是用于确定飞行器表面粒子通量和内能状态的质量烧蚀速率和表面温度则来源于 CFD 与物质热响应的耦合计算结果,并没有在 DSMC 方法中实现与烧蚀边界的直接耦合。Sohn 等 [309] 基于 DSMC 方法,实现了流场与考虑热传导和热解过程的一维烧蚀热响应模型松耦合,在方法中实现了表面催化和表面氧化与氮化反应的模拟,并考虑了与辐射的耦合,分析了 Stardust 飞行器在 71.9km 高度处的流场特性和气动热特性。具体而言,基于热解型烧蚀材料,在 DSMC 模拟方法框架下,模拟 O 原子和 N 原子的催化复合反应,模拟表面材料参与的生成 CO 和 CN 的气体反应。当代表 O 原子或者 N 原子的 DSMC 粒子与表面发生碰撞时,产生一个介于 0~1 的随机数,与烧蚀化学反应和复合反应总效率进行比较。当随机数小于总效率时,表示表面烧蚀化学反应或者复合反应会发生。其中,总效率对于 O 和 N 原子分别表示如下:

$$\gamma_{\text{tot}} = \gamma_{\text{CO}} + \gamma_{\text{O}_2} \tag{1.5.1}$$

$$\gamma_{\text{tot}} = \gamma_{\text{CN}} + \gamma_{\text{N}_2} \tag{1.5.2}$$

然后,再次产生一个随机数和表面烧蚀化学反应效率与总效率比值进行比较,如果小于该比值,则发生表面烧蚀化学反应,否则发生催化复合反应。在发生催化复合反应的情况下,第二个 O 原子或者 N 原子从与表面相邻的网格中移除,同时在流场中引入复合反应生成的 O_2 或者 N_2。在当前时间步长内,复合反应释放出的能量基于能量均分原理重新在刚刚形成的分子的所有能量模式间进行分配。在后续的时间步长过程中,由于复合反应增加的内能会通过碰撞传递给其他粒子,进而通过粒子与表面的碰撞来增加对流加热通量。用于确定热解气体粒子通量和内能状态的质量烧蚀速率与表面温度则来源于物质热响应模块,热解气体中包含固定质量比例的 CO 和 C 组分。

Sohn 等 [309] 计算采用了四种表面烧蚀条件,包括化学烧蚀 (CASE1)、热烧蚀 (热解气体喷射)(CASE2)、化学热烧蚀 (CASE3)、考虑催化复合反应的化学热烧蚀 (CASE4)。图 1.5.3 和图 1.5.4 分别显示了沿驻点流线以及驻点流线壁面附近的化学组分数密度分布。在化学烧蚀情况下,N 和 O 原子数密度由于 N_2 和 O_2 的高度离解而居主导地位,含碳元素组分的 C、CO 和 CN 在飞行器表面附近生成。CO 和 CN 分子开始由碳化材料表面氧化和氮化反应生成,然后通过气相的 CO 和 CN 离解反应而生成 C。由于在壁面附近区域,N 和 O 组分显著消耗而产生 CN 和 CO 分子,因此可以观察到壁面附近 N 和 O 原子数密度降低。当流动离开壁面后,由于较小的扩散速度,CN 和 CO 数密度快速下降。在热力学烧蚀情况下,CN 和 CO 数密度比化学烧蚀低将近两个量级的幅度,因为 CO 的生成源项主要来自于热解气体的喷射。C 原子也从热解气体喷射释放到流场。而 CN 的生成源项则是通过气

相化学反应来产生。由于热解气体喷射，轻质量的 C 原子相比化学烧蚀而言，向上
游扩散得更远。在靠近表面的区域，N 和 O 原子的数密度由于电荷复合反应而增
加。由于不存在表面化学烧蚀，因此 O 和 N 原子也就没有消耗来生成 CO 和 CN
分子。对于既有化学烧蚀又有热烧蚀的情况，可以看到 C 的数密度与热力学烧蚀
情况相似，CN 和 CO 分子的数密度在靠近表面的区域由于表面氮化和氧化过程而
升高。考虑与不考虑催化复合的唯一差别是壁面附近的 N_2 和 O_2 的数密度，因为
N 和 O 原子组分会部分复合生成 N_2 和 O_2。

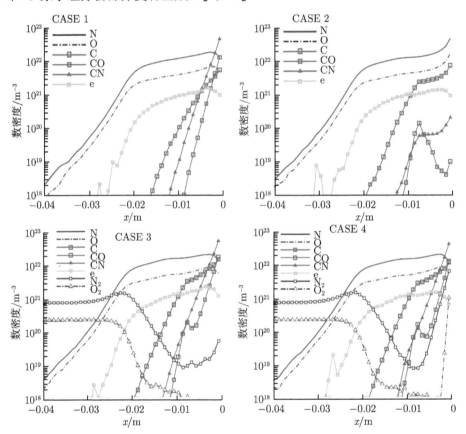

图 1.5.3 不同表面烧蚀条件 Stardusrt 飞行器驻点流线化学组分数密度分布 [309]

Bondar 等 [305] 采用 DSMC 方法模拟火星大气条件下绕钝体的高熵化学反
应流动时，给出了描述表面催化复合反应的分子模型，并分析了表面催化效应对
气动加热的影响。同时基于宏观离解空气 5 组分混合物模型，推导了考虑更加详
细的不同表面化学反应过程的分子模型，包括吸附/脱附，即气体原子和表面吸附
原子之间的复合 (Eley-Rideal，E-R) 和表面两个吸附原子之间的复合 (Langmuir-

Hinshelwood) 反应模型,便于向更加复杂的一般表面化学动力学过程推广。Bondar 等在 DSMC 方法中实施表面催化模型时,采用了如下的方法。首先,定义催化复合反应几率 γ_i,此催化复合反应几率依赖于入射到表面的粒子类型、表面温度以及表面特性。他们假设复合反应几率不依赖于压力,并且是一阶反应。对于同种组分的所有粒子而言,复合反应几率值相同。不区分 Eley-Rideal 和 Langmuir-Hinshelwood 复合反应机制。采用具有完全能量适应的漫反射模型模拟没有化学转换的粒子/表面相互作用。对于催化复合释放的能量处理而言,引入了能量适应系数 β。考虑如下的催化复合反应:

$$A + B \longrightarrow AB + \Delta E \tag{1.5.3}$$

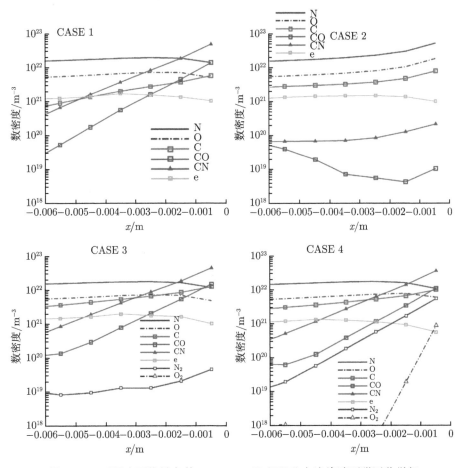

图 1.5.4　不同表面烧蚀条件 Stardusrt 飞行器驻点流线壁面附近化学组
分数密度分布 [309]

其中, A 和 B 是一般的模拟粒子, 或者是原子或者是分子, AB 是分子, ΔE 是复合反应释放的能量。飞行器表面由一系列三角形面元组成 (图 1.5.5)。对于每个面元设定一组催化复合几率 γ_A 和 γ_B 以及复合能量适应系数 β_{AB}, β_{AB} 是指复合反应过程中释放的能量在表面的驻留比例。在每个时间步长内对每个面元采用如下的粒子/表面相互作用算法。令粒子 A 与表面发生碰撞, 然后以几率 γ_A 发生如方程 (1.5.3) 所示的反应, 或者以几率 $1 - \gamma_A$ 从表面发生反射。

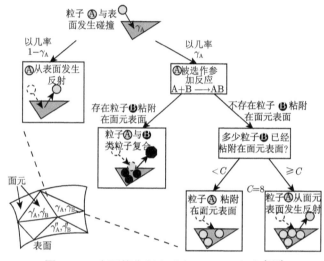

图 1.5.5　表面催化复合反应 DSMC 方法 [305]

被选作参与表面反应的粒子, 存在两种可能性: 或者与 B 发生复合反应, 或者被吸附到面元表面。如果在以前的时间步中存在着经过吸附后粘附在面元表面的粒子 B, 则可能发生第一种情况, 即粒子 A 与被吸附的这些粒子发生复合反应。释放的能量以比例 β_{AB} 留到表面, 其余 $1 - \beta_{AB}$ 部分被分配给反应产物 AB。当面元表面没有粒子粘附时, 会发生第二种情况。Bondar 等对三角面元所粘附的粒子最大数量进行了限制, 设定为 C。对于当前碰撞而言, 如果以前时间步中已经粘附在表面的粒子 A 的数量总和小于 C, 则粒子 A 会发生吸附, 否则从表面发生反射。同样算法也适用于粒子 B。在他们的研究中, C 值取为 8。

1.5.2　CFD 方法的气体与表面相互作用模型及其实现

关于 CFD 方法框架下的飞行器表面气体相互作用研究, 来源于飞行器热防护系统 (TPS) 的设计需求。飞行器防热材料表面化学、内部热响应、催化作用、热解、碳化等现象的研究以及与流场的耦合算法研究, 已经开展了几十年, 目前正处于发展和完善阶段。在 20 世纪 60 年代, 美国气动热研究小组 (Aerotherm Corporation) 发展了碳化材料热响应和烧蚀程序 CMA(charring material thermal response and ablation program)[310-313]。在 20 世纪 90 年代, 美国 NASA 阿姆斯研究中心发展了完全隐式烧蚀和热响应程序 FIAT(Fully Implicit Ablation and Thermal Response Program)[311,313,314], 克服了 CMA 程序中潜在的数值不稳定性问题。桑迪亚国家实验室的 COYOTE 软件 [315,316] 以及 NASA 阿姆斯研究中心的 TITAN(Two-dimensional Implicit Thermal Response and Ablation) 软件 [313,317] 实现了尖锥体和头部外形的表面烧蚀退化计算。后来 Chen 等又发展了三维烧蚀和热响应程序 3dFIAT[318,319], 考虑了材料内部热传导、热解。国外大部分学者将这些烧蚀和热响应程序与热化学非平衡流场计算程序相耦合时 [310-312,314-317], 则要根据预先给定的无因次质量损失率表 (即 B' 表) 来求解表面能量平衡方程, 去确定防热层表面的后退速率。而无因次质量损失率表的生成, 则采用了烧蚀材料表面和周围气体处于化学平衡状态的假设。但当确定流场光电特性或者化学非平衡激波层内存在强烈气体光辐射时, 需要精确地确定化学组分浓度, 则烧蚀表面化学平衡的假设是不合理的。一些作者 [320] 曾尝试通过非平衡效应修正来更好地拟合烧蚀数据, 但气相非平衡烧蚀产物在没有采用有限速率模型模拟烧蚀表面时, 是不能确定的。尽管有少数学者 [313,321] 采用有限速率模型来模拟防热层的烧蚀表面, 但出于对方法的探索, 往往对问题进行了简化, 例如, 忽略烧蚀材料内部的热解过程或采用稳态表面能量平衡 (steady surface energy balance, SSEB) 假设。而在很多实际问题中, 这些假设并不成立。Potts 指出: 烧蚀材料碳/酚醛内部的热解过程会强烈地影响防热层表面的热化学特性以及烧蚀速率 [322]。对于 SSEB 假设, Milos 等则指出: SSEB 假设在高烧蚀速率下是有效的, 但大多数伴随有烧蚀现象的 CFD 计算是处在低烧蚀速率区域的, 这种与实际物理问题不一致的假设将会过高地估计防热材料表面的温度和烧蚀速率 [323]。

Grosse 和 Candler 给出了考虑微观结构有限速率烧蚀模型效应的流场与烧蚀热响应的耦合算法, 并且考虑了材料内部的热传导 [324]。Maclean 等提出了一般意义上的表面有限速率热化学烧蚀模型 [325], 并给出了热化学非平衡流场环境下烧蚀边界未知量的迭代求解方法 [326], 为烧蚀热响应与流场的耦合求解提供了接口。Milos 和 Chen 等在平衡烧蚀模型基础上结合有限速率烧蚀过程修正考虑了非平衡效应 [327,328]。Milos 和 Chen 等指出, FIAT 虽然可以求解依赖时间的物质热响应过程, 但是详细的化学信息如组分喷射速率等会丢失, 此外, 由于表格量的内插也会导致附加的误差与不确定性 [328]。对于复杂的问题如非平衡烧蚀热解、传热和传质系数不等, 以及不相等的扩散系数而言, 实际上不可能生成更多的内插表格。为此他们在 FIAT 基础上, 对热化学特性代码 MAT 和 FIAT 模块进行了修改, 将它们通过表面能量平衡关系整合到一起, 形成了新的热响应模块代码 FIATv3。

在国内, 一些学者 [329,330] 在将防热层的烧蚀计算与热化学非平衡流场计算进行耦合时, 虽然采用有限速率模型模拟了防热层的烧蚀表面, 但他们主要侧重于烧蚀效应对高超声速热化学非平衡流场组分浓度等流场特性的影响。仅就目前国内上述学者的研究来看，考虑烧蚀效应对高超声速热化学非平衡流场组分浓度等流场特性的影响时，采用的是 SSEB 假设，这样做是为了简化表面能量平衡关系，在没有与防热材料烧蚀和热响应 (包括材料内部温度变化历史、热解和表面后退等现象) 进行深入耦合的情况下，来获得防热层表面的温度和烧蚀速率[313]。

对于典型弹道条件下 (特别是再入情况) 的高超声速飞行器而言，飞行器烧蚀和流场的耦合过程贯穿于飞行器在大气中飞行的整个时间历程。首先，由烧蚀引起的高超声速飞行器防热层厚度和内部温度的变化是一个时间积累的过程；其次，烧蚀材料热解气体的引射速率依赖于材料内部的温度变化历史。通常，不同的学者将热化学非平衡流计算与烧蚀计算耦合起来时，采用的是松耦合技术[321,327,331-334]，即在烧蚀热响应计算过程中从流场解提供的压力、热流和恢复焓等边界参数不发生变化[335]。基于松耦合方法可以获得形状变化、内部传热和热解带来的影响，在防热层表面烧蚀速率不高的情况下是可行的，而当防热层的烧蚀现象变得很显著时，所计算的烧蚀材料表面的物理量会出现很大程度的不稳定[335,336]。因此，不同的科研机构开展了紧耦合方法研究，这些研究工作逐渐成为高超声速非平衡流的重要内容和热点。Chen 等[337] 结合前述 Maclean 等提出的表面相互作用模型与迭代方法[325,326]，实现了有限速率表面烧蚀模型下的流场 DPLR 和烧蚀热响应模块 3dFIAT[318,319] 的紧耦合，并且对于化学平衡表面而言，采用化学平衡软件 ACE[320] 或者 MAT[338] 来获得表面的化学特性。后来 Chen 等又实现了有限速率表面烧蚀模型下的流场软件 DPLR 与 TITAN 的紧耦合[339]。Martin 和 Boyd[340,341] 采用任意拉格朗日–欧拉 (arbitrary Lagrangian-Eulerian, ALE) 方法实现了热化学非平衡流求解器 LeMANS 和烧蚀热响应模块[342,343] (modeling of pyrolysis and ablation response, MOPAR) 的紧耦合，其中 MOPAR 模块采用控制体有限元方法模拟表面烧蚀、表面后退、内部热解以及热解气体流动行为。此外，Alkandry 等[344] 和 Farbar 等[345] 还在 LeMANS 流场模块中整合了基于 Maclean 等[325,326] 发展起来的有限速率表面化学 (finite-rate surface chemistry, FRSC) 模块，实现了与烧蚀热响应模块 MOPAR 的紧耦合。此外，Gosse 等[346] 和 Gnoffo 等[347] 针对热化学非平衡流场和烧蚀热响应过程的紧耦合方法分别开展了研究。近年来，国际上不同的研究团体围绕高超声速非平衡流计算软件/代码和飞行器防热材料表面相互作用开展了不少物理建模和耦合算法研究。在这方面典型的包括 NASA 阿姆斯研究中心的 DPLR 软件、NASA 兰利研究中心的 LAURA 软件，以及密歇根大学的 LeMANS 软件等。

1. LeMANS

LeMANS 代码 [280-282,348] 模拟催化和烧蚀时, 采用有限速率表面化学 (FRSC) 模型, 该模型是一个一般的气体与表面相互作用模型 [325,326,349]。该 FRSC 模型可以适用于多种气体组分, 并且可以解释不同的表面反应, 包括粒子吸附/解吸 (adsorption/desorption), 气体原子和表面吸附原子的复合 (E-R), 表面两个吸附原子间的复合 (Langmuir-Hinshelwood), 以及导致表面退化的反应 (如碳的氧化和氮化)。FRSC 模型与流场耦合时采用了 Marschall 等的算法 [326]。在该算法中涉及了三个环境, 包括气体、表面和容积环境, 每个环境可以包含一种或者多种相。表面反应仅在活性位置上发生, 活性位置可以是空位置或者被吸附到表面相的组分填充, 具体算法过程见后面章节。

Farbar 等 [345] 基于 LeMANS 代码, 对高超声速非平衡流与烧蚀热响应的紧耦合方法进行了发展, 获得了不同时刻流场特性及球锥体飞行器表面不同烧蚀物理参数分布。他们采用三维计算流体力学软件 LeMANS 模拟热化学非平衡流场, 采用基于 Marschall 和 Maclean 发展起来的 FRSC 模块计算表面化学反应引起的组分生成速率, 采用一维控制体有限元方法 (CVFEM) 模拟热传导和热解气体方程, 形成一维热响应模块 MOPAR, 结合动网格技术实现三者的紧密耦合。对于 CFD 和 FRSC 模块以及 MOPAR 过程之间的耦合而言, 将飞行器的飞行弹道离散成若干点, 采用前面弹道点上的流场解作为初始条件, 对每个弹道点上的稳态流动进行求解。在流场 CFD-FRSC 模块求解过程向稳态推进时, 每经过 N 次流场迭代后调用物质响应子程序一次, N 的值在运行模拟之前是一个固定的可选值。将下面的输入参数传递给 MOPAR 热响应模块。

$$Q = \theta \left(q_{\text{conv}} + \dot{m}_{\text{b}} \left(h_{\text{b,w}} - h_{\text{w}} \right) \right) + (1 - \theta) Q_{\text{prev}} \tag{1.5.4}$$

$$\dot{s} = \theta \dot{s}' + (1 - \theta) \dot{s}_{\text{prev}} \tag{1.5.5}$$

其中, 下标 "prev" 用于代表前一时刻调用 MOPAR 得到的参数, 参数 θ 是介于 0~1 的松弛因子, q_{conv} 是采用 CFD 代码预测的表面热流, $\dot{m}_{\text{b}}$ 是由表面反应引起的防热材料容积组分质量损失总速率, h_{w} 是在壁面的气相组分焓值, $h_{\text{b,w}}$ 是在壁面的容积相组分焓值, $\dot{s}$ 是表面后退速率, Q 是热流。

然后采用 MOPAR 模块模拟从前面弹道点时刻 t^{n-1} 到当前时刻 t^n 之间的物质热响应。在此过程中, 所利用的热通量来自于前面时刻弹道点收敛的耦合解与当前耦合求解的热流通量间的线性内插。一旦与当前 CFD-FRSC 解对应的烧蚀热响应表面温度 T'_{w} 确定后, 则采用如下的松弛手段计算 T_{w}, 此温度 T_{w} 在 FRSC 模块中用来确定不同组分的生成速率和设定下批 N 次 CFD-FRSC 耦合迭代的气相守恒方程的边界条件。

$$T_{\text{w}} = \theta T'_{\text{w}} + (1 - \theta) T_{\text{w,prev}} \tag{1.5.6}$$

$$R_{\mathrm{w}} = \dot{s}\left(t^n - t^{n-1}\right) \tag{1.5.7}$$

两个连续的弹道点之间随时间运动的表面后退距离采用方程 (1.5.7) 来计算。然后表面上每个网格节点的位移通过相邻表面中心值 R_{w} 的平均来获得。由表面向外延伸引起的 CFD 网格线的网格节点的运动根据其与相关表面节点的初始距离正比关系来确定。这种耦合重复进行，直到流场残差收敛。图 1.5.6 给出了上述这种紧耦合策略[345]。

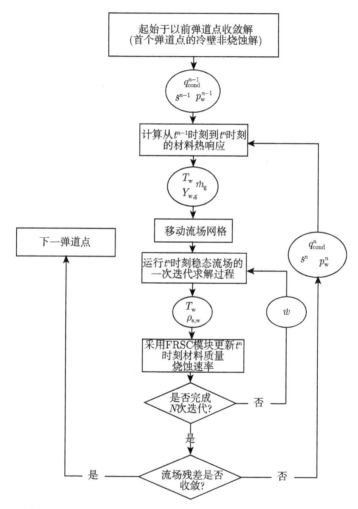

图 1.5.6　LeMANS-FRSC 和 MOPAR 模块耦合方法[344]

在图 1.5.6 中，来自于 LeMANS-FRSC 和 MOPAR 模块间的表面压力 p_{w} 仅在模拟碳化型烧蚀材料时才会用到。同样的热解气体质量通量 $\dot{m}_{\mathrm{g}}$ 和热解气体成分 Y_{g} 也是在模拟碳化型材料时才会用到。计算中对 Park 有限速率烧蚀模型进行了研究。

图 1.5.7 给出了 Farbar 等计算的 IRV-2 飞行器在不同时刻的表面化学反应组分生成速率分布，比较了原始的 Park 有限速率模型以及修正后的模型结果。修正前后模型对表面的不同组分化学生成速率存在较大的影响。

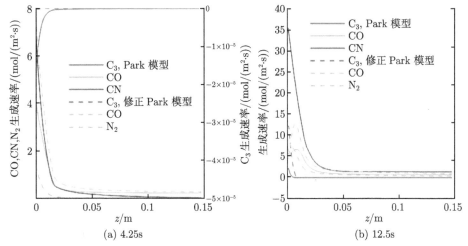

(a) 4.25s   (b) 12.5s

图 1.5.7　表面化学反应组分生成速率沿飞行器表面分布 [345]

2. DPLR

Milos 和 Chen 等 [337,339,350] 基于 DPLR 软件，在物质热响应代码和采用有限速率气体/表面相互作用模型的流动解算器的耦合计算方面，开展了大量工作，并实现了流场代码与考虑烧蚀、热解和热传导的完全隐式烧蚀和热响应软件 3dFIAT[318,319] 及 TITAN[350,351] 紧耦合。通过求解 DPLR 软件的表面质量平衡方程与 3dFIAT 或 TITAN 中的表面能量平衡方程，来实现物质响应和流动代码之间的耦合计算，耦合过程中考虑了物质形状的变化。材料表面的后退速率通过有限速率气体/表面相互作用模型计算来预测，即物质表面后退速率在流场求解器中进行了预测，表面温度和热解气体引射速率则采用上述热响应模块来计算。

如果流场解算器和物质响应模块求解器之间共享的表面热化学和形状变化的信息是时间滞后的，则它是松耦合方法 [337]。对于松耦合方法而言，物质热响应的界面边界条件参数假设在热响应时间步长 Δt_D 内是常数，即在 Δt_D 过程中的边界条件参数等于在上个 t^* 时刻的值。根据计算稳定性要求，松耦合方法中用于更新界面边界条件参数的时间步长 Δt_D 是可以动态变化的。对紧耦合方法研究而言 [337]，物质热响应软件面临的界面边界条件参数在时间步长 Δt_D 内线性变化。在每个 Δt_D 过程中的界面边界条件参数采用 t^* 和 $t^* + \Delta t_D$ 之间的线性插值获得。

由于 $t^* + \Delta t_D$ 时刻的界面边界条件参数是未知的，所以需要通过迭代来获得。

图 1.5.8 给出了紧耦合方法的模拟过程。计算起始于一组初始自由流条件下流场数值解确定的冷壁非烧蚀对流热流和表面压力，使之作为材料热响应模拟的边界条件。时间积分从 $t = t^*$ 进行到 $t = t^* + \Delta t_D$。由于积分结束时刻的界面边界条件参数是未知的，所以需要通过迭代来获得。在第一次迭代时，$t = t^* + \Delta t_D$ 时刻的界面边界条件参数被 $t = t^*$ 的界面边界条件参数所代替。在每个时间积分过程结束后，如果 $t = t^* + \Delta t_D$ 时刻的最大表面温度变化超过预先设定的残差值，物质热响应计算会暂时处于等待状态，模拟流场时采用最近预测的表面温度和热解引射速率。关于流场的计算网格则基于物质热响应代码得到的形状变化进行重构。来流条件也需要根据提出的飞行弹道或者试验条件进行更新。每次流场模拟的是一个定常状态。当获得定常状态的流动/辐射数值解之后，依赖时间的物质热响应模块则采用最新预测的表面热流、压力、碳化质量烧蚀速率以及表面辐射作为 $t = t^* + \Delta t_D$ 时刻的界面边界条件参数。通常为了获得在 $t = t^* + \Delta t_D$ 时刻的收敛的边界条件，需要进行 3~5 次迭代循环 [337]。如果没有进行迭代，则此方法恢复到松耦合。这样在每次时间步长 Δt_D 推进间隔过程中，松耦合方法与只进行一次迭代循环的紧耦合方法是相似的。这些迭代过程在每个时间步长 Δt_D 内反复进行，直到飞行弹道或者试验射流暴露时间结束。

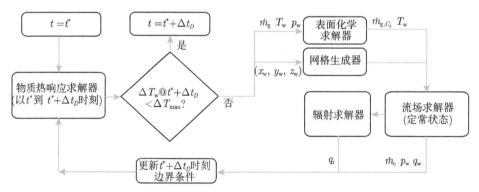

图 1.5.8　非平衡表面热化学和形状变化紧耦合流程图 [337]

采用上述紧耦合方法，Chen 和 Gökcen 等对电弧射流下的球柱体模型流场烧蚀热响应进行了耦合计算 [337]。模型防热层材料为 PICA(phenolic impregnated carbon ablator)。表面有限速率烧蚀化学模型为 Park 和 Ahn 模型 [352]，并对其进行了修正。在这里从他们的模拟结果中选择三个试验算例进行分析，来比较松耦合方法和紧耦合方法的优缺点。这三个试验算例包括 Case2、Case6 和 Case7，对应的驻点热流分别是 169W/cm² 、694W/cm² 和 1102W/cm²。图 1.5.9 ~ 图 1.5.11 分别给出了三种算例条件下的驻点表面温度和烧蚀质量引射速率随时间变化结果，其中

紧耦合方法显示为黑线,松耦合方法显示为灰线。在 Case2 情况下,由于表面热流比

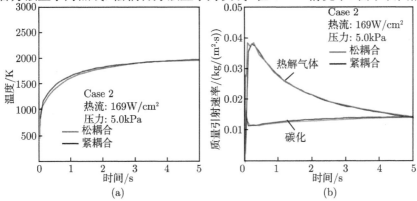

图 1.5.9 驻点表面温度 (a) 和烧蚀质量引射速率 (b) 随时间变化结果 (Case2)[337]

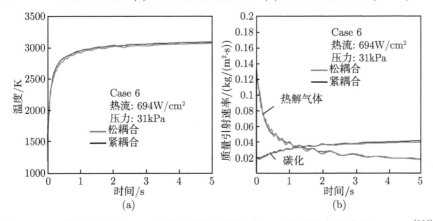

图 1.5.10 驻点表面温度 (a) 和烧蚀质量引射速率 (b) 随时间变化结果 (Case6)[336]

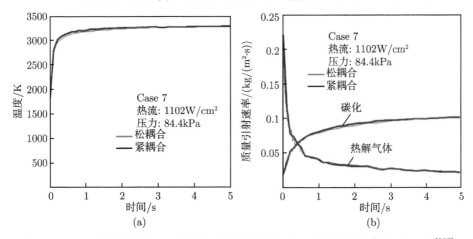

图 1.5.11 驻点表面温度 (a) 和烧蚀质量引射速率 (b) 随时间变化结果 (Case7)[337]

较低, 最大的驻点温度大约是 2200K。两种耦合方法预测的表面温度比偏差很小,
烧蚀质量引射速率几乎等同。因为与松耦合相关的数值振荡在这种表面热流条件
下并不明显, 采用变时间步长的松耦合方法效率更高。除非关于紧耦合模拟的时间
步长是松耦合时间步长的 3~5 倍或者更多, 并且仍然能够保持时间精确性, 否则
松耦合可以充分满足应用要求。因此这种低热流情况下紧耦合方法没有过多的优
点。Case6 情况下的驻点热流显著高于 Case2, 最大的表面温度达到了大约 3100K。
紧耦合和松耦合方法中都采用了变化的时间步长。在两种方法中都观察到了数值
振荡。采用紧耦合方法的预测结果振荡幅度要明显小于松耦合方法。不考虑数值振
荡, 预测的表面界面边界条件在这两种方法之间吻合得很好。采用松耦合方法进一
步减小数值振荡, 则需要的时间步长会小到难以承受, 而紧耦合方法对于与 Case6
相似的模拟情况而言是一个更好的选择。在 Case6 情况下, 紧耦合方法的总运行
时间大约是松耦合的 25%。在 Case7 情况下, 松耦合所采用的时间步长相比 Case6
小一个量级, 而紧耦合方法的时间步长与 Case6 相同。对于更高的热流条件, 松耦
合由于过度的数值振荡而难以收敛, 即使选择的时间步长进一步减小也是如此。因
此, 紧耦合方法对于这种条件而言会更加实际。通常说来, 紧耦合和松耦合模拟预
测的界面边界条件参数, 不考虑数值振荡时, 会吻合得很好。紧耦合方法不存在稳
定性问题, 但或许存在微弱的数值振荡, 这可以通过减小时间步长来进行控制。

3. LAURA

Gnoffo 等基于 LAURA 软件与平衡烧蚀边界耦合时, 不是基于 B' 表格, 而是结
合元素连续方程与最小自由能方法 (free energy minimization algorithm, FEM)[353]
进行耦合。注意, 这里的耦合是指不考虑防热材料内部热响应过程的流场与表面热
化学烧蚀的耦合, 与时间发展历程无关, 因此不同于前面的耦合概念。在他们的方
法中, 假设壁面化学系统处于平衡状态, 净元素质量通量来源于质量喷射、组分扩
散以及烧蚀产物元素质量比例间的平衡。通过局部化学平衡关系结合补充的元素
连续方程来确定气体的化学特性。基于最小自由能方法来确定局部化学平衡关系,
并将原始的组分密度作为基本的因变量。元素守恒方程的构造来自已经存在于原
始热化学非平衡流动中的组分守恒方程线性组合, 此方程用来代替基元组分连续
方程。电子连续方程采用电荷中性约束条件下的组分间的代数关系来代替。非基元
组分连续方程采用化学平衡关系来代替。质量烧蚀速率、烧蚀气体元素比例和烧蚀
表面温度由烧蚀模块提供, 在非稳态烧蚀情况下, 烧蚀热响应模块可提供材料内部
热传导。流场计算模块对烧蚀模块提供气动热环境 (压力、辐射、对流加热等)。

基于元素连续方程和非基元组分连续方程, 并结合最小自由能方法, Gnoffo
等后来又进一步发展了耦合方法, 在表面变量求解过程中, 来自流场的对流加热和
组分扩散直接来自壁面附近的相关量的梯度, 而没有采用某种近似的传热传质系

数关系 (如薄膜近似)[354]。此方法的缺点是边界值很小的变化会导致对流加热速率和扩散速率较大的变化。

针对再入飞行器热防护系统的设计和评估，Johnston 和 Gnoffo 等给出了通常情况下的两种非耦合烧蚀流场分析方法 [355]。在猎户座返回舱飞行条件下，通过与耦合方法进行比较，评估了非耦合烧蚀分析的有效性。在耦合方法方面，基于 Gnoffo 等的工作基础 [353]，推广到将碳化烧蚀速率作为流场求解的一部分进行耦合。非耦合方法分析的一般过程包括：应用非烧蚀流场解定义平衡烧蚀模型所需要的传热系数、壁面焓值和壁面压力，采用平衡烧蚀模型计算碳化烧蚀速率 $\dot{m}_c$、热解烧蚀速率 $\dot{m}_g$、壁面温度 T_w 以及热防护物质内部的特性。之所以被称作非耦合，是因为 $\dot{m}_c$、$\dot{m}_g$ 和 T_w 对流场迭代的影响在烧蚀模型中进行了近似处理，因此烧蚀模型并没有与流场模型进行耦合。对于非耦合烧蚀分析而言，常包括两个基本的近似模拟。

第一种近似 (#1)，关于 $\dot{m}_c$ 和 $\dot{m}_g$ 对传热系数的影响近似表达为

$$C_H = C_{H,0} \frac{2\lambda B_0}{\exp{(2\lambda B_0)} - 1} \tag{1.5.8}$$

其中，$C_{H,0}$ 是非烧蚀的传热系数；B_0 是质量烧蚀速率与非烧蚀的传热系数比值；λ 是热流喷射缩小因子，通常为 0.5。传热系数和热流采用如下关系关联：

$$q_c = C_H (H_T - h_w) \tag{1.5.9}$$

其中，C_H 是烧蚀传热系数，H_T 是流场总焓，h_w 是壁面气体焓值。

第二种近似 (#2) 采用了元素质量扩散关系，表面的元素质量扩散通量为

$$\tilde{J}_k = C_M (\tilde{c}_{w,k} - \tilde{c}_{e,k}) \tag{1.5.10}$$

其中，$\tilde{c}_{w,k}$ 是元素 k 在表面的质量分数，$\tilde{c}_{e,k}$ 是元素 k 在边界层外缘的质量分数。假设 $C_M = C_H$，则这种近似允许表面的元素质量平衡通过代数方式求解，来获得表面的元素质量分数

$$\tilde{c}_{w,k} = \frac{c_{e,k} + B'_c \tilde{c}_{c,k} + B'_g \tilde{c}_{g,k}}{1 + B'_c + B'_g} \tag{1.5.11}$$

其中，B'_c 和 B'_g 分别是碳化质量烧蚀速率和烧蚀传热系数之比，以及热解质量引射速率和烧蚀传热系数之比，$\tilde{c}_{c,k}$ 和 $\tilde{c}_{g,k}$ 分别是元素 k 在碳化烧蚀气体和热解气体中的质量分数。

在耦合方法中，假设固态碳处于与表面气体达到平衡的状态，则存在着如下的平衡约束条件 [354]：

$$\rho_w \frac{c_{w,C}}{M_C} = K_{c,C} \tag{1.5.12}$$

其中，$c_{w,C}$ 是壁面碳原子的质量分数，$K_{c,C}$ 是异相反应 C (固态) $\longrightarrow$ C (气态) 的化学平衡常数。关于方程 (1.5.12) 的求解需要知道壁面碳原子的质量分数 $c_{w,C}$，此碳原子质量分数假设在壁面温度、压力和给定的元素比例条件下处于平衡。壁面元素 k 的质量分数可以从如下面元素质量平衡方程中获得元素质量分数：

$$\dot{m}_c \left(\tilde{c}_{c,k} - \tilde{c}_{w,k} \right) + \dot{m}_g \left(\tilde{c}_{g,k} - \tilde{c}_{w,k} \right) - \tilde{J}_k = 0 \qquad (1.5.13)$$

壁面压力采用如下的壁面法向动量获得：

$$\frac{\mathrm{d}p_w}{\mathrm{d}z} + \rho_w v_w \frac{\mathrm{d}v_w}{\mathrm{d}z} = 0 \qquad (1.5.14)$$

其中，壁面法向速度 v_w 来自于如下的质量连续方程：

$$\rho_w v_w = \dot{m}_c + \dot{m}_g \qquad (1.5.15)$$

如果热解气体烧蚀速率 $\dot{m}_g$ 与壁面温度 T_w 给定，则方程 (1.5.12) $\sim$ 方程 (1.5.15) 可以结合化学平衡求解器得到碳化烧蚀速率 $\dot{m}_c$。通常情况下，$\dot{m}_g$ 与 T_w 或者采用稳态烧蚀近似，或者预先给定。在稳态烧蚀近似情况下 (碳化层表面后退速率等于热解面后退速率)，有如下的近似表面能量方程：

$$-q_c - \alpha q_{rad} + \varepsilon \sigma T_w^4 + (\dot{m}_c + \dot{m}_g) h_w = 0 \qquad (1.5.16)$$

同时稳态烧蚀近似提供了如下的关于 $\dot{m}_g$ 的关系：

$$\dot{m}_g = \left(\frac{\rho_v}{\rho_c} - 1 \right) \dot{m}_c \qquad (1.5.17)$$

Johnston 和 Gnoffo 等 [355] 为了研究上述近似方法 (#1 和#2)，对耦合方法给出了三种情况，包括：①采用两种近似，即#1 和#2；②仅采用近似方法#2；③两种近似方法都不采用。所有三种方法中，都预先给定 $\dot{m}_g$ 与 T_w，所以需要计算的是碳化烧蚀速率 $\dot{m}_c$。当壁面温度需要求解时，也可以对方法进行改进。

1) 非耦合方法

此方法应用前述两种近似，是对超级催化壁与辐射平衡壁条件下的非烧蚀解的后处理。非烧蚀流场解提供了非烧蚀热流 $q_{c,0}$、h_w 和 p_w。对于给定的 $\dot{m}_c$、$\dot{m}_g$ 与 T_w 而言，在壁面的元素比例来自方程 (1.5.11)。根据此元素比例，组分的质量分数和焓值可以采用给定 T_w 和 p_w 下的化学平衡模块获得。此过程重复进行迭代得到 $\dot{m}_c$(如果没有给定温度，则也需要对 T_w 进行求解)，直到方程 (1.5.12) 得到满足 (迭代温度时，直到方程 (1.5.16) 得到满足)。注意：此方法等同于在物质响应代码中常用的 B' 表格方法。

2) 部分耦合方法

此方法去除了近似条件#1，但是采用了近似方法#2。它包含了与烧蚀耦合的流场，意味着在流场计算中要处理烧蚀产物的引射。由于显式处理 $\dot{m}$ 对 C_H 的影响，因此并没有应用近似方法#1。但是此方法采用了对基于方程 (1.5.10) 的 $\tilde{J}_k$ 近似，即应用了近似方法#2。采用与非耦合方法相等同的方式来获得壁面组分质量分数和焓值，但是并没有用方程 (1.5.8) 计算 C_H。而是通过基于流场解的 q_c 直接计算 C_H。关于 $\dot{m}_c$ 和 T_w 的计算与前面的非耦合方法相同。开始获得一个非烧蚀流场解，基于此流场解，采用前面所叙述的过程每隔若干次流场迭代获得 $\dot{m}_c$、T_w 以及 $c_{w,i}$。

3) 完全耦合方法

此方法避免采用近似方法#1 和近似方法#2，因此该方法提供了最严格的平衡烧蚀结果。在此方法中，$\tilde{J}_{k,w}$ 来自于细致的表面浓度梯度和扩散系数，而不是来自方程 (1.5.10)。因此，可以不用对方程 (1.5.11) 进行代数求解来获得 $\tilde{c}_{w,k}$，而是采用 Gnoffo 等 [353] 的平衡迭代方法来获得，此方法在表面化学平衡方程和组分守恒方程间进行了耦合。结合平衡约束方程 (1.5.12)，允许将 $\dot{m}_c$ 作为表面迭代过程的一部分进行求解。

1.5.3 非平衡流有限速率表面化学模型

来自于试验数据的气体表面相互作用的详细信息非常缺乏，烧蚀过程主要表征为后退速率或者反应效率 [356-358]。现存的大部分试验测量结果都是集中于宏观量，如质量损失速率或者表面后退速率，而不是气体表面相互作用机制。进一步而言，由于产生高焓流动的困难以及测量所需要的较长时间，许多试验难以表征流场。因此人们发展了关于预测不同有限速率烧蚀模型的理论方法。对于很多飞行器再入过程应用而言，采用热防护系统表面化学平衡烧蚀假设可以提供合理的热流环境，但是气体表面相互作用的非平衡处理可以提高总热载荷与材料烧蚀后退速率的预测精度 [359]。例如，在碳基材料方面，Park 和 Bogdanoff[357]、Park 等 [360,361]、Park 和 Ahn[362]、Zhluktov 和 Abe(ZA)[363] 都开展了很多工作，并在基于有限速率表面化学的非平衡空气与碳材料表面相互作用模拟方面取得了一些成功。

1. 有限速率表面化学模型

一系列表面有限速率化学反应近似模型在 CFD 和 DSMC 方法中应用时，不需要关于特定化学路径的描述。例如，热防护系统防热材料表面可以作为完全惰性壁面而不参与表面化学反应，而且表面催化复合反应是非催化壁。这种边界条件限制了气相反应的作用并且忽略了表面化学反应对表面的加热影响。另一个极端是所谓的超级催化壁边界条件，将表面组分质量分数设定为防热材料能够吸收最大能量的情况，为热防护系统设计提供保守的热流数据。这种方法往往会引起有效载荷的降低，限制了弹道和着陆方式的选择，在需要精确预测流场组分 (辐射) 的情况下，难以满足要求。还有一种方法是表面气相组分平衡处理方法。采用热化学平衡求解器如 ACE[320]、MAT [338,364] 和 CEA[255,365] 等软件，结合热力学数据而不是化学动力学速率模型来计算。这种平衡壁面边界条件在大多数情况下等价于假设反应速率无限快。

在惰性壁面、超级催化和热化学平衡边界条件下的气动加热预测之间的差别往往是非常明显的。更加真实的化学加热贡献介于这些极限边界之间，通常需要模拟特定的关于表面化学反应通道的动力学。典型情况下，这可以采用基于给定化学效率 (specified reaction efficiency，SRE) 的表面化学模型来实现。在 SRE 模型方法中，组分的消耗或者生成通过特定的化学反应通道来计算，被处理成特定概率与撞击到表面的气相反应物通量的乘积，如常用的基于催化效率的有限速率催化复合反应。给定化学效率的 SRE 模型方法并没有结合任何表面反应的物理机制，也没有考虑逆向反应，因此通常与有限速率表面化学反应并不一致。SRE 模型方法通常假设存在多个表面反应，如 $O+O \longrightarrow O_2$ 和 $N+N \longrightarrow N_2$，各自独立运行，忽略了表面的有限速率特性，具体而言上述反应会在表面内有限的活性位置上发生竞争。此外，当反应物可以通过多种反应通道进行时，如前面所述的火星舱表面的 O 原子复合反应存在着反应分支：$O+O \longrightarrow O_2$，$O+CO \longrightarrow CO_2$，则 SRE 模型方法会变得极端不合理，同时需要给定反应分支比例。

因此，随着研究的发展，对于高超声速飞行器流场特性和气动加热的模拟而言，出现了有限速率表面化学模型。在该模型的主要特征是：①表面反应发生在表面有限数量的活性位置上；②表面化学反应的综合效应是多个依赖于温度的有限速率过程的结果；③反应物的吸附是一个关键步骤，所有组分间的反应至少涉及一个吸附的反应物。采用这种方法，反应物通过竞争获取有效的活性位置，多种通道间系统中的化学反应存在着固有的耦合。对于有限速率表面化学模型而言，特定反应通道的反应效率和反应分支不再是给定模型的输入参数，而是中间计算的一个结果。每个速率过程具有各自的正向和逆向反应速率，并且通过依赖温度的平衡常数来进行关联。这些概念保证了气体固体界面处的总质量和元素守恒，并且保证了所有有效热力学数据的一致性。Marschall 等 [325] 对高超声速非平衡流表面热化学现象开展了深入的研究，发展了一般形式的有限速率表面化学模型，使得模型在 CFD 代码中实施时，具有很强的代表性，而不必根据实际具体问题对代码核心进行修改。在一般形式的有限速率表面化学模型框架下，可以模拟催化、表面变化 (氧化、氮化、蒸发)。正向反应速率系数可以写成 Arrhenius 函数或者基于分子运动论的表达式，如吸附、升华、Eley-Rideal 复合反应、Langmuir-Hinshelwood 复合反应。逆向反应速率系数可以从有效的气体和容积组分的热力学数据获得, 关于热脱附及吸附/脱附平衡常数的过渡态近似也可以从这些数据获得。

不同于以往的多组分化学平衡烧蚀模型 [328](该模型需要求解的变量包括表面气体组分分压、表面凝聚相组分的摩尔分数、表面元素质量分数、壁面焓值、无量纲表面质量烧蚀速率和机械剥蚀速率等), Marschall 等定义了一般意义下的有限速率烧蚀模型, 模型中定义了 "环境" "相" "活性位置组" "组分"。"环境" 包含气体环境、表面环境和容积环境。每种环境包含了一种或者多种 "相", 这些相各自代表了每种环境中具有不同显著物理特征的区域。所有的表面反应发生在表面的 "活性位置"。各自不同的表面反应必须发生在单一表面相内部, 但可以涉及一组或者多组活性位置。活性位置的数量是守恒的, 即活性位置既不会产生和消失, 也不会发生转换。根据定义, 气体环境为单一气相 ($N_g = 1$), 包含了 K_g 种化学性质不同的气相组分。所有的气相组分或者必须是在表面反应中所涉及的反应物和产物, 或者必须是通过气体引射、蒸发或深度热解而喷入气相的气体组分。表面环境是气体和容积环境之间的交界面, 在此环境内气体和容积环境的组分允许进行化学相互作用。表面环境可能包含多种相 ($ns = 1, 2, \cdots, N_s$), 每种相占据总表面的比例为 Ω_{ns}, 每种表面相可包含多组活性位置 ($na = 1, 2, \cdots, N_{ns,a}$)。各自不同的表面反应必须发生在单一表面相内, 但是可以涉及此表面相内一组以上的多组活性位置, 每组活性位置具有的位置密度为 $\Phi_{ns,na}(mol/m^2)$ 以及相关的 $K_{ns,na}$ 种表面化学组分, 这样每种表面组分同唯一一组活性位置进行关联, 每组活性位置同唯一一种表面相关联。每组活性位置中的一种表面组分被定义为一种空位置, 而在这组活性位置中的所有其他组分代表了被吸附的原子或分子。与表面相 ns 中第 na 组活性位置相关的组分 k 的表面浓度被标识为 $\Phi_{ns,na,k}$。容积环境可包含一种或多种相 ($nb = 1, 2, \cdots, N_b$), 每种相占据的容积比例为 ν_{nb}。每种容积相包含唯一一组 K_{nb} 组分。在模型系统中的相的数目为 $N = 1 + N_s + N_b$。活性位置组的总数量为

$$N_a = \sum_{ns=1}^{N_s} N_{ns,a} \tag{1.5.18}$$

模型系统中总的组分数量为

$$K = K_g + \sum_{ns=1}^{N_s} \sum_{na=1}^{N_{ns,a}} K_{ns,na} + \sum_{nb=1}^{N_b} K_{nb} \tag{1.5.19}$$

根据这些定义, 一种特定的原子 (如 O 原子) 如果处于气相, 或者处于表面的一组特定活性位置中, 或者处于一种特定的容积相中, 则被认为是不同的化学组分。在表面环境中包含多种相的目的是: 允许采用具有不同化学构成和活性的部分来代表热防护系统 (TPS) 物质的构成。表面环境中的惰性或者多孔区域可以被

确定为一种没有活性位置的表面相，即 $N_{\mathrm{ns,a}}=0$。这种表面相不直接参与任何表面化学反应，但是将会影响局部组分生成速率向整体值的转换效果，因为具有化学活性的表面相所占总表面比例会小于 1。在一种表面相中包含多组活性位置的目的是允许形成特定的表面化学机制，此机制会涉及表面环境中被吸附到不同位置的不同组分，如碳的氧化模型。单一表面相中的所有活性位置均匀分布。气体、表面或者容积相中不同化学组分的浓度采用 X_k 来表示，X_k 的单位在气相和容积相中是 $\mathrm{mol/m^3}$，在表面相中是 $\mathrm{mol/m^2}$。

所有的有限速率表面模型必须在表面发生反应，并且涉及了空位置和/或者被填充的位置。该模型框架允许在代码中定义任意数量物理化学特性不同的表面相，在每个表面相中定义有任意数量的相关活性位置组，通过这些组活性位置可以发生任意数量组分之间的化学反应。常见的反应类型包括：吸附/脱附：A+(s)⟷A(s)；Eley-Rideal(E-R)：A+B(s)⟷ AB+(s)；Langmuir-Hinshelwood(L-H)：A(s)+B(s) ⟷ AB+2(s)；氧化/分解：A+(s) +B(b) ⟷AB+(s)；升华/凝结：(s)+A(b) ⟷ A+(s)，其中 (s) 代表任一有效的活性位置，A(s) 代表一种吸附到表面的组分，A(b) 代表一种容积相组分。

任何组分的摩尔生成或者损失速率是来自同时考虑正向和逆向速率过程的不同反应过程的综合贡献。正向和逆向反应速率系数通过每个反应的平衡常数相关联，平衡常数可采用如下三种方法获得：①对参与反应的每种组分确定其 Gibbs 自由能；②以曲线拟合的形式确定平衡常数；③确定与质量平衡原理一致的正向和逆向反应速率系数。方程 (1.5.20) 给出了适应于气体/表面交界面的任何相的组分生成源项，但是容积相中的组分浓度由于存在着恒定的物质补充来源，因此其在反应消耗时假设不随时间变化。容积相物质的损失或者生成速率意味着会在气体相中增加或者减小物质质量，定义为方程 (1.5.21)。这就导致了一个有效的表面引射或者喷射边界，而不是无滑移边界。

$$\dot{\omega}_k = \sum_{i=1}^{N_{\mathrm{r}}} \left\{ (\nu_{ki}'' - \nu_{ki}') \left(k_{fi} \prod_{m=1}^{N_{\mathrm{s}}} [X_m]^{\nu_{mi}'} - k_{bi} \prod_{m=1}^{N_{\mathrm{s}}} [X_m]^{\nu_{mi}''} \right) \right\} \tag{1.5.20}$$

$$\dot{m}_b = -\sum_{b=1}^{N_{\mathrm{b}}} M_b \dot{\omega}_b \tag{1.5.21}$$

在模型公式中也考虑了具有某种限定形式的热解，热解的气相组分喷射或者来自物质热响应或者通过稳态近似[366,367] 得到相应的质量流率来获得，进而添加到方程 (1.5.21) 所隐含的喷射速率中去。通常假设热解气体经过表面的质量流率与容积环境 (或者碳化层) 喷射速率 (方程 (1.5.22)) 成正比。这里：碳化屈服 C_{y} 等于碳化层密度和原始材料层密度之比，则热解气体的成分需要通过显式给定。

$$\dot{m}_{g} = \dot{m}_{b} \left[\frac{1}{C_{y}} - 1 \right] \tag{1.5.22}$$

2. 紧耦合的隐式边界条件

为结合 CFD 方法对有限速率表面化学模型进行积分，将表面质量平衡关系应用于气相环境中每个组分的边界条件。对于表面无限薄的控制体，从表面通过扩散进入气相内部的气体组分，以及由材料容积物质消耗引起的混合物整体质量速率同该化学组分的表面反应的生成速率达到平衡 (图 1.5.12(a))。每种气体组分 k 的质量平衡方程写成方程 (1.5.23)，代表了该气相组分质量在表面的变化速率。反应源项来自于有限速率表面化学模型或者热解气体流动的简单近似模型。给出隐式质量平衡关系时，为了方便起见，采用了基于质量分数的 Fick 扩散定理。这些结果可以推广到更合理的通过通量修正的 SCEBD[262] 或者基于迭代方法的 Stefan-Maxwell[268] 模型。Gosse 和 Candler[368] 详细讨论了这些改善通量方法的扩散模型。表面能量平衡是通过辐射平衡边界条件来实现的 (图 1.5.12(b))，来自容积相的物质与表面气体具有相同的温度，并且通常假设进入热防护系统的热传导项是可以忽略的。但是，在稳态热解过程假设下，由于容积相损失引起的表面后退速率和热解面后退速率相等，则图 1.5.12(b) 所示的控制体积可以延伸到物质内部不受热响应影响的截面来消除未知的热传导项。稳态能量平衡 (steady-state energy balance，SSEB) 方程是辐射能量平衡的直接延伸，因为在此假设下表面能量平衡方程中添加的唯一额外项是原始材料的焓值，通常考虑成常数。因此稳态能量平衡方程写成方程 (1.5.24) 的形式。

$$-\rho_{w} D_{k} \nabla y_{k}|_{w} + \rho_{w} v_{w} y_{k,w} = M_{k} \dot{\omega}_{k} \tag{1.5.23}$$

$$\dot{q}_{conv} + \dot{q}_{diff} + \dot{q}_{rad\text{-}in} = \dot{m} h_{w} - \dot{m} h_{a} + \dot{q}_{rad\text{-}out} \tag{1.5.24a}$$

$$\sum_{m=1}^{N_{T}} k_{m} \nabla T_{m}|_{w} + \sum_{k=1}^{N_{g}} h_{k} \rho D_{k} \nabla y_{k} \bigg|_{w} + \alpha_{w} \dot{q}_{rad} = (\rho v)_{w} (h_{w} - h_{a}) + \sigma \varepsilon T_{w}^{4} \tag{1.5.24b}$$

$$F_{k} = (y_{k,w} - y_{k,1}) + \frac{\Delta n}{D_{k}} v_{w} y_{k,w} - \frac{\Delta n M_{k}}{\rho_{w} D_{k}} \dot{\omega}_{k} = 0 \tag{1.5.25}$$

$$\frac{\partial F_{k}}{\partial [y]_{g,w}} \Delta^{n}[y]_{g,w} + \frac{\partial F_{k}}{\partial [y]_{g,1}} \Delta^{n}[y]_{g,1} + \frac{\partial F_{k}}{\partial [X]_{s}} \Delta^{n}[X]_{s} + \frac{\partial F_{k}}{\partial T} \Delta^{n} T + \frac{\partial F_{k}}{\partial v} \Delta^{n} v = -F_{k}$$
$$\tag{1.5.26}$$

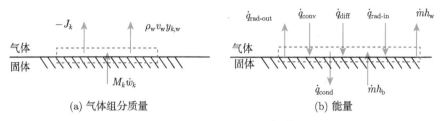

(a) 气体组分质量　　　　　　　　　　　　(b) 能量

图 1.5.12　表面控制体 [326]

　　方程 (1.5.25) 给出了方程 (1.5.23) 的离散形式, 其中 F_k 被定义为 0, 采用牛顿迭代方法来实现。对于出现在气相边界方程中的生成项, 需要采用隐式耦合方法。基于方程 (1.5.25) 的气相边界条件隐式形式可以表达成关于 $n+1$ 时刻的时间级数展开方程 (1.5.26), 其中中括号 [ ] 用于表示矢量。基于方程 (1.5.26) 的形式, 边界条件依赖于壁面附近的气相内部成分的状态 (下标为 "g,l")、壁面气相成分 (下标 "g,w"), 气相壁面温度、壁面法向速度, 以及被表面吸附的成分 (下标 "s")。容积相的变化速率在所有情况下被定义为 0, 因此关于依赖容积相组分的相关项不出现在方程中。

　　在每种气体组分的总生成源项方程 (1.5.27) 中, 相关表达式包括来自表面反应 (下标为 "c") 与热解的贡献。对于显式表达的热解或蒸发 (下标为 "e") 而言, 需要在总生成速率源项中添加附加的质量生成源项。对于稳态热解 (最后一项) 而言, 添加的气体组分质量生成源项正比于容积相的生成速率, 因此必须对源项的雅可比矩阵进行修正。出现在最后一项的摩尔分数被确定为热解气体混合物中的常数, 而不是表面气体摩尔分数。在方程 (1.5.28) 所示的源项隐式雅可比矩阵中, q 代表了一般的自变量。

$$\dot{\omega}_k = \dot{\omega}_{k,\mathrm{c}} + \dot{\omega}_{k,\mathrm{e}} + \frac{\chi_k}{\sum\limits_{j=1}^{N_\mathrm{g}} \chi_j M_j} \left(\frac{1}{C_\mathrm{y}} - 1 \right) \left(-\sum_{b=1}^{N_\mathrm{b}} M_b \dot{\omega}_b \right) \tag{1.5.27}$$

$$\frac{\partial \dot{\omega}_k}{\partial q} = \frac{\partial \dot{\omega}_{k,\mathrm{c}}}{\partial q} + \frac{\chi_k}{\sum\limits_{j=1}^{N_\mathrm{g}} \chi_j M_j} \left(\frac{1}{C_\mathrm{y}} - 1 \right) \left(-\sum_{b=1}^{N_\mathrm{b}} M_b \frac{\partial \dot{\omega}_b}{\partial q} \right) \tag{1.5.28}$$

$$\frac{\partial [X]_\mathrm{s}}{\partial t} = [\dot{\omega}]_\mathrm{s} \tag{1.5.29}$$

$$\frac{\Delta^n [X]_\mathrm{s}}{\Delta t} = [\dot{\omega}]_\mathrm{s} + \frac{\partial [\dot{\omega}]_\mathrm{s}}{\partial [X]_\mathrm{s}} \Delta^n [X]_\mathrm{s} + \frac{\partial [\dot{\omega}]_\mathrm{s}}{\partial [X]_\mathrm{g}} \Delta^n [X]_\mathrm{g} + \frac{\partial [\dot{\omega}]_\mathrm{s}}{\partial T} \Delta^n T \tag{1.5.30}$$

$$\Delta^n [X]_\mathrm{s} = \left(\frac{[I]_\mathrm{s}}{\Delta t} - \frac{\partial [\dot{\omega}]_\mathrm{s}}{\partial [X]_\mathrm{s}} \Big|_n \right)^{-1} [\dot{\omega}]_\mathrm{s} \big|_n$$

$$+ \left(\frac{[I]_{\mathrm{s}}}{\Delta t} - \left. \frac{\partial [\dot{\omega}]_{\mathrm{s}}}{\partial [X]_{\mathrm{s}}} \right|_n \right)^{-1} \left. \frac{\partial [\dot{\omega}]_{\mathrm{s}}}{\partial [X]_{\mathrm{g}}} \right|_n \Delta^n [X]_{\mathrm{g}}$$

$$+ \left(\frac{[I]_{\mathrm{s}}}{\Delta t} - \left. \frac{\partial [\dot{\omega}]_{\mathrm{s}}}{\partial [X]_{\mathrm{s}}} \right|_n \right)^{-1} \left. \frac{\partial [\dot{\omega}]_{\mathrm{s}}}{\partial T} \right|_n \Delta^n T \qquad (1.5.31)$$

对于吸附的表面组分和容积组分而言，不存在扩散或者对流的可能性，因此这些组分随时间变化的方程为 (1.5.29)。吸附的表面组分浓度的隐式处理可以通过方程 (1.5.30) 在 $n + 1$ 时刻进行展开来获得。离散后的方程依赖于壁面的气体组分、壁面气体温度 (假设等于表面相的壁面温度)、表面相的成分。关于非气体浓度矢量可以通过方程 (1.5.31) 的求解来获得。

将方程 (1.5.31) 所示的表面未知变量矢量代入方程 (1.5.26) 中，结合气体浓度和化学组分质量分数之间的转换，得到通过组分质量分数所表达的牛顿迭代方程。经过重新整理后，得到气相边界条件的隐式形式的方程 (1.5.32)，其中上标 "n" 略去。方程中的所有关于气体相的项都是已知的，但是表面反应的隐式贡献得以保留。

$$\left\{ (1 + \beta_k v_{\mathrm{w}}) \delta_{\mathrm{g},k} - \alpha_k \left[\frac{\partial \dot{\omega}_k}{\partial [X]_{\mathrm{g},\mathrm{w}}} + \frac{\partial \dot{\omega}_k}{\partial [X]_{\mathrm{s}}} \left(\frac{[I]_{\mathrm{s}}}{\Delta t} - \frac{\partial [\dot{\omega}]_{\mathrm{s}}}{\partial [X]_{\mathrm{s}}} \right)^{-1} \right. \right.$$

$$\left. \left. \frac{\partial [\dot{\omega}]_{\mathrm{s}}}{\partial [X]_{\mathrm{g},\mathrm{w}}} \right] \frac{\partial [X]_{\mathrm{g},\mathrm{w}}}{\partial [c]_{\mathrm{g},\mathrm{w}}} \right\} \Delta^n [y]_{\mathrm{g},\mathrm{w}} - (1) \Delta^n y_{k,1} + (\beta_k y_{k,\mathrm{w}}) \Delta^n v_{\mathrm{w}}$$

$$- \alpha_k \left[\frac{\partial \dot{\omega}_k}{\partial T} + \frac{\partial \dot{\omega}_k}{\partial [X]_{\mathrm{s}}} \left(\frac{[I]_{\mathrm{s}}}{\Delta t} - \frac{\partial [\dot{\omega}]_{\mathrm{s}}}{\partial [X]_{\mathrm{s}}} \right)^{-1} \frac{\partial [\dot{\omega}]_{\mathrm{s}}}{\partial T} \right] \Delta^n T$$

$$= - \left[(y_{k,\mathrm{w}} - y_{k,1}) + \beta_k v_{\mathrm{w}} y_{k,\mathrm{w}} - \alpha_k \dot{\omega}_k \right] + \alpha_k \frac{\partial \dot{\omega}_k}{\partial [X]_{\mathrm{s}}} \left(\frac{[I]_{\mathrm{s}}}{\Delta t} - \frac{\partial [\dot{\omega}]_{\mathrm{s}}}{\partial [X]_{\mathrm{s}}} \right)^{-1} [\dot{\omega}]_{\mathrm{s}} \qquad (1.5.32)$$

其中

$$\alpha_k \equiv \frac{\Delta n M_k}{\rho_{\mathrm{w}} D_k}, \quad \beta_k \equiv \frac{\Delta n}{D_k}$$

除了气相组分质量方程外，壁面法向喷射速率作为非气相生成速率的函数也需要计算。具体而言，壁面法向质量喷射速率 (壁面密度和表面法向速度的乘积) 等于容积相组分生成速率的负值，或者是容积相物质离开表面的速率。此关系为

$$\rho_{\mathrm{w}} v_{\mathrm{w}} = - \frac{1}{C_{\mathrm{y}}} \sum_{b=1}^{N_{\mathrm{b}}} M_b \dot{\omega}_b + \dot{m}_{\mathrm{p,e}} \qquad (1.5.33)$$

这里的碳化屈服参数 C_{y} 用于考虑任何稳态热解情况，当没有热解存在时被设定为 1.0。与容积相生成速率不成正比例的显式气体质量流率出现在上述质量方程

的最后项。壁面喷射速度的隐式形式为方程 (1.5.34)，此方程包含了表面法向速度
分量、气相组分质量分数矢量和表面相组分浓度：

$$
\rho_{\mathrm{w}}\Delta^n v_{\mathrm{w}} + \left(\sum_{b=1}^{N_{\mathrm{b}}}\frac{M_b}{C_{\mathrm{y}}}\frac{\partial \dot{\omega}_b}{\partial [X]_{\mathrm{g}}}\frac{\partial [X]_{\mathrm{g,w}}}{\partial [y]_{\mathrm{g,w}}}\right)\Delta^n [y]_{\mathrm{g,w}} + \left(\sum_{b=1}^{N_{\mathrm{b}}}\frac{M_b}{C_{\mathrm{y}}}\frac{\partial \dot{\omega}_b}{\partial T}\right)\Delta^n T
$$

$$
+ \left(\sum_{b=1}^{N_{\mathrm{b}}}\frac{M_b}{C_{\mathrm{y}}}\frac{\partial \dot{\omega}_b}{\partial [X]_{\mathrm{s}}}\right)\Delta^n [X]_{\mathrm{s}} = -\left[\rho_{\mathrm{w}} v_{\mathrm{w}} + \sum_{b=1}^{N_{\mathrm{b}}}\frac{M_b}{C_{\mathrm{y}}}\dot{\omega}_b - \dot{m}_{\mathrm{p,e}}\right] \tag{1.5.34}
$$

与前面处理方法相似，关于表面相浓度矢量的表达式可以从方程 (1.5.30) 代
入，结果为

$$
\rho_{\mathrm{w}}\Delta^n v_{\mathrm{w}} + \left\{\left(\sum_{b=1}^{N_{\mathrm{b}}}\frac{M_b}{C_{\mathrm{y}}}\frac{\partial \dot{\omega}_b}{\partial [X]_{\mathrm{s}}}\right)\left(\frac{[I]_{\mathrm{s}}}{\Delta t} - \frac{\partial [\dot{\omega}]_{\mathrm{s}}}{\partial [X]_{\mathrm{s}}}\right)^{-1}\frac{\partial [\dot{\omega}]_{\mathrm{s}}}{\partial T}\right\}\Delta^n T
$$

$$
+ \left[\left(\sum_{b=1}^{N_{\mathrm{b}}}\frac{M_b}{C_{\mathrm{y}}}\frac{\partial \dot{\omega}_b}{\partial [X]_{\mathrm{g}}}\right) + \left(\sum_{b=1}^{N_{\mathrm{b}}}\frac{M_b}{C_{\mathrm{y}}}\frac{\partial \dot{\omega}_b}{\partial [X]_{\mathrm{s}}}\right)\left(\frac{[I]_{\mathrm{s}}}{\Delta t} - \frac{\partial [\dot{\omega}]_{\mathrm{s}}}{\partial [X]_{\mathrm{g,w}}}\right)^{-1}\frac{\partial [\dot{\omega}]_{\mathrm{s}}}{\partial [X]_{\mathrm{g,w}}}\right]
$$

$$
\cdot \frac{\partial [X]_{\mathrm{g,w}}}{\partial [y]_{\mathrm{g,w}}}\Delta^n [y]_{\mathrm{g,w}}
$$

$$
= -\left[\rho_{\mathrm{w}} v_{\mathrm{w}} + \sum_{b=1}^{N_{\mathrm{b}}}\frac{M_b}{C_{\mathrm{y}}}\dot{\omega}_b - \dot{m}_{\mathrm{p,e}}\right]
$$

$$
- \left(\sum_{b=1}^{N_{\mathrm{b}}}\frac{M_b}{C_{\mathrm{y}}}\frac{\partial \dot{\omega}_b}{\partial [X]_{\mathrm{s}}}\right)^{\mathrm{T}}\left(\frac{[I]_{\mathrm{s}}}{\Delta t} - \frac{\partial [\dot{\omega}]_{\mathrm{s}}}{\partial [X]_{\mathrm{s}}}\right)^{-1}[\dot{\omega}]_{\mathrm{s}} \tag{1.5.35}
$$

对于没有容积相生成的系统 (即只有气相和表面相生成速率)，则喷射速度为
0。在方程 (1.5.32) 和方程 (1.5.35) 中所给的方程组代表了有限速率系统的隐式
处理。

作为每次解迭代的一个后处理，表面组分浓度采用方程 (1.5.31) 以及所有气相
组分的增量来更新。也应该注意到出现在方程系统中的时间步长。此时间步长应该
是流场计算的全局时间步长，但是对于定常问题而言，可以通过调整可能的时间步
长来改善计算的稳定性或者是增加收敛速率。

1.5.4 模拟表面化学的计算化学手段

前面给出了不同表面有限速率化学过程的一般模型，应用了环境、相与活性位
置的概念，使得这些模型在与流场计算代码耦合时，获得很大的灵活性和通用性。
但是，这些有限速率模型也需要采用大量的新的物理参数作为输入。这些参数值存
在较大的不确定性，综合的气体表面相互作用将会对这些参数具有高度非线性的
依赖关系 [369]。

同时, 这些描述有限速率表面化学公式的一般模型中包含了基元反应和速率参数 (活化能和位阻因子), 可以通过计算化学手段来模拟, 并且计算化学手段也可以用于分析和确定主导的反应机制。采用计算化学手段获得宏观有限速率气体表面化学模型相关信息时需要考虑四个重要的方面: 第一, 必须对所关心的化学系统确定计算化学模拟的精度; 第二, 宏观防热材料表面必须能够被微观原子结构所表征; 第三, 基于材料微观结构能够开展气体分子撞击真实材料表面的轨道计算; 第四, 能够将不同气体表面反应的原子层面的模拟形成宏观有限速率模型, 以适用于 CFD 模拟。

通常采用密度函数理论 (density functional theory, DFT) 开展量子化学计算。此理论虽然精准度高, 但是会受到原子限制, 模拟的原子数量不能超过 100。与只涉及少数原子的气相粒子碰撞模拟不同, 气体表面相互作用系统中需要模拟大量的粒子。为了模拟含有大量原子的系统, 可以将基于 DFT 计算得到的单点能量用来拟合势能曲面 (PES) 或者作用力场。在给定的势能曲面上通过分子动力学 (molecular dynamics, MD) 手段对原子运动方程进行积分, 进而实现存在大量原子的系统之间的相互作用模拟。基于经验确定的 PES 的分子动力学已经广泛用于研究氧原子和氧分子与硅材料表面的相互作用。在过去[370-373] 已经发展了不少用于 Si-O 系统的力场经验模型, 成功地描述了不同硅和氧化硅的晶体结构和能量。例如, BKS 势能模型[373], 该模型已经被用于模拟硅的容积和表面环境[374]。尽管这些力场对硅晶体动力学规律和化学特性提供了有价值的认识, 但只适合于便于参数化研究的晶体平衡结构。这就对势能模型的适用性和化学反应模拟能力提出了严格的限制。已经有不少学者应用密度函数理论计算对所关心的反应系统进行了特定 PES 的拟合[375-377]。也存在着许多不同于 DFT 的其他方法用于拟合 PES, 并在拟合所采用的数据范围内通过 DFT 数据来检验所得到的 PES。结合这些 PES 采用分子动力学模拟所得到的结果需要得到与当前化学系统相关的有效试验数据的考核。

Marschall 等[378] 利用 ReaxFF PES 势能, 采用分子动力学方法模拟了硅和氧化硅材料的气体表面相互作用模型参数、关于活性位置等的表面化学结构。ReaxFF 是一个经典势能模型, 其中参数来自于量子化学计算分析结果[379]。ReaxFF 模型的系统能量是一定数量的能量项之和[380], 可以精确模拟不同范围的化学反应系统, 包括了气体表面交界面。为了描述硅和氧化硅材料的结构、特性以及化学性质, van Duin 等[380] 发展了 ReaxFF SiO 势能模型, 精确地复现了一些 SiO_2 晶体的体积相特性。因为 ReaxFF SiO 势能并没有得到气体表面相互作用试验的完全证实, 所以基于该势能模型得到的速率模型只是一个初级模型。但是 Marschall 所描述的方法可以推广到其他关于氧硅相互作用的 PES, 或者推广到其他气体表面相互作用系统。

1.6　结　束　语

由于连续流 CFD 和稀薄气体流动 DSMC 方法快速发展以及对其过度依赖，人们在发展代表复杂化学物理现象的简单数学模型方面承受着巨大的压力，这导致了流动物理特性的正确模拟和理解方面发展的滞后。只是在最近一些年来，人们对基本的高超声速非平衡流模拟重新加深了认识，这为采用 CFD 和 DSMC 方法精确预测高超声速流动提出了实实在在的挑战。这里对高超声速非平衡流领域中新发展的物理模型和计算方法进行概括论述，包括高超声速非平衡流输运方程、DSMC 方法、CFD 方法、气体表面相互作用模型，以期望通过模型精度和算法方面的改善来改进今后用于飞行器设计的高超声速非平衡流计算方法。

高度非平衡条件下的高超声速高温气体流动模拟非常复杂。由于未能充分而详细地考虑不同能态松弛过程和化学动力学过程，包括能级跃迁、振动能和化学反应耦合、化学动力学速率等，传统的连续流 CFD 方法和稀薄流 DSMC 粒子方法得到的流场数据在分析某些特性时带来较大误差，例如，等离子体特性[381]、辐射特性[132,382]、激波脱体距离[383]、喷管流动[384]。此外，基于宏观试验数据和表面平衡化学得到气体表面相互作用模型在精确预测热防护性能[313,385]及其烧蚀产物引起的流场辐射特性[386]方面也存在着较大差距。这些问题的出现使得不管是连续流 CFD 方法还是稀薄流 DSMC 粒子方法，都开始进行详细而细致的分子间能量传递的研究，进行精细的气体表面相互作用模拟，而不是局限于经验的宏观和唯象物理模型。这就要求人们对高超声速非平衡流所涉及的物理现象机制从微观层面进行深入研究，在数值方法方面基于计算化学数据库和手段完善相关模型建模，开展算法设计方面的探索，实现高精度的模拟。

参 考 文 献

[1] Anderson J D Jr. Hypersonic and High Temperature Gas Dynamics. New York: McGraw-Hill Book Company, 1988.

[2] Bose D, Brown J, Prabhu D, et al. Uncertainty assessment of hypersonic aerothermodynamics prediction capability. AIAA Paper 2011-3141, 2011.

[3] Olynick D, Chen Y K, Tauber M E. Aerothermodynamics of the stardust sample return capsule. Journal of Spacecraft and Rockets, 1999, 36(3): 442-462.

[4] Mather D E, Pasqual J M, Sillence J P. Radio frequency (RF) blackout during hypersonic reentry. AIAA Paper 2005-3443, 2005.

[5] Ramjatan S, Magin T E, Scholz T, et al. Blackout analysis of small reentry vehicles. AIAA Paper 2015-2081, 2015.

[6] Ozawa T, Fedosov D, Levin D A, et al. Quasi-classical trajectory modeling of OH pro-
    duction in direct simulation Monte Carlo. Journal of Thermophysics and Heat Transfer,
    2005, 19(2): 235-244.

[7] Panesl M, Magin T, Bourdon A, et al. Analysis of the fire II flight experiment by means
    of a collisional radiative model. Journal of Thermophysics and Heat Transfer, 2009,
    23(2): 236-248.

[8] Mitcheltree R, Gnoffo P. Thermochemical nonequilibrium issues for earth reentry of
    mars missions vehicles. AIAA Paper 90-1698, 1990.

[9] Shuler K E. Studies in nonequilibrium rate processes. II. The relaxation of vibrational
    nonequilibrium distributions in chemical reactions and shock waves. J. Phys. Chem.,
    1957, 61(7): 849-856.

[10] Bird G A. Breakdown of translational and rotational equilibrium in gaseous expansions.
     AIAA Journal, 1970, 8(11): 1998-2003.

[11] Smith V K, et al. Hypersonic Overview// Methodology of Hypersonic Testing, Lecture
     Series 1993-03. Von Kármán Institute for Fluid Dynamics, 1993: 1-1-1-23.

[12] Wright M J, Prabhu D K, Martinez E R. Analysis of apollo command module afterbody
     heating. Part I: AS-202. Journal of Thermophysics and Heat Transfer, 2006, 20(1):
     16-30.

[13] Wright W J, Tang C Y, Edquist K T, et al. A review of aerothermal modeling for mars
     entry missions. AIAA Paper 2010-443, 2010.

[14] Young M, Keith S, Pancotti A. An overview of advanced concepts for near-space systems.
     AIAA Paper 2009-4805, 2009.

[15] Leslie J, Marren D. Hypersonic test capabilities overview. AIAA Paper 2009-1702, 2009.

[16] Juliano T J , Adamczak D, Kimmel R L. HIFiRE-5 flight test results. Journal of
     Spacecraft and Rockets, 2015, 52(3): 650-663.

[17] Monjaret C, Valor J P, Serre L. Methodology for the study of LEA separation phase.
     AIAA Paper 2011-2201, 2011.

[18] Mehta J, Aftosmis M, Bowles J, et al. Skylon aerospace plane and its aerodynamics
     and plumes. Journal of Spacecraft and Rockets, 2016, 53(2): 340-353.

[19] Griffith B J, Maus J R, Best J T. Explanation of the hypersonic longitudinal stability
     problem-lessons learned// Shuttle Performance: Lessons Learned. NASA CP 2283,
     1983: 347-380.

[20] Reuther J, Thompson R, Pulsonetti M, et al. External computational aerothermody-
     namic analysis for the STS-107 accident investigation. AIAA Paper 2004-1384, 2004.

[21] Walker S, Tang M, Morris S, et al. Falcon HTV-3X—A reusable hypersonic test bed.
     AIAA Paper 2008-2544, 2008.

[22] Bird G A. Gas Dynamics and the Direct Simulation of Gas Flows. Oxford: Oxford
     University Press, 1994.

[23] 陈伟芳, 赵文文, 江中正, 等. 稀薄气体动力学矩方法研究综述. 气体物理, 2016, 1(5): 9-24.

[24] Boyd I D. Computation of hypersonic flows using the direct simulation Monte Carlo method. AIAA Paper 2013-2557, 2013.

[25] Kolobov V I, Bayyuk S A, Arslanbekov R R, et al. Construction of a unified continuum/kinetic solver for aerodynamic problems. Journal of Spacecraft and Rockets, 2005, 42(4): 598-606.

[26] Bhatnagar P L, Gross E P, Krook M A. A model for collision processes in gases. Phys. Rev., 1954, 94: 511-524.

[27] Holway J L H. New statistical models for kinetic theory: Methods of construction. Phys. Fluids, 1966, 9(9): 1658-1673.

[28] Shakhov E M. Generalization of the Krook kinetic relaxation equation. Fluid Dynamics, 1968. 3(1): 95, 96.

[29] 李启兵, 徐昆. 气体动理学格式研究进展. 力学进展, 2012, 42(5): 522-537.

[30] Cabannes H. Couette-flow for a gas with a discrete velocity distribution. Journal of Fluid Mechanics, 1976, 76(2): 273-287.

[31] Li Z H, Zhang H X. Study on gas kinetic unified algorithm for flows from rarefied transition to continuum. Journal of Computational Physics, 2004, 193(2): 708-738.

[32] Broadwell J E. Study of rarefied shear flow by the discrete velocity method. Journal of Fluid Mechanics, 1964, 19(3): 401-414.

[33] Bobylev A V, Palczewski A, Schneider J. Discretization of the Boltzmann equation and discrete velocity models//Rarefied Gas Dynamics 19. Oxford: Oxford University Press, 1995:2, 857-863.

[34] Mcnamara G R, Zanetti G. Use of the Boltzmann-equation to simulate lattice-gas automata. Physical Review Letters, 1988, 61(20): 2332-2335.

[35] Wolf-Gladrow D A. Lattice-gas Cellular Automata and Lattice Boltzmann Models: An Introduction. Berlin: Springer-Verlag, 2000.

[36] Chen S Y, Doolen G D. Lattice Boltzmann method for fluid flows. Annual Review of Fluid Mechanics, 1998, 30(1): 329-364.

[37] 蒋新宇, 李志辉, 吴俊林. 气体运动论统一算法在跨流域转动非平衡效应模拟中的应用. 计算物理, 2014, 31(4): 403-411.

[38] Chapman S, Cowling T G. The Mathematical Theory of Non-uniform Gases. Cambridge: Cambridge University Press, 1970.

[39] Tsien H S. Superaerodynamics, mechanics of rarefied gases. Journal of the Aeronautical Sciences, 1946, 13(12): 653-664.

[40] Zhao W W, Chen W F. Computation of rarefied hypersonic flows using modified form of conventional Burnett equations. Journal of Spacecraft and Rockets, 2015, 52(3): 789-803.

[41] Liu H L, Chen W F, Zhao W W, et al. Entropy production analysis of Burnett equations using classical thermodynamics with Gibbs equations. AIAA Paper 2016-0499, 2016.

[42] Zhao W W, Chen W F. Formulation of a new set of simplified conventional Burnett equations for computational of rarefied hypersonic flows. AIAA Paper 2014-3208, 2014.

[43] Grad H. On the kinetic theory of rarefied gases. Pure Appl. Math., 1949, 5.

[44] Reitebuch D, Weiss W. Application of high moment theory to the plane couette flow. Continuum Mechanics and Thermodynamics, 1999, 11(4): 217-225.

[45] Mott-Smith H M. The solution of the Boltzmann equation for a shock wave. Phys. Rev., 1951, 82: 885-892.

[46] Groth C P T, Roe P L, Gombosi T I, et al. On the nonstationary wave structure of a 35-moment closure for rarefied gas dynamics. AIAA Paper 1995-2312, 1995.

[47] Struchtrup H, Torrilhon M. Regularization of Grad's 13-moment equations: Derivation and linear analysis. Physics of Fluids, 2003, 15(9): 2668-2680.

[48] Karlin I V, Gorban A N, Dukek G, et al. Dynamic correction to moment approximation. Physical Review E: Statistical Physics, Plasmas, Fluids, and Related Interdisciplinary Topics, 1998, 57(2): 1668-1672.

[49] Muller I, Reitebuch D, Weiss W. Extended thermodynamics-consistent in order of magnitude. Continuum Mechanics and Thermodynamics, 2003, 15(2): 113-146.

[50] Myong R. A new hydrodynamic approach to computational hypersonic rarefied gas dynamics. AIAA Paper 1999-3578, 1999.

[51] Eu B C. Kinetic Theory and Irreversible Thermodynamics[M]. New York: John Wiley & Sons, Inc., 1992: 732.

[52] Bird G A. Approach to translational equilibrium in a rigid sphere gases. Physics of Fluids, 1963, 6: 1518, 1519.

[53] Papp J L, Wilmoth R G, Chartrand C C, et al. Simulation of high-altitude plume flow fields using a hybrid continuum CFD/DSMC approach. AIAA Paper 2006-4412, 2006.

[54] Schwartzentruber T E, Scalabrin L C, Boyd I D. Hybrid particle-continuum simulations of nonequilibrium hypersonic blunt-body flowfields. Journal of Thermophysics and Heat Transfer, 2008, 22(1): 29-37.

[55] Deschenes T R, Boyd I D, Schwartzentruber T E. Incorporating vibrational excitation in a hybrid particle-continuum method. AIAA Paper 2008-4106,2008.

[56] Schwartzentruber T E, Boyd I D. Progress and future prospects for particle-based simulation of hypersonic flow. Progress in Aerospace Sciences, 2015, 72: 66-79.

[57] Burt J M, Boyd I D. A hybrid particle scheme for simulating multiscale gas flows with internal energy nonequilibrium. AIAA Paper 2010-820, 2010.

[58] Josyula E, Arslanbekov R R, Kolobov V I, et al. Evaluation of kinetic/continuum solver for hypersonic nozzle-plume flow. Journal of Spacecraft and Rockets, 2008, 45(4): 665-676.

[59] 陈伟芳, 吴明巧, 任兵. DSMC/EPSM 混合算法研究. 计算力学学报, 2003, 20(3): 274-278.

[60] 吴明巧, 陈伟芳, 任兵. 气体化学反应流动的 DSMC/EPSM 混合算法研究. 计算力学学报, 2003, 20(5): 564-567.

[61] Kolobov V I, Bayyuk S A, Arslanbekov R R, et al. Construction of a unified continuum/kinetic solver for aerosynamic problems. Journal of Spacecrafts and Rockets, 2005, 42(4): 598-606.

[62] Zhong X L , MacCormack R W, Chapman D R. Stabilization of the burnett equations and application to hypersonic flows. AIAA Journal, 1993: 31(6): 1036-1043.

[63] Josyula E, Suchyta C J III, Boyd I D, et al. Internal energy relaxation in shock wave structure. Physics of Fluids, 2013, 25(12): 126102-1-126102-19.

[64] Shen C. Rarefied Gas Dynamics. Berlin Heidelberg: Springer-Verlag, 2005.

[65] Tcheremissine F G. Solution of the Boltzmann kinetic equation for high-speed flows. Computational Mathematics and Mathematical Physics, 2006, 46(2): 315-329.

[66] Josyula E, Burt J M, Kustova E, et al. Influence of state-to-state transport coefficients on surface heat transfer in hypersonic flows. AIAA Paper 2014-0864, 2014.

[67] Kustova E V, Nagnibeda E A. Transport properties of a reacting gas mixture with strong vibrational and chemical nonequilibrium. Chemical Physics, 1998, 233(1): 57-75.

[68] Kustova E V. On the simplified state-to-state transport coefficients. Chemical Physics, 2001, 270: 177-195.

[69] Bruno D, Capitelli M, Kustova E, et al. Non-equilibrium vibrational distributions and transport coefficients of $N_2(v)$-N mixtures. Chemical Physics Letters, 1999, 308(5-6): 463-472.

[70] Josyula E. Computational study of vibrationally relaxing gas past blunt body in hypersonic flows. Journal of Thermophysics and Heat Transfer, 2000, 14(1): 18-26.

[71] Capitelli M, Gorse C, Billing G D. V-V pumping up in nonequilibrium nitrogen: Effects on the dissociation rate. Chemical Physics, 1980, 52(3): 299-304.

[72] Billing G D, Fisher E R. VV and VT rate coefficients in diatomic nitrogen by a quantum classical model. Chemical Physics, 1979, 43(3): 395-401.

[73] Doroshenko V M, Kudryavtsev N N, Novikov S S, et al. Effect of the formation of vibrationally excited nitrogen molecules in atomic recombination in a boundary layer on the heat transfer. High Temperautre(USSR), 1990, 28(1): 82-89.

[74] Candler G V, Olejniczak J, Hrrold B. Detailed simulation of nitrogen dissociation in stagnation regions. Physics of Fluids, 1997, 7(7): 2108-2117.

[75] Josyula E, Bailey W F. Vibration-dissociation coupling using master in nonequilibrium hypersonic blunt-body flow. Journal of Thermophysics and Heat Transfer, 2001, 15(2): 157-167.

[76] Josyula E, Burt J M, Beily W F, et al. Influence of thermochemical nonequilibrium on transport properties for hypersonic flow simulations. AIAA Paper 2012-3191, 2012.

[77] Josyula E, Burt J M, Kustova E, et al. Influence of state-to-state transport coefficients on surface heat transfer in hypersonic flows. AIAA Paper 2014-0864, 2014.

[78] Lee J H. Basic governing equations for the flight regimes of aeroassisted orbital transfer vehicles. AIAA Paper 84-1729, 1984.

[79] Häuser J, Muylaert J, Wong H, et al. Computational aerothermodynamics for 2D and 3D space vehcles// Murthy T K S. Computational Methods in Hypersonic Aerodynamics. Dordrecht: Kluwer Academic Publishers, 1991.

[80] Josyula E, Bailey W F. Governing equations for weakly ionized plasma flowfields of aerospace vehicles. Journal of Spacecraft and Rockets, 2003, 40(6): 845-857.

[81] Candler G V, MacCormack R W. Computation of weakly ionized flows in thermo-chemical nonequilibrium. J. Thermophysics, 1991, 5(3): 266-273.

[82] Park C. Nonequilibrium Hypersonic Aerothermodynamics. New York: Wiley & Sons, 1990.

[83] Grasso F, Capano G. Modeling of ionizing hypersonic flows in nonequilibrium. Journal of Spacecraft and Rockets, 1995, 32(2): 217-224.

[84] Surzhikov S T, Shang J S. Kinetic models analysis for super-orbital aerophysics. AIAA Paper 2008-1278, 2008.

[85] Gnoffo P A, Gupta R N, Shinn J L. Conservation equations and physical models for hypersonic air flows in thermal and chemical nonequilibrium. NASA TP 2867, 1989.

[86] Candler G V. On the computation of shock shapes in nonequilibrium hypersonic flows. AIAA89-0312, 1989.

[87] Olynick D P, Hassan H A. New two-temperature dissociation model for reacting flows. Journal of Thermophysics and Heat Transfer, 1993, 7(4): 687-696.

[88] Hatfield J A, Edwards J R. Modeling thermo-chemical nonequilibrium effects with increasingly complex energy models. AIAA Paper 98-0843, 1998.

[89] Park C, Jaffe R L, Partridge H. Chemical-kinetics parameters for hyperbolic earth entry. J. Thermophysics and Heat Transfer, 2001, 15(1): 76-90.

[90] Park C. Assessment of two-temperature kinetic model for ionizing air. Journal of Thermophysics and Heat Transfer, 1989, 3(3): 233-244.

[91] Adamovich S O, Marcheret S O, Rich J W, et al. Non-perturbative analytic theory of V-T and V-V rates in diatomic gases, including multi-quantum transitions. AIAA Paper 95-2060, 1995.

[92] Adamovich I V. Three-dimensional analytic model of vibrational energy transfer in molecule-molecule collisions. AIAA Journal, 2001, 39(10): 1916-1925.

[93] Giordano D. On the statistical and axiomatic thermodynamics of multi-temperature gas mixtures. Doctoral Thesis, Universite de Provence, 2005.

[94] Kim J G, Boyd I D. Modeling of strong nonequilibrium in nitrogen shock waves, AIAA 2013-3150, 2013.

[95]   Parker J G. Rotational and vibrational relaxation in diatomic gases. Physics of Fluids, 1959, 2(4): 449-462.

[96]   Park C. Rotational relaxation of N_2 behind a strong shock wave. Journal of Thermophysics and Heat Transfer, 2004, 18(4): 527-533.

[97]   Kim J G, Boyd I D. State-resolved master equation analysis of thermochemical nonequilibrium of nitrogen. Chemical Physics, 2013, 415: 237-246.

[98]   da Silva M L, Guerra V, Loureiro J. Nonequilibrium dissociation processes in hyperbolic atmospheric entries. AIAA 2006-2945, 2006.

[99]   Yang X, Kim E H, Wodtke A M. Vibrational energy transfer of very high vibrationally excited NO. Journal of Chemical Physics, 1992, 96(7): 5111-5122.

[100] Price J M, Mack J A, Rogaski C A, et al. Vibrational-state-specific self-relaxation rate constant measurements of highly excited $O_2(v=19-28)$. Chemical Physics, 1993, 175(1): 83-98.

[101] Park H, Slanger T G. O(X, v=8-22) 300K quenching rate coefficients for O_2 and N_2, and O_2(X) vibrational distribution from 248nm O_3 photo-dissociation. Journal of Chemical Physics, 1994, 100(1): 287-300.

[102] Deleon R, Rich J W. Vibrational energy exchange rates in carbon monoxide. Chemical Physics, 1986, 107(2): 283-292.

[103] Klatt M, Smith I W M, Tuckett R P, et al. State-specific rate constants for the relaxation of $O_2(X^3\sum_g^-)$ from vibrational levels v=8 to 11 by collisions with NO and O. Chemical Physics Letters, 1994, 224(3): 253-257.

[104] Adamovich I V. Three-dimensional analytic model of vibrational energy transfer in molecule-molecule collisions. AIAA Journal, 2001, 39(10): 1916-1925.

[105] Schwartz R N, Slawsky Z I, Herzfeld K F. Calculation of vibrational relaxation times in gases. Journal of Chemical Physics, 1952, 20: 1591-1599.

[106] Rapp D, Sharp T E. Vibrational energy transfer in molecular collisions involving large transition probabilities. Journal of Chemical Physics, 1963, 38(11): 2641-2648.

[107] Rapp D. Interchange of vibrational energy between molecules in collisions. Journal of Chemical Physics, 1965, 43(1): 316, 317.

[108] Rapp D, Kassal T. The theory of vibrational energy transfer between simple molecules in nonreactive collisions. Chemical Reviews, 1969, 69(1): 61-102.

[109] Adamovich I V, Lempert W, Utkin Y, et al. Thermal mode nonequilibrium in high speed gas dynamics. AIAA Paper 2006-584, 2006.

[110] Adamovich I V, Macheret S O, Rich J W, et al. Vibrational energy transfer rates using a forced harmonic oscillator model. Journal of Thermophysics and Heat Transfer, 1998, 12(1): 57-65.

[111] Billing G D. Vibration-vibration and Vibration-translation Energy Transfer, Including Multiquantum Transitions in Atom-diatom and Diatom-diatom Collisions. Berlin:

Nonequilibrium Vibrational Kinetics, Springer-Verlag, 1986.

[112] Adamovich I V. Three-dimensional analytic probabilities of coupled vibrational-rotational-translational energy transfer for DSMC modeling of nonequilibrium flows. Physics of Fluids, 2014, 26(046102): 046102-1-046102-19.

[113] Wadsworth D C, Wysong I J. Vibrational favoring effects in DSMC dissociation models. Phys. Fluids, 1997, 9: 3873-3884.

[114] Wysong I, Gimelshein S, Gimelshein N, et al. Reaction cross sections for two direct simulation Monte Carlo models: Accuracy and sensitivity analysis. Phys. Fluids, 2012, 24: 042002-1-042002-15.

[115] Adamvoich I V, Macheret S, Rich J W, et al. Vibrational relaxation and dissociation behind shock waves part 1: Kinetic rate models. AIAA Journal, 1995, 33(6): 1064-1069.

[116] Adamovich I V, Macheret S, Rich J W, et al. Vibrational relaxation and dissociation behind shock waves part 2: Master equation modeling. AIAA Journal, 1995, 33(6): 1070-1075.

[117] Esposito F, Capitelli M. QCT calculations for the process $N_2(v)+N \longrightarrow N_2(v')+N$ in the whole vibrational range. Chem. Phys. Lett., 2006, 418: 581-585.

[118] Panesi M, Jaffe R L, Schwenke D W. Energy transfer of N_2-N_2 and N_2-N interactions by using rovibrational state-to-state model. AIAA Paper 2013-3147, 2013.

[119] Kulakhmetov M, Gallis M, Alexeenko A. Effect of O_2+O ab initio and Morse additive pairwise potentials on dissociation and relaxation rates for nonequilibrium flow calculations. Physics of Fluids, 2015, 27: 087104-1-087104-12.

[120] Esposito F, Capitelli M. Quasi-classical trajectory calculations of vibrationally specific dissociation cross-sections and rate constants for the reaction $O+O_2(v) \longrightarrow 3O$. Chem. Phys. Lett., 2002, 364: 180-187.

[121] Kim J G, Boyd I D. State-resolved thermochemical nonequilibrium analysis of hydrogen mixture flows. Phys. Fluids, 2012, 24: 086102-1-086102-20.

[122] Kim J G, Boyd I D. Thermochemical nonequilibrium modeling of electronically molecular oxygen. AIAA Paper 2014-2963, 2014.

[123] Norman P, Valentini P, Schwartzentruber T. GPU-accelerated classical trajectory calculation direct simulation Monte Carlo applied to shock waves. J. Comput. Phys., 2013, 247: 153-167.

[124] Esposito F, Capitelli M. Quasiclassical trajectory calculations of vibrationally specific dissociation cross-sections and rate constants for the reaction $O+O_2(v) \longrightarrow 3O$. Chem. Phys. Lett., 2002, 364: 180-187.

[125] Ibraguimova L, Sergievskaya A, Levashov V Y, et al. Investigation of oxygen dissociation and vibrational relaxation at temperature 4000-10800K. J. Chem. Phys., 2013, 139: 034317.

[126] Bird G A. Gas Dynamics and the Direct Simulation of Gas Flows. Oxford: Oxford University Press, 1994.

[127] Borgnakke C, Larsen P S. Statistical collision model for Monte Carlo simulation of polyatomic gas mixtures. Journal of Computational Physics, 1975, 18: 405-420.

[128] Bird G A. Monte Carlo simulation in an engineering context. Progress in Astronautics and Aeronautics, 1981, 74: 239-255.

[129] Koura K, Matsumoto H. Variable soft sphere molecular model for air species. Physics of Fluids A, 1992, 4: 1083-1085.

[130] Hassan H A, Hash D B. A general hard sphere model for Monte Carlo simulation. Physics of Fluids A, 1993, 7(3): 738-744.

[131] Kim J G, Kwon O J, Park C. Modification and expansion of the general soft-sphere model to high temperature based on collision integrals. Physics of Fluids, 2008, 20(1): 017105.

[132] Kim J G, Boyd I D. State resovled thermochemical modeling of nitrogen using DSMC. AIAA Paper 2012-2991, 2012.

[133] Levin D A, Candler G V, Collins R J, et al. Comparison of theory with experiment for the bow shock ultraviolet rocket flight. Journal of Thermophysics and Heat Transfer, 1993, 7(1): 30-36.

[134] Boyd I D. Analysis of rotational nonequilibrium in standing shock waves of nitrogen. AIAA Journal, 1990, 28: 1997-1999.

[135] Boyd I D. Analysis of vibration-dissociation-recombination processes behind strong shock waves of nitrogen. Physics of Fluids A, 1992, 4(1): 178-185.

[136] Lumpkin F E, Haas B L, Boyd I D. Resolution of differences between collision number definitions in particle and continuum simulations. Physics of Fluids A, 1991, 3: 2282-2284.

[137] Boyd I D. Relaxation of discrete rotational energy distributions using a Monte Carlo method. Physics of Fluids A, 1993, 5: 2278-2286.

[138] Millikan R C, White D R. Systematics of vibrational relaxation. Journal of Chemical Physics, 1963, 39: 3209-3213.

[139] Park C. Modeling of hypersonic reacting flows// Bertin J J, Periaux J, Ballmann J. Advances in Hypersonics—Modeling Hypersonic Flows. Volume 2. Cambridge, Massachusetts: Birkhäuster Boston, 1992: 105-117.

[140] Bergemann F, Boyd I D. New discrete vibrational energy model for the direct simulation Monte Carlo method. Rarefied Gas Dynamics, Progress in Astronautics and Aeronautics, AIAA, Washington, 1994, 158: 174-180.

[141] Parsons N, Zhu T, Levin D A, et al. Development of DSMC chemistry models for nitrogen collisions using accurate theoretical calculations. AIAA Paper 2014-1213, 2014.

[142] Adamovich I V, Macheret S O, Rich J W, et al. Vibrational energy transfer rates using a forced harmonic oscillator model. Journal of Thermopysics and Heat Transfer, 1998, 12: 57-65.

[143] Boyd I D, Josyula E. State resolved vibrational relaxation modeling for strongly nonequilibrium flows. AIAA Paper 2011-448, 2011.

[144] Gimelshein S F, Boyd I D, Sun Q, et al. DSMC modeling of vibrational-translational energy transfer in hypersonic rarefied flows. AIAA Paper 99-3451, 1999.

[145] Park C. Review of chemical kinetic problems of future NASA missions, I : Earth entries. Journal of Thermophysics and Heat Transfer, 1993, 7(3): 385-398.

[146] Wilson T J, Stephani K A. State-to-state vibrational energy modeling in DSMC using quasiclassical trajectory calculations for O+O$_2$. AIAA Paper 2016-3839, 2016.

[147] Parsons N, Zhu T, Levin D A, et al. Development of DSMC chemistry models for nitrogen collisions using accurate theoretical calculations. AIAA Paper 2014-1213, 2014.

[148] Boyd I D, Josyula E. State resolved vibrational relaxation modeling for strongly nonequilibrium flows. Physics of Fluids, 2011, 23(5): 057101-1-057101-9.

[149] Deng H, Ozawa T, Levin D A. Analysis of chemistry models for DSMC simulations of the atmosphere of Io. Journal of Thermophysics and Heat Transfer, 2012, 26(1): 36-46.

[150] Panesi M, Munafo A, Magin T E, et al. Nonequilibrium shock-heated nitrogen flows using a rovibrational state-to-state method. Physical Review E, 2014, 90(1): 013009-1-013009-16.

[151] Valentini P, Schwartzentruber T E, Bender J D, et al. Direct simulation of rovibrational excitation and dissociation in molecular nitrogen using an ab initio potential energy surface. AIAA Paper 2015-0474, 2015.

[152] Haas B L, Boyd I D. Models for direct monte carlo simulation of coupled vibration-dissociation. Physics of Fluids A, 1993, 5: 478-489.

[153] Bondar Y A, Ivanov M S. DSMC dissociation model based on two-temperature chemical rate constant. AIAA Paper 2007-614, 2007.

[154] Bondar Y A, Shevyrin A A, Ivanov M, et al. DSMC modeling of high-temperature chemical reactions in air. AIAA Paper 2011-3128, 2011.

[155] Shevyrin A A, Boundar Y A, Kashkovsky A V, et al. DSMC calculations of electron density flow fields near reentering space vehicles with SMILE++ software system. AIAA Paper 2014-0698, 2014.

[156] Boyd I D, Bose D, Candler G V. Monte Carlo modeling of nitric oxide formation based on quasi-classical trajectory calculations. Physics of Fluids, 1997, 9: 1162-1170.

[157] Bird G A. The Q-K model for gas-phase chemical reaction rates. Physics of Fluids, 2011, 23: 106101-1-106101-13.

[158] Bird G A. Setting the post-reaction internal energies in direct simulation Monte Carlo chemistry simulations. Physics of Fluids, 2012, 24: 127104-1-127104-11.

[159] Parsons N, Zhu T, Levin D A, et al. Development of DSMC chemistry models for nitrogen collisions using accurate theoretical calculations. AIAA Paper 2014-1213, 2014.

[160] Liechty D S, Lewis M. Electronic energy level transition and ionization following the quantum-kinetic chemistry model. Journal of Spacecraft and Rockets, 2011, 48(2): 283-290.

[161] Kim J G, Boyd I D. State resovled thermochemical modeling of nitrogen using DSMC. AIAA Paper 2012-2991, 2012.

[162] Bird G A. Nonequilibrium radiation during re-entry at 10km/s. AIAA Paper 87-1543, 1987.

[163] Carlson A B, Hassan H A. Direct simulation of re-entry flows with ionization. Journal of Thermophysics and Heat Transfer, 1992, 6: 400-404.

[164] Boyd I D. Monte Carlo simulation of nonequilibrium flow in low power hydrogen arc jets. Physics of Fluids, 1997, 9: 3086-3095.

[165] Boyd I D. Modeling of plasma formation in rarefied hypersonic entry flows. AIAA Paper 2007-206, 2007.

[166] Farbar E D, Boyd I D, Martin A. Modeling ablation of charring heat shield materials for non-continuum hypersonic flows. AIAA Paper 2012-0532, 2012.

[167] Gallis M A, Harvey J K. Nonequilibrium thermal radiation from air shock layers modeled with direct simulation monte carlo. Journal of Thermophysics and Heat Transfer, 1994, 8(4): 765-772.

[168] Liechty D S, Lewis M. Treatment of electronic energy level transition and ionization following the particle-based chemistry model. AIAA Paper 2010-3379, 2010.

[169] Ozawa T, Li Z, Sohn I, et al. Modeling of electronic excitation and radiation for hypersonic reentry flows in DSMC. AIAA Paper 2010-0987, 2010.

[170] Farbar E D, Boyd I D. Self-consistent simulation of the electric field in a rarefied hypersonic shock layer. AIAA Paper 2009-4309, 2009.

[171] Hockney R W, Eastwood J W. Computer Simulation Using Particels. New York: McGraw-Hill Inc., 1981.

[172] Moss J N, Bird G A. DSMC simulations of hypersonic flows with shock interactions and validation with experiments. AIAA Paper 2004-2585, 2004.

[173] Zuppardi G, Visone G, Votta R, et al. Analysis of aerodynamic performances of experimental flying test bed in high-altitude flight. Proceedings of the Institution of Mechanical Engineers, Part G: Journal of Aerospace Engineering, 2010: 247-258.

[174] LeBeau G J. A parallel implementation of the direct simulation Monte Carlo method. Computer Methods in Applied Mechanices and Engineering, 1999, 174(3-4): 319-337.

[175] Liechty D S, Johnston C O, Lewis M J. Comparison of DSMC and CFD solutions of fire II including radiative heating. AIAA Paper 2011-3650, 2011.

[176] Ivanov M S, Markelov G N, Geinneslbeim S F. Statistical simulation of reactive rarefied flows: Numerical approach and applications. AIAA Paper 1998-2669, 1998.

[177] Dietrich S, Boyd I D. Scalar and parallel optimized implementation of the direct simulation Monte Carlo method. Journal of Computational Physics, 1996, 126: 328-342.

[178] Burt J M, Josyular E, Boyd I D. A novel cartesian implementation of the direct simulation Monte Carlo method. Journal of Thermophysics and Heat Transfer, 2012, 26(2): 258-270.

[179] Arslanbekov R, Kolobov V I, Burt J, et al. Direct simulation Monte Carlo with octree cartesian mesh. AIAA Paper 2012-2990, 2012.

[180] Gao D, Zhang C, Schwartzentruber T E. Particle simulation of planetary probe flows employing automated mesh refinement. Journal of Spacecraft and Rockets, 2011, 48(3): 397-405.

[181] Allen J, Hauser T. foamDSMC: An object oriented parallel DSMC solver for rarefied flow applications. AIAA Paper 2007-1106, 2007.

[182] MacCormack R W, Candler G V. The solution of the navier-stokes equations using gauss-seidel line relaxation. Computers and Fluids, 1989, 17(1): 135-150.

[183] Nompelis I. Computational study of hypersonic double-cone experiments for code validation. Ph.D. Thesis, University of Minnesota, 2004.

[184] Candler G V, Nompelis I. Computational fluid dynamics for atmospheric entry. RTO-EN-AVT-162, Department of Aerospace Engineering and Mechanics University of Minnesota, Minneapolis, 2009.

[185] Walters R W, Cinnella P, Slack D C, et al. Characteristic-based algorithms for flows in thermochemical nonequilibrium. AIAA Journal, 1992, 30(5): 1304-1313.

[186] Gnoffo P A. Updates to multi-dimensinal flux reconstruction for hypersonic simulations on tetrahedral grids. 48thAIAA Aerospace Sciences Meeting, Orlando, FL, January 4-7, 2010.

[187] Dala L. Van Leer flux-splitting algorithm for nonequilibrium flows including vibrational relaxation. AIAA Paper 99-4839, 1999.

[188] Liou M S. A sequel to AUSM, Part II: AUSM$^+$-up for all speeds. Journal of Computational Physics, 2006, 214: 137-170.

[189] Jiang G S, Shu C W. Efficient implementation of weighted ENO schemes. Journal of Computational Physics, 1996, 126(1): 202-228.

[190] Martin M P, Taylor E M, Wu M, et al. A bandwidth-optimized WENO scheme for the effective direct numerical simulation of compressible turbulence. Journal of Computational Physics, 2006, 220(1): 270-289.

[191] Shen Y Q, Zha G C. Low diffusion e-CUSP scheme with high order WENO scheme for precondtioned navier-stokes equations. AIAA Paper 2010-1452, 2010.

[192] Zha G C, Shen Y Q, Wang B Y. An improved low diffusion e-CUSP upwind scheme. Computers and Fluids, 2011, 48: 214-220.

[193] Steger J, Warming R W. Flux vector splitting of the inviscid gasdynamics equations with application to finite difference methods. Journal of Computational Physics, 1981, 40: 263-293.

[194] Roe P. Approximate Riemann solvers, parameter vectors, and difference schemes. Journal of Computational Physics, 1981, 43: 357-372.

[195] Roe P. Characteristic-based schemes for the euler equations. Annual Revie of Fluid Mechanics, 1986, 18: 337-365.

[196] Druguet M, Candler G V, Nompelis I. Effect of numerics on navier-stokes computations of hypersonic double-cone flows. AIAA Journal, 2005, 43(3): 616-623.

[197] Gnoffo P A. Computational aerothermodynamics in aeroassist applications. Journal of Spacecraft and Rockets, 2003, 40(3): 305-312.

[198] Harten A. High resolution scheme for hypersonic conservation laws. Journal of Computational Physics, 1983, 49(2): 357-393.

[199] Gnoffo P A. Simulation to stagnation region heating in hypersonic flow on tetrahedral grids. AIAA Paper 2007-3960, 2007.

[200] Mavriplis D J. Revisiting the least-squares procedure for gradient reconstruction on unstructured meshes. NASA CR-2003-212683, NIA Report, No. 2003-06, 2003.

[201] Darwish M S, Moukalled F. TVD schemes for unstructured grids. International Journal of Heat and Mass Transfer, 2003, 46: 599-611.

[202] Kim S E, Makarov B, Caraeni D. Multi-dimensional linear reconstruction scheme for arbitrary unstructured mesh. AIAA Paper 2003-3990, 2003.

[203] Candler G V, Subbareddy P K, Brock J M. Advances in computational fluid dynamics methods for hypersonic flows. Journal of Spacecraft and Rockets, 2015, 52(1): 17-28.

[204] Ducros F, Ferrand V, Nicoud F, et al. Large-eddy simulation of the shock/turbulence interaction. Journal of Computational Physics, 1999, 152(2): 517-549.

[205] Jameson A. Formulation of kinetic energy preserving conservative schemes for gas dynamics and direct numerical simulations of one-dimenstional viscous compressible flow in a shock tube using entropy and kinetic energy preserving schemes. Journal of Scientific Computing, 2008, 34(2): 188-208.

[206] Morinishi Y, Vasilyev O V, Ogi T. Fully conservative finite difference scheme in cylindrical coordinates for incompressible flow simulations. Journal of Computational Physics, 2004, 197(2): 686-710.

[207] Tadmor E. Numerical viscosity and the entropy condition for conservative difference schemes. Mathematics of Computation, 1984, 43(168): 67-82.

[208] Ismail F, Roe P L. Affordable, entropy-consistent euler flux functions II: Entropy production at shocks. Journal of Computational Physics, 2009, 228(15): 5410-5436.

[209] Honein A E, Moin P. Higher entropy conservation and numerical stability of compressible turbulence simulations. Journal of Computational Physics, 2004, 201(2): 531-545.

[210] Kennedy C A, Gruber A. Reduced aliasing formulations of the convective terms within the navier stokes equations for a compressible fluids. Journal of Computational Physics, 2008, 227(3): 1676-1700.

[211] Pirozzoli S. Generalized conservative approximations of split convective derivative operators. Journal of Computational Physics, 2010, 229(19): 7180-7190.

[212] Subbareddy P K, Candler G A. A fully discrete, kinetic energy consistent finite-volume scheme for compressible flows. Journal of Computational Physics, 2009, 228(5): 1347-1364.

[213] Wright M J, Candler G V, Prampolini M. Data-parallel lower-upper relaxation method for navier-stokes equations. AIAA Journal, 1996, 34(7): 1371-1377.

[214] 刘巍, 张理论, 王勇献, 等. 计算空气动力学并行编程基础. 北京: 国防工业出版社, 2013.

[215] Wright M J, Bose D, Candler G V. A data-parallel line relaxation method for the Navier-Stokes equations. AIAA Journal, 1998, 36(9): 1603-1609.

[216] Gnoffo P A. An upwind-biased, point implicit relaxation algorithm for viscous, compressible perfect-gas flows. NASA TP-2953, 1990.

[217] Bussing T R A, Murman E M. A finite volume method for the calculation of compressible chemically reacting flows. AIAA Paper 1985-0331, 1985.

[218] Park C, Yoon S. A fully-coupled implicit method for thermo-chemical nonequilibrium air at sub-orbital speeds. AIAA Paper 1989-1974, 1989.

[219] Eberhardt S, Imlay S. A diagonal implicit scheme for computing flows with finte-rate chemistry. AIAA Paper 1990-1577, 1990.

[220] Ju Y. Lower-upper scheme for chemically reacting flows with finite rate chemistry. AIAA Journal, 1995, 33(8): 1418-1425.

[221] Edwards J R. An implicit multigrid algorithm for computing hypersonic, chemically reacting viscous flows. Journal of Computational Physics, 1996, 123(1): 84-95.

[222] Schwer D A, Liu P, Green W H, et al. A consistent-splitting approach to stiff steady-state reacting flows with adaptive chemistry. Combustion Theory and Modeling, 2003, 7: 383-399.

[223] Katta V R, Roquemore W M. Calculation of multidimensional flames using large chemical kinetics. AIAA Journal, 2008, 46(7): 1640-1650.

[224] MacLean M, White T. Implementation of generalized minimum residual Krylov subspace method for chemically reacting flows. AIAA Paper 2012-0441, 2012.

[225] Nompelis I, Wan T, Candler G V. Performance comparisions of parallel implicit solvers for hypersonic flow computations on unstructured meshes. AIAA Paper 2007-4334, 2007.

[226] Candler G V, Subbareddy P K, Nompelis I. A decoupled implicit method for aerothermodynamics and reacting flows. AIAA Paper 2012-5917, 2012.

[227] Candler G V, Subbareddy P K, Nompelis I. Decoupled implicit method for aerothermodynamics and reacting flows. AIAA Journal, 2013, 51(5): 1245-1254.

[228] Palmer G. Enhanced thermochemical nonequilibrium computation of flow around the aeroassist flight experiment vehicle. AIAA Paper 90-1702, 1990.

[229] Ferrer P J M, Buttay R, Lehnasch G, et al. A detailed verification procedure for compressible reactive multicomponent Navier-Stokes solvers. Computer & Fluids, 2014, 89(1): 88-110.

[230] Liu Y, Liu X. Detonation propagation characteristic of H_2-O_2-N_2 mixture in tube and effect of various initial conditions on it. International Journal of Hydrogen Energy, 2013, 38(30): 13471-13483.

[231] Taylor B D, Kessler D A, Gamezo V N, et al. Numerical simulations of hydrogen detonations with detailed chemical kinetics. Proceedings of the Combustion Institute, 2013, 34(2): 2009-2016.

[232] Uemura Y, Hayashi A K, Asahara M, et al. Transverse wave generation mechanism in rotating detonation. Proceedings of the Combustion Institute, 2013, 34(2): 1981-1989.

[233] Tsuboi N, Morii Y, Hayashi A K. Two-dimensional numerical simulation on galloping detonation in a narrow channel. Proceedings of the Combustion Institute, 2013, 34(2): 1999-2007.

[234] 刘君, 刘瑜, 周松柏. 基于新型解耦算法的激波诱导燃烧过程数值模拟. 力学学报, 2010, 42(3): 572-577.

[235] Fedkiw R P, Merriman B, Osher S. High accuracy numerical methods for thermally perfect gas flows with chemistry. Journal of Compute Physics, 1997, 132: 175-190.

[236] Leveque R J. Finite Volume Methods for Hypersonic Problems. Cambridge: Cambridge University Press, 2004.

[237] Nompelis I, Candler G V, Holden M S. Effect of vibrational nonequilibrium on hypersonic double-cone experiments. AIAA Journal, 2003, 41(11): 2162-2169.

[238] Harvey J, Holden M S, Candler G V. Validation of DSMC/navier-stokes computations for laminar shock wave/ boundary layer interactions part 3. AIAA Paper 2003-3643, 2003.

[239] Druguet M C, Candler G V, Nompelis I. Effects of numerics on Navier-Stokes computations of hypersonic double-cone flows. AIAA Journal, 2005, 43(3): 616-623.

[240] Holden M S, Wadhams T P. Code validation study of laminar shock/boundary layer and shock/shock interactions in hypersonic flow. Part A: Experimental measurements. AIAA Paper 2001-1031, 2001.

[241] Toro E F. Riemann Solvers and Numerical Methods for Fluid Dynamics. A Practical Introduction. New York: Springer, 1997.

[242] Panesi M, Munafo A, Magin T E, et al. Nonequilibrium shock-heated nitrogen flows using a rovibrational state-to-state method. Physical Review E, 2014, 90: 013009-1-013009-16.

[243] Colonna G, Pietanza L D, Capitelli M. Recombination-assisted nitrogen dissociation rates under nonequilibrium conditions. Journal of Thermophysics and Heat Transfer, 2008, 22(3): 399-406.

[244] Magin T E, Panesi M, Bourdon A, et al. Coarse-grain model for internal energy excitation and dissociation of molecular nitrogen. Chem. Phys., 2012, 398: 90-95.

[245] Munafò A, Panesi M, Magin T E. Boltzmann rovibrational collisonal coarse-grained model for internal energy excitation and dissociation in hypersonic flows. Phys. Rev., 2014, E89: 023001.

[246] Panesi M, Lani A. Collisional radiative coarse-grain model for ionization in air. Phys. Fluids, 2013, 25: 057101-1-057101-21.

[247] Guy A, Perrin M Y, Bourdon A. Derivation of a consistent multi-internal-tempeature model for vibrational energy excitation and dissociation of molecular nitrogen in hypersonic flows. AIAA Paper 2013-0194, 2013.

[248] Guy A, Bourdon A, Perrin M Y. Consistent multi-internal-temperature models for nonequilibrium nozzle flows. Chem. Phys., 2014, 420: 15-24.

[249] Le H P, Karagozian A R, Cambier J L. Complexity reduction of collisional-radiative kinetics for atomic plasma. Phys. Plasmas, 2013, 20: 123304.

[250] Guy A, Bourdon A, Perrin M Y. Consistent multi-internal-temperature models for vibrational and electronic nonequilibrium in hypersonic nitrogen plasma flows. Phys. Plasmas, 2015, 22: 043507.

[251] Levin D A, Collins R J, Candler G V, et al. Examination of OH ultraviolet radiation from shock-heated air. Journal of Thermophysics and Heat Transfer, 1996, 10(2): 200-208.

[252] Levin D A, Candler G V, Collins R J. Overlay method for calculating excited state species properties in hypersonic flows. AIAA Journal, 1997, 35(2): 288-294.

[253] Levin D A, Candler G V, Limbaugh C C. Multispectral shock-layer radiance from a hypersonic slendery body. Journal of Thermophysics and Heat Transfer, 2000, 14(2): 237-243.

[254] Yee H C. A class of high-resolution explicit and implicit shock capturing methods. NASA TM 101088, Feb., 1989.

[255] Gordon S, McBride B J. Computer program for calculation of compex chemical equilibrium compositions and applications. NASA RP-1311, Oct., 1994.

[256] Gurvich L, Veyts I, Alock C. Thermodynamic Properties of Individual Substances. 4th ed. New York: Hemisphere, 1991.

[257] Camac M. CO₂ Relaxation Processes in Shock Waves// Hall J G. Fundamental Phenomena in Hypersonic Flow. Buffalo, N Y: Cornell University Press, 1964: 195-215.

[258] Park C, Howe J T, Jaffe R J, et al. Review of chemical-kinetic problems of future NASA missions II: Mars entries. Journal of Thermophysics and Heat Transfer, 1994, 8(1): 9-23.

[259] Yos J M. Transport properties of nitrogen, hydrogen, oxygen, and air to 30000K. Avco Corp. TR AD-TM-63-7, March, 1963.

[260] Gupta R N, Yos J M, Thompson R A, et al. A review of reaction rates and thermodynamic and transport properties for an 11-species air model for chemical and thermal nonequilibrium calculations to 30000 K. NASA RP-1232, Aug., 1990.

[261] Palmer G E, Wright M J. A comparison of methods to compute high-temperature gas viscosity. Journal of Thermophysics and Heat Transfer, 2003, 17(2): 232-239.

[262] Ramshaw J D. Self-consistent effective binary diffusion in multicomponent gas mixtures. Journal of Nonequilibrium Thermodynamics, 1990, 15(3): 295-300.

[263] Ramshaw J D, Chang C H. Ambipolar diffusion in two-temperature multi-component plasmas. Plasma Chemistry and Plasma Processing, 1993, 13(3): 489-498.

[264] Ramshaw J D, Chang C H. Multicomponent diffusion in two-temperature magnetohydrodynamics. Physical Review E, 1996, 53(6): 6382-6388.

[265] Spalart P R, Allmaras S R. A one-equation turbulence model for aerodynamic flows. AIAA Paper 92-0439, 1992.

[266] Catris S, Aupoix B. Density corrections for turbulence models. Aerospace Science and Technology, 2000, 4(1): 1-11.

[267] Menter F R. Improved two-equation k-omega turbulence models for aerodynamic flows. NASA TM 103975, October, 1992.

[268] Sutton K, Gnoffo P A. Multi-component diffusion with application to computational aerothermodynamics. AIAA Paper 98-2575, 1998.

[269] Mazaheri A, Gnoffo P A, Johnston C O, et al. LAURA users manual: 5.5-65135. NASA TM-2013-217800, 2013.

[270] Nompelis I, Drayna T, Candler G V. Development of a hybrid unstructured implicit solver for the simulation of reactive flow over complex geometries. AIAA Paper 2004-2227, 2004.

[271] Nompelis I, Drayna T W, Candler G V. A parallel unstructured implicit solver for hypersonic reacting flow simulation. AIAA Paper 2005-4867, 2005.

[272] Hash D, Olejniczak J. FIRE II calculations for hypersonic nonequilibrium aerothermodynamics code verification: DPLR, LAURA, and US3D. AIAA Paper 2007-605, 2007.

[273] Bird G A. A comparison of collision energy-based and temperature-based procedures in Q-K. Rarefied Gas Dynamics: Proceeding of the 26th International Symposium on Rarefied Gas Dynamics, Vol.1084, American Institute of Physics, Melville, NY, 2009.

[274] Nompelis I, Candler G V. US3D predictions of double-cone and hollow cylinder-flare flows at high-enthalpy. AIAA Paper 2014-3366, 2014.

[275] Candler G V, Johnson H B, Nompelis I, et al. Development of the US3D code for advanced compressible and reacting flows simulations. AIAA Paper 2015-1893, 2015.

[276] Gnoffo P A, Wood W A, Kleb B, et al. Functional equivalence acceptance testing of FUN3D for entry descent and landing applications. 21st AIAA Fluid Dynamics Conference, San Diego, CA, June 24-27, 2013.

[277] Anderson W K, Bonhaus D L. An implicit upwind for computing turbulent flows on unstructured grids. Comp. and Fluids, 1994, 23(1): 1-21.

[278] Barth T J, Jesperson D C. The design and application of upwind schemes on unstructured meshes. AIAA Paper 89-0366, 1989.

[279] Gnoffo P A. Updates to multi-dimensional flux reconstruction for hypersonic simulations on tetrahedral grids. AIAA Paper 2010-1271, 2010.

[280] Anna A, Boyd I D. Numerical analysis of surface chemistry in high-enthalpy flows. Journal of Thermophysics and Heat Transfer, 2015, 29(4): 653-670.

[281] Scalabrin L C, Boyd I D. Numerical simulation of weakly ionized hypersonic flow for reentry configurations. AIAA Paper 2006-3773, 2006.

[282] Martin A, Boyd I D. CFD implementation of a novel carbon-phenolic in air chemistry model for atmospheric re-entry. AIAA Paper 2011-143, 2011.

[283] Park C. Assessment of two-temperature kinetic model for ionizing air. AIAA Paper 1987-1574, 1987.

[284] Karypis G, Kumar V. A software package for partitioning unstructured graphs, partitioning meshes, and computing fill-reducing orderings of sparse matrices. Univ. of Minnesota, Minneapolis, MN, 1998.

[285] Baldwin B S, Lomax H, Thin layer approximation and algebraic model for separated turbulent flows. AIAA Paper 1978-0257, 1978.

[286] Wilke C R. A viscosity equation for gas mixtures. Journal of Chemical Physics, 1950, 18(4): 517-519.

[287] Blottner F G, Johnson M, Ellis M. Chemically reacting viscous flow program for multicomponent gas mixtures. Sandia Labs. Rept. Sc-rr-70-754, Albuquerque, NM, 1971.

[288] Vincenti W G, Kruger C H. Introduction to Physical Gas Dynamics. Malabar FL: Krieger, 2002: 21.

[289] Scalabrin L C. Numerical simulation of weakly ionized hypersonic flows over reentry capsules. Ph.D. Thesis, Univ. of Michigan, AnnArbor, MI, 2007.

[290] Scott C D. Wall catalytic recombination and boundary conditions in nonequilibrium hypersonic flows-with application. Advances in Hypersonics, 1992, 2(1): 176-250.

[291] Park C. Chemical-kinetic parameters of hyperbolic earth entry. AIAA Paper 00-0210, 2000.

[292]　Rakich J V, Stewart D A, Lanfranco M J. Results of a flight experiment on the catalytic efficiency of the space shuttle heat shield. AIAA Paper 82-0944, 1982.

[293]　Laux T, Feigl M, Stöckle T, et al. Estimation of the surface catalyticity of PVD-coatings by simultaneous heat flux and LIF measurements in high enthalpy air flows. AIAA Paper 2000-2364, 2000.

[294]　Kurotaki T. Catalytic model on SiO$_2$-based surface and application to real trajectory. Journal of Spacecraft and Rockets, 2001, 38(5): 798-800.

[295]　Copeland R A, Pallix J B, Stewart D A. Surface-catalyzed production of NO from recombination of N and O atoms. Journal of Thermophysics and Heat Transfer, 1998, 12(4): 496-499.

[296]　Pejaković D, Marschall J, Duan L, et al. Nitric oxide production from surface recombination of oxygen and nitrogen atoms. Journal of Thermophysics and Heat Transfer, 2008, 22(2): 178-186.

[297]　Marschall J, Copeland R A, Hwang H H, et al. Surface catalysis experiments on metal surfaces in oxygen and carbon monoxide mixtures. AIAA Paper 2006-181, 2006.

[298]　Sepka S, Chen Y K, Marschall J, et al. Experimental investigation of surface reactions in carbon monoxide and oxygen mixtures. Journal of Thermophysics and Heat Transfer, 2000, 14(1): 45-52.

[299]　Hinchen J J, Foley W M. Scattering of molecular beams by metallic surface// de Leeuw J H. Rarefied Gas Dynamics. New York: Academic Press, 1966: 505.

[300]　Lord R G. Some extensions to the cercignani-lampis gas scattering kernel. Physics of Fluids A, 1991, 3: 706-710.

[301]　Boyd I D. Computation of hypersonic flows using the direct simulation Monte Carlo method. AIAA Paper 2013-2557, 2013.

[302]　Bergemann F. A detailed surface chemistry model for the DSMC method// Harvey J, Lord G. Proceedings of 19th International Symposium on Rarefied Gas Dynamics. Vol.2. Oxford: Oxford University Press, 1995: 947-953.

[303]　Choquet I. A new approach to model and simulate numerically surface chemistry in rarefied flows. Physics of Fluids, 1999, 11(6): 1650-1661.

[304]　Simmons R S, Lord R G. DSMC simulation of hypersonic metal catalysis in a rarefied hypersonic nitrogen/oxygen flow// Shen C. Proceedings of 20th International Symposium on Rarefied Gas Dynamicsl. Beijing: Peking University Press, 1997: 416-421.

[305]　Bondar Y A, Kashkovsky A V, Shevyrin A A, et al. Effects of surface chemistry on high-altitude aerothermodynamics of space vehicles. AIAA Paper 2014-0699, 2014.

[306]　Ozawa T, Suzuki T, Takayanagki H, et al. Analysis of non-continuum hypersonic flows for the hayabusa reentry. AIAA Paper 2011-3311, 2011.

[307]　Farbar E D, Boyd I D, Martin A. Modeling ablation of charring heat shield materials for non-continuum hypersonic flows. AIAA Paper 2012-0532, 2012.

[308] Stackpoole M, Sepka I C, Kontinos D. Post-flight evaluation of stardust sample return capsule forebody heatshield material. AIAA Paper 2008-1202, 2008.

[309] Sohn I, Li Z, Levin D A. The effect of surface ablation chemistry on radiation in hypersonic reentry flows. AIAA Paper 2011-3758, 2011.

[310] Anon. User's Manual: Aerotherm Charring Material Thermal Response and Ablation Program. Acurex Corporation, Aerotherm Division, Mountain View, California, Aug., 1987.

[311] Chen Y K, Milos F S. Ablation and thermal response program for spacecraft heatshield analysis. AIAA Paper 98-0273, 1998.

[312] Murray A L, Russell G W. Coupled aeroheating/ablation analysis for missile configurations. AIAA Paper 2000-2587, 2000.

[313] Chen Y K, Milos F S. Finit-rate ablation boundary conditions for a carbon-phenolic heat-shield. AIAA Paper 2004-2270, 2004.

[314] Chen Y K, Milos F S. Ablation and Thermal Analysis Program for spacecraft heatshield analysis. Journal of Spacecraft and Rockets, 1999, 36(3): 475-483.

[315] Hogan R E, Blackwell B F, Cochran R J. Application of moving grid control volume finte element method to ablation problems. J. Therm. and Heat Trans., 1996, 10(2): 312-319.

[316] Gartling D K, Hogan R E. COYOTE II —A finite element computer for nonlinear heat conduction problems, part II. Users manual. Sandia National Labs, 2001.

[317] Chen Y K, Milos F S. Two-dimensional Implicit Thermal Response and Ablation Program for charring materials on hypersonic space vehicles. AIAA Paper 2000-0206, 2000.

[318] Chen Y K, Milos F S. Three-dimensional ablation and thermal response simulation system. AIAA Paper 2005-5064, 2005.

[319] Chen Y K, Milos F S. Effects of non-equilibrium chemistry and darcy-forchheimer flow of pyrolysis gas for a charring ablator. NASA Ames Research Center, Moffett Field, ARC-E-DAA-TN3683, Jun., 2011.

[320] Anon. User's Manual: Aerotherm Chemical Equilibrium Computer Program. Acurex Corporation, Aerotherm Division, Mountain View, California, Aug., 1981.

[321] Keenan J A, Candler G V. Simulation of ablation in earth atmospheric entry. AIAA Paper 93-2789, 1993.

[322] Potts R L. Application of integral methods to ablation charring erosion, a review. Journal of Spacecraft and Rockets, 1995, 32(2): 200-209.

[323] Milos F S, Rasky D J. Numerical procedures for three-dimensional computational surface thermochemistry. AIAA Paper 92-2944, 1992.

[324] Grosse R, Candler G V. Evaluation of carbon-carbon ablation models using a fully coupled CFD solver. AIAA Paper 2008-3908, 2008.

[325] Marschall J, Maclean M. Finite-rate surface chemistry model, I : Formulation and reaction system examples. AIAA Paper 2011-3783, 2011.

[326] Maclean M, Marschall J, Driver D M. Finite-rate surface chemistry model, II : Coupling to viscous Naiver-Stokes code. AIAA Paper 2011-3784, 2011.

[327] Milos F S, Chen Y K, Göcken T. Nonequilibrium ablation of phenolic impregnated carbon ablator. Journal of Spacecraft and Rockets, 2012, 49(5): 894-904.

[328] Milos F S, Chen Y K. Ablation, thermal response, and chemistry program for analysis of thermal protection systems. Journal of Spacecraft and Rockets, 2013, 50(1): 137-149.

[329] 高铁锁, 董维中, 张巧芸. 高超声速再入体烧蚀流场计算分析. 空气动力学学报, 2006, 24(1): 41-45.

[330] 李海燕, 李志辉, 罗万清, 等. 近空间飞行环境泰氟隆烧蚀流场化学非平衡流数值算法及应用研究. 中国科学: 物理学 力学 天文学, 2014, 44(2): 194-202.

[331] Hassan B, Kuntz D W, Potter D L. Coupled fluid/thermal prediction of ablating hypersonic vehicles. AIAA Paper 98-0168, 1998.

[332] Milos F S, Chen Y K. Ablation and thermal response property model validation for phenolic impregnated carbon ablator. AIAA Paper 2009-262, 2009.

[333] Chen Y K, Milos F S, Gökcen T. Loosely coupled simulation for two-dimensional ablation and shape change. Journal of Spacecraft and Rockets, 2010, 47(5): 775-785.

[334] Chen Y K, Gökcen T. Effect of nonequilibrium surface thermochemistry in simulation of carbon-based ablators. Journal of Spacecraft and Rockets, 2013, 50(5): 917-926.

[335] Kuntz D W, Hassan B, Potter D L. Predictions of ablating hypersonic vehicles using an iterative coupled fluid/thermal approach. Journal of Thermophysics and Heat Transfer, 2001, 15(2): 129-139.

[336] Kuntz D W, Hassan B, Potter D L. An iterative approach for coupling fluid/thermal predictions of ablating hypersonic vehicles. AIAA Paper 99-3460, 1999.

[337] Chen Y K, Gökcen T. Implicit coupling approach for simulation of charring carbon ablators. Journal of Spacecraft and Rockets, 2014, 51(3): 779-788.

[338] Milos F S, Chen Y K. Comprehensive model for multi-component ablation thermochemistry. AIAA Paper 97-0141, 1997.

[339] Chen Y K, Gökcen T. Evaluation of finite-rate gas/surface interaction models for a carbon based ablator. NASA Ames Research Center, Moffett Field, ARC-E-DAA-TN222666, 2015.

[340] Martin A, Boyd I D. Strongly coupled computation of material response and nonequilibrium flow for hypersonic ablation. AIAA Paper 2009-3597, 2009.

[341] Martin A, Boyd I D. Strongly coupled computation of material response and nonequilibrium flow for hypersonic ablation. Journal of Spacecraft and Rockets, 2015, 52(1): 89-104.

[342] Amar A J, Blackwell B F, Edwards J R. One-dimensional ablation using a full New-ton's method and finite control volume procedure. Journal of Thermophysics and Heat Transfer, 2008, 22(1): 71-82.

[343] Amar A J, Blackwell B F, Edwards J R. Development and verification of a one-dimen-sional ablation code including pyrolysis gas flow. Journal of Thermophysics and Heat Transfer, 2009, 23(1): 59-71.

[344] Alkandry H, Boyd I D, Martin A. Coupled flow field simulations of charring ablators with nonequilibrium surface chemistry. AIAA Paper 2013-2634, 2013.

[345] Farbar E, Alkandry H, Wiebenga J, et al. Simulation of ablating hypersonic vehicles with finite-rate surface chemistry. AIAA Paper 2014-2124, 2014.

[346] Gosse R, Candler G V. Evaluation of carbon-carbon ablation models using a fully cou-pled CFD solvers. AIAA Paper 2008-3908, 2008.

[347] Gnoffo P A, Johnston C O. A boundary conditions relaxation algorithm for strongly coupled, ablating flows including shape change. AIAA Paper 2011-3760, 2011.

[348] Martin A, Scalabrin L C, Boyd I D. High performance modeling of atmospheric re-entry vehicles. Journal of Physics: Conference Series, 2012, 341(1): 012002-012032.

[349] Alkandry H, Farbar E D, Boyd I D. Evaluation of finite-rate surface chemistry models for simulation of the stardust reentry capsule. AIAA Paper 2012-2874, 2012.

[350] Chen Y K, Gökcen T. Effect of surface nonequilibrium thermochemistry in simulation of carbon based ablators. AIAA Paper 2015-0344, 2015.

[351] Chen Y K, Gökcen T. Evaluation of finte-rate gas/surface interaction models for carbon-based ablator. Journal of Spacecraft and Rockets, 2016, 53(1): 143-152.

[352] Park C, Ahn H K. Stagnation-point heat transfer for Pioneer-Venus probes. Journal of Thermophysics and Heat Transfer, 1999, 13(1): 33-41.

[353] Gnoffo P, Johnston C, Thomopson R. Implementation of radiation, ablation, and free energy minimization modules for coupled simulations of hypersonic flow. AIAA Paper 2009-1399, 2009.

[354] Gnoffo P A, Johnston C O. A boundary condition relaxation algorithm for strongly coupled, ablating flows including shape change. AIAA Paper 2011-3760, 2011.

[355] Johnston C O, Gnoffo P A, Mazaheri A. Study of ablation-flowfield coupling relevant to the orion heat shield. Journal of Thermophysics and Heat Transfer, 2012, 26(2): 213-221.

[356] Lutz A, Meyers J, Owens W, et al. Experimental analysis of carbon nitridation and oxidation efficiency with laser-induced fluorescnece. AIAA Paper 2013-0924, 2013.

[357] Park C, Bogdanoff D W. Shock-tube measurement of nitridation coefficient of solid carbon. Journal of Thermophysics and Heat Transfer, 2006, 20(3): 487-492.

[358] Zhang L, Pejakovic D A, Marschall J, et al. Laboratory investigation of the active nitridation of graphite by atomic nitrogen. Journal of Thermophysics and Heat Transfer,

2012, 26(1): 189-192.

[359] Beerman A F, Lewis M J, Starkey R P, et al. Significance of nonequilibrium surface interactions in stardust return capsule ablation modeling. Journal of Thermophysics and Heat Transfer, 2009, 23(3): 425-432.

[360] Park C. Effects of atomic oxygen on graphite ablation. AIAA Journal, 1976, 14(11): 1640-1642.

[361] Park C. Stagnation-point ablation of carbonaceous flat disks—Part I : Theory. AIAA Journal, 1983, 21(11): 1588-1594.

[362] Park C, Ahn H K. Stagnation-point heat transfer rates for Pioneer-Venus probes. Journal of Thermophysics and Heat Transfer, 1999, 13(1): 33-41.

[363] Zhluktov S V, Abe T. Viscous shock-layer simulation of airflow past ablating blunt body with carbon surface. Journal of Thermophysics and Heat Transfer, 1999, 13(1): 50-59.

[364] Milos F S, Marschall J. Thermochemical ablation model for TPS materials with multiple surface constituents. AIAA Paper 94-2042, 1994.

[365] McBride B J, Gordon S. Computer program for calculation of complex chemical equilibrium compositions and applications II. Users manual and program description. NASA RP-1311-P2, 1996.

[366] Lin W S. Quasi-steady solutions for the ablation of charring materials. International Journal of Heat and Mass Transfer, 2007, 50: 1196-1201.

[367] Gnoffo P A, Johnston C O. A boundary condition relaxation algorithm for strongly coupled ablating flows including shape change. AIAA Paper 2011-3370, 2011.

[368] Gosse R, Candler G. Diffusion flux modeling: Application to direct entry problems. AIAA Paper 2005-0389, 2005.

[369] Sorenson C, Valentini P, Schwartzentruber T E. Uncertainty analysis of reaction rates in a finite-rate surface-catalysis model. Journal of Thermophysics and Heat Transfer, 2012, 26(3): 407-416.

[370] Sanders M J, Leslie M, Catlow C R A. Interatomic potentials for SiO_2. Journal of the Chemical Society, Chemical Communications, 1984, 19: 1271-1273.

[371] Belonoshko A B, Dubrovinsky L S. Molecular dynamics of stishovite melting. Geochimica st Cosmochimical Acta, 1995, 59(9): 1883-1889.

[372] Ermoshin V A, Smirnov K S, Bougeard D. Ab inito generalized valence force field for zeolite modelling 2. Aluminosilicates. Chemical Physics, 1996, 209(1): 41-51.

[373] van Beest B W, Kramer G J, Santen R A. Force field for silicas and aluminophosphates bases on Ab initio calculations. Physical Review Letters, 1990, 64(16): 1955-1958.

[374] Roder A, Kob W, Binder K. Structure and dynamics of amorphous silica surfaces. Journal of Chemical Physics, 2001, 114(17): 7602-7614.

[375] Arasa C, Busnengo H F, Salin A, et al. Classical dynamics study of atomic oxygen sticking on the β-cristobalite(100) surface. Surface Science, 2008, 602(4): 975-985.

[376] Moron V, Gamallo P, Martin-Gondre L, et al. Recombination and chemical energy accommodation coefficients from chemical dynamics simulations: O/O_2 mixtures reacting over a β-cristobalite(001) surface. Physical Chemistry Chemical Physics, 2011, 13(39): 17494-17504.

[377] Zazza C, Rutigliano M, Sanna N, et al. Oxygen adsorption on beta-quartz model surface: some insights from density functional theory calculations and semiclassical time-dependent dynamics. Journal of Physical Chemistry A, 2012, 116(9): 1975-1985.

[378] Marschall J, MacLean M, Norman P E, et al. Surface chemistry in non-equilibrium flows// Josyula E. Hypersonic Nonequilibrium Flows: Fundamentals and Recent Advances Reston: Americait Institute of Aeronautics and Astronautics, Inc. 1801 Alexander Bell Drive, VA 20191-4344, 2015: 239-327.

[379] van Duin A C T, Dasgupta S, Lorant F, et al. ReaxFF: A reactive force field for hydrocarbons. Journal of Physical Chemistry A, 2001, 105(41): 9396-9409.

[380] van Duin A C T, Strachan A, Stewman S, et al. ReaxFF SiO reactive force field for silicon and silicon oxide systems. Journal of Physical Chemistry A, 2003, 107(19): 3803-3811.

[381] Farbar E D. Kinetic simulation of rarefied and weakly ionized hypersonic flow fields. Dissertation for the degree of Doctor of Philosphy, The University of Michigan, 2010.

[382] Boyd I D, Candler G V, Levin D A. Dissociation modeling in low density hypersonic flows of air. Physics of Fluids, 1995, 7(7): 1757-1763.

[383] Josyula E, Bailey W F, Gudimetla V S R. Modeling of thermal dissociation in nonequilibrium hypersonic flows. AIAA 2006-3421, 2006.

[384] Doraiswamy S, Kelley J D, Candler G V. Vibrational modeling of CO_2 in high-enthalpy nozzle flows. Journal of Thermophysics and Heat Transfer, 2010, 24(1): 9-17.

[385] Candler G V. Nonequilibrium processes in hypervelocity flows: An analysis of carbon ablation models. AIAA 2012-0724, 2012.

[386] Alba R C, Greendyke R B. Nonequilibrium finite-rate carbon ablation model for earth reentry flows. Journal of Spacecraft and Rockets, 2016, 53(3): 579-583.

第2章 以胶体模型体系研究奥斯特瓦尔德分步律的普适性

周宏伟 徐升华* 孙祉伟

(中国科学院力学研究所微重力重点实验室)

奥斯特瓦尔德分步律 (Ostwald's step rule) 已被无数实验所证实, 但一百多年来其普适性仍未得到公认, 一个重要原因就是有极个别观察不到中间亚稳态的所谓 "例外" 报道。胶体悬浮液体系和原子分子体系在物理上有许多类似的行为表现, 所以胶体粒子可以看成在空间和时间上都高度放大了的原子或分子, 可以采用的测量手段也丰富得多。因此, 胶体体系就成为研究凝聚态物理许多现象的一个非常有价值的模型体系, 这种从介观粒子层次入手的研究途径也丰富了物理力学方法的内容。本章简要回顾了近年来利用胶体模型体系, 基于物理力学从微 (介) 观入手的方法, 研究奥斯特瓦尔德分步律普适性方面的一些进展, 这些进展深化了对结晶动力学途径中存在亚稳态必要性的理解, 并对奥斯特瓦尔德分步律的所谓 "例外" 的可靠性提出了质疑, 推进了对分步律普适性的肯定。

对物质结晶过程的深入理解不管对物理、化学、材料、生物等学科还是对应用技术领域的重要性都是人人皆知的。经过长时间的研究积累, 人们对晶体生长规律的认识虽已有了长足的进步, 但至今仍有不少问题包括一些很基本的问题并不十分清楚, 其中之一就是关于奥斯特瓦尔德分步律普适性的问题。这个规律是由 1909 年诺贝尔化学奖获得者奥斯特瓦尔德根据大量实验观测, 通过归纳总结, 于 1897 年提出的一个经验规律, 其基本观点是: 在物质结晶过程中, 无论最后的热力学平衡态的晶相是什么, 最早形成的那种结构总是能量与液态最接近的晶相 [1]。这个规律以奥斯特瓦尔德命名, 称为奥斯特瓦尔德分步律或奥斯特瓦尔德分步规则, 本章中后面简称为**奥氏分步律**。奥氏分步律表明, 很多条件下, 物质的结晶过程并不是简单地直接从无序态经过一步相变成最终的热力学稳定态, 这对于认识相变动力学和控制晶型有重要意义。后来的绝大多数实验都验证了奥氏分步律的正确性 [2-9]。然而, 一百多年过去了, 它的普适性还没有得到

---

* 国家自然科学基金 (批准号: 11302226, 11572322, 11672295) 资助的课题通信作者: xush@imech.ac.cn

公认，原因有两个：第一，实验上仍存在极个别的关于"例外"情况的报道；第二，缺乏一个不容置疑的理论基础支持这一规律。直到 1978 年，Alexander 和 McTague 用平均场近似进一步论证，预测最先出现的应该是体心立方 (bcc) 结构 [2]。随后又出现了对不同体系结晶过程是不是出现 bcc 亚稳态结构进行探查的一个热潮。

　　一般人们常说的晶体，其基本组成单元是原子或分子，但因为原子、分子太小 (Å量级)，直接观察它们的运动和相互作用十分困难。后来发现胶体系统可以类比原子、分子系统，与原子、分子相比，胶体粒子要大得多 (nm～ μm 量级)，因此胶体系统在观察的空间和时间分辨率上与原子、分子系统相比都有几个数量级的放大，可以使用的测试手段就丰富得多，从而可以对它们进行更加方便、有效和深入的研究。物理力学方法的基本思想就是，从组成物质的微观粒子的运动和相互作用的规律出发，通过各种不同的处理手段，预测介质和材料的宏观性质。获取物质微观信息的途径很多，可以是量子力学从头算方法，也可以是一些微观测量方法，诸如电子显微镜、原子力显微镜、分子束技术等。如何巧妙地获取微观信息无疑对物理力学方法的实施是十分关键的。用胶体粒子代替原子研究物态性质的思路早已被提出 [11-15]，二者在研究相变问题 (如晶体生长) 上的等价性也已得到论证，这样，胶体体系就成为一种研究原子分子体系的、从时间和空间上都高度放大了的理想模型体系，相关的研究受到国内外的广泛关注。对于胶体体系来说，同样可以有效地利用物理力学由微观结构到宏观性质的研究思路，只是这里微观单元不再是原子、分子，而是胶体粒子。

　　胶体晶体作为研究相变的有用模型体系，其相变过程是否遵守奥氏分步律当然也受到人们的关注。特别是，如果在胶体晶体生长过程中能发现 bcc 亚稳态结构，对于理解奥氏分步律和认识胶体结晶动力学是很有说服力的。然而，在很长一段时间里，胶体晶体结晶过程中一直没有发现这种亚稳态结构的存在 [14,16]。在实验中虽然也曾观察到稳态为面心立方 (fcc) 的体系在结晶过程中可能会出现 bcc 结构 [17]，但由于没有证实 fcc 结构是从 bcc 结构转变而来，不能证明 bcc 结构是无序—fcc 相变过程中必须经历的亚稳态结构，从而也未能验证奥氏分步律。

　　因此，针对胶体晶体体系验证奥氏分步律并研究其是否具有普适性，必须要能够快速测量胶体结晶过程中的结构变化，并确定稳态是否完全由亚稳态转变而来，通过研究其结晶动力学认识其无序—有序相变规律。测定晶格类型的方法通常是基于光散射原理，观察布拉格衍射峰的位置。对于原子分子的尺度来说，需要采用 X 射线等短波长的光作为光源。而对于胶体晶体来说，则可以采用更方便的可见光作为光源。由于光散射法需要测量不同角度的光强分布，测量速度较慢。近些年来发展了反射光谱测量方法，将波矢向量中的角度变量转换为波长变量，从而把确定晶格类型的速度提高了三个数量级 [18]，在此基础上通过实验证实了带电悬浮粒子体系在结晶过程中确实要经历亚稳态结构而达到最终的稳态结构,即结晶过程遵从奥氏分步律[19]。

本章主要针对近年来利用胶体体系验证奥氏分步律普适性的实验研究,以及经亚稳态相变的动力学过程的研究进展做了总结回顾,这些研究以介观大小的胶体粒子为基础,为揭示奥氏分步律普适性的认识提供了新的实验证据和理论基础。2.1 节介绍胶体粒子结晶过程遵守奥氏分步律的实验研究工作,2.2 节介绍胶体晶体经亚稳态的相变动力学实验研究,2.3 节介绍液态—亚稳态—稳态同时转变的相变动力学理论研究进展,2.4 节是总结和对未来研究的展望。

2.1　胶体粒子结晶过程中奥氏分步律的研究

奥氏分步律指出,晶体相变的动力学过程并不是直接从液态到热力学稳态的晶相,而是需要先形成在能量上与液态最接近的但不是最终的热力学稳态的晶相。对于很多不同的体系,例如,快速淬火的金属[20,21]、聚合物[22,23] 等,实验上都发现了亚稳态的 bcc 结构,这与奥氏分步律以及 Alexander 等的理论预测是一致的。作为研究原子晶体模型体系的胶体晶体,人们希望利用其来研究一些在原子体系中难以直接研究的动力学过程,因此十分关注胶体粒子的结晶过程是否满足奥氏分步律这一与相变动力学密切相关的经验规律。

当前针对胶体体系的一些计算机模拟结果表明,当 fcc 是稳态结构时,体系从无序状态结晶要先形成 bcc 结构,考虑到模拟条件是处于 fcc 稳态的相区,因此先形成 bcc 结构也预示着可能会出现无序—bcc—fcc 的相转变过程。然而,目前的计算机模拟结果表明,只有当初始状态是给定的 bcc 结构而不是无序时,才会发生 bcc—fcc 的转变,而从无序形成 bcc 结构后却很难继续转变成稳态的 fcc 结构[24],可能原因是 bcc-fcc 的势垒较难越过或者计算机模拟的相变时间太短。由于计算机模拟中还没有一个完整的从无序经过亚稳态 bcc 再自发形成稳态 fcc 的动力学转变情况,因此并不十分清楚稳态 fcc 是不是都必须从 bcc 转变而来,也不能真正表明胶体晶体相变满足奥氏分步律。与计算机模拟类似,在实验上人们也发现,对稳态结构为 fcc 的体系,其结晶过程中会出现 bcc 结构。然而,即便如此,体系仍可能存在同时无序—bcc 和无序—fcc 的动力学过程。因此,要验证奥氏分步律,仅发现结晶过程中存在 bcc 结构是不够的,还必须要证实稳态 fcc 是从亚稳态 bcc 转变而来的。这就需要定量地研究体系相变过程中各个相态的变化规律,才能帮助分析相变过程中各结构是如何转变的。

目前研究胶体晶体结晶动力学各相关参数的主要研究方法有 Kossel 线[25-28]、光散射[29-32] 和反射光谱[18,19] 等,这些方法的基本原理都是基于晶体的 Bragg 衍射。根据 Bragg 衍射理论,当晶面间的光程差满足波长的整数倍时会出现增强。对于 Kossel 线测量方法，激光进入胶体晶体内部产生点光源，通过不同方向的晶面会在不同角度产生衍射，从而以点光源为中心形成不同的环，在接收屏上得到 Kossel 线，通过 Kossel 线可以得到晶体结构、晶面间距等参数。类似地，光散射可以在不同散射角测量散射光的强度，满足 Bragg 条件的角度的散射光强会增强形成散射峰，通过不同角度 (换算成波矢) 的散射峰分布可以得到晶体结构和散射峰对应的晶面。此外，峰值的高低和峰的半高宽与晶体大小等参数有关，因此还可用于研究晶体大小等变化规律。但是光散射的缺点是，由于需要得到完整的光强分布才能对胶体晶体进行结构分析，因此需要在很多的角度进行光强测量，这样就使得每得到一次光强–角度分布曲线需要较长时间。例如，典型的采用 Brookhaven BI-200SM 广角光散射仪进行测量，每次需大约 10min，这对于比较快的动力学过程研究来说往往是难以接受的。对于反射光谱测试，通过测量不同波长的反射光强分布，满足 Bragg 衍射条件的波长位置出现光强增强，因此光谱上会出现谱线的峰，可以通过对峰的位置、高度和宽度等进行分析，得到晶面间距、晶粒大小、晶粒数目等参数，但长期以来人们一直认为其不能测量胶体晶体结构 [33,34]，因此需要借助其他手段先得到晶体结构，才能进行相关的动力学研究。

由于相关的传统测量方法的特点，单个测试方法都不能同时快速确定胶体晶体结晶过程中的结构、晶面间距、晶体大小等参数的变化规律，因而难以分析晶体结构的转变过程，从而无法验证胶体晶体相变是否满足奥氏分步律。针对这一问题，文献 [18,19] 提出将反射光谱测量的波长转化为波矢来分析谱线，这使得光谱方法变得和光散射方法类似，也可以用来确定胶体晶体的结构。这样反射光谱就可以测量几乎与胶体晶体动力学相关的所有参数，并且由于其不需要像光散射那样改变角度，因此测量速度要比光散射快得多，可以每 0.25s 进行一次测量，比光散射速度提高了大约 3 个数量级。利用这一方法，不仅可以测量胶体结晶过程中晶体结构的变化，还可以测量结构变化过程中各结构的晶粒大小变化，从而分析 fcc 结构是否由 bcc 结构转变而来。基于此，文献 [19] 针对体积分数为 0.92% 的聚苯乙烯胶体晶体，发现其稳态是 fcc 结构，但是先形成的是 bcc 结构，并通过分析 bcc 结构和 fcc 结构主峰在晶体生长过程中峰值高度变化 (如图 2.1.1 所示)，发现在生长初期只有 bcc 结构快速增长，在后期 bcc 结构逐渐消融而 fcc 结构随之长大，最终体系中只有稳态 fcc 结构而不存在 bcc 结构。为了考察 fcc 结构是否均由 bcc 结构转化而来，文献 [19] 还通过分析 bcc 结构消融和 fcc 结构生长过程中的峰值变化曲线的线性区的斜率，得到 bcc 结构的消融率和 fcc 结构的生长率非常接近，这表明 fcc 结构是由 bcc 结构转化而来，也就是说 bcc 结构是从无序到稳态 fcc 结构转变必须要经过的亚稳态，从而验证了胶体晶体的相变满足奥氏分步律。

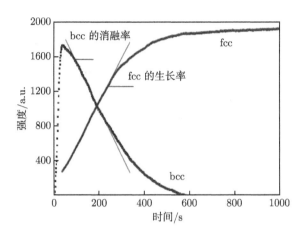

图 2.1.1　胶体粒子结晶过程中 bcc(110) 晶面和 fcc(111) 晶面反射峰强度随结晶
时间的变化趋势

2.2　胶体晶体经亚稳态的相变动力学

作为研究结晶相变的模型体系, 胶体晶体的相变动力学一直受到关注, 在不涉及经亚稳态转变的情况, 从无序到有序转变的成核、生长过程中的晶体大小、生长速率等参数, 以及实验参数条件的影响规律等方面, 都有比较全面的研究 [12,35-40]。对于经亚稳态 bcc 结构的无序—有序 (稳态 fcc) 转变的情况, 认识结晶过程中相变动力学参数的变化同样重要, 而且也有助于研究奥氏分步律是否具有普适性。

实验发现, 当其他条件不变时, 胶体粒子的体积分数对相变动力学有很大影响。当体积分数较低时, 体系的稳态结构即 bcc 结构, 根据 Alexander 和 MacTague 的理论, bcc 结构与液态的能量最为接近, 因此, 体系从无序直接形成 bcc 结构, 不存在其他的亚稳态。随着体积分数的增大, fcc 成为热力学上的稳态结构, 此时出现无序—bcc—fcc 相转变, 并且体积分数越大, 亚稳态的存在时间越短, 相转变速度越快 [19]。文献中的实验结果表明, 针对其所采用的胶体粒子, 当体积分数为 0.57% 时, bcc 亚稳态峰值出现时间为 50s, 而 bcc 消失及 fcc 达到峰值所需时间约 9h, 当体积分数增大到 0.92% 时, bcc 亚稳态峰值出现时间为 15s, 而 bcc 消失及 fcc 达峰值所需时间仅 9min。

这一转变的快慢可以更加定量地通过研究结晶过程中 bcc—fcc 的转变速率来确定 [41], 与其他很多体系类似, 胶体晶体的无序—bcc—fcc 的转变过程往往可以比较简单地划分为 bcc 生长 (无序—bcc 转变) 和 fcc 生长 (bcc—fcc 转变) 两个区域, 也即当体系全部从无序转变成亚稳态 bcc 结构之后, 才开始 bcc—fcc 的转变。对于这种情况, fcc 生长区域中只发生两个相态即 bcc 和 fcc 之间的转变, 因此, 可采用经典的 Avrami 模型来得到其转变速率。基于 Avrami 模型，bcc 结构和 fcc 结构随时间变化应满足方程：

$$\text{bcc}: I(t) - I(t_0) = [I(t_\infty) - I(t_0)][1 - \mathrm{e}^{-k(t-t_0)^n}] \tag{2.2.1}$$

$$\text{fcc}: I(t) - I(t_\infty) = [I(t_0) - I(t_\infty)]\mathrm{e}^{-k(t-t_0)^n} \tag{2.2.2}$$

式中，I 为反射光强度；k 为两种结构之间的转变速率；n 为 Avrami 指数，该指数与相变过程中的成核机理以及生长方式有关。

文献 [41] 将 bcc(110) 面和 fcc(111) 面分别对应的光谱主峰的峰值随时间变化曲线用 Avrami 模型进行了拟合，得到了 bcc—fcc 转变速率以及相应的 Avrami 指数。根据给出的实验结果，按照式 (2.2.1)(即根据 bcc 消融曲线) 和式 (2.2.2)(即根据 fcc 生长曲线) 得到的转变速率和 Avrami 指数都非常接近，这也进一步表明 fcc 结构是从 bcc 结构转变而来的，与奥氏分步律一致。此外，文献 [41] 还进一步对两种不同体积分数进行了对比，发现体积分数越大，转变速率越快，这一定量结果也与文献 [19] 中定性的结果相一致。但不同体积分数下的 Avrami 指数是相同的，都约为 1.5，说明对于胶体晶体来说，体积分数只影响转变速率，并不影响其相变机制。一般来说，Avrami 指数 n 包含晶体的生长维数 (三维、二维、一维) 和时间维数。对于均相成核而言，理论上 n 应该是 2～4；对于异相成核而言，由于不含时间维数，n 应该是 1～3。另外，Avrami 指数 n 对于均相成核一般是整数，非整数的 n 往往意味着异相成核和不同生长方式的交叉。文献中的 $n \approx 1.5$ 表明晶体是异相成核的，生长方式为一维生长和二维生长的交叉，取决于成核点所处的位置。如果成核发生在两个相邻晶粒的晶面之间，就是二维生长；如果成核发生在三个相邻晶粒的晶棱上，就是一维生长。

文献 [41] 还进一步利用反射光谱测量结果，对无序—bcc—fcc 结构转变过程中的结晶度、晶粒大小和晶粒数目等结构参数随时间的变化趋势进行了研究，结果如图 2.2.1 所示。可以看出，bcc—fcc 转变过程中，bcc 的结晶度逐渐减小而 fcc 的结晶度逐渐增大，晶体尺寸变化情况也类似，表明 bcc 在消融，而 fcc 在生长。而生长过程中 bcc 结构和 fcc 结构的晶体数目都在减少，bcc 晶体数目减少与它处于消融过程一致，而对于 fcc 结构，晶体大小在增加，而晶体数目在减少，说明小的 fcc 晶体在生长过程中也进一步融合形成大的 fcc 晶体，这与 fcc 结构正处于生长阶段的特征也是相符的。

虽然基于 Avrami 模型可以研究 bcc—fcc 相变动力学，但是这都需要基于一个前面所提到的条件，就是可以将无序—bcc—fcc 转变分成独立的无序—bcc 和 bcc—fcc 两个转变过程。对于如文献 [22] 和 [19,41] 中的情况，由于无序—bcc 的转变要比 bcc—fcc 转变快得多，体系很快从无序完全相变形成 bcc 结构的过程中基本没有 bcc 结构转变为 fcc 结构, 在这之后整个体系都只发生 bcc—fcc 转变过程, 因此符合这一条件。

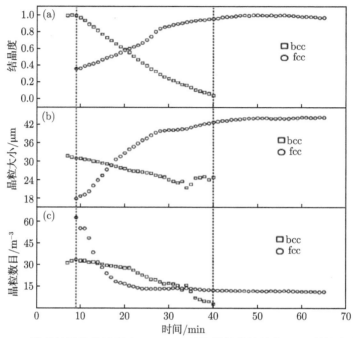

图 2.2.1　胶体粒子结晶过程中 bcc、fcc 结构晶体的结晶度 (a)、晶粒大小 (b) 和晶粒数目 (c) 随时间的变化趋势

　　可以预见的是, 当无序—bcc 转变并不比 bcc—fcc 转变快很多时, 三个相态将同时转变, 只适用于两相转变的 Avrami 模型将不再适用。文献 [42] 针对更大范围的体积分数进行实验, 就发现了这种情况。由于三个相态同时转变, 整个体系并未完全形成 bcc 亚稳态时, 就已经有部分 bcc 结构转变成 fcc 结构, 在光谱光强随时间变化曲线上表现出 bcc 结构的极大值比 fcc 的极大值要小得多。由于不能采用定量的模型来分析其转变速率等参数, 对这种情况也难以定量描述 fcc 结构是否由 bcc 结构转变而来, 因此为了进一步认识奥氏分步律的普适性, 需要新的理论来研究这种液态—亚稳态—稳态同时转变的过程。

2.3　液态—亚稳态—稳态同时转变的理论模型与奥氏分步律普适性

　　胶体晶体作为研究相变的模型体系, 除了相变的时间和空间分辨率都比原子体系有几个数量级的放大之外，还有一个优势就是粒子之间的相互作用、体积分数等参数比较容易调节，因此可以针对不同的体系研究不同类型的相变过程。对于液态—亚稳态—稳态同时相变的情况，可以通过改变胶体体系实验参数来得到不同转变速率下的各相态结构的变化结果，从而有效地帮助建立和验证模型。

基于 Avrami 模型推导过程中所使用的扩展体积 (extended volume) 概念[43-46]，初始态 (态 I) 的体积 V_0，实际发生转变 (转变成态 II) 的体积 V_t，以及扩展体积 $V_{\text{ex\_t}}$ 三者之间的关系为

$$\mathrm{d}V_t = (1 - V_t/V_0)\,\mathrm{d}V_{\text{ex\_t}} \tag{2.3.1}$$

根据文献 [45]，$V_{\text{ex\_t}}/V_0 = (kt)^n$，其中 k 是转变速率，n 是与转变模式相关的指数。这样就很容易得到态 II 的体积 V_t 和时间的关系，由于态 I 的初始体积为 V_0，因此态 I 的体积即为 $V_0 - V_t$，也就得到了态 I 随时间的变化。这就是 Avrami 模型的式 (2.2.1) 和式 (2.2.2)。

同样对于无序—亚稳态—稳态的同时转变，也可以利用扩散体积的概念得到各态随时间的变化关系，可以将式 (2.3.1) 变形得到

$$\mathrm{d}V_t = (V_0 - V_t)\,\mathrm{d}V_{\text{ex\_t}}/V_0 = V_1\mathrm{d}V_{\text{ex\_t}}/V_0 \tag{2.3.2}$$

其中，$V_1 = V_0 - V_t$ 为态 I 尚未转变成态 II 的剩余部分，这表明从态 I 转变成态 II 的体积 (微分)$\mathrm{d}V_t$ 正比于态 I 的剩余体积 V_1 以及扩散体积的变化 (微分)$\mathrm{d}V_{\text{ex\_t}}$。

如果体系的相变满足奥氏分步律，也即液态到稳态的转变必须经过亚稳态的情形，则可以得到液态—亚稳态和亚稳态—稳态同时转变的如下微分表达式：

$$\mathrm{d}V_{\text{stable}} = V_{\text{meta}}\mathrm{d}V_{\text{ex\_stable}}/V_0 \tag{2.3.3}$$

$$\mathrm{d}V_{\text{meta}} = (V_{\text{liquid}}\mathrm{d}V_{\text{ex\_meta}} - V_{\text{meta}}\mathrm{d}V_{\text{ex\_stable}})/V_0 \tag{2.3.4}$$

式 (2.3.4) 中亚稳态体积 V_{meta} 的变化既考虑了从液态 V_{liquid} 转变成 V_{meta} 而增加的部分，也考虑了从 V_{meta} 转化成 V_{stable} 而减少的部分。引入各相态的体积分数 $\alpha = V/V_0$，可以将上两式简化为

$$\mathrm{d}\alpha_{\text{stable}} = \alpha_{\text{meta}}\mathrm{d}\alpha_{\text{ex\_stable}} \tag{2.3.5}$$

$$\mathrm{d}\alpha_{\text{meta}} = \alpha_{\text{liquid}}\mathrm{d}\alpha_{\text{ex\_meta}} - \alpha_{\text{meta}}\mathrm{d}\alpha_{\text{ex\_stable}} \tag{2.3.6}$$

类似 Avrami 模型的推导过程，可以得到 $\alpha_{\text{ex\_meta}} = (k_{\text{meta}}t)^n$ 和 $\alpha_{\text{ex\_stable}} = (k_{\text{stable}}t)^n$，其中 k_{meta} 和 k_{stable} 分别是液态—亚稳态和亚稳态—稳态的转变速率，再考虑到 $\alpha_{\text{liquid}} = 1 - \alpha_{\text{meta}} - \alpha_{\text{stable}}$，就可以将式 (2.3.5) 和式 (2.3.6) 进一步写成

$$\mathrm{d}\alpha_{\text{stable}}/\mathrm{d}t^n = k_{\text{stable}}^n\alpha_{\text{meta}} \tag{2.3.7}$$

$$\mathrm{d}\alpha_{\text{meta}}/\mathrm{d}t^n = k_{\text{meta}}^n(1 - \alpha_{\text{meta}} - \alpha_{\text{stable}}) - k_{\text{stable}}^n\alpha_{\text{meta}} \tag{2.3.8}$$

在相变开始时，体系只有液态，因此 $\alpha_{\text{meta}}(t=0)=0$，$\alpha_{\text{stable}}(t=0)=0$，相变的最终结果是只有稳态，亚稳态全部转化为稳态而消失，因此又有 $\alpha_{\text{meta}}(t=\infty)=0$，$\alpha_{\text{stable}}(t=\infty)=1$。根据这些边界条件，可以得到式 (2.3.7) 和式 (2.3.8) 的解析解：

$$\alpha_{\text{meta}} = k_{\text{meta}}^n \left[\exp\left(-k_{\text{stable}}^n t^n\right) - \exp\left(-k_{\text{meta}}^n t^n\right)\right] / \left(k_{\text{meta}}^n - k_{\text{stable}}^n\right) \tag{2.3.9}$$

$$\alpha_{\text{stable}} = 1 - k_{\text{meta}}^n \exp\left(-k_{\text{stable}}^n t^n\right) / \left(k_{\text{meta}}^n - k_{\text{stable}}^n\right)$$
$$+ k_{\text{stable}}^n \exp\left(-k_{\text{meta}}^n t^n\right) / \left(k_{\text{meta}}^n - k_{\text{stable}}^n\right) \tag{2.3.10}$$

当然，这一解析解是基于 $k_{\text{meta}} = k_{\text{stable}}$ 的情况，当 $k_{\text{meta}} = k_{\text{stable}} = k$ 时，其解析解为

$$\alpha_{\text{meta}} = k^n t^n \exp\left(-k^n t^n\right) \tag{2.3.11}$$

$$\alpha_{\text{stable}} = 1 - \exp\left(-k^n t^n\right) - k^n t^n \exp\left(-k^n t^n\right) \tag{2.3.12}$$

实际上，当 k_{meta} 趋向于 k_{stable} 时，式 (2.3.9) 和式 (2.3.10) 的解也会趋向于式 (2.3.11) 和式 (2.3.12)，因此，对于一般性的讨论，可以仅使用式 (2.3.9) 和式 (2.3.10) 来分析液态—亚稳态—稳态转变过程。这样，文献 [42] 将两相转变的 Avrami 模型推广至三相转变情况，这一模型适用于满足奥氏分步律的不同体系的相变过程，胶体晶体作为相变体系的一种，其实验结果也可用来对理论模型进行验证。

针对体积分数比较低的情况，$k_{\text{meta}} \gg k_{\text{stable}}$，此时 bcc—fcc 相转变可以利用前述的 Avrami 模型来进行分析，但是 Avrami 模型不能用来同时分析液态—bcc 相变过程，而新建立的无序—亚稳态和亚稳态—稳态同时转变的理论模型则可以解决这一问题，如图 2.3.1(a) 所示。从图中可以看出，对于 bcc—fcc 相变的部分，新模型与 Avrami 模型的拟合结果非常接近，并且新模型同时可以拟合无序—bcc 相变的部分。从理论公式也可以解释这一结果，由于 $k_{\text{meta}} \gg k_{\text{stable}}$，式 (2.3.9) 和式 (2.3.10) 中 $\exp(-k_{\text{meta}}^n t^n)$ 可以忽略不计，因此两个公式都趋向于 Avrami 模型中的形式。因此，对于 $k_{\text{meta}} \gg k_{\text{stable}}$ 的情况，新模型涵盖了 Avrami 模型。

随着体积分数增大到一定程度，fcc 的生长速率变得不再比 bcc 生长速率慢很多，甚至比它更快，这导致亚稳态 bcc 结构的最大光强要比 fcc 结构的低很多，这些情况下生长过程不能再被分为 bcc 生长和 bcc 消融两个区域，因而无法再采用 Avrami 模型分析其相变动力学，但新模型仍可适用。对于图 2.3.1(b) 和 (c) 两种情况，利用新模型得到的理论拟合曲线与实验结果相当一致，理论模型与实验结果的一致性也表明，这种情况下的相转变过程仍然满足奥氏分步律。此外，根据理论曲线可以得到无序—bcc 转变速率 k_{meta} 和 bcc—fcc 转变速率 k_{stable}，从而帮助研究三相同时转变的动力学。对于图 2.3.1(b) 和 (c)，文献中给出 $k_{\text{stable}}^n / k_{\text{meta}}^n$ 的值

分别是 0.50 和 2.64，这也表明相变过程不再满足 $k_{\mathrm{meta}} \gg k_{\mathrm{stable}}$，这与前面分析它们为什么不能适用于 Avrami 模型一致。

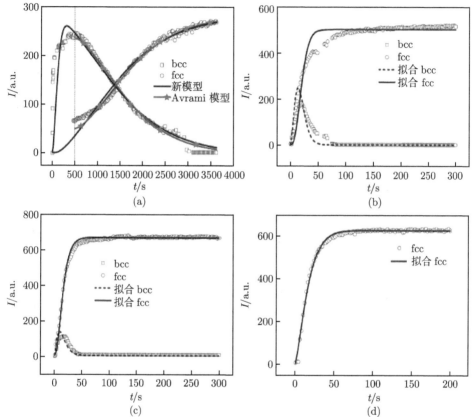

图 2.3.1 不同体积分数下胶体粒子结晶过程中 bcc，fcc 峰值随时间的变化趋势

(a)0.67%，━▲━ 是用 Avrami 模型进行的拟合，实线是用新模型进行的拟合，在 bcc—fcc 相变阶段，新模型和 Avrami 模型拟合结果非常相近。此外，新模型还可以同时拟合液态—bcc 转变阶段。

(b)0.98%，(c)1.03%，(d)1.08%。(b)~(d) 均可用新模型进行拟合，可见新模型可以统一描述不同体积分数下的液态—bcc—fcc 转变过程，包括亚稳态 bcc 不可见的情况 (图 (d))

该模型的另外一个重要结论是它解释了图 2.3.1(d) 中的相转变过程，该图所示的实验结果中，相变过程只出现了 fcc 结构，并未观测到 bcc 结构，这似乎是奥氏分步律的一个 "例外" 情况。然而根据图中不同体积分数下的实验结果，可以推测的是，当体积分数比图 2.3.1(b) 和 (c) 中的体积分数更大时，$k_{\mathrm{stable}}^n / k_{\mathrm{meta}}^n$ 将继续增大，并且 bcc 结构对应光强的最大值将进一步减小。那么图 2.3.1(d) 应是 $k_{\mathrm{stable}}^n / k_{\mathrm{meta}}^n$ 值太大，bcc 结构对应光强的最大值太小而观测不到的一种情况，从理论模型中同样可以给出，当 $k_{\mathrm{stable}}^n / k_{\mathrm{meta}}^n$ 趋向无穷大时，$k_{\mathrm{meta}}^n / (k_{\mathrm{meta}}^n - k_{\mathrm{stable}}^n) \approx 0$，式 (2.3.9)

变成 $\alpha_{\text{meta}} \approx 0$，式 (2.3.10) 变成 $\alpha_{\text{stable}} \approx \alpha_{\text{stable}} + \alpha_{\text{meta}} = 1 - \exp(-k_{\text{meta}}^n t^n)$，此时仍可用新的模型进行拟合，并且拟合曲线仍和实验曲线非常一致。

基于理论模型，还可以得到一个重要参量，就是相变过程中亚稳态所占的最大体积分数与稳态所占的最大体积分数之比，其值应和图中的亚稳态光强最大值和稳态光强最大值之比相一致。可以得到该参量的值为

$$\frac{\alpha_{\text{meta\_max}}}{\alpha_{\text{stable\_max}}} = R^{\frac{R}{1-R}} \tag{2.3.13}$$

其中，$R = k_{\text{stable}}^n / k_{\text{meta}}^n$。式 (2.3.13) 有三个极限情况：当 $R \to 0$ 时，该值极限为 1，对应 Avrami 模型可适用的情况 (如图 2.3.1(a) 所示)；当 $R \to \infty$ 无穷时，其极限为 0，此时 $\alpha_{\text{meta\_max}}$ 将会因为太小而无法被观测到 (如图 2.3.1(d) 所示)；当 $R = 1$ 时，该值为 $1/e$，实际对应于式 (2.3.11) 和式 (2.3.12) 的特殊情况。

至此，根据理论模型和实验结果的对比，可以对不满足奥氏分步律的相变过程给出一个合理的解释：由于亚稳态—稳态相转变速率比无序—亚稳态相转变速率要快得多，亚稳态还没有长大到仪器设备足够观测的尺寸，它就已经开始转变成稳态结构，因此实验上就观测不到亚稳态，但这并不代表亚稳态不存在或者相变不满足奥氏分步律。文献 [42] 中给出了一个更为形象的说明，"这一情况就像兔子吃草：草从土中生长，而兔子则通过吃草生长，如果兔子吃草的速度远大于草的生长速度，那么草将会一直很少而难以看到，但这并不意味着草从来没有出现过。" 因而这一模型也为奥氏分步律普适性的进一步认识提供了重要的理论基础。

2.4　结束语和展望

奥氏分步律的普适性问题一直悬而未决，特别是有些体系发现有似乎不符合奥氏分步律的 "例外" 的情况，是人们对该规则是否普适产生质疑的重要原因，奥斯特瓦尔德自己针对这些 "例外" 进行解释，认为是由于亚稳态—稳态转变太快，因此看不到亚稳态的出现。

胶体晶体作为模型体系，在研究相变动力学方面有其独特的优越性，不仅相变时间可以比较慢，也可以比较容易地通过改变体系参数来得到不同的相变过程。利用胶体晶体的这一特点，实验上不仅发现其相变满足奥氏分步律，并且通过无序—亚稳态—稳态的结晶动力学研究，建立了相应的三相转变动力学模型。实验和理论结果的对比给出，亚稳态—稳态转变速率和无序—亚稳态转变速率的比值 $R = k_{\text{stable}}^n / k_{\text{meta}}^n$ 才是影响能否观测到亚稳态的最重要的因素，而不是像奥斯特瓦尔德认为的那样受转变速率大小影响。即使 k_{stable} 或者 k_{meta} 并不大，但只要它们的比值很大，亚稳态就无法长大到足够的尺寸。

这一进展对物质结晶中所谓的"例外"提出了强烈质疑,推进了对奥氏分步律普适性的认可度。但要据此就直接肯定奥氏分步律却还不够令人信服,因为它包括了一定的推理成分。人们希望看到的是粒子是如何经过运动,先形成某种团簇结构,再经历一系列中间结构的演变而最终达到稳定的晶型结构这一完整的结晶过程。但是当前的常规实验手段很难在微(介)观层次上从单粒子水平上证实这样的结论。例如,基于布拉格散射或衍射原理检测样品的晶型需要有一定的晶粒尺寸,这在一定程度上限制了其在结晶早期阶段的应用。因为起始的结晶只是发生在局部的粒子团,可称之为结晶的"前驱体"。要揭示在成核前的结构演变过程,需要从单粒子水平上检测跟踪它们的相对位置和移动等情况。

要解决这一问题,可以期望应用物理力学从微观层次研究胶体结晶过程的另一个强有力的工具——计算机模拟发挥重要的补充作用。对胶体粒子无序—有序相变及玻璃态等过程进行计算机模拟已经有大量报道[24,47-54]。实际上,硬球体系能形成晶体有序结构就是首先由计算机模拟预言[54],后来实验制备了近似硬球作用的粒子,实验结果与计算机模拟结果相当符合[55]。可以想象,应用计算机模拟体系的液–固相转变的动力学过程以及液态、成核前、成核路径、临界晶核形成、晶核长大、晶态形成等各个阶段的微观结构,对验证奥氏分步律的适用性,即中间亚稳态的结构特征、形成条件及形成过程将起到很重要的作用。同时也可以有力地深化对晶体生长由完全无序液体到稳定有序的终态晶体的动力学途径的认识。

参 考 文 献

[1] Ostwald W. Studien über die Bildung und Umwandlung fester Körper. Z. Phys. Chem., 1897, 22: 289.

[2] Alexander S, McTague J. Should all crystals be bcc? Landau theory of solidification and crystal nucleation. Phys. Rev. Lett., 1978, 41: 702-705.

[3] Liebig F, Thünemann A F, Koetz J. Ostwald ripening growth mechanism of gold nanotriangles in vesicular template phases. Langmuir, 2016, 32: 10928-10935.

[4] Peng Y, Wang F, Wang Z, et al. Two-step nucleation mechanism in solid-solid phase transitions. Nat. Mater., 2015, 14: 101-108.

[5] Russo J, Romano F, Tanaka H. New metastable form of ice and its role in the homogeneous crystallization of water. Nat. Mater., 2014, 13: 733-739.

[6] Tan P, Xu N, Xu L. Visualizing kinetic pathways of homogeneous nucleation in colloidal crystallization. Nat. Phys., 2014, 10: 73-79.

[7] Santra M, Singh R S, Bagchi B. Nucleation of a stable solid from melt in the presence of multiple metastable intermediate phases: Wetting, Ostwald's step rule, and vanishing polymorphs. J. Phys. Chem. B, 2013, 117: 13154-13163.

[8]　Washington A L, Foley M E, Cheong S, et al. Ostwald's rule of stages and its role in CdSe quantum dot crystallization. J. Am. Chem. Soc., 2012, 134: 17046-17052.

[9]　Streets A M, Quake S R. Ostwald ripening of clusters during protein crystallization. Phys. Rev. Lett., 2010, 104: 178102.

[10]　Hall V J, Simpson G J. Direct observation of transient ostwald crystallization ordering from racemic serine solutions. J. Am. Chem. Soc., 2010, 132: 13598-13599.

[11]　Herlach D M, Klassen I, Wette P, et al. Colloids as model systems for metals and alloys: A case study of crystallization. J. Phys.: Condens. Matter, 2010, 22: 153101.

[12]　Palberg T. Crystallization kinetics of repulsive colloidal spheres. J. Phys.: Condens. Matter, 1999, 11: R323-R360.

[13]　Sun Z W, Xu S H. Two examples of using physical mechanics approach to evaluate colloidal stability. Sci. China—Phys. Mech. Astron., 2012, 55: 933-939.

[14]　Gasser U. Crystallization in three- and two-dimensional colloidal suspensions. J. Phys.: Condens. Matter, 2009, 21: 203101.

[15]　Arora A K, Tata B V R. Ordering and Phase Transitions in Charged Colloids. New York: VCH Publishers, Inc., 1996.

[16]　Anderson V J, Lekkerkerker H N W. Insights into phase transition kinetics from colloid science. Nature, 2002, 416: 811-815.

[17]　Schöpe H J, Decker T, Palberg T. Response of the elastic properties of colloidal crystals to phase transitions and morphological changes. J. Chem. Phys., 1998, 109: 10068-10074.

[18]　Zhou H W, Xu S H, Sun Z W, et al. Rapid determination of colloidal crystal's structure by reflection spectrum. Colloid Surf. A—Physicochem. Eng. Asp., 2011, 375: 50-54.

[19]　Xu S, Zhou H, Sun Z, et al. Formation of an fcc phase through a bcc metastable state in crystallization of charged colloidal particles. Phys. Rev. E, 2010, 82: 010401.

[20]　Notthoff C, Feuerbacher B, Franz H, et al. Direct determination of metastable phase diagram by synchrotron radiation experiments on undercooled metallic melts. Phys. Rev. Lett., 2001, 86: 1038-1041.

[21]　Ghosh G. Observation and kinetic analysis of a metastable b.c.c. phase in rapidly solidified Ni-9at.%Zr and Ni-8at.%Zr-1at.%X alloys. Mater. Sci. Eng.: A, 1994, 189: 277-284.

[22]　Liu Y S, Nie H F, Bansil R, et al. Kinetics of disorder-to-fcc phase transition via an intermediate bcc state. Phys. Rev. E, 2006, 73: 061803.

[23]　Bang J, Lodge T P. Long-lived metastable bcc phase during ordering of micelles. Phys. Rev. Lett., 2004, 93: 245701.

[24]　Kratzer K, Arnold A. Two-stage crystallization of charged colloids under low supersaturation conditions. Soft Matter, 2015, 11: 2174-2182.

[25] Yoshiyama T, Sogami I, Ise N. Kossel line analysis on colloidal crystals in semidilute aqueous solutions. Phys. Rev. Lett., 1984, 53: 2153-2156.

[26] Shinohara T, Kurokawa T, Yoshiyama T, et al. Structure of colloidal crystals in sedimenting mixed dispersions of latex and silica particles. Phys. Rev. E, 2004, 70: 062401.

[27] Shinohara T, Yoshiyama T, Sogami I S, et al. Measurements of elastic constants of colloidal silica crystals by kossel line analysis. Langmuir, 2001, 17: 8010-8015.

[28] Liu L, Xu S, Liu J, et al. Characterization of crystal structure in binary mixtures of latex globules. J. Colloid Interface Sci., 2008, 326: 261-266.

[29] Wette P, Schöpe H J, Liu J, et al. Characterisation of colloidal solids. Prog. Colloid Polym. Sci., 2004, 123: 264-268.

[30] Tata B V R, Jena S S. Ordering, dynamics and phase transitions in charged colloids. Solid State Commun., 2006, 139: 562-580.

[31] Harland J L, van Megen W. Crystallization kinetics of suspensions of hard colloidal spheres. Phys. Rev. E, 1997, 55: 3054-3067.

[32] Mohanty P S, Richtering W. Structural ordering and phase behavior of charged microgels. J. Phys. Chem. B, 2008, 112: 14692-14697.

[33] Okubo T. Ordered solution structure of a monodispersed polystyrene latex as studied by the reflection spectrum method. J. Chem. Soc. Faraday Trans., 1986, 82: 3163-3173.

[34] Okubo T, Ishiki H. Kinetic analyses of colloidal crystallization in a wide range of sphere concentrations as studied by reflection spectroscopy. J. Colloid Interface Sci., 2000, 228: 151-156.

[35] Dhont J K G, Smits C, Lekkerkerker H N W. A time resolved static light scattering study on nucleation and crystallization in a colloidal system. J. Colloid Interface Sci., 1992, 152: 386-401.

[36] Schöpe H J, Wette P. Seed- and wall-induced heterogeneous nucleation in charged colloidal model systems under microgravity. Phys. Rev. E, 2011, 83: 051405.

[37] Kozina A, Diaz-Leyva P, Palberg T, et al. Crystallization kinetics of colloidal binary mixtures with depletion attraction. Soft Matter, 2014, 10: 9523-9533.

[38] Hornfeck W, Menke D, Forthaus M, et al. Nucleation and crystal growth in a suspension of charged colloidal silica spheres with bi-modal size distribution studied by time-resolved ultra-small-angle X-ray scattering, J. Chem. Phys., 2014, 141: 214906.

[39] Schilling T, Schope H J, Oettel M, et al. Precursor-mediated crystallization process in suspensions of hard spheres. Phys. Rev. Lett., 2010, 105: 025701.

[40] Savage J R, Dinsmore A D. Experimental evidence for two-step nucleation in colloidal crystallization. Phys. Rev. Lett., 2009, 102: 198302.

[41] Zhou H, Xu S, Sun Z, et al. Kinetics study of crystallization with the disorder-bcc-fcc phase transition of charged colloidal dispersions. Langmuir, 2011, 27: 7439-7445.

[42] Zhou H, Qin Y, Xu S, et al. Crystallization kinetics of concurrent liquid-metastable and metastable-stable transitions, and Ostwald's step rule. Langmuir, 2015, 31: 7204-7209.

[43] Christian J W. The Theory of Transformation in Metals and Alloys. 2nd ed. Oxford,: Pergamon Press, 1975.

[44] Piorkowska E, Galeski A, Haudin J M. Critical assessment of overall crystallization kinetics theories and predictions. Prog. Polym. Sci., 2006, 31: 549-575.

[45] Starink M J. Kinetic equations for diffusion-controlled precipitation reactions. J. Mater. Sci., 1997, 32: 4061-4070.

[46] Erukhimovitch V, Baram J. Crystallization kinetics. Phys. Rev. B, 1994, 50: 5854-5856.

[47] Robbins M O, Kremer K, Grest G S. Phase diagram and dynamics of Yukawa systems. J. Chem. Phys., 1988, 88(5): 3286-3312.

[48] Ouyang W Z, Fu C L, Sun Z W, et al. Polymorph selection and nucleation pathway in the crystallization of Hertzian spheres. Phys. Rev. E, 2016, 94(4): 042805.

[49] Russo J, Tanaka H. Selection mechanism of polymorphs in the crystal nucleation of the Gaussian core model. Soft Matter, 2012, 8(15): 4206-4215.

[50] Qi W, Peng Y, Han Y, et al. Nonclassical nucleation in a solid-solid transition of confined hard spheres. Phys. Rev. Lett., 2015, 115(18): 185701.

[51] Yunker P J, Chen K, Gratale M D, et al. Physics in ordered and disordered colloidal matter composed of poly(N-isopropylacrylamide) microgel particles. Rep. Prog. Phys., 2014, 77(5): 056601.

[52] Pham K N, Puertas A M, Bergenholtz J, et al. Multiple glassy states in a simple model system. Science, 2002, 296(5565): 104-106.

[53] Brambilla G, El Masri D, Pierno M, et al. Probing the equilibrium dynamics of colloidal hard spheres above the mode-coupling glass transition. Phys. Rev. Lett., 2009, 102(8): 085703.

[54] Hoover W G, Ree F H. Melting transition and communal entropy for hard spheres. J. Chem. Phys., 1968, 49(8): 3609-3617.

[55] Pusey P N, van Megen W. Phase behaviour of concentrated suspensions of nearly hard colloidal spheres. Nature, 1986, 320: 340-342.

第二篇　固体介质和表界面物理力学

第3章 多尺度物理力学

郭宇锋

(南京航空航天大学)

在宏观尺度或连续介质力学的框架下，现代工业、交通运输和土木工程中的应用力学与力导致的机械运动、热传导和流体运动等力学行为密切相关。基于连续性假设和微积分理论，力学在解决复杂工程问题中能够执行优美的数学计算和有效的数值模拟。另外，20 世纪初期，原子学、电子的概念以及现代物理研究促使了量子力学的诞生和建立。量子力学成为 20 世纪物理学上具有划时代意义的里程碑，迅速成为现代物理学、化学和分子生物学等学科的理论基础。然而，受限于学科范围和局限性，量子力学和应用力学适用于不同的研究领域。随着技术的快速发展并进入纳米尺度以及生命体系到了分子层次，物质的离散特性变得显著，其力学行为和局部的物理化学特性紧密相关。量子效应在纳尺度开始显现，物质自身局域场和外加场的耦合作用将会使材料的性能发生明显改变，进而产生不同于块体材料的新颖物理力学特性。将量子力学与传统力学结合的需求变得越来越紧迫。与宏观材料相比，低维材料所涉及时间尺度已进入皮秒和飞秒，空间尺度到了纳米和埃，而能量尺度到了电子伏特。相关科学问题涉及力学、物理、机械等多个学科领域，单一学科的知识和方法已难以满足研究要求。这就需要将力学、材料科学、计算科学、物理化学等领域的知识和方法结合起来开展多学科交叉融合的研究探索。因此，人们就提出了融合物理学和力学的自下而上的方法，以满足低维材料和纳米科技的发展需求。多尺度物理力学等新兴交叉学科就是在这样的背景下应运而生。本章将对近年来低维材料的力学性能、力电耦合、结构性能调控、受限环境内的结构相变、应变调控等物理力学方面的主要研究进展进行介绍，并讨论多尺度物理力学的发展趋势。

3.1 低维碳材料的力学性能与力电耦合

3.1.1 碳纳米管的力学性能与力电耦合

碳纳米管作为新型的碳材料，其优异的力学性能备受关注。基于传统力学和量子力学的理论计算表明，碳纳米管具有很高的杨氏模量和断裂强度，并且可以承受较大轴向应变[1-6]。然而实验结果表明，碳纳米管可承受的最大轴向应变仅为 5%~6%[7,8]。为了揭示碳纳米管破裂应变和塑性变形的理论预测与实验结果之间存在明显差异的原因，Nardelli 等[9] 使用从头算法对受拉单壁碳纳米管 (single-walled carbon nanotube, SWCNT) 进行模拟研究，计算表明，当其受拉应变超过临界应变 (大约为 5%) 时，碳纳米管通过缺陷成核的方式释放应变能；如图 3.1.1 所示，这些拓扑缺陷作为成核中心而使碳纳米管产生位错并开始发生塑性变形。进一步的大规模分子动力学模拟结果表明，SWCNT 在拉应力作用下表现为塑性或脆性，这取决于当首个 (5-7-7-5) 缺陷形成之后的外部条件和碳纳米管的几何对称性，在高应变且低温的条件下，所有类型的碳纳米管表现出脆性，而在低应变且高温条件下，扶手椅型碳纳米管具有较好的韧性[10]。

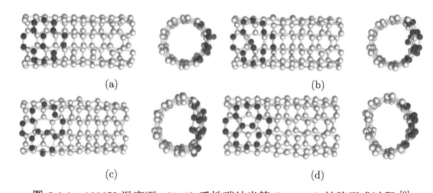

(a)   (b)

(c)   (d)

图 3.1.1　1800K 温度下，(5, 5) 手性碳纳米管 (5-7-7-5) 缺陷形成过程 [9]

(a) 初始理想构型 ($t = 0\text{ps}$)；(b) 第一个碳键断裂 ($t = 0.10\text{ps}$)；(c) 第二个碳键断裂 ($t = 0.15\text{ps}$)；

(d) 缺陷形成 ($t = 0.20\text{ps}$)

　　最近的实验研究发现高温条件和拉伸载荷作用下，SWCNT 具有超塑性，其长度方向可以承受 280% 的塑性变形[11]。温度超过 2000K 时，双壁碳纳米管和三壁碳纳米管也观察到了类似的超塑性现象，其轴向伸长可达 190%，径向缩减 90%[12]。由原子或空位扩散、位错滑移和扭结移动所决定的高温蠕变机制被用于解释碳纳米管出现的超伸长率。此外，人们也发现所有处于拉应力和高温条件下的碳纳米管当发生塑性变形时都会出现由空位产生和聚集而引起的扭结成核与移动[13]。Ding 等[14] 认为高温下碳纳米管的超塑性主要是由于 (5-7-7-5) 缺陷滑移以及原子摆脱晶格束缚而引起的赝滑动。而 Tang 等[15] 的分子动力学模拟结果表明，当碳纳米管达到弹性变形极限时，会出现大量的缺陷以阻止局部不稳定性 (局部破坏) 的发生，从而使得碳纳米管在高温下可以产生较大的拉伸变形 (图 3.1.2)。碳纳米管的尺寸、缺陷成核和移动之间的复杂相互作用决定着碳纳米管的变形模式。这些理论和实验工作表明将分子动力学、量子力学与实验测试相结合开展研究可更为准确和深入地认识碳纳米管的力学行为、结构演化规律等。

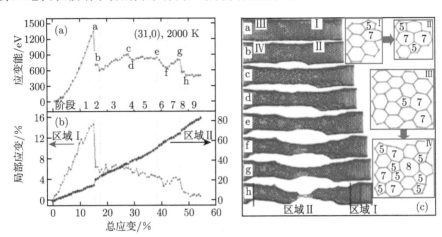

图 3.1.2 2000K 温度下，(31, 0) SWCNT 承受拉载荷

(a) 应变能；(b) 区域 I 和区域 II 局部拉应变；(c) a～h 为受拉 SWCNT 不同时刻构型图，其中插图表示
(5-7-7-5) 缺陷和其他缺陷形成、转移以及变形过程中局部原子结构重排列[15]

　　电场对碳纳米管的电学特性、结构稳定性和强度有显著的影响。理解和掌握碳纳米管在外电场作用下失效规律和机制对其在纳机电系统 (nano-electro-mechanical system，NEMS) 中的应用具有重要意义。Lee 等[16] 使用基于从头算法的密度泛函理论 (DFT) 对强电场作用下碳纳米管的破坏机制进行了研究，他们的模拟结果显示，当电场强度超过 20V/nm 时，碳纳米管边界首先发生裂解，进而导致碳纳米管破裂。Keblinski 等[17] 以及 Luo 和 Wu[18] 基于密度泛函理论，研究了电荷注入对 SWCNT 稳定性的影响，结果表明随着注入电荷的增加，碳纳米管端部首先失去稳定性，从而导致整个碳纳米管发生破坏。Li 和 Chou[19] 研究了 SWCNT 的力电耦合效应以及电荷注入和端部结构对 SWCNT 结构失效和破坏的影响，他们发现带电碳纳米管端部碳键首先发生断裂，而端部带帽结构可以增强碳纳米管的稳定性。Guo 等[20] 利用半经验量子力学计算发现在电场和拉伸载荷作用下，SWCNT 具有不同的破坏机制和力学特性：电场作用下，SWCNT 端部碳原子层首先发生破坏；在拉伸载荷作用下，靠近 SWCNT 中间部位发生破坏；电场作用下，受拉碳纳米管的临界抗拉强度随着电场强度的增加显著降低 (图 3.1.3)。除了理论研究外，许多实验也开展了电场致碳纳米管破坏的研究，并且关于碳纳米管失效的实验结果和理论预测相吻合。例如，Collins 等[21] 报道了 SWCNT 在外加电场作用下其端部碳层首先发生破坏。Bonard 等[22] 在碳纳米管的场发射过程中，观察到了多壁碳纳米管从其靠近中间部位发生破坏。De Pablo 等[23] 通过所获得多壁碳纳米管在电场下的电压电流曲线，发现多壁碳纳米管电致失效与其表层缺陷有关。

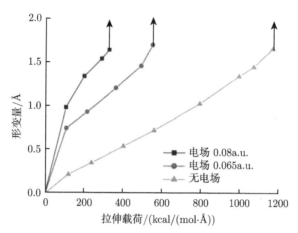

图 3.1.3　轴向电场作用下的单壁碳纳米管变形加载曲线[20]

　　另一方面, 碳纳米管的力学行为常常与其电学和电子特性相耦合。基于碳纳米管力学弯曲和静电吸引的耦合效应, 可以用于纳米级存储设备[24], 并且碳纳米管的场发射特性与其几何变形和电子约束有关[25]。在电场作用下, 端部电荷重新分布导致的极化使碳纳米管失去电中性, 碳纳米管进而在电场力作用下被拉伸。此外, 碳纳米管的变形和缺陷对其电学性能有着强烈的影响[26-28]。研究发现 (图 3.1.3), 随着电场强度的增强, 碳纳米管的抗拉强度显著降低[20]。Guo 等[29] 使用 Hartree-Fock(H-F) 和密度泛函量子力学计算的方法, 深入研究了电场作用下 SWCNT 的电致伸缩变形现象 (图 3.1.4), 计算结果显示, 在低于 1V/Å 的电场作用下, 扶手椅型和手性型碳纳米管均产生了大于 10% 的轴向变形, 更为有趣的是, 由碳纳米管展成的单层石墨烯片也能够产生 2.5% 的拉应变, 预测的 SWCNT 体积功密度要比已知的铁电体、电致伸缩、磁致伸缩材料和弹性体的对应值高出 3 个数量级, 而重量功密度则高出 4 个数量级。Guo 等[30] 进一步研究发现, 碳纳米管的电致轴向伸缩变形对其电学特性如能带结构有明显影响。不仅如此, 电场作用下 SWCNT 的碳碳键结构会发生改变, 并且电致伸缩变形还会影响轨道电荷密度极化和碳纳米管偶极矩的变化[31]。

　　在实验方面, Wang 等[32] 通过对碳纳米管施加直流电压, 观察到了碳纳米管的电致伸缩现象 (图 3.1.5), 对 Wang 等实验结果的透射电子显微镜 (TEM) 图像进行重新分析发现, 在外加电压作用下, 截面 A 和 B、B 和 C 之间的距离增大, 当电压为 70V 时, 两个截面的对应的外观伸长率分别为 11.6% 和 6.2%；当电压增加到 210V 时, 对应伸长率增加到 27.9% 和 16.2%。由于碳纳米管的面外变形也可能引起表观伸长率, 由电场导致的真实伸长率应小于上述观测值, 虽然理论计算结果和实验结果之间存在差异, 但是实验表明, 电场确实能够诱使碳纳米管发生变形。最近, Jagtap 等[33] 以及 Gowda 等[34] 在他们关于碳纳米管电致伸缩实验中就观察到了碳纳米管轴向电致变形可达 14%，与理论结果完全一致，并且实验中观察到的电致应变和外加电场抛物线的依赖关系与理论报道的外加电场与碳纳米管表面电荷密度的依赖关系一致。碳纳米管电致伸缩的理论预测得到了实验证实，利用相应的物理机制以及力电耦合行为将使碳纳米管在微纳米机电系统中具有更为广阔的应用前景。

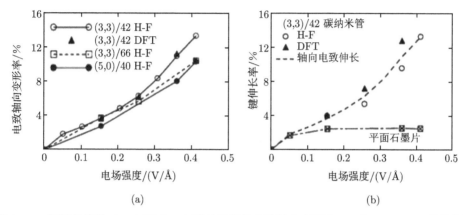

图 3.1.4　不同长度的 (3, 3) 和 (5, 0) 碳纳米管的电致轴向变形率 (a) 与 (3, 3)/42 碳纳米管和由其展开的平面石墨片的电致碳碳键伸长率 (b)[29]

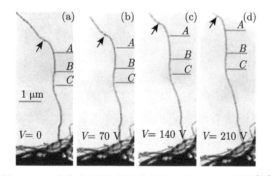

图 3.1.5　直流电压致碳纳米管变形的 TEM 图像[32]

3.1.2　石墨烯的力学性能与力电耦合

石墨烯是由 sp^2 杂化碳原子形成的二维蜂窝状碳材料，具有优异的力学、热学、电学、磁学、光学和化学特性，在微纳功能器件等领域具有巨大的应用潜力。由于碳碳键是世界上最强的共价键之一，人们对石墨烯的力学行为开展了广泛的实验和理论研究。Lee 等[35] 通过原子力显微镜 (atomic force microscope, AFM) 中纳米压痕的方法对自由悬浮的单层石墨烯薄膜的弹性特性和固有破坏强度进行了测量 (图 3.1.6)，他们发现单层石墨烯薄膜的破坏强度为 42N/m，杨氏模量为 1.0TPa。

当石墨烯片悬浮在二氧化硅基底的沟道上时,Frank 等[36] 使用同样的方法测得石墨烯片的杨氏模量为 0.5TPa。使用实验手段预测石墨烯的力学响应不仅过程复杂,而且代价较高,所以人们借助于多尺度物理力学方法,比如连续介质力学建模和原子模拟的方法,对石墨烯材料的力学性能进行了深入的研究。Behfar 等[37] 使用几何分析法研究多层石墨烯片的弯曲模量,指出其弯曲模量与石墨烯片长度无关。基于固态碳碳键的经验势,Lu 等[38] 揭示了石墨烯薄膜具有非零弯曲刚度的原因:一方面是键角作用,另一方面是与二面角有关的键序项。Gao 和 Hao[39] 使用量子力学和量子分子动力学方法分别对受拉和受压的扶手椅型以及锯齿型石墨烯纳米带的力学特性进行了研究,发现扶手椅型以及锯齿型石墨烯纳米带具有不同的力学行为但有相似的破坏机制。Bu 等[40] 通过分子动力学模拟发现受拉石墨烯纳米带表现为非线性弹性。Ni 等[41] 发现石墨烯片沿不同方向加载时会表现出各向异性的力学特性,这是由石墨烯单胞的六边形结构所造成的。Scarpa 等[42] 则基于多孔材料力学理论和桁架模型对单层石墨烯片的面内线弹性进行研究,他们发现单层石墨烯片在切应力作用下,具有负泊松比。利用优异的力学特性,比如强度高、刚度大,石墨烯材料有望应用于复合增强材料、纳米振荡器、纳米力电开关等方面。尽管石墨烯是目前发现的强度最高的二维材料之一,但是石墨烯在合成和生长的过程中不可避免地会产生缺陷和晶界,这将显著地影响其力学强度和行为。人们发现石墨烯片的抗拉强度和破坏过程与其缺陷的几何形态、缺陷数量以及缺陷具有的能量有关[43,44]。Zhang 等[45] 使用连续场理论和原子尺度计算研究了 Stone-Wales 缺陷和双空位缺陷对石墨烯力学特性的影响,他们发现一个缺陷的能量等于两个全同的缺陷合并生成一个缺陷时对应的反应能的一半。Grantab 等[46] 使用第一性原理计算和分子动力学模拟的方法研究含缺陷石墨烯片的抗拉强度,结果表明含较多缺陷且具有大角度倾斜边界的石墨烯片的抗拉强度与无缺陷石墨烯片的强度相当,并且强度高于含较少缺陷的具有小角度倾斜边界的石墨烯片对应的强度(图 3.1.7),这种反常的石墨烯强度特性是由七边碳环受拉过程中的结构变化和碳键失效造成的。可以看出,在原子尺度,考虑电子影响和量子效应的量子力学方法以及分子动力学等原子模拟方法已成为研究石墨烯材料力学性质重要的手段和途径。

改变和控制石墨烯材料的物理力学性能对于其实际应用具有重要的意义。外加电场会对少数层石墨烯的电子能带结构产生显著影响,使其从半金属转变为半导体。Guo 等[47] 通过密度泛函第一性原理计算发现外加电场诱导的双层石墨烯的能级间隙对力学载荷导致的层间距离变化十分敏感,很小的层间距离变化会改变双层石墨烯的能带结构,并引起显著的能隙变化(变化范围可达 50%),这揭示了利用力电耦合调控石墨烯电学性能的原理和机制(图 3.1.8)。通过第一性原理计算还发现在层间力学变形和外加横向电场的共同作用下,具有边界反铁磁性的双层

锯齿型 (zigzag) 石墨烯纳米带, 会发生半导体–半金属–金属的转变, 这是由力学载荷和电场所引起的层间电荷转移所导致的, 力电耦合使双层锯齿型石墨烯纳米带出现更为丰富的电磁性质变化[48]。石墨烯纳米带的边界原子一般会与基底发生较强的相互作用, 并可能会导致新的物理现象。最近的研究发现吸附锯齿型石墨烯纳米带的 SiO_2 基底由于表面氧氧键被碳原子破坏而呈现出反铁磁的基态, 而基底的拉伸和压缩变形会使 SiO_2 基底的表面氧原子与石墨烯边界碳原子成键, 并使整个体系发生反铁磁向铁磁性的转变[49]。力电耦合可有效地调控石墨烯的电学和力学性能, 相应的力电耦合原理可用于设计和发展基于石墨烯材料的纳机电系统。

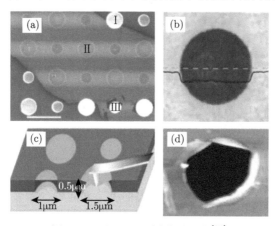

图 3.1.6　悬浮石墨烯薄膜图像[35]

(a) 石墨烯薄膜在圆形孔洞表面的扫描电子显微镜图像, 孔的直径为 1μm 和 1.5μm; (b) 石墨烯薄膜在一个直径为 1.5mm 的孔洞表面的 AFM 图像; (c) 悬浮石墨烯薄膜纳米压痕原理图; (d) 破裂石墨烯薄膜的 AFM 图像

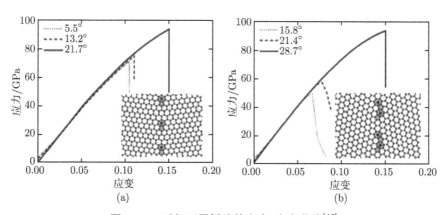

图 3.1.7　受拉石墨烯片的应力–应变曲线[46]

(a) 锯齿型和 (b) 扶手椅型石墨烯, 受拉方向垂直于晶界

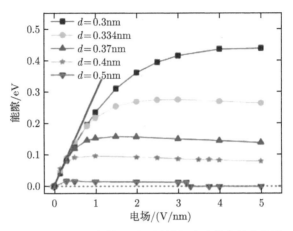

图 3.1.8　不同层间距离的双层石墨烯能隙随外电场变化情况[47]

3.2　石墨烯与六方氮化硼表面和界面结构性能调控

3.2.1　石墨烯表面结构与性能调控

低维材料的表面和界面性能一直是人们关注和研究的热点，如何有效地调控低维材料的结构和性能对于其实际应用有着重要意义。在机械剥离[50]、化学气相沉积[51] 和 SiC 外延生长[52,53] 等方法制备石墨烯过程中，由于石墨烯抗弯刚度较小，基底应力作用很容易使其发生起皱等结构变形。褶皱将会改变石墨烯的电子结构、量子输运性能和热传导性能[54-56] 进而影响其在功能器件和纳机电系统中的应用。另外，利用褶皱所引起的结构性能变化又会导致新的应用，例如，基于褶皱石墨烯的柔性电子传感器[57]、利用褶皱制备边缘有序石墨烯纳米带[58] 等。如何有效地改变和控制石墨烯褶皱的结构与形态是利用石墨烯褶皱设计和发展功能器件与装置的关键所在。之前的实验工作发现可以直接利用原子力显微镜的针尖对石墨烯褶皱形貌和位置进行调控[53,54]；利用制备石墨烯材料过程中基底的热应力作用，可获得可控的周期性大面积石墨烯褶皱结构 (图 3.2.1)[59-61]。在基于石墨烯材料纳机电系统和功能器件的实际工作过程中，温度变化很难避免，而温度将会影响石墨烯的结构、形状及其工作状态。Guo 等[62] 使用非平衡分子动力学方法研究了石墨烯褶皱的热驱运动行为，发现在温度梯度作用下单个石墨烯褶皱会以恒定的加速度从高温端向低温端运动 (图 3.2.2 (a))，并且随着温度梯度的增大，加速度线性增加 (图 3.2.2 (b))，这种石墨烯褶皱热驱运动的驱动力源于褶皱前部具有更低的自由能。在电场作用下，石墨烯复合薄膜[63-66]、氧化石墨烯[67]、单层石墨烯片[68] 以及石墨烯带[69] 具有良好的场发射特性，具体表现为低阈场、高发射密度、良好的发射稳定性。石墨烯边缘结构和状态对提高电子发射能力和场增强因子都起到了关键性作用,然而按照特定的方式或沿着预想的方向排列石墨烯以及控制其边缘结构是困难的。最近 Ye 课题组实验研究发现,在镍纳米针尖阵列上形成的高密度氧化石墨烯凸起具有良好的电子场发射能力[70]。石墨烯抗弯刚度小,在基底应力作用或热扰动下容易形成褶皱[50-53]。Guo 等使用第一性原理计算的方法研究了电荷注入和外加电场作用下褶皱石墨烯的电子特性以及褶皱的场发射特性,他们发现随着褶皱高宽比的增大,场效应增强因子也随之提高,电子的电离势与亲和势减小,而逸出功几乎不变,改变褶皱的变形可以调节场发射性能;无论是注入正电荷还是负电荷,电荷的聚集和耗散大多发生在褶皱顶部,而在外电场作用下,逸出功大幅降低,最高占据分子轨道 (HOMO)、最低未占据分子轨道 (LUMO) 的电荷分布以及局部态密度发生显著变化 (图 3.2.3)[71]。利用石墨烯褶皱在力、电、热等外场作用下所引起的结构和电性变化可为设计新型的能量转换器件和场发射器件提供新的思路。

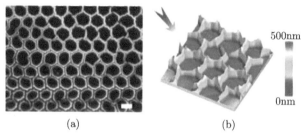

(a)   (b)

图 3.2.1 生长于石墨薄膜上的大面积周期性六边形褶皱的光学图像
(a) 和 AFM 图像 (b)[61]

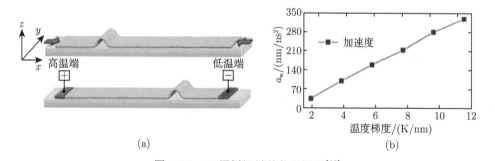

(a)   (b)

图 3.2.2 石墨烯褶皱的热驱运动[62]

(a) 由压缩载荷产生的石墨烯褶皱在温度梯度作用下由高温端向低温端运动; (b) 石墨烯褶皱热驱运动的
加速度随温度梯度增大线性增加

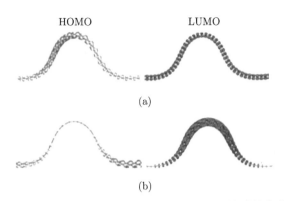

图 3.2.3 石墨烯褶皱最高占据分子轨道和最低未占据分子轨道的电荷密度等值面[71]

(a) 无外加电场; (b) 外加 1V/nm 电场

    石墨烯材料可作为纳米涂层对基底进行保护，防止基底被氧化和腐蚀[72-74]。当在基底表面生长石墨烯或通过机械剥离方法将石墨烯放置于基底之上时，石墨烯和基底之间往往会产生物理化学耦合作用，这不仅会影响石墨烯自身的性质和功能[50,51,75,76]，而且还会改变基底的表面特性。近年来，人们针对包覆石墨烯固体表面的浸润特性进行了大量的实验和理论计算研究。Rafiee 等[77] 对铜、金和硅表面包覆的单层石墨烯与水的接触角进行测量，发现不同基底是否存在单层石墨烯涂层对水接触角测量值几乎没有影响，具有浸润透明性，同时他们的分子动力学模拟结果和理论计算结果证实了石墨烯的浸润透明性与其最大层数有关(图 3.2.4 (a) 和 (b))。与 Rafiee 等的研究结果所不同的是，Shih 等[78] 同样采用实验、理论模型计算和分子动力学模拟的方法对包覆单层石墨烯的固体表面的浸润性进行了研究，被测基底包括位于硅片上的经氧等离子体清洗的二氧化硅 (OP-SiO$_2$)、位于 300nm 厚的二氧化硅上的单层氯硅烷 (OTS-SiO$_2$) 和位于玻璃表面的二氧化硅纳米粒子 (silica NP)，发现对于超疏水性基底 (OTS-SiO$_2$ 和 silica NP) 和超亲水性基底 (OP-SiO$_2$)，石墨烯层并不具有浸润透明性 (图 3.2.4 (c))。

    为了进一步阐述实验和模拟结果的矛盾之处，以揭开石墨烯层对不同固体材料表面的浸润性的影响和机制，Raj 等[79] 详细测量了通过化学气相沉积方法制备的具有缺陷的石墨烯层的浸润特性，测得的动态接触角为 16° ~37°，对于铜基底，接触角测量值和石墨烯层数有关，而对于玻璃基底，石墨烯层数对接触角大小几乎没有影响。其他研究发现将含有石墨烯片的丙酮和水的混合物沉积在不同的基底上，通过调节丙酮和水的比例，可以很好地调节沉积石墨烯片与基底之间的接触角[80]。固体材料表面的浸润性与水分子和表面间的黏附作用以及水分子间的凝聚作用有关。目前，人们也广泛地使用第一性原理计算和分子动力学方法来研究石墨烯/基底体系中石墨烯对水分子的吸附作用以及水分子对石墨烯电子特性的影响[81-86]。

由于水分子中氧氢键的极化作用，外加电荷或电场将改变水分子间的相互作用及其排布，Guo 等[87] 利用第一性原理计算方法研究了石墨烯覆盖的带电基底上水分子的吸附性能和行为，发现对于注入正电荷的铜基底，水分子与石墨烯/铜基底体系之间的黏附能下降，而注入负电荷时则相反，这意味着不同的电荷注入改变了材料表面的浸润性，而对于石墨烯覆盖的云母基底，无论注入何种电荷，水分子的黏附能均降低；对于没有石墨烯覆盖的基底，水分子与表面的黏附能在电荷注入情况下变化更为剧烈，这说明石墨烯减弱了水分子和基底之间的相互作用而起到了钝化层的效果。

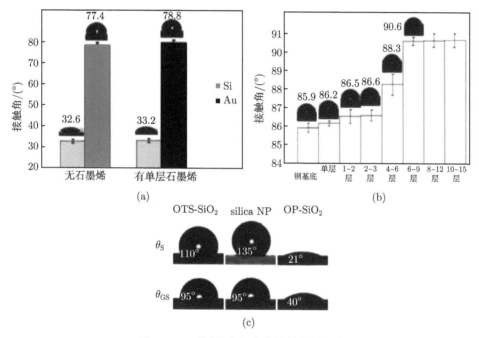

图 3.2.4　不同基底与水的接触角测量值

(a) 是 (右) 否 (左) 有单层石墨烯包覆的金和硅基底水接触角；(b) 不同层数石墨烯包覆的铜基底水接触角[77]；(c) 是 (下) 否 (上) 有单层石墨烯包覆的 OTS-SiO$_2$、silica NP 和 OP-SiO$_2$ 基底水接触角[78]

3.2.2　六方氮化硼表面与界面性能调控

作为另外一种典型的二维材料，六方氮化硼具有与石墨烯类似的六边形蜂窝状平面结构。六方氮化硼是宽带隙绝缘体[88]，具有良好的热传导性、机械性能和化学稳定性[89-91]，可应用于微纳米机电装置、功能电子器件[92,93]、绝缘衬底[94-96] 以及表面涂层[97,98] 等方面。此外，六方氮化硼也具有良好的抗氧化性能，可以作为表面保护层[99]。改变和控制六方氮化硼的物理力学性能对于其进入实际应用具有重要的意义。通过将六方氮化硼裁剪成纳米带，并在外加电场作用下，可以改变六方氮化硼的带隙[100]，从而改变六方氮化硼的电子特性。将碳原子掺杂到六方氮化硼结构中，形成碳氮化硼 (BCN) 杂化结构也可以有效地调节其带隙和导电性[101-104]。表面功能化是调控材料物理和化学性能的一种有效手段和途径。之前的理论和实验研究已经发现对六方氮化硼表面进行氢化、氟化或其吸附其他的功能团，可以有效地调节六方氮化硼的电学和磁学特性[105-108]。关于六方氮化硼与氧原子相互作用的第一性原理计算研究发现在氧吸附过程中，氧原子分别与硼氮原子成键而形成三角形共价键结构 (图 3.2.5)，并可以明显减小六方氮化硼带隙[109]，从而实现对六方氮化硼能带结构的调控。

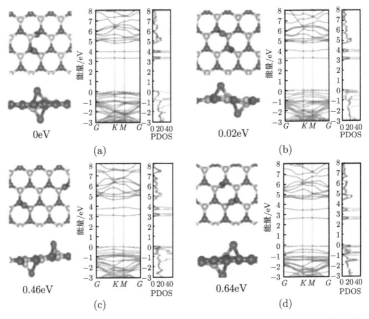

图 3.2.5　不同氧原子吸附方式的六方氮化硼优化结构 (左)、电子能带结构 (中) 和投影态密度(右)[109]

(a) 两个氧原子被同一六元环邻位吸附；(b) 两个氧原子被同一六元环对位吸附；(c) 两个氧原子被相邻六元环邻位吸附；(d) 两个氧原子被相距较远的六元环吸附

在实际应用中，六方氮化硼通常放置于不同的基底上，六方氮化硼和基底之间不可避免地会发生物理化学耦合作用，这可能影响氮化硼的电磁性质。六方氮化硼的硼氮共价键具有一定的离子性，因而电荷注入或外加电场也将改变其电子特性。Guo 等借助于第一性原理计算详细地研究了铜基底上单层六方氮化硼对氧原子的吸附作用，计算结果表明存在两种类型的稳定吸附结构：一类是氧原子与硼原子垂直成键，另一类是氧原子与硼氮原子成键。对于前者，是由于铜基底与六方氮化硼之间发生了电子迁移，从而增强硼原子对氧原子的吸附作用，并且导致六方氮化硼表现出金属性[110]。更进一步的研究发现置于金属基底上的六方氮化硼表面被臭氧分子吸附时，依据臭氧分子的密度和排布方式可以使整个体系出现铁磁、反铁磁和亚铁磁的状态[111]。位于金属基底 (比如铜基底、镍基底) 上的吸附了氧原子的单层六方氮化硼能够诱使水分子自发分解，从而使六方氮化硼表面羟基化[112]。在诸如此类的二维材料表面功能化过程中，金属基底通过层间电子转移起到了催化反应的作用，进而增强六方氮化硼对原子、分子或官能团的吸附作用。在纳尺度，现有的实验方法对表面功能化中原子分子吸附所引起的结构和电子性能变化以及基底效应往往难以进行精确的表征和测量，基于量子力学的第一性原理计算和分子动力学模拟已成为认识低维材料表面和界面性能的重要手段。

3.3 纳尺度受限空间内的分子输运和相变

虽然纳米受限空间的拓扑构型种类有很多，但从维度上看，主要可分为一维和二维受限空间两大类。其中，一维受限体系的两个平动自由度受到约束，而二维受限体系中只有一个平动自由度被约束。随着纳米科技的发展，各种人工合成的具有一维中空结构的纳米材料不断涌现，包括碳纳米管和氮化硼纳米管等，为研究一维纳米孔道中受限分子、离子的动力学行为提供了简化模型，也为人们从仿生的角度出发在人造通道中实现生物通道的快速输运等特性提供了可能。基于这些体系广泛开展受限系统的研究除了有助于揭示生物通道的结构–功能关联机制外，在新型纳米流体器件设计和高效海水脱盐过滤膜等方面也具有广阔的应用前景。二维受限空间通常由间隔距离为纳米尺度的两个固体表面构成。二维受限空间中液体的流动性、相行为等动力学特性一直是纳米摩擦学等研究领域的关注焦点。

3.3.1 碳纳米管一维通道内受限水链的输运

对纳米通道中受限流体输运特性的研究有很多潜在的意义和应用前景，包括设计新颖的流动传感器、流致生电器件和高效过滤膜等[113-115]。一般来说，经常被用来驱动流体通过纳米孔道的途径有三种：第一种，直接利用静水压推动水流穿过纳米通道[116]，这也是目前在海水淡化工业中最常采用的手段；第二种，利用通道两端溶液的浓度差不同而形成的渗透压来驱动水流动[117-120] (图 3.3.1)，该方式是生物体内水分子通过生物水通道实现跨膜输运的主要驱动方式；第三种，利用电泳驱动纳米流体的流动。这些方式都需要通道两端有一定体积的溶液池存在，用于产生驱动力。而在药物投递等纳米尺度输运的重要应用中，很难构建这样的溶液池。而且，一些应用如海水脱盐淡化的操作过程中需要将水从高盐浓度区经由半透膜输运至低浓度或纯水区，显然不适合采用渗透压或电泳等方式来驱动。因此，需要发展全新的方式和原理来实现纳米通道中分子的快速输运。

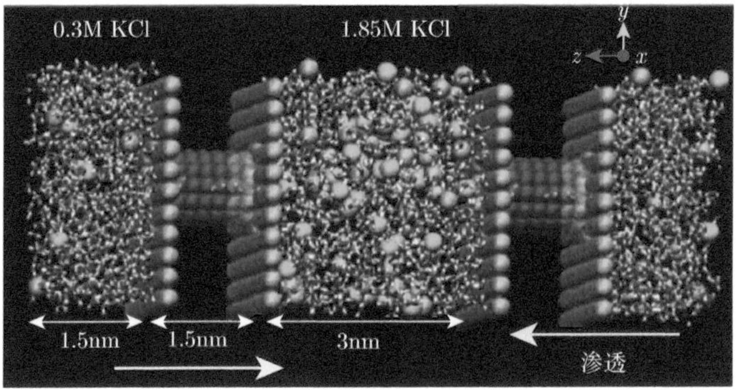

图 3.3.1　渗透压驱动水分子从低离子浓度区 (两侧) 输运至高浓度区 (中央)[117]

    Fang 等仿照生物水通道传导孔道周围带电氨基酸残基的独特排布方式在碳纳米管附近放置不对称电荷, 发现这一模型能够实现水的单向输运[121,122]。然而, Guo 等采用类似的系统所进行的分子动力学模拟中, 并没有发现类似的稳定单向流动[123]。这是因为外环境的热涨落可以轻易地克服碳管两端自由能能垒的差异, 它与不对称静电势相互博弈地主导着水分子流动的方向。同时, 由偶极取向决定的水分子之间的相互作用对水分子的传输速率有重要影响。需要指出的是, 分子动力学计算是一个统计的过程, 同样的模型在多次模拟中可能会出现各不相同的结果。通过对受限水动力学特性和传输机制的分析, 证实了仿生纳米水通道与生物水通道具有同样的双向输运特性, 而并非水泵。后来, Karttunen 等从模拟方法的角度分析认为 Fang 等发现的单向流是由模拟软件中电荷组 (charge group) 设置造成的[124]。最近, Rinne 等基于类似的模型, 只是令通道周围多个固定电荷的带电量随时间而发生周期性变化, 从而在整个空间中产生交变电场, 来驱动碳纳米管中水分子的输运。除了利用电荷以外, Guo 等提出了一种基于振动碳纳米管悬臂的高效纳米水泵 (图 3.3.2)[125]。当碳纳米管中的水分子随着纳米管振动时, 由于两者之间的摩擦力非常小, 不能提供水分子做圆周运动所需的向心力, 水分子会向碳纳米管的自由端移动, 形成连续的水流。当驱动碳纳米管振动的外力幅值增大时, 碳纳米管中水的流速也会相应增加。

    纳机电系统 (NEMS) 的概念于 20 世纪 90 年代末提出, 在近年来受到了各个学科领域的广泛关注, 是纳米科学技术发展的一个重要组成部分和研究方向。NEMS 的特征尺寸是 1∼100nm, 是以机电耦合为主要特征, 基于纳米级结构新效应的器件和系统。与微机电系统 (micro-electro-mechanical systems, MEMS) 相比, NEMS 的工作原理及表现效应都有了很大的不同。NEMS 器件在高灵敏度、小体积、低功耗

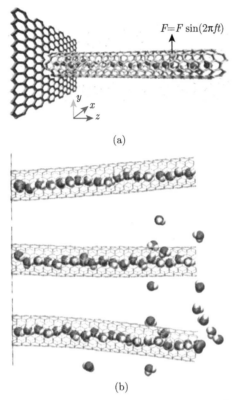

图 3.3.2　振动碳纳米管传导受限水链[125]

(a) 端部被固定、长度为 50Å 的 (6, 6) 碳纳米管悬臂。外力作用下碳纳米管产生受迫振动。碳纳米管的左端为一个固定的石墨烯片，用于将水溶液池分割成两个区域。碳纳米管中水分子的 O 和 H 分别由红色和灰色小球表示，水溶液用灰色小点示意。(b) 模拟轨迹截图显示一个水分子 (蓝色) 穿过振动碳纳米管的输运过程

等方面具有显著的优势，在传感器、DNA 监测、生物电机、纳米材料自组装等设计应用上具有十分广阔的前景。一般认为，纳米机械共振器 (NEMS resonator) 需要靠外部电源驱动并维持其运作，考虑到低功耗，自持振荡器 (self-sustaining oscillator) 的设计和发展显得尤为必要。2000 年，Cumings 和 Zettl 通过实验发现多壁碳纳米管具有自动回缩特性，且在回缩过程中受到的摩擦力极小[126]，在此基础上 Zheng 等提出了双壁碳纳米管吉赫兹振荡器[127]。然而，双壁碳管间很小的摩擦力对纳尺度这样小的系统仍然产生了显著的能耗[128]。在超低温下 (8K)，该振荡器的持续时间只有几十纳秒，当温度升高到 100K 以上时，已经很难形成规则振荡[129]。同时，双壁碳管在制备上仍存在较大的难度，这种纳振荡器的发展受到了严峻的挑战。Guo 等提出了一种仅依靠环境能量驱动的有序的振荡运动[130]。这种设计以碳

纳米管作为振荡容器, 水分子链在其中实现了高频振荡 (高达 0.2THz), 且在长时间的分子动力学模拟中 (500ns) 没有发生运动趋势衰减或停滞, 这个特性优越于以往所有的自持振荡设计。水分子与碳纳米管之间存在范德瓦耳斯相互作用形成一个沿水分子振荡轴向的 "U" 形势, 其势垒高度为 4kcal/mol (图 3.3.3)。这一 "U" 形势构成水链振荡的 "驱动源"。

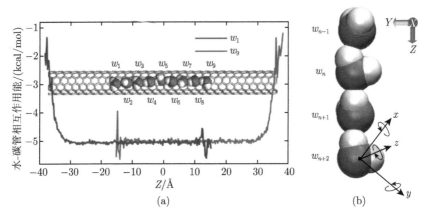

图 3.3.3 单链水分子在 (5, 5) 碳纳米管中受到的范德瓦耳斯相互作用 (a) 与水分子绕其自身转动的新坐标系示意图 (b)[130]

3.3.2 平板间二维空间内受限水的相变

众所周知, 当液体与一个壁面接触时, 附近的几个分子直径范围内的粒子会产生分层现象[131]。壁面附近的液体沿壁面垂直方向的密度分布曲线与均匀液体的径向分布函数曲线的形状很相似。尽管前者为单体分布函数, 但也可以被认为是系统中的全部粒子与一个固定在空间中、直径为无限大 (曲率为 0) 的粒子 (即壁面) 的对相关函数 (即两体分布函数)。层化结构的特征和区域大小取决于液体与壁面的相互作用[132]。液体的结构分层导致液体作用在壁面上的正应力随两个壁面之间距离的变化在排斥和吸引之间来回振荡, 其周期与粒子的直径相当[133-136]。如果壁面之间的距离超过粒子直径的 7~8 倍, 那么液体的动力学特征与一般的均匀液体的类似。这种情况下, 每个板引起的液体分层可以被认为是相互独立的, 并且液体维持其正常的流动性。而当壁面间的距离小于约 7 倍分子直径时, 层化作用会被增强, 从而使液体的黏性和分子弛豫时间发生几个数量级的急剧升高, 向固态状态转变[132]。

水是自然界中最重要的溶剂, 它的许多独特的特性来源于其较小的分子尺寸 (由一个氧原子和两个氢原子构成) 和水分子间形成的独特氢键网络结构。纳米受限也丰富了水的相图。对于体相水而言, 温度 T 和压力 p 这两个变量便可以描述其相图。而对于平板间的受限水来说，至少两个新变量的引入大大丰富了其相图：板间距与水平板相互作用。Koga 等的分子动力学模拟研究表明，两个平板间的受限水在法向加载为 1GPa、温度为 180K 下会形成双层冰结构 (图 3.3.4)[137]。这一冰的构型不同于已经存在的任何一种冰结构。如图 3.3.4 所示，与我们最常见的冰 I_h 的有褶皱的层状结构不同，所观察到的双层冰的每一层几乎都是完全平整的，即每一层水的氧原子都处于同一平面。然而，该双层冰拥有与所有冰结构相同的特征：每一个水分子与相邻的四个水分子形成氢键。

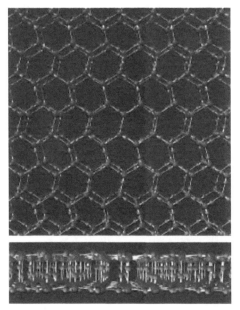

图 3.3.4　温度为 180K 时受限双层冰结构的俯视图和侧视图[137]

尽管体相水 (bulk water) 的正常凝固温度是 0℃，但是将纯净的液态水冷却至 −40℃仍然无法成冰[138]。这是因为均匀成核的高形成能阻碍了结冰所必需的稳定的种子冰核的自发形成。温度低于凝固点但仍未发生固化的水被称为超冷水 (supercooled water)。一种能促进稳定的冰核形成的途径是施加一个外电场。早在 1973 年，Pruppacher 的实验研究就发现带电表面和外电场能明显增强超冷水的成核[139]。1985 年，Svishchev 和 Kusalik 运用分子动力学模拟研究了 250K 下 V/nm 量级的电场对 TIP4P 液态水[140] 相行为的影响，发现系统在 200ps 内便发生固化[141,142]。随后，Sutmann 研究了几十 V/nm 量级的电场对体相水的影响，发现电场强度为 30 V/nm 时，模拟系统转变成一种有序的晶体状 (crystal-like) 结构[143]。这一结构中所有水分子的偶极取向几乎与电场方向一致，且水分子在一个固定的位置附近振动。Choi 等测量了扫描隧道显微镜的金针尖和金 (111) 基底间受限水在外电场作用下隧穿电导 (tunneling conductance) 的变化, 发现室温下外电场会促使受限水转变成冰[144]。这一系列结果的出现是由于受限导致了水分子平动熵的降低, 而外电场对水分子转动的限制使系统发生进一步熵减, 从而引起受限水发生冰变。对于电场作用下体相水和受限水的相行为的这些理论和实验结果形成了一个共识: 电场总是能通过重新排列水分子偶极子取向的方式促进体相水和受限水的固化。最近, Guo 等的研究发现, 外加一个垂直于平板的电场能显著改变这一受限系统的相行为[145]。当外加的垂直电场 E 大于 3.8V/nm 时, 发现单层冰融化成了液态水, 这一现象 (图 3.3.5) 被命名为电致融化 (electromelting)。外电场的存在增大了两个氧平面之间的距离, 从而导致两个平面之间的氢键网络受到破坏, 促使冰层发生融化。

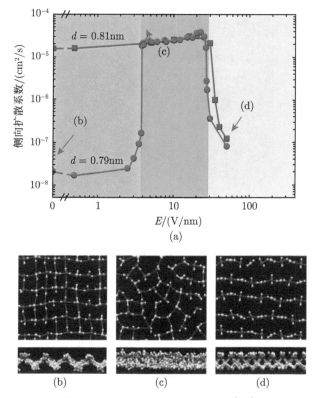

图 3.3.5　电场引起受限水的相变[145]

(a) 不同板间距 d 的模拟系统中受限水在 300K 下的侧向扩散系数随外电场的变化图, 红色和蓝色曲线分别对应于 d =0.79nm 和 0.81nm 的模拟。(b)~(d) 为受限水的三种不同相的俯视图和侧视图: (b) E= 0 的单层冰, (c)E = 5V/nm 的双层液态水, (d)E = 50V/nm 的晶体状结构。白色原子表示氢, 红色和黄色分别为上、下两个不同氧平面中的氧原子, 绿色虚线表示氢键网络到目前为止，几乎所有关于受限水的分子动力学模拟研究都是基于均匀受限这一几何构型，最典型的就是两个平行的平板。然而，在实验中，受限的区域通常都不是均匀的。比如，界面力显微镜针尖和金基底之间的水层就是半月板状的[146]，因为针尖通常是曲面的而非平面的[147-151]。此外，受限在生物体系中的水也不是均匀分布的，如抗冻蛋白内部或晶状体纤维细胞之间的薄连接区域。Guo 等用分子动力学模拟研究了非均匀受限下的水/冰的动力学特性[152]。发现水密度较低时，单层、双层和三层液相水共存 (图 3.3.6)。随着水密度的增大，共存的液相水逐渐向固态冰纳米带转变，依次从单层区域到双层区域最后再到三层区域。所有区域 (除了相邻两区域的过渡区) 的冰的氧原子都具有面内菱形对称性。与均匀受限体系相比，单层、双层和三层区域分布具有更高或更低的固化密度。这是由于在非均匀受限体系中，随着水密度的增大，水出现了从高受限区域 (单层区) 向低受限区域 (三层区) 的自发横向迁移，从而降低了高受限区域的密度，增大了低受限区域的密度。

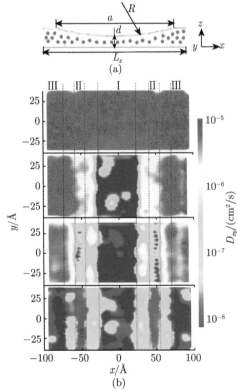

图 3.3.6   300K 下非均匀受限水的相行为[152]

(a) 模拟系统示意图；(b) 不同密度下侧向扩散系数的分布图，从上至下密度分别为 0.92g/cm^3、1.08g/cm^3、1.13g/cm^3、1.24g/cm^3，Ⅰ 至Ⅲ区域分别对应不同的水或冰相：单层、双层和三层

3.4 低维晶体电子结构的应变调控

3.4.1 低维晶体电子结构的均匀应变调控

对晶体加载应变可以改变其电子结构,通过施加应变来改善电学性质称为电子结构的应变工程。应变工程可用来提高半导体器件的载流子的迁移速率,或者提升发光器件的发光效率,Intel 公司从 90nm 晶体管开始即使用应变硅技术[153]。传统的体块半导体材料通常难以加载较大弹性应变,半导体的应变工程主要是针对薄膜的,一般利用异质基底外延生长薄膜产生非匹配应变。低维材料在一个或多个维度上为少数个原子,相比于体相材料更柔软、易于加载较大弹性应变,而且由于较低的缺陷密度可以承受更大弹性应变。对于零维结构或者称为纳米粒子,Qian 等理论研究发现,机械应变可以显著改变球形金纳米粒子的光学性质[154]。以碳管和硅纳米线为代表的一维结构的应变调控也受到广泛关注。Yang 等通过紧束缚近似研究了不同手性的碳管在拉伸、压缩、扭转和弯曲变形下的能隙变化,有趣的是,他们发现能隙随轴线应变的锯齿形改变趋势[155];Cai 等的实验研究发现,静水压对碳纳米管束在高磁场区域造成正磁阻–负磁阻的转变[156];Zhang 等通过紧束缚理论研究了单壁碳管磁化率在轴线和扭转应变下的变化规律[157];Shiri 等计算了 [100] 和 [110] 向的硅纳米线能隙值的改变及直接–间接能隙转变[158]。

二维晶体在厚度方向仅为单个或少数个原子层,在面内周期性无限延展。其更小的面内的绝对刚度使其易于加载应变,而二维结构亦有利于器件构造。对二维晶体加载应变的方式有多种,较早的报道如使用原子力显微镜的探针按压石墨烯[159],该方法亦确定了石墨烯的高刚度和强度;由于二维晶体与基底表面有强的黏附作用,Ni 等通过弯曲弹性基底对石墨烯施加了单轴拉伸或压缩应变[160];甚至 Hui 等则利用压电效应通过压电基底给二维材料加载面内应变[161]。石墨烯是研究最早、最为热门的二维晶体,它具有六方蜂窝状晶格,厚度方向仅为一个碳原子。石墨烯在费米面处能带具有线性的色散关系,因此具有零等效质量和超高的载流子迁移率。然而,零能隙特性使石墨烯不利于作为逻辑器件应用,学者们期望通过施加应变打开其能隙。理论研究曾报道,石墨烯的线性能带在较高各向异性应变 (12.2%) 时可以打开能隙[162]。然而实验上难以加载如此高的应变,未曾观测到石墨烯通过应变打开的能隙。

单层二硫化钼具有六方蜂窝状晶格,晶格中包含两个子晶格位置,位于厚度方向中间的 A 位置处为一个钼原子,位于厚度两侧的 B 位置处为两个硫原子。体相二硫化钼是通过长程范德瓦耳斯力作用堆叠而成的间接能隙半导体,常用作润滑材料。Mak 等实验测试发现,当少数层二硫化钼随层数减少时 (6~1 层),原本较小的间接能隙随层数减少而变大,在单层条件下,间接能隙大于直接能隙,形成了间接–直接能隙的转变[163]。作为典型的二维半导体,单层二硫化钼电子结构的应变调控受到广泛关注。Hui 等构建了如图 3.4.1 所示的基于压电基底的二维晶体应变加载台,实验结合理论计算研究了少数层二硫化钼光致发光谱的应变调控[161]。化学气相沉积法制备的大面积三层二硫化钼晶体被转移至压电基底表面;压电基底下方使用金作为底电极,二硫化钼表面覆盖一层石墨烯作为顶电极;由于压电效应,顶电极和底电极之间的偏压在压电基底中产生一个双轴压缩应变,并且传递至二硫化钼。在该器件中石墨烯顶电极既起到了导电,也起到了透过光谱和拉曼信号的作用。X 射线衍射测量发现,该压电基底在偏压达到 500V 时 (10kV/cm),面内压缩应变约为 0.2%。三层二硫化钼观测到体相的 4 个拉曼活性模式中的 $E_{2g}^1(382.4\mathrm{cm}^{-1})$ 和 $A_{1g}(405.4\mathrm{cm}^{-1})$ 模态 (图 3.4.1(b))。加载压缩应变时,两个模态的频率都蓝移,在应变为 0.2% 时,E_{2g}^1 和 A_{1g} 分别移动了约 $3\mathrm{cm}^{-1}$ 和 $2\mathrm{cm}^{-1}$。密度泛函原理计算也验证,拉曼偏移在 0~0.6% 压缩应变范围内随压缩应变蓝移。光致发光谱显示加载压缩应变时发光峰线性地蓝移,在 0.2% 应变时蓝移值约为 60meV,波长改变约 20nm。同时发光光谱强度增大约 200%,半带宽减小了 40%。他们通过密度泛

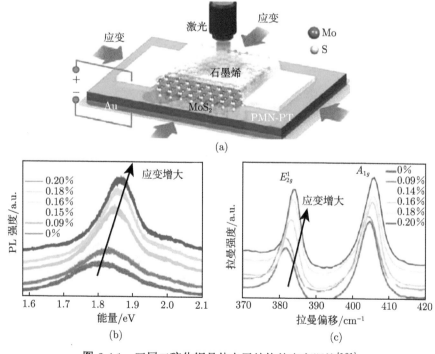

图 3.4.1 三层二硫化钼晶体电子结构的应变调控[161]

(a) 压电基底应变加载及光致发光测试示意图;(b) 双轴压缩应变条件下的光致发光谱;(c) 双轴压缩应变条件下的拉曼光谱

函原理计算电子能，解释光致发光谱的应变调控。三层二硫化钼在零应变时为间接带隙半导体，导带底位于 K 点，价带顶位于 Γ 点，导带底与价带顶决定了整个体系具有间接能隙 1.415eV；价带的另一局部最高值在 K 点，决定了 K 点的直接能隙为 1.65eV。当压缩应变增大时，K 点的导带底和价带顶的能量都上移，其中价带顶的移动更显著，导致直接能隙增大。在 0.2% 压缩应变时，直接能隙和间接能隙分别增大 18meV 和 36meV。K 点的导带底是由钼原子的 $d_{xy} - d_{x^2-y^2}$、d_{z^2} 态贡献，具有反键态特征，随面内压缩应变能级上升；Γ 点的价带顶由钼原子的 d_{z^2} 态和硫原子的 p_z 态贡献，呈反键态，面内压缩应变使钼硫键在垂直方向将发生伸长，其能级下降。

　　单层黑磷是具有褶皱的蜂窝状晶格的单原子厚磷晶体，区别于单层石墨，少数层黑磷是具有能隙的半导体，其载流子迁移率为 $3900cm^2/(V \cdot s)$，低于单层石墨但高于二硫化钼，Li 等将少数层黑磷用作场效应晶体管材料[164,165]。黑磷电子结构的应变调控受到大量关注：Rodin 等通过理论研究报道了单层黑磷可以通过法线应变调控能隙大小及半导体–金属转变[166]；Fei 等的第一性原理计算研究发现应变可以改变黑磷的各向异性导电率，即面内两个晶格方向在不同应变下易于导电的方向改变[167]；Peng 等计算研究了面内应变导致的单层黑磷直接–间接能隙的转变及其机制[168]；Jiang 等通过紧束缚近似系统地研究了单层黑磷在不同类型应变下能隙的变化规律及最有效能隙调控的应变组合[169]。

　　应变调控不仅影响二维晶体的本征电子结构，也可以直接改变电子器件的性能。Wu 等在少数层黑磷中实现了法线应变对于电流伏安曲线的直接调控[170]。如图 3.4.2 所示，少数层黑磷置于金基底和原子力显微镜金探针之间，通过按压针尖，与针尖接触的黑磷产生了法线的压缩应变。在小应变情况下，电流伏安曲线具有非线性特征，反映了黑磷与金属电极之间的肖特基结；当应变增大时，电流伏安曲线逐渐变成线性，说明黑磷与电极的接触由肖特基型变为欧姆型。第一性原理电子结构计算揭示其中的机理为法线压缩应变减小了电子能隙，使得肖特基势垒不断降低。

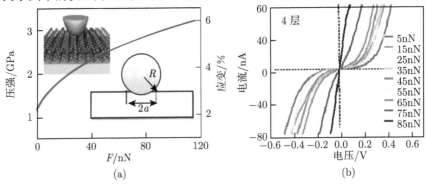

(a)　　　　　　　　　　　　　　　　　　　(b)

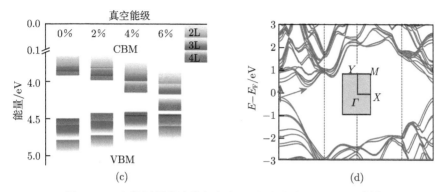

图 3.4.2　少数层黑磷法线方向电压–电流曲线的应变调控[170]

(a) 原子力显微镜针尖按压施加法线力–压强曲线；(b)4 层黑磷在不同法线压缩力下的电压–电流曲线；

(c) 法线压缩应变条件下少数层黑磷价带顶与导带底的密度泛函计算值；(d) 3 层黑磷在 0 应变 (蓝色实
线) 与 4%法线压缩应变 (红色实线) 条件的电子能带

3.4.2　二维晶体磁性的应变调控

　　由于自旋交换能的大小依赖于晶格间距，应变工程还可能调控磁性。Ma 等的
密度泛函计算研究发现单层二硒化钒和二硫化钒在 −5%～5% 的各向同性面内应变
时一直为铁磁态，自旋极化率随拉伸应变增强[171]；Zhou 等的计算研究认为单层二
硒化铌和二硫化铌在应变自由时为非磁态，在加载拉伸应变后变为铁磁态[172]。Xu
等则通过密度泛函原理计算研究了该类二维晶体的应变致铁磁–反铁磁转变[173]。
他们计算中采用二硒化铌的 4×4 超胞，并考虑了一个新的反铁磁分布：第一、二
行铌原子为自旋向上，第三、四行为自旋向下。图 3.4.3 给出了各个磁性态的能量
差随应变的变化曲线。在无应变时，反铁磁态的能量最低；当双轴拉伸应变增大但
小于 4% 时，反铁磁态依旧稳定；在应变进一步增大时铁磁态变得更稳定，这意味
着应变导致了反铁磁态向铁磁态的转变。反铁磁态在各行金属原子上的磁性分布
是不均匀的，在无应变状态，第二、四行金属原子磁矩较大 $(\pm0.37\mu_B)$，第一、三行
金属原子磁矩较小 $(\pm0.13\mu_B)$。当应变为 7% 时，较大的磁矩增至 $\pm0.61\mu_B$，而较
小磁矩仅略微变化。对于铁磁态，无应变时没有自旋极化，应变为 7% 时，其磁矩
增大至每原子 $0.63\mu_B$。通常认为拉伸应变增大了铌硒原子间的离子作用，降低了
共价作用，从而增大了自旋极化。自旋极化的电子态密度分析指出二硒化铌的铁磁
态具有双交换的起源，而反铁磁态是通过超交换稳定的。当应变增大时，具有较大
磁矩的铌原子自旋极化增强，而较低磁矩的铌原子极化几乎不变，解释了为何在应
变超过 4% 时，铁磁态变得更加稳定。

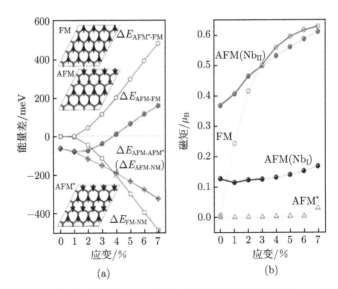

图 3.4.3　密度泛函理论计算所得单层二硒化铌不同磁性态的能量差和 Nb 原子的磁矩关于
双轴拉伸应变的变化关系[173]

(a) 中插图显示不同磁性态磁矩的排列方式; (b) 中实线表示基态磁性, 虚线表示亚稳态磁性

参 考 文 献

[1]　Hernandez E, Goze C, Bernier P, et al. Elastic properties of C and $B_xC_yN_z$ composite nanotubes. Physical Review Letters, 1998, 80(20): 4502-4505.

[2]　Kelly B T. Physics of Graphite. Lonon and New Jersey: Applied Science Publishers, 1981: 114-116.

[3]　Lu J P. Elastic properties of carbon nanotubes and nanoropes. Physical Review Letters, 1997, 79(7): 1297-1300.

[4]　Yakobson B. Mechanical relaxation and "intramolecular plasticity" in carbon nanotubes. Applied Physics Letters, 1998, 72(8): 918-920.

[5]　Zhang P H, Lammert P E, Crespi V H. Plastic deformations of carbon nanotubes. Physical Review Letters, 1998, 81(24): 5346-5349.

[6]　Zhao Q Z, Nardelli M B, Bernholc J. Ultimate strength of carbon nanotubes: A theoretical study. Physical Review B, 2002, 65(14): 144105.

[7]　Walters D, Ericson L, Casavant M, et al. Elastic strain of freely suspended single-wall carbon nanotube ropes. Applied Physics Letters, 1999, 74(25): 3803-3805.

[8]　Yu M F, Files B S, Arepalli S, et al. Tensile loading of ropes of single wall carbon nanotubes and their mechanical properties. Physical Review Letters, 2000, 84(24): 5552-5555.

[9] Nardelli M B, Yakobson B I, Bernholc J. Mechanism of strain release in carbon nanotubes. Physical Review B, 1998, 57(8): R4277-R4280.

[10] Nardelli M B, Yakobson B I, Bernholc J. Brittle and ductile behavior in carbon nanotubes. Physical Review Letters, 1998, 81(21): 4656-4659.

[11] Huang J Y, Chen S, Wang Z Q, et al. Superplastic carbon nanotubes. Nature, 2006, 439(7074): 281.

[12] Huang J Y, Chen S, Ren Z F, et al. Enhanced ductile behavior of tensile-elongated individual double-walled and triple-walled carbon nanotubes at high temperatures. Physical Review Letters, 2007, 98(18): 185501.

[13] Huang J Y, Chen S, Ren Z F, et al. Kink formation and motion in carbon nanotubes at high temperatures. Physical Review Letters, 2006, 97(7): 075501.

[14] Ding F, Jiao K, Wu M Q, et al. Pseudoclimb and dislocation dynamics in superplastic nanotubes. Physical Review Letters, 2007, 98(7): 075503.

[15] Tang C, Guo W L, Chen C F. Mechanism for superelongation of carbon nanotubes at high temperatures. Physical Review Letters, 2008, 100(17): 175501.

[16] Lee Y H L, Kim S G, Tománek D. Field-induced unraveling of carbon nanotubes. Chemical Physics Letters, 1997, 265(6): 667-672.

[17] Keblinski P, Nayak S K, Zapol P, et al. Charge distribution and stability of charged carbon nanotubes. Physical Review Letters, 2002, 89(25): 255503.

[18] Luo J, Wu J L. Effect of charge on the stability of single-walled carbon nanotubes. Science in China Series G: Physics, Mechanics and Astronomy, 2004, 47(6): 685-693.

[19] Li C, Chou T W. Theoretical studies on the charge-induced failure of single-walled carbon nanotubes. Carbon, 2007, 45(5): 922-930.

[20] Guo Y F, Guo W L. Mechanical and electrostatic properties of carbon nanotubes under tensile loading and electric field. Journal of Physics D: Applied Physics, 2003, 36(7): 805-811.

[21] Collins P G, Arnold M S, Avouris P. Engineering carbon nanotubes and nanotube circuits using electrical breakdown. Science, 2001, 292(5517): 706-709.

[22] Bonard J M, Klinke C, Dean K A, et al. Degradation and failure of carbon nanotube field emitters. Physical Review B, 2003, 67(11): 115406.

[23] De Pablo P, Howell S, Crittenden S, et al. Correlating the location of structural defects with the electrical failure of multiwalled carbon nanotubes. Applied Physics Letters, 1999, 75(25): 3941-3943.

[24] Rueckes T, Kim K, Joselevich E, et al. Carbon nanotube-based nonvolatile random access memory for molecular computing. Science, 2000, 289(5476): 94-97.

[25] Zhou G, Duan W H, Gu B L. Electronic structure and field-emission characteristics of open-ended single-walled carbon nanotubes. Physical Review Letters, 2001, 87(9): 095504.

[26] Hansson A, Paulsson M, Stafström S. Effect of bending and vacancies on the conductance of carbon nanotubes. Physical Review B, 2000, 62(11): 7639-7644.

[27] Nardelli M B, Bernholc J. Mechanical deformations and coherent transport in carbon nanotubes. Physical Review B, 1999, 60(24): R16338-R16341.

[28] Tekleab D, Carroll D, Samsonidze G, et al. Strain-induced electronic property heterogeneity of a carbon nanotube. Physical Review B, 2001, 64(3): 035419.

[29] Guo W L, Guo Y F. Giant axial electrostrictive deformation in carbon nanotubes. Physical Review Letters, 2003, 91(11): 115501.

[30] Guo W L, Guo Y F. The coupled effects of mechanical deformation and electronic properties in carbon nanotubes. Acta Mechanica Sinica, 2004, 20(2): 192-198.

[31] Tang C, Guo W L, Guo Y F. Electrostrictive effect on electronic structures of carbon nanotubes. Applied Physics Letters, 2006, 88(24): 243112.

[32] Wang Z L, Gao R P, Poncharal P, et al. Mechanical and electrostatic properties of carbon nanotubes and nanowires. Materials Science and Engineering: C, 2001, 16(1): 3-10.

[33] Jagtap P, Gowda P, Das B, et al. Effect of electro-mechanical coupling on actuation behavior of a carbon nanotube cellular structure. Carbon, 2013, 60: 169-174.

[34] Gowda P, Kumar P, Tripathi R, et al. Electric field induced ultra-high actuation in a bulk carbon nanotube structure. Carbon, 2014, 67: 546-553.

[35] Lee C G, Wei X D, Kysar J W, et al. Measurement of the elastic properties and intrinsic strength of monolayer graphene. Science, 2008, 321(5887): 385-388.

[36] Frank I, Tanenbaum D M, van der Zande A, et al. Mechanical properties of suspended graphene sheets. Journal of Vacuum Science & Technology B, 2007, 25(6): 2558-2561.

[37] Behfar K, Seifi P, Naghdabadi R, et al. An analytical approach to determination of bending modulus of a multi-layered graphene sheet. Thin Solid Films, 2006, 496(2): 475-480.

[38] Lu Q, Arroyo M, Huang R. Elastic bending modulus of monolayer graphene. Journal of Physics D: Applied Physics, 2009, 42(10): 102002(1-6).

[39] Gao Y W, Hao P. Mechanical properties of monolayer graphene under tensile and compressive loading. Physica E: Low-dimensional Systems and Nanostructures, 2009, 41(8): 1561-1566.

[40] Bu H, Chen Y F, Zou M, et al. Atomistic simulations of mechanical properties of graphene nanoribbons. Physics Letters A, 2009, 373(37): 3359-3362.

[41] Ni Z H, Bu H, Zou M, et al. Anisotropic mechanical properties of graphene sheets from molecular dynamics. Physica B: Condensed Matter, 2010, 405(5): 1301-1306.

[42] Scarpa F, Adhikari S, Phani A S. Effective elastic mechanical properties of single layer graphene sheets. Nanotechnology, 2009, 20(6): 065709.

[43] Xiao J R, Staniszewski J, Gillespie J W Jr. Fracture and progressive failure of defective graphene sheets and carbon nanotubes. Composite Structures, 2009, 88(4): 602-609.

[44] Xiao J R, Staniszewski J, Gillespie J W Jr. Tensile behaviors of graphene sheets and carbon nanotubes with multiple Stone-Wales defects. Materials Science and Engineering: A, 2010, 527(3): 715-723.

[45] Zhang X, Jiao K, Sharma P, et al. An atomistic and non-classical continuum field theoretic perspective of elastic interactions between defects (force dipoles) of various symmetries and application to graphene. Journal of the Mechanics and Physics of Solids, 2006, 54(11): 2304-2329.

[46] Grantab R, Shenoy V B, Ruoff R S. Anomalous strength characteristics of tilt grain boundaries in graphene. Science, 2010, 330(6006): 946-948.

[47] Guo Y F, Guo W L, Chen C F. Tuning field-induced energy gap of bilayer graphene via interlayer spacing. Applied Physics Letters, 2008, 92(24): 243101.

[48] Guo Y F, Guo W L, Chen C F. Semiconducting to half-metallic to metallic transition on spin-resolved zigzag bilayer graphene nanoribbons. The Journal of Physical Chemistry C, 2010, 114(30): 13098-13105.

[49] Guo Y F , Guo W L. Mechanically tunable magnetism on graphene nanoribbon adsorbed SiO_2 surface. Journal of Applied Physics, 2012, 111(7): 074317(1-6).

[50] Xu K, Cao P G, Heath J R. Scanning tunneling microscopy characterization of the electrical properties of wrinkles in exfoliated graphene monolayers. Nano Letters, 2009, 9(12): 4446-4451.

[51] Li X S, Cai W W, An J, et al. Large-area synthesis of high-quality and uniform graphene films on copper foils. Science, 2009, 324(5932): 1312-1314.

[52] Prakash G, Capano M A, Bolen M L, et al. AFM study of ridges in few-layer epitaxial graphene grown on the carbon-face of 4H-SiC. Carbon, 2010, 48(9): 2383-2393.

[53] Sun G, Jia J, Xue Q, et al. Atomic-scale imaging and manipulation of ridges on epitaxial graphene on 6H-SiC (0001). Nanotechnology, 2009, 20(35): 355701.

[54] Barboza A P M, Chacham H, Oliveira C K, et al. Dynamic negative compressibility of few-layer graphene, h-BN, and MoS_2. Nano Letters, 2012, 12(5): 2313-2317.

[55] Kim K, Lee Z, Malone B D, et al. Multiply folded graphene. Physical Review B, 2011, 83(24): 245433.

[56] Zhu W J, Low T, Perebeinos V, et al. Structure and electronic transport in graphene wrinkles. Nano Letters, 2012, 12(7): 3431-3436.

[57] Wang Y, Yang R, Shi Z W, et al. Super-elastic graphene ripples for flexible strain sensors. ACS Nano, 2011, 5(5): 3645-3650.

[58] Pan Z H, Liu N, Fu L, et al. Wrinkle engineering: A new approach to massive graphene nanoribbon arrays. Journal of the American Chemical Society, 2011, 133(44): 17578-17581.

[59] Bao W Z, Miao F, Chen Z, et al. Controlled ripple texturing of suspended graphene and ultrathin graphite membranes. Nature Nanotechnology, 2009, 4(9): 562-566.

[60] Li Z J, Cheng Z G, Wang R, et al. Spontaneous formation of nanostructures in graphene. Nano Letters, 2009, 9(10): 3599-3602.

[61] Liu Y P, Guo Y F, Sonam S, et al. Large-area, periodic, hexagonal wrinkles on nanocrystalline graphitic film. Advanced Functional Materials, 2015, 25(34): 5492-5503.

[62] Guo Y F, Guo W L. Soliton-like thermophoresis of graphene wrinkles. Nanoscale, 2013, 5(1): 318-323.

[63] Baby T T, Ramaprabhu S. Cold field emission from hydrogen exfoliated graphene composites. Applied Physics Letters, 2011, 98(18): 183111.

[64] Eda G, Unalan H E, Rupesinghe N, et al. Field emission from graphene based composite thin films. Applied Physics Letters, 2008, 93(23): 233502.

[65] Uppireddi K, Rao C V, Ishikawa Y, et al. Temporal field emission current stability and fluctuations from graphene films. Applied Physics Letters, 2010, 97(6): 062106.

[66] Wu Z S, Pei S F, Ren W C, et al. Field emission of single-layer graphene films prepared by electrophoretic deposition. Advanced Materials, 2009, 21(17): 1756-1760.

[67] Yamaguchi H, Murakami K, Eda G, et al. Field emission from atomically thin edges of reduced graphene oxide. ACS Nano, 2011, 5(6): 4945-4952.

[68] Xiao Z M, She J C, Deng S Z, et al. Field electron emission characteristics and physical mechanism of individual single-layer graphene. ACS Nano, 2010, 4(11): 6332-6336.

[69] Wei X L, Bando Y, Golberg D. Electron emission from individual graphene nanoribbons driven by internal electric field. ACS Nano, 2011, 6(1): 705-711.

[70] Ye D, Moussa S, Ferguson J D, et al. Highly efficient electron field emission from graphene oxide sheets supported by nickel nanotip arrays. Nano Letters, 2012, 12(3): 1265-1268.

[71] Guo Y F, Guo W L. Electronic and field emission properties of wrinkled graphene. The Journal of Physical Chemistry C, 2012, 117(1): 692-696.

[72] Chen S S, Brown L, Levendorf M, et al. Oxidation resistance of graphene-coated Cu and Cu/Ni alloy. ACS Nano, 2011, 5(2): 1321-1327.

[73] Prasai D, Tuberquia J C, Harl R R, et al. Graphene: Corrosion-inhibiting coating. ACS Nano, 2012, 6(2): 1102-1108.

[74] Sutter E, Albrecht P, Camino F E, et al. Monolayer graphene as ultimate chemical passivation layer for arbitrarily shaped metal surfaces. Carbon, 2010, 48(15): 4414-4420.

[75] Guo Y F, Guo W L, Chen C F. Bias voltage induced n- to p-type transition in epitaxial bilayer graphene on SiC. Physical Review B, 2009, 80(8): 085424.

[76] Seol J H, Jo I, Moore A L, et al. Two-dimensional phonon transport in supported graphene. Science, 2010, 328(5975): 213-216.

[77] Rafiee J, Mi X, Gullapalli H, et al. Wetting transparency of graphene. Nature Materials, 2012, 11(3): 217-222.

[78] Shih C J, Wang Q H, Lin S, et al. Breakdown in the wetting transparency of graphene. Physical Review Letters, 2012, 109(17): 176101.

[79] Raj R, Maroo S C, Wang E N. Wettability of graphene. Nano Letters, 2013, 13(4): 1509-1515.

[80] Rafiee J, Rafiee M A, Yu Z Z, et al. Superhydrophobic to superhydrophilic wetting control in graphene films. Advanced Materials, 2010, 22(19): 2151-2154.

[81] Gordillo M, Marti J. Structure of water adsorbed on a single graphene sheet. Physical Review B, 2008, 78(7): 075432.

[82] Leenaerts O, Partoens B, Peeters F. Water on graphene: Hdrophobicity and dipole moment using density functional theory. Physical Review B, 2009, 79(23): 235440.

[83] Li H, Zeng X C. Wetting and interfacial properties of water nanodroplets in contact with graphene and monolayer boron–nitride sheets. ACS Nano, 2012, 6(3): 2401-2409.

[84] Li X, Feng J, Wang E G, et al. Influence of water on the electronic structure of metal-supported graphene: Insights from van der Waals density functional theory. Physical Review B, 2012, 85(8): 085425.

[85] Ma J, Michaelides A, Alfe D, et al. Adsorption and diffusion of water on graphene from first principles. Physical Review B, 2011, 84(3): 033402.

[86] Wehling T O, Katsnelson M I, Lichtenstein A I. First-principles studies of water adsorption on graphene: The role of the substrate. Applied Physics Letters, 2008, 93(20): 202110.

[87] Guo Y F, Guo W L. Effects of graphene coating and charge injection on water adsorption of solid surfaces. Nanoscale, 2013, 5(21): 10414-10419.

[88] Golberg D, Bando Y, Huang Y, et al. Boron nitride nanotubes and nanosheets. ACS Nano, 2010, 4(6): 2979-2993.

[89] Jiang J W, Wang J S. Theoretical study of thermal conductivity in single-walled boron nitride nanotubes. Physical Review B, 2011, 84(8): 085439.

[90] Jiang J W, Wang J S, Wang B S. Minimum thermal conductance in graphene and boron nitride superlattice. Applied Physics Letters, 2011, 99(4): 043109.

[91] Sevik C, Kinaci A, Haskins J B, et al. Characterization of thermal transport in low-dimensional boron nitride nanostructures. Physical Review B, 2011, 84(8): 085409.

[92] Dean C R, Young A F, Meric I, et al. Boron nitride substrates for high-quality graphene electronics. Nature Nanotechnology, 2010, 5(10): 722-726.

[93] Zhu Y C, Bando Y, Yin L W, et al. Field nanoemitters: Ultrathin BN nanosheets protruding from Si_3N_4 nanowires. Nano Letters, 2006, 6(12): 2982-2986.

[94] Mayorov A S, Gorbachev R V, Morozov S V, et al. Micrometer-scale ballistic transport in encapsulated graphene at room temperature. Nano Letters, 2011, 11(6): 2396-2399.

[95] Xue J M, Sanchez-Yamagishi J, Bulmash D, et al. Scanning tunnelling microscopy and spectroscopy of ultra-flat graphene on hexagonal boron nitride. Nature Materials, 2011, 10(4): 282-285.

[96] Yankowitz M, Xue J, Cormode D, et al. Emergence of superlattice Dirac points in graphene on hexagonal boron nitride. Nature Physics, 2012, 8(5): 382-386.

[97] Pakdel A, Zhi C Y, Bando Y, et al. Boron nitride nanosheet coatings with controllable water repellency. ACS Nano, 2011, 5(8): 6507-6515.

[98] Yu J, Qin L, Hao Y F, et al. Vertically aligned boron nitride nanosheets: Chemical vapor synthesis, ultraviolet light emission, and superhydrophobicity. ACS Nano, 2010, 4(1): 414-422.

[99] Liu Z, Gong Y J, Zhou W, et al. Ultrathin high-temperature oxidation-resistant coatings of hexagonal boron nitride. Nature Communications, 2013, 4: 3541.

[100] Zhang Z H, Guo W L. Energy-gap modulation of BN ribbons by transverse electric fields: First-principles calculations. Physical Review B, 2008, 77(7): 075403.

[101] Ci L J, Song L, Jin C H, et al. Atomic layers of hybridized boron nitride and graphene domains. Nature Materials, 2010, 9(5): 430-435.

[102] Dutta S, Manna A K, Pati S K. Intrinsic half-metallicity in modified graphene nanoribbons. Physical Review Letters, 2009, 102(9): 096601.

[103] Lin T W, Su C Y, Zhang X Q, et al. Converting graphene oxide monolayers into boron carbonitride nanosheets by substitutional doping. Small, 2012, 8(9): 1384-1391.

[104] Tang S B, Cao Z X. Carbon-doped zigzag boron nitride nanoribbons with widely tunable electronic and magnetic properties: Insight from density functional calculations. Physical Chemistry Chemical Physics, 2010, 12(10): 2313-2320.

[105] Bhattacharya A, Bhattacharya S, Das G. Band gap engineering by functionalization of BN sheet. Physical Review B, 2012, 85(3): 035415.

[106] Chen W, Li Y F, Yu G T, et al. Hydrogenation: A simple approach to realize semiconductor-half-metal-metal transition in boron nitride nanoribbons. Journal of the American Chemical Society, 2010, 132(5): 1699-1705.

[107] Lopez-Bezanilla A, Huang J S, Terrones H, et al. Boron nitride nanoribbons become metallic. Nano Letters, 2011, 11(8): 3267-3273.

[108] Zhang Z H, Zeng X C, Guo W L. Fluorinating hexagonal boron nitride into diamondlike nanofilms with tunable band gap and ferromagnetism. Journal of the American Chemical Society, 2011, 133(37): 14831-14838.

[109] Zhao Y, Wu X J, Yang J L, et al. Oxidation of a two-dimensional hexagonal boron nitride monolayer: A first-principles study. Physical Chemistry Chemical Physics, 2012, 14(16): 5545-5550.

[110] Guo Y F, Guo W L. Insulating to metallic transition of an oxidized boron nitride nanosheet coating by tuning surface oxygen adsorption. Nanoscale, 2014, 6(7): 3731-

3736.

[111] Guo Y F, Guo W L. Magnetism in oxygen-functionalized hexagonal boron nitride nanosheet on copper substrate. The Journal of Physical Chemistry C, 2014, 119(1): 873-878.

[112] Guo Y F, Guo W L. Hydroxylation of a metal-supported hexagonal boron nitride monolayer by oxygen induced water dissociation. Physical Chemistry Chemical Physics, 2015, 17(25): 16428-16433.

[113] Shannon M A, Bohn P W, Elimelech M, et al. Science and technology for water purification in the coming decades. Nature, 2008, 452(7185): 301-310.

[114] Zhao Y C, Song L, Deng K, et al. Individual water-filled single-walled carbon nanotubes as hydroelectric power converters. Advanced Materials, 2008, 20(9): 1772-1776.

[115] Yuan Q, Zhao Y P. Hydroelectric voltage generation based on water-filled single-walled carbon nanotubes. Journal of the American Chemical Society, 2009, 131(18): 6374-6376.

[116] Corry B. Designing carbon nanotube membranes for efficient water desalination. The Journal of Physical Chemistry B, 2008, 112(5): 1427-1434.

[117] Raghunathan A V, Aluru N R. Molecular understanding of osmosis in semipermeable membranes. Physical Review Letters, 2006, 97(2): 024501.

[118] Kalra A, Garde S, Hummer G. Osmotic water transport through carbon nanotube membranes. Proceedings of the National Academy of Sciences of the United States of America, 2003, 100(18): 10175-10180.

[119] Suk M E, Raghunathan A V, Aluru N R. Fast reverse osmosis using boron nitride and carbon nanotubes. Applied Physics Letters, 2008, 92(13): 133120-3.

[120] Suk M, Aluru N. Effect of induced electric field on single-file reverse osmosis. Physical Chemistry Chemical Physics, 2009, 11(38): 8614-8619.

[121] Gong X, Li J, Lu H, et al. A charge-driven molecular water pump. Nature Nanotechnology, 2007, 2(11): 709-712.

[122] Hinds B. Molecular dynamics: A blueprint for a nanoscale pump. Nature Nanotechnology, 2007, 2(11): 673-674.

[123] Zuo G C, Shen R, Ma S J, et al. Transport properties of single-file water molecules inside a carbon nanotube biomimicking water channel. ACS Nano, 2010, 4(1): 205-210.

[124] Wong-ekkabut J, Miettinen M S, Dias C, et al. Static charges cannot drive a continuous flow of water molecules through a carbon nanotube. Nature Nanotechnology, 2010, 5(8): 555-557.

[125] Qiu H, Shen R, Guo W. Vibrating carbon nanotubes as water pumps. Nano Research, 2011, 4(3): 284-289.

[126] Cumings J, Zettl A. Low-friction nanoscale linear bearing realized from multiwall carbon nanotubes. Science, 2000, 289(5479): 602-604.

[127] Zheng Q, Jiang Q. Multiwalled carbon nanotubes as gigahertz oscillators. Physical Review Letters, 2002, 88(4): 045503.

[128] Zhao Y, Ma C C, Chen G, et al. Energy dissipation mechanisms in carbon nanotube oscillators. Physical Review Letters, 2003, 91(17): 175504.

[129] Guo W, Guo Y, Gao H, et al. Energy dissipation in gigahertz oscillators from multi-walled carbon nanotubes. Physical Review Letters, 2003, 91(12): 125501.

[130] Zuo G, Shen R, Guo W. Self-adjusted sustaining oscillation of confined water chain in carbon nanotubes. Nano Letters, 2011, 11(12): 5297-5300.

[131] Hansen J P, McDonald I R. Theory of Simple Liquids. 2nd ed. London: Academic, 1986.

[132] Zangi R. Water confined to a slab geometry: A review of recent computer simulation studies. Journal of Physics: Condensed Matter, 2004, 16(45): S5371.

[133] Horn R G, Israelachvili J N. Direct measurement of structural forces between two surfaces in a nonpolar liquid. The Journal of Chemical Physics, 1981, 75(3): 1400-1411.

[134] Christenson H K. Experimental measurements of solvation forces in nonpolar liquids. The Journal of Chemical Physics, 1983, 78(11): 6906-6913.

[135] Israelachvili J N, McGuiggan P M, Homola A M. Dynamic properties of molecularly thin liquid films. Science, 1988, 240(4849): 189-191.

[136] Antognozzi M, Humphris A D L, Miles M J. Observation of molecular layering in a confined water film and study of the layers viscoelastic properties. Applied Physics Letters, 2001, 78(3): 300-302.

[137] Koga K, Zeng X C, Tanaka H. Freezing of confined water: A bilayer ice phase in hydrophobic nanopores. Physical Review Letters, 1997, 79(26): 5262-5265.

[138] Moore E B, Molinero V. Structural transformation in supercooled water controls the crystallization rate of ice. Nature, 2011, 479(7374): 506-508.

[139] Pruppacher H R. Electrofreezing of supercooled water. Pure and Applied Geophysics, 1973, 104(1): 623-634.

[140] Jorgensen W L, Madura J D. Temperature and size dependence for Monte Carlo simulations of TIP4P water. Molecular Physics, 1985, 56(6): 1381-1392.

[141] Svishchev I M, Kusalik P G. Crystallization of liquid water in a molecular dynamics simulation. Physical Review Letters, 1994, 73(7): 975-978.

[142] Svishchev I M, Kusalik P G. Electrofreezing of liquid water: A microscopic perspective. Journal of the American Chemical Society, 1996, 118(3): 649-654.

[143] Sutmann G. Structure formation and dynamics of water in strong external electric fields. Journal of Electroanalytical Chemistry, 1998, 450(2): 289-302.

[144] Choi E M, Yoon Y H, Lee S, et al. Freezing transition of interfacial water at room temperature under electric fields. Physical Review Letters, 2005, 95(8): 085701.

[145] Qiu H, Guo W. Electromelting of confined monolayer ice. Physical Review Letters, 2013, 110(19): 195701.

[146] Major R C, Houston J E, McGrath M J, et al. Viscous water meniscus under nanoconfinement. Physical Review Letters, 2006, 96(17): 177803.

[147] Lee C, Li Q, Kalb W, et al. Frictional characteristics of atomically thin sheets. Science, 2010, 328(5974): 76-80.

[148] Gotsmann B, Lantz M A. Quantized thermal transport across contacts of rough surfaces. Nat. Mater., 2013, 12(1): 59-65.

[149] Bhaskaran H, Gotsmann B, Sebastian A, et al. Ultralow nanoscale wear through atom-by-atom attrition in silicon-containing diamond-like carbon. Nat. Nano., 2010, 5(3): 181-185.

[150] De Angelis F, Das G, Candeloro P, et al. Nanoscale chemical mapping using three-dimensional adiabatic compression of surface plasmon polaritons. Nat. Nano., 2010, 5(1): 67-72.

[151] Drew M E, Konicek A R, Jaroenapibal P, et al. Nanocrystalline diamond AFM tips for chemical force spectroscopy: Fabrication and photochemical functionalization. Journal of Materials Chemistry, 2012, 22(25): 12682-12688.

[152] Qiu H, Zeng X C, Guo W. Water in inhomogeneous nanoconfinement: Coexistence of multilayered liquid and transition to ice nanoribbons. ACS Nano, 2015, 9(10): 9877-9884.

[153] Thompson S E, Sun G, Choi Y S, et al. Uniaxial-process-induced strained-Si: Extending the CMOS roadmap. IEEE Transactions on Electron Devices, 2006, 53: 1010-1020.

[154] Qian X, Park H S. The influence of mechanical strain on the optical properties of spherical gold nanoparticles. Journal of the Mechanics and Physics of Solids, 2010, 58: 230.

[155] Yang L, Han J. Electronic structure of deformed carbon nanotubes. Physical Review Letters, 2000, 85: 154-157.

[156] Cai J Z, Lu L, Kong W J, et al. Pressure-induced transition in magnetoresistance of single-walled carbon nanotubes. Physical Review Letters, 2006, 97: 026402.

[157] Zhang Z, Guo W. Magnetic properties of strained single-walled carbon nanotubes. Applied Physics Letters, 2007, 90: 053114.

[158] Shiri D, Kong Y, Buin A, et al. Strain induced change of bandgap and effective mass in silicon nanowires. Appl. Phys. Lett., 2008, 93: 073114.

[159] Lee C, Wei X. Measurement of the elastic properties and intrinsic strength of monolayer graphene. Science, 2008, 321: 385-388.

[160] Ni Z H, Yu T, Lu Y H, et al. Uniaxial strain on graphene: Raman spectroscopy study and bandgap opening. ACS Nano, 2008, 2: 2301-2305.

[161] Hui Y Y, Liu X, Jie W, et al. Exceptional tunability of band energy in a compressively strained trilayer MoS_2 sheet. ACS Nano, 2013, 7: 7126-7131.

[162] Gui G, Li J, Zhong J. Band structure engineering of graphene by strain: First-principles calculations. Phys. Rev. B, 2008, 78: 075435.

[163] Mak K F, Lee C, Hone J, et al. Atomically thin MoS_2: A new direct-gap semiconductor. Physical Review Letters, 2010, 105:136805.

[164] Li L, Yu Y, Ye G J, et al. Black phosphorus field-effect transistors. Nat. Nanotechnol., 2014, 9: 372.

[165] Li L, Ye G J, Tran V, et al. Quantum oscillations in a two-dimensional electron gas in black phosphorus thin films. Nat. Nanotechnol., 2015, 10: 608.

[166] Rodin A S, Carvalho A, Castro N A H. Strain-induced gap modification in black phosphorus. Physical Review Letters, 2014, 112: 176801.

[167] Fei R, Yang L. Strain-engineering the anisotropic electrical conductance of few-layer black phosphorus. Nano Lett., 2014, 14: 2884.

[168] Peng X, Wei Q, Copple A. Strain-engineered direct-indirect band gap transition and its mechanism in two-dimensional phosphorene. Physical Review B, 2014, 90: 085402.

[169] Jiang J W, Park H S. Analytic study of strain engineering of the electronic bandgap in single-layer black phosphorus. Physical Review B, 2015, 91: 235118.

[170] Wu H, Liu X, Yin J, et al. Tunable electrical performance of few-layered black phosphorus by strain. Small, 2016, 12(38): 5276-5280.

[171] Ma Y, Dai Y, Guo M, et al. Evidence of the existence of magnetism in pristine VX_2 monolayers (X= S, Se) and their strain-induced tunable magnetic properties. ACS Nano, 2012, 6: 1695.

[172] Zhou Y, Wang Z, Yang P,et al. Tensile strain switched ferromagnetism in layered NbS_2 and $NbSe_2$. ACS Nano, 2012, 6: 9727.

[173] Xu Y, Liu X, Guo W. Tensile strain induced switching of magnetic states in $NbSe_2$ and NbS_2 single layers. Nanoscale, 2014, 6(21): 12929-12933.

第4章 界面基本力学问题的第一性原理计算研究

江 勇

(中南大学材料科学与工程学院)

界面 (interface) 的内涵非常宽泛,泛指一切由不同物相之间或同一物相中因元素成分或原子排列方式不同,彼此相邻而形成的突变或渐变、有序或无序的边界结构。界面结构的特殊性决定了其性质的特殊性,两者的相关性及其研究方法是近二十年来材料科学领域的热点和前沿课题。这里我们只限于介绍第一性原理计算用于固体界面研究的方法与实践。

常见的固体界面主要有两大类:①异相界面 (heterogeneous interface),如金属合金及其复合材料中的第二相界面、功能薄膜和涂层界面,以及同素异构体中的相转变界面等。相界和组成它的体相一道,共同决定着材料的整体性能。②晶界 (grain boundary),为同相点阵以不同取向相邻而形成的有序或无序的界面。晶界的结构和性质常常是决定多晶材料 (特别是纳米晶材料) 力学性能的关键因素。此外,还存在一些特殊类型的界面,如磁畴壁,即在磁学材料内部仅仅由于局部区域原子磁矩取向不同而形成的不同磁畴之间的界面。磁畴壁结构和性质是决定材料磁学性质的关键因素,并与自旋电子学器件性能及其稳定性密不可分。固体的表面也常常被视为固相与气相或液相之间形成的气/固界面或液/固界面。气相或液相粒子与固体表面之间发生的相互作用,如表面吸附和催化反应,构成了现代表面化学与多相催化的核心内容。

界面的力学性能主要考察界面的结合强度和断裂韧性,也包括界面结构的稳定性。这些性质与界面的光、电和磁性能一样,由界面原子结构和电子结构决定,并受材料组元成分、制备工艺和服役环境的重要影响,在很大程度上决定着整个材料体系的服役性能、可靠性和使用寿命。这些材料系统涵盖不同而广泛的应用领域和研究尺度,包括从常规大尺寸的传统结构和复合材料,到小尺寸的功能薄膜和涂层,直至微尺寸的纳米光电器件。深入理解和掌握界面的结构特征、性能及其演变规律,对这些材料的科学设计和制备、服役性能及安全寿命的评估具有重要意义。

相比于体相,材料界面的研究起步较晚,主要受界面制样难度大,研究手段少等因素的长期制约。近二十年来,适用于界面分析的实验表征新技术不断涌现,其中,焦离子束切割 (FIB) 与高分辨电镜分析技术 (HRTEM, STEM, HAADF, EELS,

EDS) 的结合、离子束轰击与俄歇电子能谱 (AES) 和 X 射线光电子能谱 (XPS) 的结合、三维原子探针 (3DAP) 和层析重构技术 (tomographic reconstruction) 的结合, 促进了实验界面科学的飞速发展。与此同时, 得益于大规模并行计算技术的不断发展, 以及第一性原理界面计算方法的逐渐成熟, 特别是材料基因工程概念的确立和推动, 计算界面科学已成为当今材料研究领域的交叉前沿, 受到了日益广泛的关注。本章主要结合作者多年的研究实践, 简要而系统地介绍第一性原理计算应用于上述典型界面的研究方法和实例。

4.1 第一性原理密度泛函理论简介

从量子力学的角度看, 所有的材料都是复杂的多体系统。对于一个多体系统, 若对体系中所有粒子求解薛定谔方程, 即可预测其结构和能量学、电学、光学、磁学等性质。然而, 求解一个多体系统的薛定谔方程往往非常困难。人们提出了几种简化求解薛定谔方程的方法, 例如, 基于波函数的 Hartree-Fock 近似[1], 以及 Hohenberg 和 Kohn[2] 提出的把电荷密度当成一个自洽变量的密度泛函理论 (DFT)。DFT 是目前最广为应用的第一性原理计算方法之一。为了更好地理解 DFT, 我们先简要地回顾了求解薛定谔方程近似方法的发展过程。

非相对论近似下, 一个多体系统的不含时薛定谔方程具有以下的表达形式[3]:

$$\hat{H}\psi_i(\boldsymbol{x}_1, \boldsymbol{x}_2, \cdots, \boldsymbol{x}_N, \boldsymbol{R}_1, \boldsymbol{R}_2, \cdots, \boldsymbol{R}_M) = E_i\psi_i(\boldsymbol{x}_1, \boldsymbol{x}_2, \cdots, \boldsymbol{x}_N, \boldsymbol{R}_1, \boldsymbol{R}_2, \cdots, \boldsymbol{R}_M)$$
$$(4.1.1)$$

其中, $\hat{H}$ 是包含 M 个原子核和 N 个电子的哈密顿量, $\boldsymbol{x}_i$ 和 $\boldsymbol{R}_A$ 分别代表电子 i 和原子核 A 的位置。体系总的哈密顿量可以表示为[3]

$$\hat{H} = -\frac{1}{2}\sum_{i=1}^{N}\nabla_i^2 + \sum_{i=1}^{N}\sum_{j>i}^{N}\frac{1}{r_{ij}} - \sum_{i=1}^{N}\sum_{A=1}^{M}\frac{Z_A}{r_{iA}} - \frac{1}{2}\sum_{A=1}^{M}\frac{1}{M_A}\nabla_A^2 + \sum_{A=1}^{M}\sum_{B>A}^{M}\frac{Z_AZ_B}{R_{AB}} \quad (4.1.2)$$

式中, 第一项表示电子的动能, 第二项表示电子–电子相互作用能, 第三项表示原子核–电子相互作用能, 第四项和第五项分别表示原子核的动能和原子核–原子核相互作用能。

在多体系统的计算中, 由于电子的运动速率比原子核快得多, Born-Oppenheimer 近似认为系统中的原子核是固定不动的, 可以暂且忽略原子核的动能 (必要时, 再通过声子计算考虑进来), 而只考虑其对电子产生的一个相对恒定的外在势场 V_{ext}。体系的电子哈密顿量由此简化为[3]

$$\hat{H}_{\mathrm{elec}} = -\frac{1}{2}\sum_{i=1}^{N}\nabla_i^2 + \sum_{i=1}^{N}\sum_{j>i}^{N}\frac{1}{r_{ij}} - \sum_{i=1}^{N}\sum_{A=1}^{M}\frac{Z_A}{r_{iA}} = \hat{T} + \hat{V}_{\mathrm{ee}} + \hat{V}_{\mathrm{ext}} \quad (4.1.3)$$

其中，$\hat{T}$ 为电子动能，$\hat{V}_{ee}$ 为电子–电子相互作用能，$\hat{V}_{ext}$ 为由原子核产生的势能。求解这个 $\hat{H}_{elec}$ 的薛定谔方程，电子的波函数 ψ_{elec} 和电子能量 E_{elec} 可以同时得到。E_{elec} 和单独求解的原子核势能 E_{nuc} 相加，可以进一步得到体系的总能量[3]：

$$\hat{H}_{elec}\psi_{elec} = E_{elec}\psi_{elec} \tag{4.1.4}$$

$$E_{tot} = E_{elec} + E_{nuc}, \quad E_{nuc} = \sum_{A=1}^{M}\sum_{B>A}^{M}\frac{Z_A Z_B}{R_{AB}} \tag{4.1.5}$$

当电子的波函数为 ψ 时，体系的能量为[3]

$$E[\psi] = \int \psi^* \hat{H}\psi\,\mathrm{d}\boldsymbol{x} = \left\langle \psi \left| \hat{H} \right| \psi \right\rangle \tag{4.1.6}$$

很明显，这里能量 $E[\psi]$ 是波函数 (ψ) 的泛函。根据变分原理，当波函数 ψ 对应于基态的波函数 ψ_0 时，对应得到最小的能量值[4]，即

$$E[\psi] \geqslant E_0 = E[\psi_0] \tag{4.1.7}$$

在这里，E_0 表示真实基态的能量，它由能量 E 对 N 个电子体系的波函数求最小值确定，即

$$E_0 = \min_{\psi} E[\psi] = \min_{\psi}\left\langle \psi \left| \hat{T} + \hat{V}_{ee} + \hat{V}_{ext} \right| \psi \right\rangle \tag{4.1.8}$$

Hartree-Fock 理论认为基态波函数可以由一个满足电子交换反对称性的 Slater 行列式近似[1]：

$$\psi_0 = \psi_{HF}\left(\boldsymbol{x}_1, \boldsymbol{x}_2, \cdots, \boldsymbol{x}_N\right) = \frac{1}{\sqrt{N!}} \begin{vmatrix} \phi_1(x_1) & \phi_2(x_1) & \cdots & \phi_N(x_1) \\ \phi_1(x_2) & \phi_2(x_2) & \cdots & \phi_N(x_2) \\ \vdots & \vdots & & \vdots \\ \phi_1(x_N) & \phi_2(x_N) & \cdots & \phi_N(x_N) \end{vmatrix} \tag{4.1.9}$$

在 Hartree-Fock 近似中，一组正交的参数化的轨域 ϕ_i 被用来取代真实的波函数。通过自洽的过程总可以找到一组合适的基组使总能最小[3]：

$$E_{HF} = \min_{\psi_{HF}} E[\psi_{HF}] \tag{4.1.10}$$

对于一个 N 电子的多体系统，Slater 行列式常常会显得过于庞大，在全部展开后是一个含 $3N$ 个空间变量 (暂不考虑自旋) 和 $N!$ 个项的复杂多项式，计算电子–电子相互作用时尤其耗时。为了避免直接求解一个 $3N$ 维度的薛定谔方程，Hohenberg 和 Kohn[2] 提出了密度泛函理论。

电子密度概念的引入是 DFT 最为核心的部分。对 $N-1$ 个空间变量进行积分，即可得到电子密度[3]

$$\rho\left(\boldsymbol{r}\right) = N \int \cdots \int \left|\psi\left(\boldsymbol{x}_1, \boldsymbol{x}_2, \cdots, \boldsymbol{x}_N\right)\right|^2 \mathrm{d}\boldsymbol{x}_2 \cdots \mathrm{d}\boldsymbol{x}_N \tag{4.1.11}$$

这里的电子密度 $\rho(\boldsymbol{r})$，只是一个含 3 个空间变量的非负函数。它在无限远处大小为 0，对空间的积分等于总的电子数，即

$$\rho\left(\boldsymbol{r}\right) = N \int \cdots \int \left|\psi\left(\boldsymbol{x}_1, \boldsymbol{x}_2, \cdots, \boldsymbol{x}_N\right)\right|^2 \mathrm{d}\boldsymbol{x}_2 \cdots \mathrm{d}\boldsymbol{x}_N \tag{4.1.12}$$

Hohenburg 和 Kohn 在 1964 年提出并证明了两个定理[2]。第一个定理是：一个多电子体系的外势 $V_{\mathrm{ext}}(\boldsymbol{r})$ 和基态密度 $\rho_0(\boldsymbol{r})$ 及基态波函数 ψ_0 之间，存在一一对应关系，即

$$\rho_0\left(\boldsymbol{r}\right) \Leftrightarrow V_{\mathrm{ext}}\left(\boldsymbol{r}\right) \Leftrightarrow \psi_0 \tag{4.1.13}$$

第二个定理是：对于任何正的试验性的电子密度 $\rho_0(\boldsymbol{r})$，必有

$$\int \rho_t\left(\boldsymbol{r}\right) \mathrm{d}\boldsymbol{r} = NE\left[\rho_t\right] \geqslant E_0 = E\left[\rho_0\right] \tag{4.1.14}$$

至此，体系的能量变成仅仅是电子密度 $\rho_0(\boldsymbol{r})$ 的泛函，即

$$E\left[\rho\right] = T\left[\rho\right] + V_{\mathrm{ext}}\left[\rho\right] + V_{\mathrm{ee}}\left[\rho\right] \tag{4.1.15}$$

其中

$$V_{\mathrm{ext}}\left[\rho\right] = -Z \int \frac{\rho\left(\boldsymbol{r}\right)}{r} \mathrm{d}\boldsymbol{r} \tag{4.1.16}$$

然而，精确的动能和电子–电子相互作用对电子密度的泛函仍然不清楚。如果能找到很好的近似方法去描述这些泛函，就能直接用变分法数值求解体系的基态能量了。为了解决这个问题，Kohn 和 Sham 引入了以下方法去描述动能和电子–电子相互作用的泛函[5]。他们先引入一个假想的体系。在这个体系中有 N 个电子，而这些电子都是不相互作用的，可以由 N 个轨域 ψ_i 的波函数所描述。这个体系中，动能和电子密度可以直接由这些轨域表示，即[4]

$$T_{\mathrm{s}} = -\frac{1}{2} \sum_i^N \left\langle \psi_i \left| \nabla^2 \right| \psi_i \right\rangle \tag{4.1.17}$$

$$\rho_{\mathrm{s}}\left(\boldsymbol{r}\right) = \sum_i^N \left|\psi_i\left(\boldsymbol{r}\right)\right|^2 = \rho\left(\boldsymbol{r}\right) \tag{4.1.18}$$

再进一步，这些电子之间的相互作用可以近似为经典的库仑作用：

$$V_{\mathrm{H}}\left[\rho\right] = \frac{1}{2} \int \int \frac{\rho\left(1\right)\rho\left(2\right)}{r_{12}} d_1 d_2 \tag{4.1.19}$$

至此，总的能量泛函可以重写为[4]

$$E\left[\rho\right] = T_{\mathrm{s}}\left[\rho\right] + V_{\mathrm{ext}}\left[\rho\right] + V_{\mathrm{H}}\left[\rho\right] + E_{\mathrm{XC}}\left[\rho\right] \tag{4.1.20}$$

这里,只有附加的交换关联项 E_{XC} 尚属未知。加入此项的目的是修正之前假想的无相互作用电子的动能项和经典库仑作用项。E_{XC} 的处理一般可以用局域密度近似 (LDA) 或者广义梯度近似 (GGA)[6]。将体系总能量表达为电子密度的泛函之后,设定一个初始的试验性的电子密度 $\rho_0(r)$,如图 4.1.1 所示进行自洽循环,可以得到基态的电子密度 $\rho_0(r)$,进而得到体系的能量、原子受力、能带结构、磁性等基态性质。

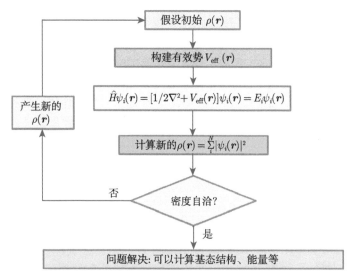

图 4.1.1 自洽循环求解基态电子密度示意图

密度泛函理论的确立,标志第一性原理计算复杂多体系统具备了现实的可能。基于第一性原理开展材料计算研究,还需首先从最基本的物理原理和概念的定义出发,建立待考察的物理量与体系能量的关系,进而建立体系的薛定谔方程求解体系的结构和能量,再推算出体系的各种相关物理及化学性质。该方法的最大特点是,计算过程不需要引入任何经验性参数或实验数据,计算结果依靠能量准则或原子间力准则自我收敛,故可排除一切人为因素的影响,研究结论可以做到自我支持。具体而言,只需要知道体系中各元素的原子占位,就可以精确或近似地处理体系中各原子间的电子交互作用,获得电子的能量和空间分布、晶格振动、能带结构、原子磁矩等重要信息,进一步可预测和评估材料的许多性能,包括结构稳定性、化学键、弹性模量、热容、热膨胀系数、热导、电导以及光学和磁性能等[3,7]。

经不断发展并逐渐成熟,第一性原理计算已成为当前材料界面问题研究不可或缺的重要手段。它能够克服实验中界面制样、测试和表征的种种困难,根据计算结果来分析界面原子构型和化学键合情况,揭示界面成键的物理本质,预测和评估界面的性能及其演变，解释界面相关的实验现象及其背后的物理本质，这些都是目前实验研究手段难以实现的。

4.2　异相界面

金属/氧化物界面是结构和功能材料中常见的一类典型异质相界面，广泛存在于包括半导体器件、光电薄膜、化学反应催化、金属离子和固体燃料电池、金属基复合材料、高温热障涂层等许多重要的工程材料系统中，对整个系统的工作性能和使用寿命起着重要作用。金属原子之间的结合源于非局域化的自由电子，原子在晶体结构中的占位比较简单，通常具有良好的塑性、韧性、导电导热性和较高的热膨胀系数，而金属氧化物原子间的结合大多源于离子间的相互作用，通常原子占位比较复杂，脆性大、多为电绝缘体或半导体，热导率低、热膨胀系数小。由于结构和性质上的较大差异，金属与氧化物之间形成强的界面结合一般比较困难。另外，金属/氧化物界面的原子结构通常比较复杂，对制备条件比较敏感，在使用过程中还会受到服役环境的影响而不断发生变化。

自 2000 年起，为应对新一代高性能航空发动机和燃气轮机的技术需求，美国军方联合美、英、日、德等国著名大学、国家实验室和世界三大航空发动机制造商公司，开展了基于知识体系的高温镍基合金热障涂层系统的协同创新研究。这一研究过程极大地推动了金属/氧化物界面相关基础性研究的发展。图 4.2.1 为典型的高温镍合金多层热障涂层系统的界面体系组成[8]。在高温制备或长期使用过程中，处于镍基超合金基体 (superalloy) 和陶瓷热障涂层 (TBC，YSZ) 之间的镍基合金过渡层 (BC，γ-Ni(Al) 或 β-NiAl)，固溶的铝元素通过择优氧化逐步形成氧化铝热生长层 (TGO，Al_2O_3)。TGO 层能够提供有效的抗高温腐蚀和缓解层间热应力作用，但也容易与 BC 层发生界面脱黏，进而导致 TBC 层剥落和整个涂层系统失效[9,10]。大量使用经验和检测分析发现，该 BC/TGO 界面 (Ni/Al_2O_3) 的强度、韧性及其退化演变，是决定高温热障涂层可靠性和寿命的关键。针对该界面的基础性研究，涂层设计和制备专家提出了以下几个急迫性问题：比如，这类金属/氧化物界面的理论结合强度究竟有多大？界面强度如何受杂质、合金成分、制备条件等影响和控制？有没有可能通过改善 BC 层合金的设计，接近、达到，甚至超过理论界面强度？另外，一旦界面被弱化，沿界面裂纹的形成和扩展成为可能，界面韧性与载荷方式以及金属中的晶体学取向之间存在怎样的相关性？如何通过改善 BC 层合金设计，来提高现有的界面韧性？等等。受制于界面表征技术和实验研究方法的局限，界面的基础研究者很快转而求助于第一性原理计算方法，来探索这类基础性问题的答案。

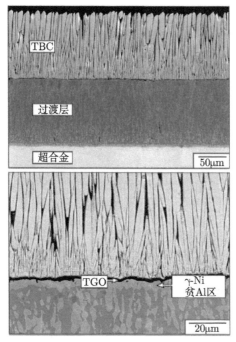

图 4.2.1 典型的高温镍基合金多层热障涂层系统的界面体系组成[8]

应用第一性原理方法研究热障涂层界面强度与韧性，是涉及多学科领域的开创性尝试。在历经 7 年左右的探索实践之后，面向涂层界面的第一性原理计算方法逐渐成熟，其预测的部分计算结果在 2007 年首先得到了美国伯克利国家实验室实验科学家的间接验证[11,12]。这一初步的成果，提升了人们对第一性原理计算研究异相界面问题的信心，也为科学预测涂层界面寿命和可靠性奠定了理论基础，同时也标志着一个全新的学科方向 "第一性原理界面热力学"(first principles interface thermodynamics) 的开创[13-16]。在随后几年里，第一性原理界面热力学计算方法被迅速推广，运用于核堆用纳米特征钢和弥散强化铜/银基工业电极合金中的原位析出氧化物相[17-23]，为这类新合金材料的科学设计和制备工艺优化提供了重要的理论指导。本节我们先着重介绍第一性原理热力学计算异相界面结合强度的研究方法和应用实例。

4.2.1 界面强度

1. 界面基本位向关系

异相界面与通常的晶界或孪晶界不同，它由两个具有不同相结构的自由表面组成。通过相变析出或外延生长而形成的异相界面，其两侧的晶体结构通常具有确定的位向关系，我们把这种位向关系称为界面的基本位向关系 (orientation relation)。异相界面的基本位向关系一般可以由电镜结构分析技术表征，即通过晶体结构和取向分析 (原子阵列、衍射斑点、极图、矩阵等)，结合莫尔条纹 (Moiré fringes) 等应变解析，做相应的几何晶体学计算来推断[24]。测定界面的基本位向关系，可以为计算提供所需最基本的界面结构信息。在此基础上，如果缺乏关于两个接触表面的进一步实验信息，一般可根据最低能量表面原则或最低应变原则，人为设计几种界面组成形式，分别进行考察。以内氧化原位反应制备银基复合材料中的 Ag/SnO₂ 界面为例，图 4.2.2 为高分辨透射电镜所获得 Ag 基体中的 SnO₂ 弥散颗粒，以及 Ag/SnO₂ 界面处的原子阵列和对应的衍射花样[20]。通过几何晶体学的极图和矩阵分析验证，可以确定其中一种择优界面位向关系，为 Ag(111)//SnO₂(101)，Ag[11$\bar{2}$]//SnO₂[0$\bar{1}$0]。

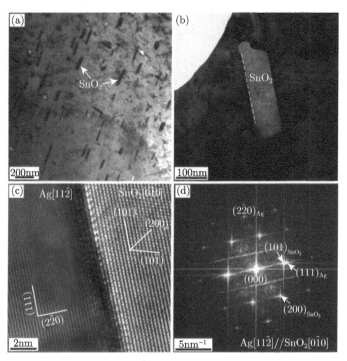

图 4.2.2　(a) 经原位氧化反应在 Ag 基合金基体中形成的弥散分布的超细 SnO₂ 颗粒；
(b) 典型的 SnO₂ 颗粒形貌；(c)Ag/SnO₂ 界面的高分辨原子像；
(d) 经傅里叶变换获得对应的衍射花样 [21]

2. 界面精细原子结构

　　然而，仅有界面位向关系尚不足以确定界面的精细原子结构。一般而言，对于完全非共格的异相界面，两相之间保持各自独立的晶格，界面应变为零，对应的界面结合强度也很低，在实际制备中应尽可能避免，因此理论研究价值较小，且局限于目前的计算能力，一般也只能用超大尺寸的半共格界面来近似模拟。而在共格的异相界面中，两相原子在同一界面平面内具有相同的晶格占位，界面成键足够克服所需的共格应变，对应的界面结合强度一般较高。实际界面中，如果难以实现完全共格，界面在非完全共格情况下会自然引入由晶格差异诱发的失配位错。半共格界面的计算需要构建一个足够大的超胞模型，将这类失配位错"自然"包含在超胞模型内，以确保能够完整地模拟界面两侧的半共格关系，这通常会导致较大的计算量。另一种常见的近似方案是，在界面两侧引入相应合理的尽可能小的变形量，以形成"共格型"界面原子结构，在随后的计算中再讨论应变的作用。显然，无论是完全共格或非完全共格界面，都包含有不同程度的界面应变。

不同共格程度下界面的化学成键与其界面应变之间的彼此竞争关系，决定着界面的结构和能量。在计算界面能和界面分离功 (通常用于表征界面的结合强度) 时，通过界面和两个分离表面之间的能量相消，可以最大程度地消除应变对界面能的影响。如果这个应变依据的是实验表征结果，那么也可以在计算界面能和界面分离功时，保留应变效应。图 4.2.3 为具有不同晶体位向和共格应变关系的三种典型的

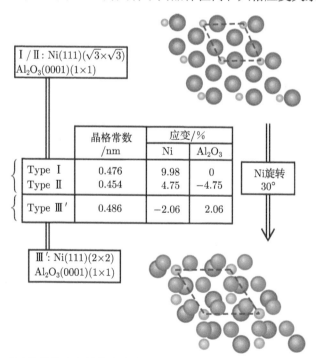

I / II : Ni(111)($\sqrt{3}\times\sqrt{3}$) $Al_2O_3(0001)(1\times1)$			

	晶格常数 /nm	应变/%	
		Ni	Al_2O_3
Type I	0.476	9.98	0
Type II	0.454	4.75	−4.75
Type III′	0.486	−2.06	2.06

Ni旋转 30°

III′: Ni(111)(2×2)
$Al_2O_3(0001)(1\times1)$

图 4.2.3 具有不同晶体位向和共格应变关系的三种典型的 Ni/α-Al$_2$O$_3$ 界面基本结构类型 (Type I，II 和 III)[13,15]

图中 Ni、Al、O 原子分别用深蓝、绿、红色标示

Ni/α-Al$_2$O$_3$ 界面基本结构类型 (Type Ⅰ, Ⅱ和Ⅲ)[13,15]。它们根据最低能量表面原
则构建而成, 都满足 Ni(111)//Al$_2$O$_3$(0001) 的晶面平行关系, 但由于位向和应变关
系上的差异, 界面能量和性质将会有所不同。

基于界面的位向、共格和应变关系, 仍然不足以确定界面的精细结构。决定界
面精细结构的重要因素, 还包括界面原子的化学配比 (stoichiometry) 和空间配位
关系 (coordination), 因为它们直接决定参与界面化学键合的各类原子的相对含量
和空间位置关系。在金属/氧化物界面的研究中, 可以参考表面物理中的表面终端
(termination) 的概念, 设想热力学平衡条件下有可能获得的几种典型的界面原子化
学配比方式, 包括理想化学配比型 (stoichiometric)、贫 O 型或富金属型 (O-deficient
or metal-rich)、富 O 型或贫金属型 (O-rich or metal-deficient)。在考虑界面原子化
学配比方式的基础上, 进一步参考表面化学中的表面吸附 (adsorption) 的概念, 可
以设想界面两侧原子可能存在几种典型的高对称性的界面原子配位关系, 比如顶
位 (top-site)、桥位 (bridge-site) 和洞位 (hollow-site) 等。针对各种界面原子化学配
比和原子配位关系的不同组合, 分别建构相应的若干个界面精细原子模型, 通过计
算和比较它们所对应的界面能量, 来判定最具可能性的界面精细结构。图 4.2.4 为
具有 Cu(111)[110]//Al$_2$O$_3$(0001)[1010] 位向关系的 "共格型" Cu/α-Al$_2$O$_3$ 界面的三
种典型界面配位关系 [13,15]。为了方便观察, 图中只显示最靠近界面的一层 Cu 原
子和两层 Al$_2$O$_3$ 原子。

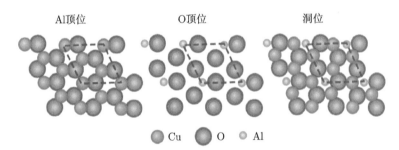

图 4.2.4   具有Cu(111)[110]//Al$_2$O$_3$(0001)[1010] 位向关系的 "共格型" Cu/Al$_2$O$_3$ 界面
(Type Ⅰ 或Ⅱ) 可能存在的三种典型界面配位关系[13,15]

其中 Cu、O 和 Al 原子分别以蓝、红和绿球表示

对 Ni/α-Al$_2$O$_3$ 界面的计算研究显示[15], 相比于界面位向、共格应变和界面原
子配位关系, 界面原子化学配比是决定界面结合强度的最主要因素 (见图 4.2.5)。
界面基本结构类型不同, 但原子化学配比类型相同, 界面强度 (以界面分离功衡
量, 这里暂且假设界面分离总是在 Ni 和 Al$_2$O$_3$ 的界面层上发生) 相差最大不超过
50%; 界面基本结构类型相同, 而原子化学配比不同, 界面强度相差可达 4~6 倍。

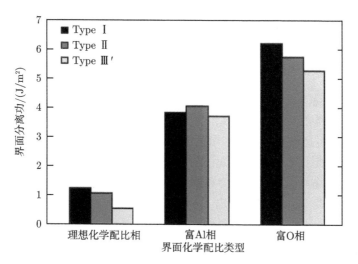

图 4.2.5　具有不同化学配比类型的典型 $Ni/\alpha\text{-}Al_2O_3$ 共格界面所对应的界面分离功，反映出界面原子化学配比是决定界面结合强度的最主要因素[15]

4.2.2　界面能和界面相图

　　界面结构和性质与其制备条件和形成过程密切相关。如前所述，航空发动机或燃气轮机中的高温镍基合金/热生长层 (Ni/Al_2O_3) 界面，其形成过程是在高温下，镍基合金中固溶的 Al 元素在基体表面获得优先氧化，随着铝的逐渐消耗，临近界面的镍基合金组织由通常的两相 (γ/β 或 γ/γ') 逐渐转变成单相 (γ)，氧化过程因铝的消耗和氧化层的增厚会逐渐减缓，最终使得 $\gamma\text{-}Ni(Al)/\alpha\text{-}Al_2O_3$ 界面接近或达到热力学平衡而得以稳定下来。研究这一类原位生长的异相界面，必须充分考虑界面上的热力学平衡条件，即单相 $\gamma\text{-}Ni(Al)$ 中的 Al 化学势与热生长 Al_2O_3 层中的 Al 化学势达到平衡。

　　根据界面能的定义和晶体缺陷热力学的推导，热力学平衡条件下 $\gamma\text{-}Ni(Al)/\alpha\text{-}Al_2O_3$ 界面的形成能可以表达为[13,15]

$$
\begin{aligned}
\gamma_{\mathrm{I}} &= \frac{1}{2A}\left(G_0 - N_{\mathrm{O}}\mu_{\mathrm{O}} - N_{\mathrm{Ni}}\mu_{\mathrm{Ni}} - N_{\mathrm{Al}}\mu_{\mathrm{Al}}\right) \\
&= \frac{1}{2A}\Bigg[G_0 - \frac{1}{3}N_{\mathrm{O}}\mu^{\mathrm{o}}_{\mathrm{Al}_2\mathrm{O}_3} \\
&\quad - N_{\mathrm{Ni}}\mu^{\mathrm{o}}_{\mathrm{Ni}} - \left(N_{\mathrm{Al}} - \frac{2}{3}N_{\mathrm{O}}\right)\times\left(\mu^{\mathrm{o}}_{\mathrm{Al}} + kT\ln a_{\mathrm{Al}}\right)\Bigg]
\end{aligned}
\tag{4.2.1}
$$

式中，A 是界面面积，G_0 是整个界面超胞的总自由能，上标 o 表示各组元的标准状态，N_i 和 μ_i 分别是超胞内各组元 i 的原子个数和化学势 (单位自由能)。由于温度对自由能的贡献在前四项中存在大量的相消，温度对界面能的影响主要体现在最后一项, 即 $kT \ln a_{Al}$, 其中 a_{Al} 是 γ-Ni(Al) 基体中的 Al 活度, 是建立界面与基体之间热力学平衡的关键物理量. 至此, 我们已经将 γ-Ni(Al)/α-Al$_2$O$_3$ 的界面能表达为温度和化学活度的热力学函数, 而系数项 $\left(N_{Al} - \dfrac{2}{3}N_O\right)$ 则反映了界面原子化学计量比对界面能的贡献. 理想化学计量比界面由于始终满足 $N_{Al}:N_O=2:3$ 的原子比关系, 其界面能在一级近似的情况下, 可视为与温度无关. 如果不单纯追求界面能的预测精度, 而是着重于考察界面化学计量比和化学活度对界面能的影响, 近似与温度无关的理想化学计量比界面的界面能仍然可以充当足够准确的参考值.

金属与氧化物界面的形成能力和稳定性均可以用界面能评估. 界面能越高, 界面越不稳定. 从式 (4.2.1) 可以看出, 金属/氧化物界面能不是一个晶体学意义上的常数, 它与环境温度和元素的化学活度存在一定的函数关系, 表明界面结构的稳定性也会随温度和元素化学活度的变化而发生演变. 这里请注意, 在热力学平衡条件下, 合金中的 Al 活度和环境氧分压 p_{O_2} 的换算关系由界面元素之间的化学反应平衡条件 $\left([Al] + \dfrac{3}{2}O_2 = \dfrac{1}{2}Al_2O_3\right)$ 决定 [13,15], 即

$$p_{O_2} = a_{Al}^{-4/3} \exp[(2/3)\Delta G_{Al_2O_3}^{o}/(kT)] \tag{4.2.2}$$

针对不同界面结构计算得到的界面形成能, 可以帮助我们预测给定热力学条件下不同界面结构的相对稳定性, 并以此为基础计算构建界面相图[13,15].

图 4.2.6(a) 为基于第一性原理计算构建的 Ni/α-Al$_2$O$_3$ 界面相图的 T=1300 K 等温截面[13,15]. 很明显, 界面能并非一个常数, 在给定温度下随 Al 元素化学活度的变化呈现一种 "凸台现象": 在足够高的 Al 活度 (即乏氧气氛) 条件下, 界面可能直接生成金属间化合物 Ni$_3$Al, 而随着 Al 活度的降低 (对应的氧分压升高), 界面结构将逐步过渡为富 Al 相、理想化学配比相、富 O 相, 相应的界面能出现先升高后保持再降低的凸台变化, 在足够低的 Al 活度条件下, 界面可能直接生成尖晶石 NiAl$_2$O$_4$, 直至 NiO. 计算预测的界面能 "凸台现象", 在数年后的 α-Al$_2$O$_3$ 表面坐滴 Ni 实验中得到了直接证实 (见图 4.2.6(b))[25]. 可以看出, 第一性原理计算不仅可以预测出实验中观测到的界面能随环境氧分压的变化规律, 而且能够将这种变化与界面相结构直接关联, 从而为实验现象提供深刻的热力学解释.

图 4.2.6 给出的还只是 Ni/Al$_2$O$_3$ 界面相图的一个等温截面. 通过计算不同温度下的等温截面, 进而跟踪等温截面上的相界点随温度的变化, 可以构建完整的相图. 作为示范, 图 4.2.7 为基于第一性原理界面热力学计算构建的纳米结构铁素体合金 (NFA) 基体中氧化物析出相的完整相图[23]. 该合金中不同合金化元素 (Cr/Y/Ti/O) 的原位反应构成了不同析出相的相界 (图中以虚线或点划线表示). 虚线 (2) 下方区域是复合氧化物 Y$_2$Ti$_2$O$_7$ 的析出范围, 虚线 (2) 与实线 a 之间、实线 a 与实线 b 之间, 以及实线 b 下方的区域依次为富 Y/Ti、理想化学配比

相和富 O 相的 $Y_2Ti_2O_7$ 的析出范围。可以明显看出,实线 a 与实线 b 之间的区域非常狭小,表明在纳米结构铁素体合金 (NFA) 基体中获得理想化学计量比的 $Y_2Ti_2O_7$ 可能性极小。这一计算结果首次从热力学上澄清了实验研究者长期以来的一个困惑,即无论采用何种现代光电检测技术进行表征[26-36],包括小角度中子散射 (SANS)、电子显微技术 (TEM、HRTEM、HAADF-STEM、EF-TEM)、能谱分析 (EDS)、小角度 X 射线散射 (SAXS)、原子探针层析术 (3D-APT)、X 射线衍射

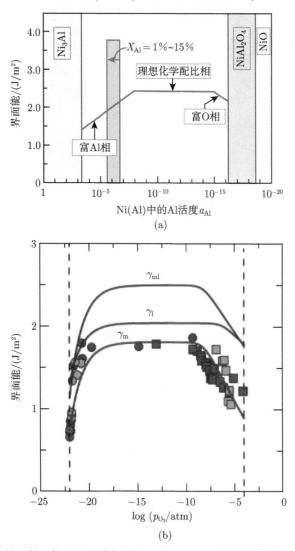

图 4.2.6 (a) 基于第一性原理计算构建的 Ni/α-Al_2O_3 界面相图的 T=1300K 等温截面[13,15];(b) 坐滴实验测定的 Ni/α-Al_2O_3 界面能 (γ_{ml}) 随环境氧分压变化呈凸台关系[25],1atm=1.01325×10^5Pa

(XRD)、X 射线吸收谱分析 (XRAS)、电子能量损失谱分析 (EELS) 等，NFA 合金中纳米 $Y_2Ti_2O_7$ 析出相总是偏离其理想化学计量比。

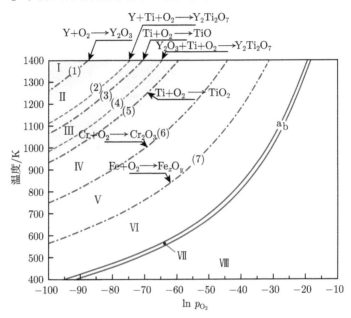

图 4.2.7　基于第一性原理界面热力学计算构建的纳米结构铁素体合金 (NFA) 基体中氧化物
析出相的完整相图[23]

区域 I：单相铁素体合金 Fe(Cr/Y/Ti/O)；区域 II：双相区 Y_2O_3+Fe(Cr/Y/Ti/O)；区域 III：三相区
$Y_2Ti_2O_7$(Y/Ti-rich)+Y_2O_3+Fe(Cr/Ti/O)；区域 IV：多相区 $Y_2Ti_2O_7$(Y/Ti-rich)
+Y_2O_3+TiO/TiO$_2$+Fe(Cr/O)；区域 V：多相区
$Y_2Ti_2O_7$(Y/Ti-rich)+Y_2O_3+TiO/TiO$_2$+Cr_2O_3+Fe(O)；区域 VI：多相区
$Y_2Ti_2O_7$(Y/Ti-rich)+Y_2O_3+TiO/TiO$_2$+Cr_2O_3+Fe_xO_y；区域 VII：多相区
$Y_2Ti_2O_7$(stoi)+Y_2O_3+TiO/TiO$_2$+Cr_2O_3+Fe_xO_y；区域 VIII：多相区 $Y_2Ti_2O_7$(O-rich)+
Y_2O_3+TiO/TiO$_2$+ Cr_2O_3+Fe_xO_y

1. 元素活度和活度系数

合金的热力学性质与其各组成元素的化学活度直接相关，而元素化学活度由其化学势决定。具体而言，Ni 基合金中 Al 的化学活度与其化学势的关系如下：

$$\ln a_{Al}(T, x) = \left[\mu_{Al}(T, x) - \mu_{Al}^{\circ}(T) \right] / (kT) \tag{4.2.3}$$

可以看出，Al 的化学活度 (a_{Al}) 实际反映的是合金中 Al 的实际化学势 (μ_{Al}) 相对于其在纯净单质中的标准化学势 (μ_{Al}°) 的偏离程度，取值范围为 (0, 1)。这个偏离程度与元素的浓度有关，也与该元素的逃逸能力有关。其中，衡量逃逸能力的活度

系数 γ_{Al} 定义为

$$\gamma_{\text{Al}}(T, x) = a_{\text{Al}}(T, x) / x \tag{4.2.4}$$

作为合金化元素, Al 在合金中的结合能会比在纯金属中高, 故 $a_{\text{Al}} < 1$。另外可以看到, 当 $T \to 0$ 时, $a_{\text{Al}} \to 0$, $\gamma_{\text{Al}} \to 0$; 当 $x \to 0$ 时, $\gamma_{\text{Al}}(T, x) \to \gamma_{\text{Al}}(T)$(Henry 定律)。

为计算稀浓度合金中的 a_{Al}, 可以假定其活度系数与浓度无关, 即 $\gamma_{\text{Al}}(T, x) \to \gamma_{\text{Al}}(T)$。进一步有

$$\mu_{\text{Al}}(T, x) - \mu_{\text{Al}}^{\circ}(T) = \Delta H(T) - T \Delta S(T) \tag{4.2.5}$$

这里, ΔH 和 ΔS 分别为合金中的单个 Al 原子与纯 Al 中的单个 Al 原子之间的焓差和熵差。其中熵差包括构型熵和非构型熵, 即 $\Delta S = \Delta S_{\text{conf}} + \Delta S_{\text{n-c}}$。在稀浓度合金中近似有 $\Delta S_{\text{conf}} = -k \ln x$, 而 $\Delta S_{\text{n-c}}$ 主要包括振动和热电子对熵差的贡献, 即 $\Delta S_{\text{n-c}} = \Delta S_{\text{vib}} + \Delta S_{\text{el}}$。

综合以上公式可以推导[14]

$$\gamma_{\text{Al}}(\text{T}) = \exp\left\{[\Delta H(T) - T \Delta S_{\text{n-c}}(T)]/(k_{\text{B}}T)\right\} \tag{4.2.6}$$

为求解式 (4.2.6), 须首先通过极小化体系的吉布斯自由能:

$$G(T, V) = H^{0\text{K}}(V) + G_{\text{vib}}(T, V) + G_{\text{conf}}(T, V) + G_{\text{el}}(T, V) \tag{4.2.7}$$

来确定平衡体积 $V^*(T)$[37]。具体而言, 针对一系列的体积 V, 分别计算相应温度下的振动自由能 G_{vib}、构型自由能 G_{conf} 和热电子的自由能 G_{el} [14,37]:

$$\begin{aligned}
G_{\text{vib}}(T) &= k_{\text{B}}T \ln\left(\prod_{q,\alpha} \frac{1}{e^{h\nu_{q,\alpha}/(k_{\text{B}}T)} - 1}\right) \\
&= \frac{1}{2}\sum_{q,\alpha} h\nu_{q,\alpha} + k_{\text{B}}T\sum_{q,\alpha} \ln\left(1 - e^{-h\nu_{q,\alpha}/(k_{\text{B}}T)}\right)
\end{aligned} \tag{4.2.8a}$$

$$S_{\text{vib}}(T) = -\frac{\partial G_{\text{vib}}(T)}{\partial T}\bigg|_V \tag{4.2.8b}$$

$$H_{\text{vib}}(T) = G_{\text{vib}}(T) + T S_{\text{vib}}(T) \tag{4.2.8c}$$

$$G_{\text{conf}}(T) = -kT\sum_i x_i \ln x_i \tag{4.2.8d}$$

$$H_{\text{el}}(T) = \int n(\varepsilon)f\varepsilon\mathrm{d}\varepsilon - \int^{\varepsilon_{\text{F}}} n(\varepsilon)\varepsilon\mathrm{d}\varepsilon\mathrm{d}\varepsilon \tag{4.2.8e}$$

$$S_{\text{el}}(T) = -k_{\text{B}}\int n(\varepsilon)[f \ln f + (1-f)\ln(1-f)]\mathrm{d}\varepsilon \tag{4.2.8f}$$

$$G_{el}(T) = H_{el}(T) - TS_{el}(T) \tag{4.2.8g}$$

其中，$\nu_{q,\alpha}$ 为布里渊区中波矢 q 的第 α 个声子模式的频率值，一般可由直接超胞法[38] 或者线性响应法[39,40] 近似计算。通过极小化公式 (4.2.7) 中的 $G(T, V)$，可以确定给定温度下固体的平衡体积 $V^*(T)$。基于 $V^*(T)$ 重复式 (4.2.8) 中的计算，可以得到在不同温度 T 下各组分和固溶体的焓和熵，从而确定式 (4.2.6) 中 $\Delta H(T)$ 和 $\Delta S_{n-c}(T)$，以及化学活度系数 $\gamma_{Al}(T)$。

稀浓度 Ni(Al) 合金中，基体元素的化学活度 a_{Ni} 完全不同于合金化元素的化学活度 a_{Al}，而接近纯 Ni 中的情况，即 $\gamma_{Ni} \to 1$ 和 $a_{Ni} \to x_{Ni}$(Raoult 定律)。两个组元的化学活度有一定的相关性，满足 Gibbs-Duhem 关系[41]：

$$x \mathrm{d} \ln a_{Al} + (1-x) \mathrm{d} \ln a_{Ni} = 0 \tag{4.2.9}$$

当 $x \to 0$ 时，可以进一步近似得到

$$\ln \gamma_{Ni} = [x/(1-x)]^2 \ln \gamma_{Al} \tag{4.2.10}$$

图 4.2.8 为第一性原理计算得到的 Ni-3%Al 合金中 Al 和 Ni 的活度系数[14]。与文献中的实验值比较后可以发现，在高温下计算值与实验值吻合较好；而在接近铝熔点 (T_M^{Al}) 时，Al 饱和蒸气分压的实验测定精度受到限制，Al 活度的实测值可信度不高。

热障涂层在制备及其实际服役过程中，BC 层镍基合金在 TGO 界面附近处的 Al 元素在择优氧化过程中被大量消耗，Al 的元素浓度会降至 1%～3%。根据图 4.2.8 计算的 Al 活度系数，我们可以估计给定温度下界面附近 Al 元素的大致活度。在图 4.2.6 的界面相图中，中间柱代表 Al 元素浓度为 1%～10% 时所对应的 Al 活度范围。至此，可以确定，$T=1300K$ 下界面平衡相应为富 Al 相，但也靠近理想化学配比相的相界。

2. 界面强度

不同制备环境条件下界面的形成能力不同，意味着热力学平衡下获得的界面结构也不同，对应的界面性能 (如界面结合强度) 也会不同。

图 4.2.9 所示为完全弛豫计算得到的三种 Cu(111)[110]//α-Al$_2$O$_3$(0001)[1010] 稳定界面结构[13,18]。计算得到各原子层间所对应的分离功 (W_{sep}) 相应标注在左侧。计算结果表明，对于理想化学配比相 (stoichiometric, $N_{Al}=(2/3)N_O$) 界面而言，O-top 型界面的界面能比 Al-top 和 hollow-top 型界面低很多，说明尽管在 Al$_2$O$_3$(0001) 面上的 O 原子可以获得单层 Al 原子的部分饱和，但仍会倾向于与界面上的 Cu 原子结合。态密度分析也表明，此界面的键合主要源于界面 Cu 原子在

O-top 位置的 d 轨道极化。由此形成的 O-top 型理想化学计量比界面,其界面强度是三种界面结构中最低的 (W_{sep} =0.95J/m²)。对于富 O 终端 (O-rich, $N_{Al} < (2/3)N_O$) 界面而言,hollow-top 型界面能最低,但与 Al-top 型界面相差不大。在界面附近的几层原子中,最弱的层间结合并不是发生在界面处,而是在 Cu 侧的第一层和第二层之间,且对应的分离功很高,W_{sep}=3.20 J/m²。而对于富 Al 终端 (Al-rich, $N_{Al} > (2/3)N_O$) 界面,O-top 型和 hollow-top 型的界面能相差非常小,且界面键合具有明显的金属键特性。类似富 O 终端界面,其最弱的层间结合并不是发生在界面处,而是在 Cu 侧的第一层和第二层之间,分离功为 2.78J/m²,与界面处的分离功 (W_{sep}=2.88J/m²) 相差不大。

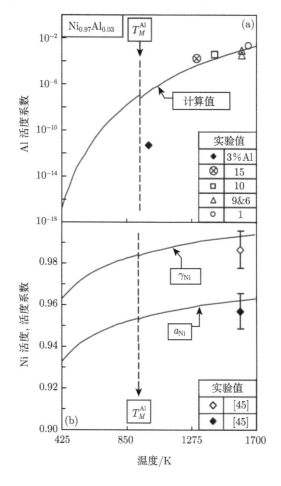

图 4.2.8 (a) 第一性原理计算得到的 Ni-3%Al 合金中 Al 的活度系数及其与实验值的比较:♦[42],⊗[43],□[44],△[45] 和 ○[46];(b) 相应计算得到的 Ni-3%Al 合金中 Ni 的活度和活度系数及其与实验值 (根据 1600K 下实测结果内插推算[45]) 的比较

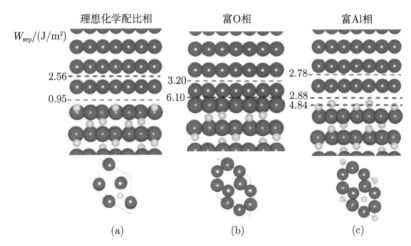

图 4.2.9　完全弛豫计算得到的 Cu(111)[110]//α-Al$_2$O$_3$(0001)[1010] 稳定界面结构[13,18]
(a)O-top 型的理想化学配比相界面；(b)hollow-top 型富 O 终端 (O-rich) 界面；(c)hollow-top 型富 Al
终端 (Al-rich) 界面。所计算的层间分离功 W_{sep} 标示在对应结构的左侧

图 4.2.9 的计算清楚显示，任何偏离理想化学计量比的 Cu/Al$_2$O$_3$ 界面 (富 O 或富 Al 型) 都可以获得比 Cu 基体更高的结合强度。在实际制备中，应尽量避免生成理想化学计量比的 Cu/Al$_2$O$_3$ 界面，其界面结合强度由于明显低于 Cu 基体的层间结合强度 (只有后者的约 40%) 而极有可能成为裂纹源。

4.2.3　界面强度计算的应用实例

1. 涂层界面的元素偏聚及其效应

作为第一个实例，我们将简略介绍如何将界面第一性原理计算应用于研究涂层界面的元素偏聚及其效应。如前所述，同样的基体，在不同生长条件 (温度和气氛) 下得到的涂层界面平衡相可能不同，合金或杂质元素对不同界面的偏析能力也自然不同，其影响和作用也相应不同。界面偏析能力可用偏析能来比较。从基体引入元素到界面的不同位置，计算前后总能的变化，即可得该元素针对某类界面某个特定位置的偏析能。比较同一元素在界面不同位置上的偏析能，可以确定该元素的偏析路径，而比较界面上同一位置不同元素的偏析能，可以确定元素间的偏析优先权。

针对热障涂层中的 Ni/α-Al$_2$O$_3$ 界面，计算得到以下偏析趋势的预测 (图 4.2.10)[15,16]：①对于理想化学配比相界面，杂质 S 有着强烈的界面偏析趋势。在界面的填隙位 (S$_I$) 和 Ni 置换位 (S$_{Ni}$)，杂质 S 相应的界面偏析能分别高达 1.55eV/atom 和 1.24eV/atom。不过，活性元素 Hf 有相对更大的偏析趋势，在 Al 置换位 (Hf$_{Al}$)、界面填隙位 (Hf$_I$) 和 Ni 置换位 (Hf$_{Ni}$)，Hf 相应的界面偏析能分别达到

1.74eV/atom、1.79eV/atom 和 1.29eV/atom。②对于富 Al 相的界面，S 的界面偏析趋势大大减小，在界面 Ni 置换位 (S_{Ni}) 和填隙位 (S_I)，S 的界面偏析能仅分别为 0.42eV/atom 和 0.18eV/atom，相对而言，Hf 依然具有稍大的偏析趋势，在 Al 置换位 (Hf_{Al}) 上偏析能为 0.66eV/atom。显而易见，在两类界面上，Hf 的界面偏析均优先于杂质 S，而杂质 S 能否在界面偏析，将不得不取决于先期抵达界面的 Hf 的偏析位置。

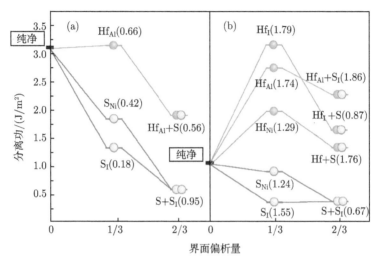

图 4.2.10　富 Al 相界面 (a) 和理想化学配比相界面 (b) 的界面分离功 (W_{sep})
随界面偏析量的变化[15,16]

界面偏析量以 Ni(111) 单层每 Ni 原子为单位，括号中数字代表对应的界面偏析能 (单位: eV/atom)

以理想化学配比相界面 (图 4.2.10(b)) 为例，如果 Hf 不存在，界面偏析的杂质 S 可以继占据 Ni 置换位 (S_{Ni}) 之后，再占据界面上的填隙位 (S_I)，体系总能进一步降低 0.67eV/atom。如果界面已有 Hf 存在，由于 Hf-S 在界面上仍存在较强的相互作用 (强于 Hf-Hf 在界面上的相互作用)，杂质 S 的偏析可以继续进行，在界面上出现所谓的 "共同偏析"(co-segregation) 现象，体系总能得以进一步降低。从图 4.2.10(a) 可以看到，类似的共同偏析也可以在富 Al 相界面上出现。界面偏析 (或共同偏析) 对界面强度的影响，可以通过直接计算相应的界面分离功，定量获知。

针对每一种偏析路径，我们可以通过一系列总能的计算，在对应的界面结构中寻找最弱的原子层间结合强度，定义即分离功 (W_{sep})，并以此表征元素偏析对界面结合强度的影响。界面分离功的计算结果可见图 4.2.10 和图 4.2.11[15,16]。

同一时期，美国伯克利国家实验室基于界面破坏/拖拽和 XPS 表面元素分析技术，独立开展了界面元素偏析效应的实验研究[11,12]，研究结果总结于图 4.2.12。

比较图 4.2.10 和图 4.2.12 可以发现，在经历了一系列从元素活度到界面相图再到界面偏聚的计算之后，第一性原理预测的界面元素偏析效应与实验结果吻合非常好。这里要注意的是，该实验研究中测得的界面强度由界面拖拽力间接表征，因此只具有相对比较的意义。相比之下，第一性原理计算不仅提供了界面强度的定量预测，而且为实测结果提供了清晰的理论解释，整个计算过程没有一个实验或经验性参数作为输入。

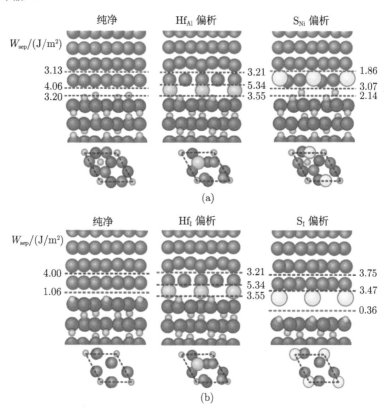

图 4.2.11　界面偏析对富 Al 相界面 (a) 和理想化学配比相界面 (b) 的结合强度 (W_{sep}) 的影响[15,16]

下方为相应的界面俯视图，以显示界面共格关系以及偏析元素在界面上的原子位置。图中 Ni、Al、O、Hf、S 原子分别用深蓝、绿、红、浅蓝和黄色标示

图 4.2.13 进一步比较了不同类型界面的基态电子密度云图[16]。由前面的计算结果已知，作为热力学平衡相的富 Al 相的纯净界面其实具有很高的界面结合强度 (W_{sep}=3.13J/m²)，约 3 倍于理想化学配比相界面。对比图 4.2.13(a) 和图 4.2.13(b) 可知，这是因为富 Al 相界面上形成很强的 Ni—Al 金属键，远强于理想化学配比相界面上的 Ni—O 键 (共价–离子混合键)。在这两类界面上，特别是在理想化学配比

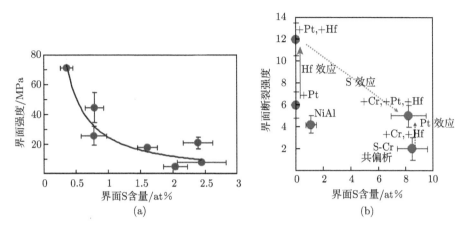

图 4.2.12　基于界面破坏/拖拽和 XPS 表面元素分析技术实测的界面元素偏析效应[11,12]

(a) 杂质 S 元素；(b) 合金化元素 Pt、Hf 和 Cr，这里实测的界面强度值只具有相对意义

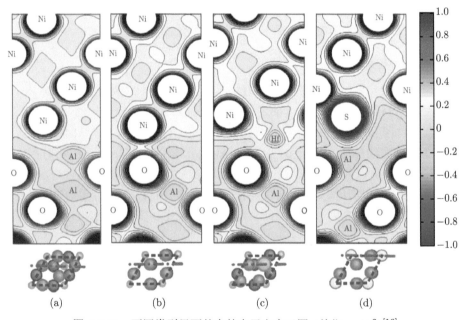

图 4.2.13　不同类型界面基态的电子密度云图 (单位：e/A³)[16]

(a) 富 Al 相界面，清楚可见界面两侧通过 Ni、Al 之间形成的金属键，提供较强的界面结合；(b) 理想化学配比相界面，界面两侧 Ni、O 之间形成共价离子混合键，提供较弱的界面结合；(c)Hf 在理想化学配比相界面上的填隙位偏析 (或在富 Al 相界面上的 Al 置换位偏析，两者等同)，直接参与界面成键，以强化界面；(d)S 在理想化学配比相界面上的填隙位偏析，将 Ni 与 Al₂O₃ 隔开，新形成的 Ni—S 共价离子混合键较强，而 S—O 共价键和 S—Al 离子键均较弱，使得界面在 S-Al₂O₃ 之间最容易发生脱黏。下方界面俯视图中的红色点划线代表各电子密度云图所截取的位置

相界面上, 杂质 S 对界面强度危害极大, 可降低界面分离功达 60%～70%(图 4.2.10 和图 4.2.11)。对比图 4.2.13(b) 和图 4.2.13(d) 可知, 由于 S 的界面偏析, 界面上原本还算较强的 Ni—O 键被较弱的共价键 S—O 键和更弱的离子键 S—Al 键替换 (图 4.2.13(d)), 导致界面弱化。而值得注意的是, 活性元素 Hf 强化界面的作用, 在相对较弱的理想化学配比相界面上, 表现得尤为明显 (图 4.2.10(b) 和图 4.2.11)。特别是当 Hf 偏析到填隙位置 (Hf_I), 可使 W_{sep} 提升 ~300%。这样惊人的强化效果源自于界面原子结构的改变: 理想化学配比相界面上的填隙位偏析 (Hf_I) 恰巧复制了富 Al 相界面上的 Al 置换位偏析 (Hf_{Al}) 界面原子结构。对应的界面电子密度云图 (图 4.2.13(c)) 清楚显示, 此时的 Hf 能够同时与界面两侧的 Ni 和 O 形成新键, 而且新键的键能远强于图 4.2.12(b) 中的 Ni—O 键, 接近图 4.2.11(a) 中的 Ni—Al 金属键, 从而使原本较弱的理想化学配比相界面的结合强度得到近 3 倍的提升, 达到富 Al 相纯净界面的理论结合强度。同时, 从图 4.2.10 中也可以看到, Hf 对界面的强化作用, 容易遭后续偏析的 S 破坏而抵消。因此, 对于这两类界面, Hf 和 S 的共同偏析都需要尽可能避免。只有设法将 S 有效地钉扎在基体中, 避免其在界面的偏析, 才有可能最大限度地发挥 Hf 的界面强化作用。

2. 界面结构演变及其制备科学

作为第二个实例, 我们将简略介绍如何将界面第一性原理计算方法应用于研究金属基复合材料 $Cu/(Al_2O_3)_p$ 的内氧化实际制备。

图 4.2.14 为第一性原理计算预测的 $T=1023K$ 下 Cu/Al_2O_3 界面相图的等温截面[18]。图中虚线柱代表 Cu(Al) 合金中 Al 元素浓度为 1%～10% 时所对应的 Al 活度范围。可以确定, $T=1023K$ 下界面平衡相应为富 Al 相, 但也靠近理想化学配比相相界。图 4.2.14 还清楚地显示, Cu/Al_2O_3 界面由富 Al 相界面向理想化学配比相界面, 或理想化学配比相界面向富 O 相界面发生转变, 对应的临界 Al 活度分别是

$$a_{\text{Al-rich-stoi}} = \exp\left(\frac{G^o_{\text{Al-rich}} - G^o_{\text{Stoi}} - 2\mu^o_{\text{Al}}}{2kT}\right) \tag{4.2.11a}$$

$$a_{\text{O-rich-stoi}} = \exp\left(\frac{G^o_{\text{Stoi}} - G^o_{\text{O-rich}} - 2\mu^o_{\text{Al}}}{2kT}\right) \tag{4.2.11b}$$

式中, $G_{\text{Al-rich}}$、G_{Stoi} 和 $G_{\text{O-rich}}$ 分别是富 Al 相、理想化学配比相和富 O 相界面模型的总自由能, μ_{Al} 指纯铝原子的化学势。类似式 (4.2.2), 临界 Al 活度可以换算成不同温度界面结构转变的临界氧分压。

进一步计算 Cu-Al-O 体系的热力学优势区位图, 结果见图 4.2.15[19]。该体系中除 Al_2O_3、CuO、$CuAlO_2$ 外, 还可能形成 CuO 和 $CuAl_2O_4$ 相, 但后两者所需氧

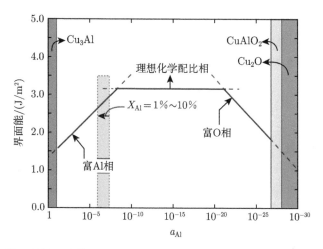

图 4.2.14 第一性原理计算预测的 $T=1023\text{K}$ 下 Cu/Al$_2$O$_3$ 界面相图的等温截面[18]

分压过高, 故在优势区位图中暂不予考虑。图 4.2.15 中的灰色柱标示给定温度下初始 Al 浓度 (1%～10%) 所对应的 Al 活度范围。由图 4.2.15 可以确定形成 Al$_2$O$_3$ 的下限氧分压 (e 点区域), 并可同时预测生成 CuAlO$_2$ 所需的氧分压, 也就是形成 Al$_2$O$_3$ 的上限氧分压 (b 点)。高于 a 点对应的氧分压, 内氧化会优先获得 Cu$_2$O 颗粒。只有将氧分压降低到 b 点以下, 才有可能获得 Al$_2$O$_3$ 颗粒, 且随氧分压逐渐降低, 将依次优先获得富 O 相、理想化学配比相和富 Al 相的 Al$_2$O$_3$ 颗粒。其中 c 和 d 点对应的氧分压由式 (4.2.11) 换算而来, 分别标示所获得的 Al$_2$O$_3$ 颗粒界面结构由富 Al 相向理想化学配比相或理想化学配比相向富 O 相发生转变的临界氧

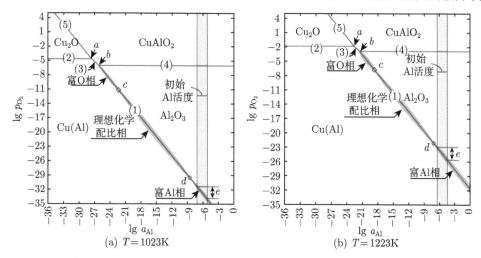

图 4.2.15 计算预测的 $T=1023\text{K}$(a) 和 $T=1223\text{K}$(b) 下 Cu(Al) 内氧化合金相组成的热力学优势区位图[19]

分压。低于形成 Al_2O_3 的下限氧分压，即 e 点对应的氧分压 (具体位置由合金中的初始 Al 浓度决定)，任何氧化反应都无法进行。

　　进一步地，将温度作为一个变量，考察各化学反应的平衡氧分压 (即图 4.2.15 中的各标志氧分压，点 a、e) 随温度的变化关系，可以得到对应的内氧化制备工艺图[19] (见图 4.2.16)。该图可用来预测不同内氧化工艺条件 (p_{O_2} 和 T) 下获得的不同界面相结构。为保证材料获得较优的整体力学性能和电导率，应尽量避免生成界面强度最弱的化学配比相。例如，为有利于生成界面强度较高的富 O 相 Al_2O_3 颗粒 (IV区)，可采用两种工艺选择路线：降低温度 (A→B) 或提高氧分压 (A→C)。实际应用中，应该尽可能选择提高内氧化时的环境氧分压，而保持相对较高的温度，因为较高的温度和环境氧分压 (A→C) 有助于提高 O 原子在合金基体中的扩散速率，Al_2O_3 颗粒也容易分布弥散。如果温度较低 (A→B)，O 原子扩散速率低，不利于内氧化的制备效率，同时对应的内氧化上限氧分压偏低 (b 曲线)，给实际制备过程中氧分压的准确控制带来困难。类似地，如果保持温度不变，选择降低环境氧分压 (II区)，或许有助于形成富 Al 相的 Al_2O_3 颗粒，其界面结合强度也很高，但由于过于靠近内氧化的下限氧分压 (e 曲线)，实际制备过程难以保证氧化反应能够充分、完全地进行。

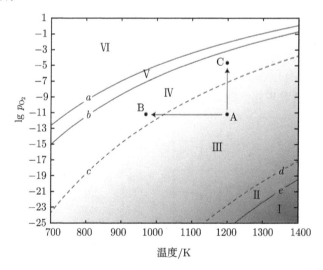

图 4.2.16　计算构建的 Cu(3% Al) 合金内氧化制备工艺图[19]
其中 I 区：Cu(Al)；II区：Cu(Al)+$Al_2O_{3[Al-rich]}$；III区：Cu(Al)+ $Al_2O_{3[Stoi]}$；IV区：Cu(Al) + $Al_2O_{3[O-rich]}$；V区：Cu(Al) + $Al_2O_{3[O-rich]}$ + $CuAlO_2$；VI区：Cu_2O + $Al_2O_{3[O-rich]}$ + $CuAlO_2$

　　通过第一性原理计算，我们已经充分揭示了界面结构与制备热力学条件的内在相关性。进一步结合扩散动力学，我们还可以直接预测材料界面在制备过程中的动力学演变，从而为材料制备和性能预测提供重要参考。在实际的工业生产中，常采用 Cu$_2$O 作为携氧剂原位内氧化 Cu(Al) 预合金粉末方法制备 Cu/(Al$_2$O$_3$)$_p$ 金属基复合材料。对于 Cu(Al) 预合金粉末颗粒而言，制备温度下环境氧分压应等同为体温度下 Cu$_2$O 的分解压，以 $T=1223$ K 为例，$p_{O_2}=1.75\times10^{-7}$ atm。图 4.2.17(a) 为先前得到的 $T=1223$K 下 Cu/Al$_2$O$_3$ 界面相图的等温截面。将 Al 活度通过环境氧分压和固溶度换算后，图 4.2.17(a) 实际反映的是界面平衡结构与内部局域氧原子浓度的对应关系。图 4.2.17(b) 为扩散动力学方程计算得到的同一温度下，材料内部局域氧原子浓度与内氧化反应时间 t 和内氧化深度 x 的对应关系。基于图 4.2.17(a) 和 (b) 的结果，我们可以预测任意内氧化时间 (比如 $t=32$h) 材料内部界面微观结构的实时分布 (见图 4.2.17(c))。很明显，在这样的制备条件下 ($T=1223$K，$p_{O_2}=1.75\times10^{-7}$atm，$t=32$h)，材料内部获得一种明显的梯度界面结构。其中距离表面深度为 ~700 μm 以内，以富氧的 Al$_2$O$_3$ 和 CuAlO$_2$ 析出为主；700~1100μm 深度范围，以富氧的 Al$_2$O$_3$ 析出为主。氧化区前沿停止在 1100μm 深度左右，形成极薄的一层化学计量比 Al$_2$O$_3$ 析出带，带厚只有 10~20μm，由图 4.2.17(b) 所预测的氧化区前沿氧原子浓度出现急剧下降相对应。化学计量比 Al$_2$O$_3$ 相与基体界面结合很弱，造成材料在 1100μm 深度附近出现裂纹的概率较大。

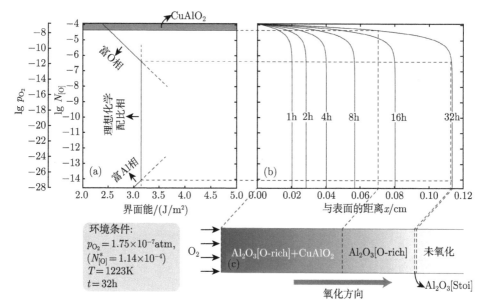

图 4.2.17 第一性原理界面组合计算预测的 Cu/(Al$_2$O$_3$)$_p$ 金属基复合材料在内氧化制备中内部相组成的演变[19]

(a)$T=1223$K 时界面相图的等温截面；(b) 采用 Cu$_2$O 为携氧剂时，不同氧化时间对应的 Cu 基体内部氧原子浓度的深度分布；(c) 氧化时间 $t=32$h 时材料内部相组成及其分布以上将扩散动力学与第一性原理界面热力学相结合的计算分析方法, 我们称之为第一性原理界面组合计算研究方法, 可同样应用于指导 Ag 基工业电触头合金内氧化制备工艺的科学设计[21,22]。图 4.2.18 为第一性原理界面组合计算预测的空气环境条件下 Ag/(SnO$_2$)$_p$ 工业电触头合金在内氧化制备过程中内部相组成的演变[22]。其中, 计算预测的 T=973K 下和空气环境 (氧压 =0.21atm) 中内氧化 48h 的氧化区深度 (图 4.2.18(c)), 与实验观察的结果 (图 4.2.18(d)) 较为吻合 (∼ 675μm)。虽然界面原子结构的变化尚难以直接观察, 但据计算结果可以预见, 在氧化区和未氧化区交界处, 原位生成的 SnO$_2$ 颗粒界面会存在一个从理想化学配比相结构到富 Sn 结构的突变。这种界面原子结构上的变化, 用 X 射线物相分析显然是不可能直接观测到的, 但同样会导致合金性能上的差异, 值得制备和表征科学家的重视。第一性原理计算研究显示[21], 理想化学配比相界面的结合强度本来不高 (W_{sep}=1.48J/m^2), 而富

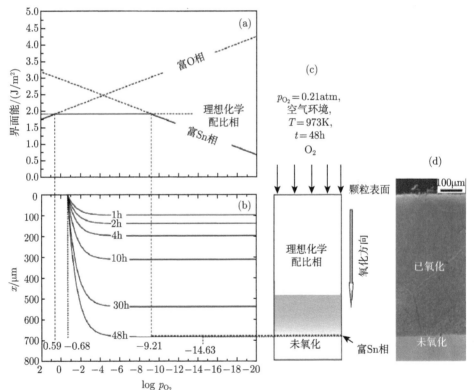

图 4.2.18   第一性原理界面组合计算预测的空气环境条件下 Ag/(SnO$_2$)$_p$ 工业电触头合金在内氧化制备过程中内部相组成的演变[22]

(a)T=973K 时界面相图的等温截面; (b) 环境空气中氧化制备, 不同氧化时间对应的 Ag 基体内部氧原子浓度的深度分布; (c) 氧化时间 t=48h 时材料内部相组成及其分布; (d) 同一制备工艺条件下实验观察到的氧化区深度为 ∼675μm

Sn 型界面结合强度最弱 (W_{sep}=0.86J/m² [21]), 这就意味着, Ag/(SnO₂)$_p$ 工业电触头合金内部的氧化/未氧化区交界处, 将是裂纹源高发区域。

增压氧化是内氧化制备电触头合金的日本专利技术。图 4.2.19 为 T=873K 下和增压环境 (氧压 =3atm) 中内氧化 12h, 计算预测的氧化区深度与实验观察较为吻合 ($\sim$ 350μm)。相比于图 4.2.18(c) 中的情形, 合金从表层到中心, SnO₂ 界面会存在一个从富 O 相到理想化学配比相再到富 Sn 相结构的梯度渐变。表层是界面强度最高的富 O 型界面 (W_{sep}=2.8J/m² [21]), 接下来是界面强度减半的理想化学配比相界面 (W_{sep}=1.48J/m² [21]), 而在氧化/未氧化区交界处出现界面结合最弱的富 Sn 型界面 (W_{sep}=0.86J/m² [21])。界面原子结构上的梯度渐变, 对应界面强度的梯度渐变, 这通常是不利的。掌握渐变的规律, 有助于科学设计粉末粒径和制备工艺,

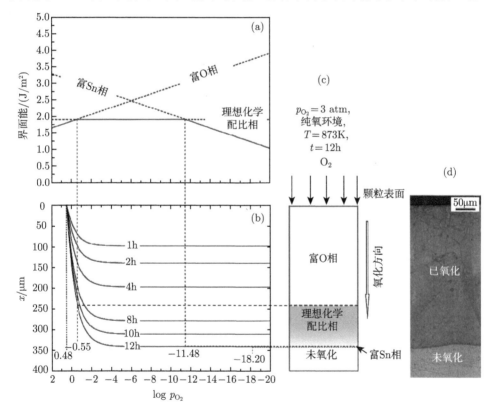

图 4.2.19　第一性原理界面组合计算预测的增压环境条件下 Ag/(SnO₂)$_p$ 工业电触头合金在内氧化制备过程中内部相组成的演变[22]

(a)T=873K 时界面相图的等温截面; (b) 氧压为 3atm 下, 不同氧化时间 Ag 基体内部氧原子浓度的深度分布; (c) 氧化时间 t=12h 时材料内部相组成及其分布; (d) 同一制备工艺条件下实验观察到的氧化区深度为 $\sim$350μm

比如, 无论采用传统的空气内氧化还是增压内氧化工艺, 首先都应确保颗粒内部氧化充分。针对不同粉末粒径分布, 应该设计有不同的制备工艺, 避免氧化不完全而导致未氧化区的大量存在。

4.2.4　界面断裂韧性

界面断裂韧性很难通过实验方法直接测量。本小节以较弱的理想化学配比相界面为例, 综述基于第一性原理预测 Ni/α-Al$_2$O$_3$ 界面断裂韧性的策略方法[47]。这里, 密度泛函理论将再次被应用, 来计算界面两侧原子层在不同断裂模式下 (Mode I, II 和 Mixed Mode) 发生相对偏移所引发的体系总能变化, 由此求得相应拽引力–位移关系, 通过拟合得到界面势函数, 并结合内聚力模型 (cohesive zone model), 对沿界面的不同晶体学取向 (Ni[110] 和 [112]) 的稳态断裂展开弹塑性有限元模拟, 计算界面韧性与模式混合度 (mode mixity) 及不同晶体学断裂取向的相关性。

1. 计算方法

界面原子模型采用强度较弱的理想化学配比相界面, 有关界面的计算方法见 4.2.1 节。计算体系总能时, 在界面两侧原子层预先引入相对偏移量 δ。相对偏移的方式由断裂模式决定, 分法向 (Mode I)、切向 (Mode II) 和 45° 方向 (Mixed Mode) 三种。在弛豫计算中, 上下半体的相对偏移量固定, 只留最临近界面的 2 层 Ni、2 层 O 和 4 层 Al 原子全自由度移动, 在 Hellmann-Feymann 力作用下自行收敛到平衡态。针对一系列相对偏移量, 反复计算体系总能, 直到总能不再变化 (Mode I) 或完成一个总能变化周期 (Model II), 由此得到的总能–位移曲线 $W(\delta)$, 经过求导转化成相应的拽引力–位移关系 $T(\delta)$(参见图 4.2.20)。

从微尺度的电子密度泛函计算得到的总能–位移曲线, 到推导出界面宏观韧性, 借助的桥梁是界面势函数。考虑到界面断裂模式的复杂性, 理想的界面势函数应该是统一化的, 可以准确描述任意加载模式; 且完全基于第一性原理计算结果, 而不需要借助任何实验性或经验性的待定参数。参考先前的研究[48-52], 我们可以把这个统一化的界面势函数表达成

$$W\left(\delta_1, \delta_2\right) = W_{\text{sep}} \left\{ 1 - \left(1 + \frac{\delta_2}{\hat{\delta}}\right) \exp\left(-\frac{\delta_2}{\hat{\delta}}\right) \right.$$
$$\left. + f\left(\delta_1\right) \left[1 + (1 + \beta)\frac{\delta_2}{\hat{\delta}}\right] \exp\left(-\frac{\delta_2}{\hat{\delta}}\right) \right\} \tag{4.2.12}$$

其中, δ_2 和 δ_1 分别为界面沿法向和切向的相对位移量, $\hat{\delta}$ 为法向拽引力峰值所对应的法向位移, β 和 $f(\delta_1)$ 分别为扩胀系数 (dilatation coefficient) 和切向拽引力–位

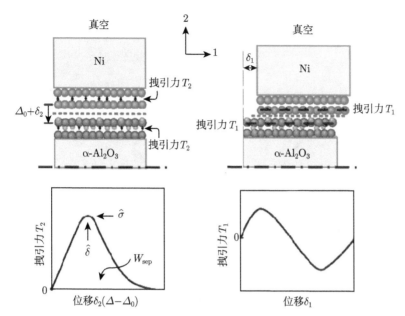

图 4.2.20　计算拽引力–位移关系用的界面模型，显示相应于 Mode I (拉伸) 和 Mode II
(剪切) 的两种相对偏移方式，以及典型的拽引力–位移关系 $T(\delta)$
图中 Δ_0 为初始平衡条件下的界面间距

移关系曲线的形状函数。这两个系数和函数可以依据式 (4.2.13) 完全由第一性原理
密度泛函计算获得的拽引力–位移关系曲线拟合获得。一旦这个统一化的界面势函
数得到确定，用它计算得到的拽引力将直接作为有限元计算的输入。

$$T_1 \equiv \frac{\partial W}{\partial \delta_1} = W_{\text{sep}} \frac{\mathrm{d} f\left(\delta_1\right)}{\mathrm{d} \delta_1} \left[1 + (1+\beta)\frac{\delta_2}{\hat{\delta}}\right] \exp\left(-\frac{\delta_2}{\hat{\delta}}\right) \tag{4.2.13}$$

$$T_2 \equiv \frac{\partial W}{\partial \delta_2} = \frac{W_{\text{sep}}}{\hat{\delta}} \left[\frac{\delta_2}{\hat{\delta}} - \left((1+\beta)\frac{\delta_2}{\hat{\delta}} - \beta\right) f\left(\delta_1\right)\right] \exp\left(-\frac{\delta_2}{\hat{\delta}}\right) \tag{4.2.14}$$

　　由密度泛函方法计算界面纯拉伸断裂模式 (Mode I) 的拽引力，在文献中已
不鲜见。典型的拉伸模式下拽引力–位移关系可参见图 4.2.20。相对而言，纯剪切模
式 (Mode II) 的拽引力计算较少，而混合模式 (Mixed Mode) 还未见报道。我们的
纯剪切和混合模式计算将沿两个晶体学方向进行 (参见图 4.2.21)：①[110]，Ni(111)
上的 Burgers 矢量方向，界面沿该方向的纯剪切具有最小的结构 (或能量) 重复周
期，但界面结构因缺少对称性而受弛豫的干扰较大；②[112]，代表较大的结构 (或
能量) 重复周期，但因为存在镜面对称而受弛豫的干扰最小。我们将通过计算，比
较这两个不同晶体学方向上的断裂韧性。

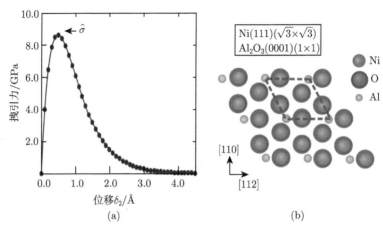

图 4.2.21　(a) 第一性原理计算得到的断裂模式 I 的拽引力-位移关系；(b) 断裂模式 II 中的两个晶体学方向

2. 拽引力

用密度泛函计算的 $Ni/\alpha-Al_2O_3$ 界面纯拉伸断裂模式的拽引力 $T_2(\delta_1=0)$ 结果可见图 4.2.21(a)，由此可得决定界面势函数 (方程 (4.2.12)) 的两个重要物理量：$\hat{\sigma}=8.3GPa$，$\hat{\delta}=0.5Å$。从 4.2.1 节已知，该界面分离功 $W_{sep}=1.13J/m^2$。

纯剪切断裂模式 (Mode II) 的拽引力计算的任务为确定界面势函数 (方程 (4.2.12)) 中的另外两个参数：形状函数 $f(\delta_1)$ 和扩胀系数 β。为考察边界约束的影响，我们的纯剪切计算将考虑两个极端的约束条件：①法向约束纯剪切，即 $\delta_2=0$；②法向无约束纯剪切，即 $T_2=0$。前者的结果用于确定界面势函数，而后者结果则只用于比较和讨论。图 4.2.22 显示密度泛函计算得到的沿 [112] 和 [110] 方向的法向约束和法向无约束纯剪切的切向拽引力-位移关系，以及由法向约束引发的法向力随位移的关系。首先值得注意的是，无论沿哪个方向剪切，法向约束条件对切向拽引力-位移的计算结果的影响不大 (对峰值的影响 <5%)。相对而言，法向约束条件对 [110] 方向的剪切影响稍大，应该是与界面结构缺少镜面对称性而受弛豫影响较大有关。其次，由法向约束所引发的法向力相当大，与切向拽引力接近，峰值均在 6GPa 左右。

3. 界面势函数

法向约束条件下，$\delta_2 = 0$，界面势函数和拽引力的表达式 (方程 (4.2.12) 和方程 (4.2.13)) 将退化成

$$W = W_{sep}f(\delta_1), \quad T_1 = W_{sep}\frac{\mathrm{d}f(\delta_1)}{\mathrm{d}\delta_1}, \quad T_2 = \beta\frac{W_{sep}}{\hat{\delta}}f(\delta_1) \qquad (4.2.15)$$

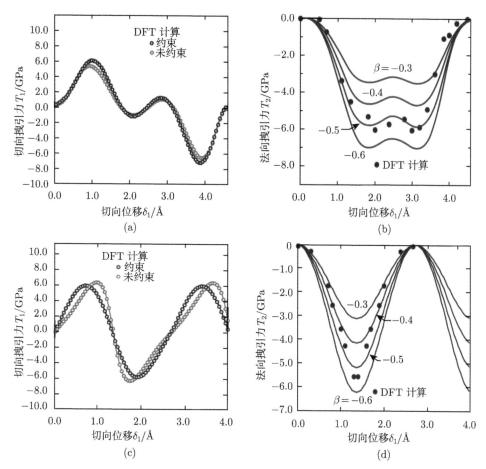

图 4.2.22 计算得到的沿不同晶体学方向剪切 (Mode II) 的拽引力–位移关系

(a) 沿 [112] 方向剪切的切向拽引力–位移关系和 (b) 法向约束条件下的法向拽引力–位移关系；(c) 沿 [110] 方向剪切的切向拽引力–位移关系和 (d) 法向约束条件下的法向拽引力–位移关系。无约束剪切的计算结果也包括在 (a) 和 (b) 中，以便比较和讨论约束的影响。(a) 和 (b) 中对切向拽引力的拟合可以确定 $f(\delta_1)$

我们首先根据图 4.2.19(a) 和 (c) 中的计算结果，确定形状函数 $f(\delta_1)$(以高阶傅里叶级数形式逼近)，再结合图 4.2.19(b) 和 (d) 中的计算结果，确定扩胀系数 $\beta(=-0.5)$。一旦界面势函数完全确定，我们用它直接计算出法向无约束纯剪切 ($T_2 = 0$) 的切向拽引力–位移关系，与图 4.2.22(a) 和 (c) 中密度泛函的计算结果比较，就可以评估该界面势函数的质量。评估势函数质量的另一个途径 (可能更贴近应用实际) 是计算其混合模式下的拽引力–位移关系，将之与相应的密度泛函的计算结果比较。

用密度泛函计算混合模式，我们选择 45° 相位角，对界面原子模型的上下半体施加相对偏移量: $\delta_1 = \delta_2 = \delta_{45}/\sqrt{2}$, 充分弛豫最近邻界面的若干原子层, 计算相应的总能随位移的变化 $W_{45}(\delta_{45})$, 进而求导转化成 $T_{45}(\delta_{45})$, 以 [112] 方向为例, 计算结果与界面势函数 ($\beta=-0.5$) 预测的结果比较于图 4.2.23。可以看到, 两项计算的结果比较接近, 拽引力的峰值相差较小 (约 10%), 而峰值对应的位移非常接近; 两种方式得到的界面分离功 (即 $T_{45}(\delta_{45})$ 曲线下方的面积) 也几乎完全相等。由此可以推断, 我们所获得的界面势函数质量较高。同时值得注意的是, 混合模式 (45°) 和拉伸模式 (Mode I) 的界面分离功 (图 4.2.21(a)) 也几乎完全相等, 主要原因是, 在忽略界面位错和原子交换的前提下, 沿界面的纯剪切因为界面结构的周期性, 并不改变总能, 因此对界面分离功无实际贡献。

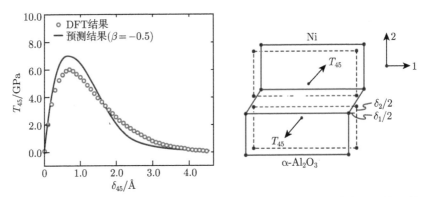

图 4.2.23　DFT 计算得到的沿 [112] 方向 45° 混合模式的拽引力与界面势函数所预测的结果比较

4. 界面断裂韧性

前面获得界面势函数和由其得到的拽引力–位移关系, 可作为有限元计算的输入, 结合已有的跨尺度韧性模型预测界面韧性[53]。以高温热障涂层系统为例, 由对某种基体合金性能的测定可知[54]: 杨氏模量 $E_{\text{Ni}}= 170\text{GPa}$, 泊松比 $\nu =0.3$, 屈服强度 $\sigma_{\text{Y}} = 700\text{MPa}$, 指数应变强化系数 $N=0.2$。塑性尺度效应 (plasticity length scale) $l=50\text{nm}$[55](塑性尺度效应, 以及如何应用于韧性模型的塑性本构关系的有关详细描述, 可参见文献[53,56])。表征 Ni 基体合金的裂纹前缘塑性区的另一个尺度参数:

$$R_0 = \frac{1}{3\pi(1-\nu^2)}\frac{E_{\text{Ni}}W_{\text{sep}}}{\sigma_{\text{Y}}^2} \qquad (4.2.16)$$

对于较弱的理想化学配比相界面, $R=46\text{nm}$, $\hat{\sigma}/\sigma_{\text{Y}}=11.9$ 和 $l/R \cong 1$[53]。进而界面韧性 $\varGamma_{\text{ss}}$ 可以用 F 函数表述[50,53,56]:

$$\varGamma_{\text{ss}} = W_{\text{sep}}F\left(\frac{\hat{\sigma}}{\sigma_{\text{Y}}},\frac{\ell}{R_0},\psi\right) \qquad (4.2.17)$$

这里，F 函数描述的是，在微尺度下计算界面分离功时无法考虑或包含但又与韧性相关的主要因素对稳态裂纹扩展的影响。Γ_{ss} 是裂纹扩展对应的临界能量释放率。利用基于密度泛函计算的界面势函数计算拽引力，结合跨尺度的界面韧性方程 (方程 (4.2.17))，有限元的计算结果可见图 4.2.24。在纯拉伸模式 ($\psi=0°$) 下两个取向的计算结果略有不同，可归因于弹性非对称造成界面裂纹尖端在 Ni 侧产生的塑性剪切[57]。同样的原因，混合模式的韧性曲线关于 $\psi=0°$ 也不对称。随加载模式趋近纯剪切，Γ_{ss} 相对于微尺度下计算的界面分离功成倍放大，也是 Ni 侧塑性耗散的结果。[110] 和 [112] 两个方向上 Γ_{ss} 的总体差异不大，对应于它们的剪切拽引力–位移关系曲线 (图 4.2.18(a) 和 (c)) 在各自峰值的前一段的相似性，因为方程 (4.2.13) 中的拽引力主要受指数项 $\exp(\delta_2/\hat{\delta})$ 影响，而受峰值后的形状由 $f(\delta_1)$ 决定的影响较小。

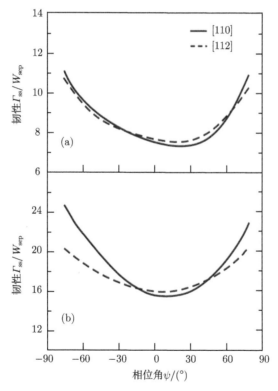

图 4.2.24 界面混合模式韧性

其中界面势函数由第一性原理密度泛函计算确定，跨尺度韧性模型中的有关系数确定见文中介绍。(a)Ni 合金裂纹前缘塑性区参数：$\sigma_Y=700$MPa，$R=46$nm，$l/R=1$；(b) 降低 Ni 合金屈服强度到 600MPa，对于不同混合加载模式，均有利于界面韧性的提升

降低 Ni 基合金的屈服强度 (从 700MPa 降到 600MPa)，其他一切物理参数不

变，重新计算的结果见图 4.2.24(b)。虽然屈服强度只降低了大约 15%，但对于几乎所有模式混合度 (即混合模式相位角)，界面韧性都有成倍的提高，这主要是影响了方程 (4.2.16) 中 $\hat{\sigma}/\sigma_{\rm Y}$ 一项 (从 11.9 提高到 13.8，虽然 l/R。从 1.0 随之降低到 0.73)。由此可见，界面强度 $(W_{\rm sep}, \sigma_{\rm Y}, \hat{\sigma})$ 是影响界面韧性的重要因素，它不仅直接决定着界面分离所需能量的高低 $(W_{\rm sep})$，也直接影响到 Ni 侧塑性耗散的大小 $(\sigma_{\rm Y})$，同时也决定着裂纹扩展所需微应力累积的程度 $(\hat{\sigma})$。若界面裂纹尖端微应力的累积低于 $\hat{\sigma}$，该裂纹依然不能扩张。

图 4.2.25 为第一性原理和有限元组合计算预测的界面结构与界面韧性 (Mode Ⅰ) 的相关性。平衡条件下获得纯净的富 Al 型界面韧性较高 (40J/m²)，但纯净的理想化学配比相界面韧性较低，小于 10J/m²。界面元素偏聚影响断裂过程的界面峰值应力和界面分离功，进而影响界面韧性。以 Hf 为例，其在理想化学配比相界面上的偏聚结构，完全等同于纯净的富 Al 型界面结构，从而提升界面分离功近 3 倍，根据图 4.2.25 所示关系，可相应提高界面韧性 5 倍左右。

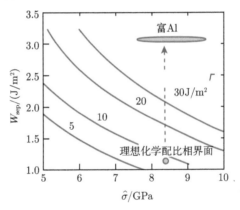

图 4.2.25 第一性原理和有限元组合计算预测的界面结构与界面韧性 (Mode Ⅰ) 的相关性
其中曲线代表有限元方法基于第一性原理确定的界面参数计算预测的界面韧性，填色区域为第一性原理计算的不同界面结构对应的界面分离功和界面峰值应力

4.2.5 界面诱发晶构转变

随着科学技术的不断发展，高分辨电子显微镜、扫描隧道显微镜、电子能量损失谱 (EELS)、原子探针场离子显微镜、实时 X 射线衍射、聚焦离子束切割等先进实验表征和制样技术不断涌现和成熟，能够从不同层面对异质界面开展原子尺度的直接观察，也由此发现了很多新的实验现象。例如，采用低能电子衍射 (LEED)[58] 和表面扩展 X 射线吸收精细结构[59] 等研究 fcc/bcc 异质相界面结构时发现，界面一侧附近 2~4 个原子层的 fcc 相常常存在明显的晶构转变。在 Fe/Ni 多层气相原子沉积实验中[60]，实时 X 射线衍射观察发现，Fe 基体上的 Ni 沉积层出现了 bcc

和 fcc 两种结构的衍射峰，且在 Ni 沉积层内部晶构变化呈渐进的特点。对于 Fe、Ni 这样的磁性材料，界面附近晶体结构的改变还常常会伴随磁畴变化，以致界面磁学性质和器件功能的改变。另外，Ni 也经常作为耐蚀耐磨层包覆到 Fe 基体上[61]，如果界面出现晶构转变，会直接影响到界面强度乃至整个涂层的可靠性。

fcc/bcc 界面虽然是一种常见的异质相界面，但对其晶构转变机制的研究甚少。本小节基于第一性原理密度泛函理论计算，以共格的 Fe/Ni 异质相界面为例，对实验所观察到的界面诱发晶构转变现象开展初步的理论研究。通过控制变量法，对可能影响界面晶构转变的若干因素（界面原子层数、界面应变、原子磁矩等）逐一进行计算考察，为阐明异质界面诱发晶构转变机制提供理论基础。本小节的研究主要由以下几个部分组成：①缺陷热力学建模结合第一性原理总能计算，确定具有能量学优势的 Fe/Ni 共格界面位向关系；②基于该位向关系，进一步计算确定具有能量学优势的界面精细原子结构；③通过控制变量法，计算和讨论 Fe/Ni 共格界面晶构转变的主要诱发机制。

1. 界面精细原子结构

基于最低能量表面的原则构建 Fe(110)/Ni(111) 共格界面，最常见的位向关系为 Ni(111)//Fe(110)，Ni[1$\bar{1}$0]//Fe[1$\bar{1}$1](K-S 型)。我们进一步考察具有 K-S 型位向关系的不同共格应变类型。在气相沉积制备薄膜材料的实验中，沉积层与基体之间的界面应变，主要受到基体晶格的影响。如果不考虑共格应变，具有 K-S 型关系的界面两侧原子会形成一种随机性的界面结构 (图 4.2.26)。这样的无序 K-S 型界面类似失效的脱黏界面，界面等同于两个不相干的自由表面，由化学键合提供的界面结合强度几乎为零，故不应在本小节的研究范围。

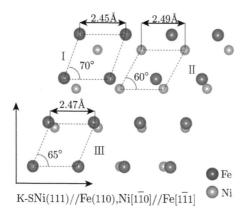

K-S Ni(111)//Fe(110),Ni[1$\bar{1}$0]//Fe[1$\bar{1}$1]

图 4.2.26 具有 K-S 型关系的 Fe(110)/Ni(111) 随机结构界面和三种典型的共格匹配模式（I，II和III）

当异质相能够克服晶格失配而形成共格界面时，界面原子的共格匹配可能通过以下几种典型方式实现。①模式Ⅰ：Ni(111) 表面层原子经历较大变形，去匹配无应变的 Fe(110) 晶格；②模式Ⅱ：Fe(110) 表面层原子经历较大变形，去匹配无应变的 Ni(111) 晶格；③模式Ⅲ：两种晶格各自经历相对较小的变形，形成共格界面。这三种典型的界面共格匹配模式对应的界面应变分别为：应变Ⅰ (Strain Ⅰ)，$\varepsilon_{Fe[111]}=-1.6\%$，$\gamma_{Fe(110)}=-17.6\%$；应变Ⅱ (Strain Ⅱ)，$\varepsilon_{Ni[110]}=1.6\%$，$\gamma_{Ni(111)}=17.6\%$；应变Ⅲ (Strain Ⅲ)，$\varepsilon_{Ni[110]}=0.8\%$，$\gamma_{Ni(111)}=8.8\%$，$\varepsilon_{Fe[111]}=-0.8\%$，$\gamma_{Fe(110)}=-8.8\%$，其中 ε 和 γ 分别表示某一晶向上的主应变和某个面上的剪切应变。图 4.2.26 中虚线框分别代表这三种应变模式下可能形成的最小可重复的界面共格单元。

Fe(110)/Ni(111) 共格界面的构建，除了应变模式的不同，还需进一步考虑界面原子的配位关系。垂直于界面方向，界面一侧的 Fe(110) 以 bcc 晶型 ABABAB 方式堆垛，另一侧的 Ni(111) 以 fcc 晶型 ABCABCABC 方式堆垛。而在界面上，可以考虑三种典型高对称性的界面原子配位类型，即相对于 Fe(110) 面上的 Fe 原子，Ni(111) 面的 Ni 原子可能处于其顶位 (top)、桥位 (bridge) 和洞位 (hollow)。三种共格匹配模式结合三种配位类型，可以构建九种可能的界面结构模型。图 4.2.27 为计算采用的界面超胞，均采用三明治结构和周期性边界条件设置，真空层设定为至少 10Å。通过对九种界面超胞的计算，最终确定界面精细原子结构和相应形成能。

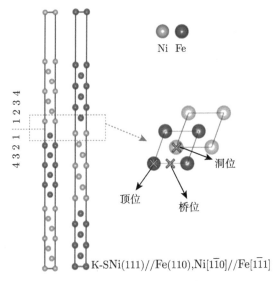

图 4.2.27　分别以 Ni 或 Fe 为基体构建 K-S 型关系的 Fe(110)/Ni(111) 共格界面超胞

以 Fe(110) 为参照，符号 × 标注 Ni(111) 原子所处的三种高对称性界面配位类型。界面附近的原子层从界面向体相内部用序号依次标注

2. 界面能及晶构转变

无论何种界面结构,通过缺陷热力学总可以把界面能的计算公式表达为

$$\gamma = \frac{1}{2A}(E_0 - N_{\mathrm{Ni}}\mu^{\circ}_{\mathrm{Ni}} - N_{\mathrm{Fe}}\mu^{\circ}_{\mathrm{Fe}}) \tag{4.2.18}$$

式中, A 为界面超胞中所包含的界面面积; E_0 为界面超胞的总能; μ_i 和 N_i 分别表示超胞内各组成元素的标准化学势 (即单位原子自由能) 和原子个数。由于界面超胞的构建包含了共格应变, 而对各元素标准化学势的计算都将不考虑应变, 通过式 (4.2.17) 计算得到的界面能将包含应变能的贡献, 这样以便于讨论应变能对界面结构稳定性的影响。表 4.2.1 为计算得到的不同应变模式和配位类型的 Fe(110)/Ni(111) 共格界面能。由表 4.2.1 可知, 无论哪种应变模式, 以洞位配位构建的 Fe(110)/Ni(111) 共格界面能总是最低的, 这一结果与 Lu 等[62] 对类似的 Fe/Ag 异质界面的计算预测一致。

表 4.2.1 不同应变模式和配位类型的 Fe(110)/Ni(111) 共格界面能

界面模型	$\gamma/(\mathrm{J/m^2})$		
	顶位	桥位	洞位
Strain I	2.43	2.21	1.96
Strain II	2.15	1.84	1.56
Strain III	2.04	1.73	1.24

为方便讨论共格应变对界面诱发晶构转变的可能作用, 我们先考察应变量较大的共格模式 I 和 II, 以突出应变的作用并兼顾计算效率。基于共格模式 I 和 II, 分别选择以 Fe、Ni 为基体构建了四个三明治型界面模型: Fe/Ni/Fe(Strain I)、Ni/Fe/Ni(Strain I)、Fe/Ni/Fe(Strain II) 和 Ni/Fe/Ni(Strain III)。完全弛豫得到的界面结构见图 4.2.28。

Strain I 模式下, 为匹配无应变的 Ni(111) 晶格以形成 K-S 关系的共格界面, 界面处 Fe(110) 层原子上经历了较大的切应变 ($\gamma_{\mathrm{Fe}}=-17.6\%$), 但如图 4.2.28(a) 所示, 未发生界面晶构变化, 界面处的 Fe(110) 层仍然能够保持其原有的 bcc 堆垛方式。Strain II 模式下, 为匹配无应变的 Fe(110) 晶格形成共格界面, 界面处 Ni(111) 层原子上经历了同样大小的切应变, 如图 4.2.28(b) 所示, 却发生了晶构转变。从图 4.2.28(b) 可以看到, 无论是否以 Ni(111) 为基体, 界面 Ni 层原子在较大的切应变下 ($\gamma_{\mathrm{Ni}}=17.6\%$), 堆垛由原来的 fcc 方式自动转变成 bcc 方式。根据 Strain III 模式重新构建的 Ni/Fe/Ni 和 Ni/Fe/Ni 界面超胞, 完全弛豫计算后得到的界面结构, 与 Strain II 模式结果完全一样, 见图 4.2.28(b)。说明当应变量减少到 8.8% 时, 界面 Ni 层原子仍然可以发生同样的 fcc→bcc 晶构转变。据此可以初步判断, 诱发界面 Ni 层发生晶构转变可能存在临界应变量。当在 Fe(110) 基体上气相生长 Ni 薄

膜，或者在 Ni(111) 基体上气相生长 Fe 薄膜时，形成的 Fe(110)/Ni(111) 共格界面的应变已经超过临界应变量，诱发了界面附近的 Ni 层发生晶构转变，形成具有 bcc 堆垛结构的 Ni 相，而 Fe 相仍然能维持 bcc 结构不变。

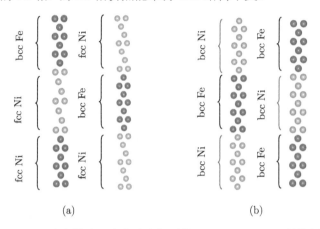

(a)   (b)

图 4.2.28   不同应变模式下完全弛豫得到的 Fe(110)/Ni(111) 共格界面结构

(a)Strain Ⅰ；(b)Strain Ⅱ (或Ⅲ)

以上计算结果，已经为我们展示了特定的界面共格应变，可以诱发晶构转变，但这一转变是否可以不依赖于界面的存在，而只与 Ni(111) 原子层所受应变有关？诱发晶构转变的临界变形量大致为多少？为回答这些问题，我们在界面超胞中移除所有的 Fe 原子层，替换以不同层数的 Ni(111) 原子，对超胞施加不同大小的切应变 ($\gamma=0\%$，3%，5%，8%，10%)，并采用完全相同的计算参数重新进行全弛豫计算，计算结果如表 4.2.2 所示。可以看到，当界面并不存在时，只要 Ni(111) 表面原子层所受切应变 γ 增加到 5% 时，即接近 Strain Ⅲ对应的应变量时，Ni(111) 层原子会发生晶构转变，从 -ABCABCA- 的 fcc 堆垛方式自发转变为 -ABABAB- 的 bcc 堆垛方式。可以确定，诱发 Ni(111) 层原子发生晶构转变的临界变形量应在 $3\%\sim5\%$。对 Fe(100) 原子层重复相同的计算，始终没有发现晶构转变的现象。

表 4.2.2   不同应变下 Ni(111) 晶格的稳定性

层数	γ				
	0%	3%	5%	8%	10%
7	fcc	fcc	bcc	bcc	bcc
10	fcc	fcc	bcc	bcc	bcc
13	fcc	fcc	bcc	bcc	bcc
16	fcc	fcc	bcc	bcc	bcc

不同应变下 Fe/Ni 界面附近的原子间距不同，对原子磁矩存在一定的影响。而

应变导致的原子磁矩变化在界面晶构转变中是否发挥作用, 值得考察。图 4.2.29 为计算得到的不同应变下共格界面附近各层 Fe 和 Ni 原子磁矩的变化。由计算结果发现, 相比于体相中的原子磁矩, 界面两侧近邻的 Fe 和 Ni 原子磁矩均有较大的增加, 靠近界面的第一层原子获得了较体相原子更高的磁矩。Fe 和 Ni 的原子磁矩随应变量的增加而明显增大, 随原子层数的增加而减小, 并趋近稳定。进一步地, 为考察原子磁矩变化对晶构转变的可能作用, 我们在计算中去除自旋极化, 在不同应变下重复表 4.2.2 的计算, 发现结果完全相同。至此, 我们可以推断, 共格应变虽然对界面附近 Fe 和 Ni 的原子磁矩造成不同程度的影响, 但晶构转变与界面原子磁矩的变化无明显相关, 其诱发机制主要是界面的共格应变。

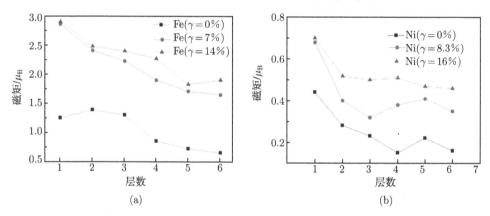

图 4.2.29　不同应变下共格界面附近各层原子磁矩的变化

(a)Fe 原子; (b)Ni 原子

至此, 基于缺陷热力学建模和第一性原理计算, 我们初步确定了 K-S 位向关系下热力学稳定的 Fe(110)/Ni(111) 共格界面精细原子结构。进一步计算显示, 该界面晶构转变的诱发机制主要是界面应变的作用, 且晶构转变只在邻近界面的 Ni(111) 原子层中发生。当应变超过某一临界值 (3%∼5%) 时, Ni(111) 原子层容易发生 fcc→bcc 的晶构转变, 而同样应变下 Fe(110) 原子层能够保持结构稳定。该界面的晶构转变与界面原子磁矩无直接关系。应变作用下, 界面两侧近邻原子层上的原子磁矩有明显增大, 但对晶构转变无明显作用。

4.3　晶　　界

不同于异相界面, 晶界特指材料内部由结构相同而取向不同的两个相邻晶粒之间构成的界面。在晶界上, 原子排列从一个取向过渡到另一个取向, 故晶界处原子排列处于过渡状态。很多研究表明晶界容易捕获和产生各类点缺陷, 对原子扩散和位错运动有重要作用。晶界结构和性质,直接影响到晶粒长大、再结晶、蠕变、超塑性以及辐照损伤效应,从而对材料的整体力学性能造成重要影响[63,64]。自 1984 年 Watanabe[65] 首次提出 "晶界设计与控制" 的概念以来,很多人就试图通过这种方法改良多晶材料,从而使界面科学基础研究转化为界面工程。1995 年,Lin 等 [66] 首次通过实验手段,研究了晶界特征分布对于合金敏化效应和晶间腐蚀性能的影响,并将其发展为晶界工程 (grain boundary engineering, GBE)。GBE 的主要思想是:采用特殊的形变热处理,提高晶界的可移动性,促使某些特殊晶界的形成,并最终达到提高材料整体服役性能的目的。

4.3.1   晶界结构模型

晶界的研究经历了很长的过程。基于不同的假设,研究者提出了许多不同的几何模型来描述晶界结构,主要包括过冷液体模型、岛屿模型[67]、位错模型[64,68]、旋转位移模型[69,70]、O 点阵模型[71,72]、完整花样移动点阵模型 (displacement-shift-complete model, DSC)[73]、重位点阵模型 (coincident-site-lattice model, CSL)[74,75] 及结构单元模型 (structural-unit model, SU)[76,77]。目前应用较为广泛的是 CSL 和 SU 晶界模型。

选取某一晶体的点阵,绕某一特定的晶体轴旋转一定角度,就会获得不同取向的另一晶体,将两个晶体的点阵相互延伸,在不同取向的这两个点阵间就会出现部分原子的完全重合。这些具有周期性分布的重合位置原子可以组成一个新的点阵,称之为重位点阵。重位点阵密度 $(1/\Sigma)$ 表示重合位置点阵的阵点占原有点阵阵点的数量比例,Σ 只取奇数。Σ 越低,重位点阵密度越大。作为示范,本节选取一组典型的 bcc-Fe 的低 Σ 对称倾转晶界 (symmetric tilt grain boundary,STGB) 进行研究。旋转轴选取为 [100] 或 [110],均平行于晶界平面,晶界两侧的点阵关于晶界面具有镜面对称性。决定 CSL 界面结构的三个重要几何参数是 Σ,转轴 $[uvw]$ 和转角 θ。下面就以图 4.3.1 中某体心立方晶系的 $\Sigma5(310)$ 晶界为例,简单介绍一下求构重位点阵晶界的方法[78]。

设转轴 $c1$,则可以在 (uvw) 平面上找到两个相互垂直的基矢 $u2$ 和 $u2$:$u2 = c1 \times u1$。取 $p = xu1 + yu2$,其中 x,y 是整数。$c1$,$c2$ 和 p 组成一个直角坐标系,如图 4.3.1 所示。于是 $\tan(\theta/2) = y|u2|/x|u1| = (y/x)|c1| = (y/x)\sqrt{u^2+v^2+w^2}|c2| = |c1 \times p|$。相应的 CSL 单胞体积 $V = |(c2 \times p) \cdot c1| = (x^2 + y^2|c1|^2)|c1| \cdot u1 \cdot u2$。又因为所选择的单胞体积为 $|c1| \cdot |u1|$,故 CSL 单胞所含的原子个数 $N = x^2 + y^2|c1|^2 = x^2 + y^2(u^2 + v^2 + w^2)$。由 Σ 只取奇数,故 $\Sigma = (1/2^m)[x^2 + y^2(u^2 + v^2 + w^2)]$,其中 n 为整数。图 4.3.1 中的 $\Sigma5(310)$ 晶界,即由一个体心立方晶系的晶体绕垂直纸面的 $c1[001]$ 转轴旋转 $\theta = 36.87°$ 而形成。该晶界的重合位置密度为 1/5。

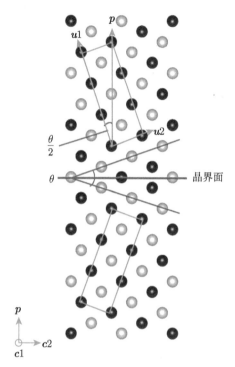

图 4.3.1　重位点阵晶界的基本几何关系 (以体心立方晶系 $\Sigma5(310)$ 晶界为例)

　　结构单元模型由重位点阵模型发展而来。该理论认为界面上的近邻原子总是组成一些特殊的规则的结构单元，这些单元在界面上以一定的方式周期性重复排列，就构成特定的界面结构。其中由单一类型结构单元连续排列组成的晶界称为限位晶界[79]。在一定的取向差范围内，一些高 Σ 长周期的晶界可用相邻的低 Σ 短周期晶界略呈变形的结构单元组成。根据这一规律，只要限位晶界的结构单元一致，就可根据相关的几何关系预测一般晶界的结构，比如 $\Sigma29(730)=2[\Sigma5(210)]+1[\Sigma5(310)]$。这里，$\Sigma29(730)$ 这个高 Σ 长周期晶界可以等同于由两个限位晶界 $\Sigma5(210)$ 和一个限位晶界 $\Sigma5(310)$ 按一定的几何关系组成[80]。因此，晶界核心的能量可以估算为某几段晶界的能量之和。换言之，对高 Σ 长周期晶界的研究可以简化成对一组低 Σ 限位晶界的研究。

4.3.2　bcc-Fe 晶界

1. 晶界超胞的构建及弛豫方式

　　无论是基于 CSL 或 SU 模型，构建一个晶界结构一般存在两种不同的方法。其一，采用双层式超胞。超胞包含一个晶界界面和一定厚度的真空层，如图 4.3.2(a) 所示。其中，周期性边界条件下，真空层必须有足够的厚度，以消除超胞之间可能存在的相互作用。本节选择至少 12Å的真空层厚度，足以确保对 bcc-Fe 晶界的计算精度[81]。这种方法所需要的原子数通常较少，但是真空层的设置为超胞引入一个额外的自由表面。如果是一个高 Miller 指数的自由表面，其结构常常是不稳定的，在计算过程中表面几何会发生严重弛豫甚至重构，影响晶界的计算精度。其二，采用 "三明治" 式超胞，如图 4.3.2(b) 所示。超胞包含两个反对称的晶界，并免除了真空层和额外的表面。只要确保超胞在计算过程中能够完全弛豫 (如超胞的形状和体积同时允许改变)，就足以保证晶界计算的精度。本节中所有晶界的计算超胞均采用 "三明治" 式模型。另外，Suzuki 和 Mishin[82] 的研究表明，晶界上点缺陷的影响是短程的，仅限制在晶界面附近少数原子层内。因此，为兼顾计算精度和计算效率，有关晶界点缺陷的计算超胞仅考虑晶界面两侧的六层原子。

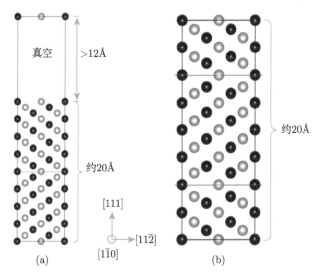

图 4.3.2   采用双层式 (a) 和 "三明治" 式 (b) 结构构建的 Σ3(111)[1$\bar{1}$0]bcc-Fe STGB 的晶界超胞示意图

其中灰色和黑色的小球代表不同 (110) 面上的 Fe 原子

2. 晶界的形成能

晶界形成能 (γ_{GB}) 的计算公式如下：

$$\gamma_{\mathrm{GB}} = \frac{1}{2A} \left(E_{\mathrm{GB}} - E_{\mathrm{bulk}} \right) \tag{4.3.1}$$

式中，E_{GB} 和 E_{bulk} 分别是一个晶界超胞和包含相同原子数的纯 Fe 基体的总能，A 是晶界面的面积。因为一个晶界模型中含有两个晶界，故 γ_{GB} 的计算需要除以 2。表 4.3.1 总结了一组低 $\Sigma(\Sigma \leqslant 11)$[100] 和 [110] 旋转轴 STGB 的晶界形成能计算结果，并与文献值 (DFT 或分子动力学 (MD) 计算结果) 进行比较。表中同时还列出了每种晶界对应的晶界面、旋转轴、错配角 (θ)、晶界模型 (CSL 或 SU) 和超胞内所含的原子总数 (N)。

表 4.3.1　bcc-Fe 中几种低 Σ 对称倾转晶界的晶界形成能

晶界	$\theta/(°)$	模型	N	$\gamma_{GB}/(J/m^2)$	其他计算结果
$\Sigma3(112)[110]$	70.53	CSL/SU	24	0.44	DFT-CSL: 0.44[83]、0.47[84]、0.34[85]
			48	0.43	MD: 0.26[86]、0.262[80]
			144	0.41	
$\Sigma3(111)[110]$	109.47	CSL/SU	48	1.52	DFT-CSL: 1.52[85]、1.51[87]、1.57[88]、1.61[89]、1.66[90]
			96	1.53	MD: 1.308[86]、1.23[91]、1.297[80]
$\Sigma5(310)[100]$	36.87	CSL/SU	40	1.57	DFT-CSL: 1.53[84]、1.51[92]、1.48[87]、1.48[93]、1.63[94]
			80	1.53	MD: 1.01[86]、0.987[80]
$\Sigma5(210)[100]$	53.13	CSL	40	2.12	DFT-CSL: 2.00[88]
		SU	38	1.61	MD-SU: 1.113[86]、1.096[80]
		CSL	80	2.11	
		SU	76	1.61	
$\Sigma9(114)[110]$	38.94	CSL	72	2.01	DFT-CSL: 2.09[87]
		SU	68	1.38	DFT-SU: 1.50[87]
		SU	136	1.40	MD-SU: 1.286[86]、1.146[80]
$\Sigma11(332)[110]$	50.48	CSL	44	2.17	DFT-SU: 1.49[89]
		SU	42	1.38	MD-SU: 1.020[86]、1.018[80]
		SU	168	1.39	

从表 4.3.1 可以看出，无论是基于 CSL 或 SU 模型构建的晶界，DFT 计算结果与文献中报道的结果符合得很好，而相对于 DFT 的计算值，MD 计算总是在一定程度上低估晶界能。对于同一种模型 (CSL 或 SU) 构建的同一晶界，采用不同大小的晶界超胞计算所得到的晶界能差别甚微，由此可以推断，具有完整周期性的小超胞足以表达完整晶界的信息。此外，这六种低 Σ 晶界可以分为两类：其一是 $\Sigma3(112)[110]$、$\Sigma3(111)[110]$ 和 $\Sigma5(310)[100]$ 晶界，它们的 CSL 和 SU 模型结构完全相同，因此所得晶界能也相同；其二是 $\Sigma5(210)[100]$、$\Sigma9(114)[110]$ 和 $\Sigma11(332)[110]$ 晶界，它们的 CSL 和 SU 模型结构不同，基于 SU 模型预测的晶界能总是比 CSL 模型的低一些。由此可以推断，SU 模型预测的晶界结构要么与 CSL 模型结构完全相同，要么更加稳定。关于两种晶界模型的关联和区别将会在下面具体讨论。

需要指出，对于某些晶界，如 bcc-Fe 的 $\Sigma5(210)[001]$，由于 Fe(210) 的晶面间距仅有 0.635Å，基于 CSL 模型构建晶界时会出现明显不合理的最近邻原子对间距。图 4.3.3 为两个不同界面 ($\Sigma5(310)[001]$ 和 $\Sigma5(210)[001]$ STGB) 的 CSL 模型。

其中 $\varSigma5(210)[001]$ 晶界附近最小原子对 (标记为 1-1′) 间距仅为 1.27 Å, 明显小于 $\varSigma5(310)[001]$ 界面中相应的最小原子对间距 (1.80Å)。图 4.3.4 为不同模型 (CSL 或 SU) 下 $\varSigma5(210)[001]$ 晶界结构的关系示意图。对图 4.3.3(b) 和图 4.3.4(a) 所示的 $\varSigma5(210)[001]$ 晶界强行进行结构弛豫计算, 1-1′ 原子对的不合理间距会引发整个晶界结构的坍塌。应对这样的问题, 文献中一般有两种方法。方法一: 如图 4.3.4(b) 所示, 在弛豫前人为地将原子对移开, 至相对合理的距离 (比如 1.80 Å), 再进行弛豫计算; 方法二: 如图 4.3.4(d) 所示, 移除其中一个原子 (1 或 1′) 并调整另外一个原子的位置, 以保持关于晶界面的镜面对称。

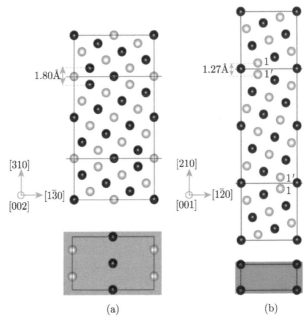

(a)   (b)

图 4.3.3 $\varSigma5(310)[001]$(a) 和 $\varSigma5(210)[001]$(b) STGB 的重位点阵 CSL 模型

3. CSL 和 SU 模型的关联性

正如前文所述, 对于 bcc-Fe 中的对称旋转晶界, $\varSigma3(112)[110]$, $\varSigma3(111)[110]$ 和 $\varSigma5(310)[100]$ 的 CSL 和 SU 模型结构相同, 而 $\varSigma5(210)[100]$, $\varSigma9(114)[110]$ 和 $\varSigma11(332)[110]$ 晶界则不同, 且 SU 模型对应的晶界形成能更低。下面以 $\varSigma5(210)$[001] STGB 为例, 说明 CSL 和 SU 模型的结构关联性。

如图 4.3.4(f) 所示, 在弛豫后的 CSL 晶界模型基础上, 在最近邻晶界面的 (210) 层面上移除一个原子, 再进行完全弛豫。弛豫结果发现, 晶界面附近发生了严重的原子重构现象, 两个近邻的 (210) 面合并形成了一个新的晶界面。事实上, 重构后的晶界结构正好复制了优化后的 SU 模型结构 (图 4.3.4(e))。可以推断, 对于

$\Sigma5(210)[001]$ STGB, 其 CSL 和 SU 模型的差别就在于一个空位。换言之, 如果有空位向晶界聚集, CSL 模型可能自发地转化为 SU 模型。而两个模型计算的晶界形成能之间的差值, 应该正好就是一个界面空位的形成能。对其他晶界的研究, 如 $\Sigma9(114)[110]$ 和 $\Sigma11(332)[110]$, 也进一步证实了以上推断。

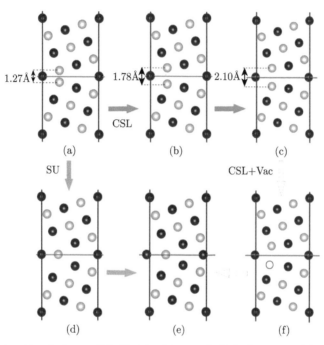

图 4.3.4　$\Sigma5(210)[001]$ STGB 的初始 (a), (b), (d) 和弛豫后 (c), (e) 原子位置的示意图
这里 (a)、(b) 和 (c) 是 CSL 模型, 而 (d) 和 (e) 是 SU 模型。黑色和灰色的原子分属于不同的 (001) 面。其中 (f) 中的空心圆代表移除一个 Fe 原子后留下的空位

4. 晶界空位形成能

　　由于在晶界结构上, SU 与 CSL 模型或者相同或者仅相差一个空位, 相应地, SU 模型对晶界能的预测或者相同或者更低, 在计算比较不同晶界的点缺陷 (如晶界空位) 形成能时, 更倾向于选择 SU 模型。图 4.3.5 给出了 bcc-Fe 的一组低 Σ 对称倾转界面 ([110] 和 [100] 转轴) 的结构单元 SU 模型结构示意图。其中, 晶界上的不同结构单元已分别用 A、B、C 标示。

　　界面空位的形成能计算公式如下:

$$E_{\mathrm{f}}^{\mathrm{vac}} = \frac{1}{2}\left(E_{\mathrm{GB}}^{\mathrm{V}} + 2\mu^{\mathrm{o}} - E_{\mathrm{GB}}^{\mathrm{o}}\right) \tag{4.3.2}$$

式中, $E_{\mathrm{GB}}^{\mathrm{V}}$ 是含空位的晶界超胞的总能, $E_{\mathrm{GB}}^{\mathrm{o}}$ 是不含空位的完整晶界超胞的总能, μ^{o} 是 bcc-Fe 基体中 Fe 原子的标准化学势。需要说明的是, 界面空位的可能位

置，包括晶界面，也包括晶界面邻近的原子层。

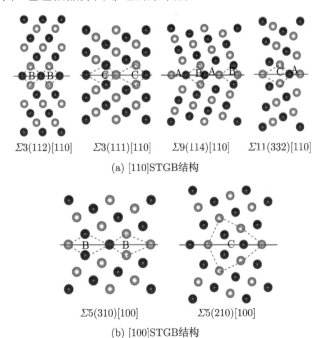

$\Sigma3(112)[110]$　　$\Sigma3(111)[110]$　　$\Sigma9(114)[110]$　　$\Sigma11(332)[110]$

(a) [110]STGB结构

$\Sigma5(310)[100]$　　　　　$\Sigma5(210)[100]$

(b) [100]STGB结构

图 4.3.5　bcc-Fe 的一组低 Σ 对称倾转界面 ([110] 和 [100] 转轴) 的
结构单元 SU 模型结构示意图[80,95]

黑色和灰色的小球分别代表不同 [110] 面 (a) 和 [100] 面 (b) 上的 Fe 原子，
不同的结构单元用 A、B、C 标示

另外，在对晶界的实验表征研究中，常常定义有晶界的空位密度：

$$\rho_V = n_V/A \tag{4.3.3}$$

式中，n_V 是晶界空位的数目，A 是晶界面的面积。

表 4.3.2 总结了两种典型的 $\Sigma5(210)[001]$ 和 $\Sigma5(310)[001]$ 晶界的空位形成能计算值，并与文献中的相应计算结果进行比较。其中，$\Sigma5(210)[001]$ 晶界的 CSL 和 SU 模型结构不同，$\Sigma5(310)[001]$ 晶界的 CSL 和 SU 模型结构则完全相同。比较的内容包括：超胞中所含原子总数 (N)，相应的空位密度 (ρ_V)，晶界面附近各层上的空位形成能 (E_f^{vac})，以及 bcc-Fe 基体中的空位形成能 (E_{bulk}^V)。这里 L0 指的是晶界面，L1 是最近邻晶界面的原子层，其他命名依次类推。

从表 4.3.2 可以看出，bcc-Fe 基体中的空位形成能约为 2.11eV，它比晶界和所有近邻层上的空位形成能都要高一些，表明基体中的空位有向晶界偏聚的较强

表 4.3.2　基于 SU 模型计算得到的 $\Sigma 5(210)[001]$ 和 $\Sigma 5(310)[001]$ 晶界的空位形成能，并与相应采用 CSL 模型的计算结果和文献中的计算值进行比较

晶界	模型	N	ρ_V/nm^{-2}	$E_\mathrm{f}^\mathrm{vac}/\mathrm{eV}$				$E_\mathrm{bulk}^\mathrm{V}/\mathrm{eV}$	
				L0	L1	L2	L3	本章	其他
$\Sigma 5(210)[001]$	SU	76	2.77	0.89	1.07	1.26	2.09		
	CSL	80	2.77	1.96	0.06	1.84	1.57		$2.07^{[96]}$,
	CSL	40	5.55	1.62	-0.55	0.82	1.31		$1.95^{[97]}$,
$\Sigma 5(310)[001]$	SU/CSL	40	3.92	1.68	0.52	1.27	1.43	2.11	$2.00^{[98]}$,
	SU/CSL	80	1.96	2.04	0.90	1.82	1.82		$2.12^{[81]}$,
文献 [87]	SU/CSL	240	1.29	2.00	0.88	1.75	1.75		$2.13^{[99]}$
文献 [72]	SU/CSL	44	2.04	2.01	1.43	1.89	2.20		

驱动力。对于 CSL 模型的 $\Sigma 5(210)[001]$ 和 $\Sigma 5(310)[001]$ 晶界，无论晶界超胞的大小和空位密度，最稳定的空位并不出现在晶界面上，而是出现在晶界面的最近邻层 (L1 层)。这个与 Zhou 等[81] 的计算发现完全一致，被称为晶界的 "最近邻原子效应"。另外，L2 层上的空位形成能比晶界面 (L0 层) 低一些，与相应的分子动力学的计算发现一致[100,101]。由此推断，bcc-Fe 基体空位更容易偏聚到晶界面的近邻层，而不是晶界面上。

特别注意到，对于 CSL 结构的 $\Sigma 5(210)[001]$ 晶界 (对应有 $\rho_V=5.55\mathrm{nm}^{-2}$)，其 L1 层上的空位形成能为负值，这意味着 CSL 结构的 $\Sigma 5(210)[001]$ 晶界 (图 4.3.4(c)) 极其不稳定，容易通过吸收空位而转化为更稳定的 SU 晶界结构。但是，随着晶界空位密度的降低 ($\rho_V=2.77\mathrm{nm}^{-2}$)，L1 层上的空位形成能变为正值，此时 CSL 晶界甚至比 SU 晶界更稳定。由此推断，晶界结构的稳定性可能随晶界点缺陷的变化而变化，在晶界面附近空位密度很高时，SU 晶界稳定，而当空位密度降低时，CSL 晶界的稳定性有所增加。

为了便于理解晶界邻近原子层上的空位形成能的变化，按空位产生的过程，可以将空位形成能 $E_\mathrm{f}^\mathrm{vac}$ 分解为三部分：原子移除所需的能量 $E_\mathrm{GB}^\mathrm{remove}$，局部弛豫释放的能量 $E_\mathrm{GB}^\mathrm{local\text{-}R}$，以及完全弛豫释放的能量 $E_\mathrm{GB}^\mathrm{nonlocal\text{-}R}$。这三部分共同决定了晶界空位的形成能，分别定义如下：

$$E_\mathrm{f}^\mathrm{vac}(\Sigma) = E_\mathrm{GB}^\mathrm{remove} + E_\mathrm{GB}^\mathrm{local\text{-}R} + E_\mathrm{GB}^\mathrm{nonlocal\text{-}R} \tag{4.3.4}$$

$$E_\mathrm{GB}^\mathrm{remove} = \frac{1}{2}\left[E_\mathrm{GB}^\mathrm{vac}(\text{unrelaxed}) - E_\mathrm{GB}^\mathrm{o} + 2\mu^\mathrm{o}\right] \tag{4.3.5}$$

$$E_\mathrm{GB}^\mathrm{local\text{-}R} = \frac{1}{2}\left[E_\mathrm{GB}^\mathrm{vac}(\text{local\_relaxed}) - E_\mathrm{GB}^\mathrm{vac}(\text{unrelaxed})\right] \tag{4.3.6}$$

$$E_\mathrm{GB}^\mathrm{nonlocal\text{-}R} = \frac{1}{2}\left[E_\mathrm{GB}^\mathrm{vac}(\text{full\_relaxed}) - E_\mathrm{GB}^\mathrm{vac}(\text{local\_relaxed})\right] \tag{4.3.7}$$

其中，$E_{\mathrm{GB}}^{\mathrm{vac}}(\text{unrelaxed})$ 是含空位晶界超胞在弛豫前的总能，$E_{\mathrm{GB}}^{\mathrm{o}}$ 是不含空位的完整晶界超胞的总能，$E_{\mathrm{GB}}^{\mathrm{vac}}(\text{local\_relaxed})$ 是含空位晶界超胞经局部弛豫后的总能 (即维持超胞大小和形状不变，超胞中所有原子位置均允许弛豫)，$E_{\mathrm{GB}}^{\mathrm{vac}}(\text{full\_relaxed})$ 是含空位晶界超胞经完全弛豫后的总能 (超胞大小、形状以及所有原子位置均允许弛豫)。相应的计算结果总结在图 4.3.6 中。

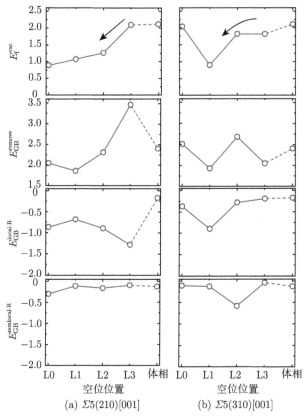

图 4.3.6 $\varSigma5(210)[001]$ 和 $\varSigma5(310)[001]$ 晶界面及其近邻原子层上的空位形成能
这里，所有能量的单位均为 eV

对于晶界空位的形成和能量，原子移除和晶格弛豫是两个相互竞争的主要因素：前者消耗能量，后者释放能量。由图 4.3.6 所示可知，$E_{\mathrm{GB}}^{\mathrm{remove}}$ 和 $E_{\mathrm{GB}}^{\mathrm{local\text{-}R}}$ 具有相同的数量级，对 $E_{\mathrm{f}}^{\mathrm{vac}}$ 起主要贡献。由应变而产生的非局部原子弛豫能量 $E_{\mathrm{GB}}^{\mathrm{nonlocal}}$ 总体来说数值较小，但是仍然不可忽略。

采用同样的方法，针对其他四种晶界计算空位形成能，结果如图 4.3.7 所示。对于 CSL 和 SU 结构完全相同的 $\varSigma3(111)$，$\varSigma5(310)$ 和 $\varSigma3(112)$ 晶界，空位最容易偏聚到最近邻原子层 (L1) 上。而对于 SU 模型的 $\varSigma5(210)$ 和 $\varSigma11(332)$ 晶界，晶界面 (L0) 上的空位形成能最低。对于 SU 模型的 $\varSigma9(114)$ 晶界，空位则更容易偏聚

到第二近邻原子层 (L2) 上。

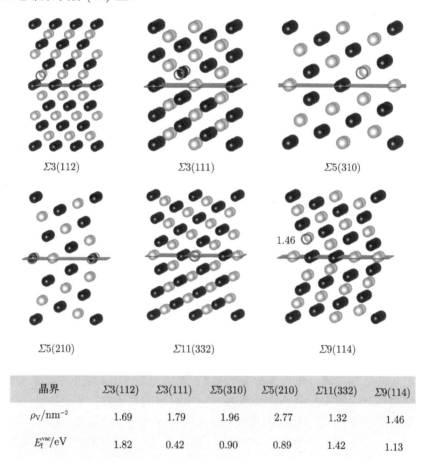

图 4.3.7 不同低 Σ 对称倾转晶界上最稳定的空位结构及其相应的形成能 $E_{\mathrm{f}}^{\mathrm{vac}}$ 和晶界空位
密度 ρ_{V}

其中空心圆圈代表晶界空位的位置

晶界	$\Sigma3(112)$	$\Sigma3(111)$	$\Sigma5(310)$	$\Sigma5(210)$	$\Sigma11(332)$	$\Sigma9(114)$
$\rho_{\mathrm{V}}/\mathrm{nm}^{-2}$	1.69	1.79	1.96	2.77	1.32	1.46
$E_{\mathrm{f}}^{\mathrm{vac}}/\mathrm{eV}$	1.82	0.42	0.90	0.89	1.42	1.13

5. 自由表面形成能

根据应用的环境不同，固体的表面常常视为气/固型或液/固型异相界面。这里先讨论真空环境下固体的自由表面。自由表面的表面能作为一个重要的物理参数，与材料很多方面的性能直接相关，如脆性断裂的应力、烧结率、晶粒长大的速率等。目前测定表面能的实验方法 (如临界表面张力法[102] 和毛细管法等)，对液体比较准确，直接应用于固体表面时有很大的局限性，比如，在测试过程中很难消除吸附质和基体扩散的表面杂质带来的影响。通过第一性原理计算直接预测表面能显然具有重大意义。一般而言,高指数表面的结构都很不稳定,化学性质活泼。作为示范,本节主要针对 bcc-Fe 中常见的低指数表面 ((100)、(110)、(111) 和 (112)),计算研究表面原子结构、表面能和相对稳定性。

金属自由表面的表面能 γ_S 通常定义为[103]

$$\gamma_S = \frac{1}{2A} \left(E_{\mathrm{surf}} - N \cdot \mu_{\mathrm{Fe}} + P\Delta V - T\Delta S \right) \tag{4.3.8}$$

式中,E_{surf} 为原子表面超胞弛豫后的总能,E_{Fe} 为纯 bcc-Fe 基体中 Fe 的化学势,A 为表面模型的底面积,ΔV 为因表面原子弛豫而引发的晶胞体积变化,一般可以忽略不计,ΔS 为表面形成而引起的体系振动熵的变化。虽然随着温度升高,$T\Delta S$ 会降低表面能,但对不同表面之间的相对稳定性影响不大。故 γ_S 的计算公式可以进一步简化为

$$\gamma_S = \frac{1}{2A} \left(E_{\mathrm{surf}} - N \cdot E_{\mathrm{Fe}} \right) \tag{4.3.9}$$

实际计算过程中,为了有效地消除算法上的累计误差影响,可以对式 (4.3.9) 稍作数学处理,将计算得到的表面体系总能与其超胞中对应的原子层数 (5L、7L、9L、11L、13L) 做线性拟合,求其截距即可得到表面能 γ_S。

图 4.3.8 为 bcc-Fe 中典型高指数和低指数表面的原子结构示意图。表 4.3.3 为根据式 (4.3.9) 计算得到的 bcc-Fe 典型低指数表面的表面能 $\gamma_S(\mathrm{J/m^2})$ 及其与文献值的比较。采用临界表面张力实验测得 α-Fe 表面能为 $2.41\mathrm{J/m^2}$[102]。由于实验采用的是多晶试样,该实测值不能反映某一特定表面的表面能,而更接近于对若干低指数表面的统计平均。从这种理解看,表 4.3.3 中四个低指数表面能的平均值为 $2.55\mathrm{J/m^2}$,与实测值较为接近 (误差约 5%)。表 4.3.3 也反映出各低指数表面的相对稳定性依次为 (111)<(100)<(110)。表面能或相对稳定性实质上反映着表面不饱和键数目的多少,与表面化学活性密切相关。(110) 表面是 bcc-Fe 的最密排面,表面原子配位数相对最高,不饱和键数目相对最少,因而表面能最低,稳定性也最高。

6. 晶界强度

和异相界面一样,评价晶界强度的一个重要参数是断裂功[107]。如图 4.3.9 所示,材料在晶界处断裂后,原有晶界被破坏的同时会形成两个自由表面,断裂过程的力–位移 (σ–δ) 曲线的面积积分即为晶界的断裂分离功 (W_{sep})。从第一性原理的角度,断裂分离功的定义就是晶界断裂后形成的两个自由表面能 (γ_S) 与原晶界能 (γ_{GB}) 之间的差值:

$$W_{\mathrm{sep}} = 2\gamma_S - \gamma_{\mathrm{GB}} \tag{4.3.10}$$

对晶界断裂功的计算要求,断裂后形成的自由表面必须充分弛豫到各自的基态。根据之前的计算,$\Sigma3(111)$ 和 $\Sigma3(112)$ 晶界能分别为 1.53J/m^2 和 0.41J/m^2,而相应的 (111) 和 (112) 表面能分别为 2.65J/m^2 和 2.60J/m^2,由此可以计算 $\Sigma3(111)$ 和 $\Sigma3(112)$ 晶界的断裂功,分别是 3.77J/m^2 和 4.79 J/m^2。这一结果与文献中报道的计算值 ($\Sigma3(111)$ 晶界:$3.65\text{J/m}^{2[90]}$、$3.86\text{J/m}^{2[106]}$ 和 $\Sigma3(111)$ 晶界:$4.66\text{J/m}^{2[90]}$、$4.93\text{J/m}^{2[92]}$) 比较吻合。显然,$\Sigma3(112)$ 的晶界强度明显高于 $\Sigma3(111)$。

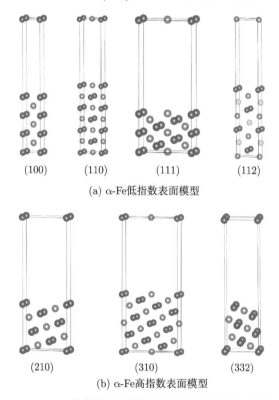

(a) α-Fe低指数表面模型

(b) α-Fe高指数表面模型

图 4.3.8 bcc-Fe 中典型高指数和低指数表面的原子结构示意图

为了便于观察,不同的原子面用不同颜色的球区分

表 4.3.3 计算得到的bcc-Fe典型低指数表面的表面能γ_S及其与文献值的比较(单位:J/m^2)

表面	本节计算值	文献计算值	文献实验值
(100)	2.50	2.32[104]	
(110)	2.48	2.27[104]	2.41[102]
(111)	2.65	2.62[104], 2.65[105], 2.69[106]	
(112)	2.60	2.55[105]	

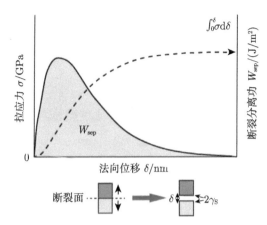

图 4.3.9　Ⅰ型断裂模式中裂纹尖端法向拉应力 (σ) 及其对法向位移 (δ) 的积分与法向位移
之间的关系

7. 晶界磁矩

由于晶界结构的特殊性, 晶界原子的磁矩不同于体相中的原子磁矩, 使得晶界
具有不同于体相的磁学性质。以 $\Sigma5(310)$ 和 $\Sigma3(111)$ 晶界为例, 计算晶界面附近
若干原子层的原子磁矩, 计算结果见图 4.3.10, 与文献值[84,89,94] 吻合较好。

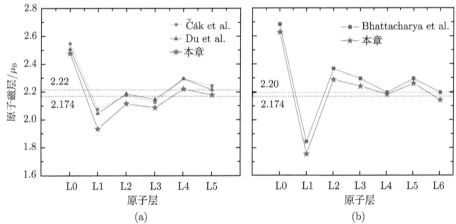

图 4.3.10　$\Sigma5(310)[001]$(a) 和 $\Sigma3(111)[1\bar{1}0]$(b) 晶界附近 Fe 原子磁矩的变化
灰色和黑色水平虚线分别代表体相中单原子磁矩的计算值和实测值

计算预测 bcc-Fe 体相中的原子磁矩为 $2.174\mu_B$, 与文献中报道的实测值 (2.22
μ_B [108]) 和计算值 ($2.13\mu_B \sim 2.32\mu_B$ [94,108-112]) 均吻合较好。从图 4.3.10 可知, 相
比于体相中的原子磁矩, 晶界面上的原子磁矩最高, 而最近邻原子层 (L1 层) 的
原子磁矩最低。从 L2 层开始, 原子磁矩随层数呈现振荡现象, 并逐渐收敛于体相

值。Čák 等[94] 将晶界面上原子的高磁矩解释为 "磁电容积效应"(magnetovolume effect)，即泰森多边形体积越大，晶界中单原子磁矩越高。然而，"磁电容积效应" 显然并不能够合理地解释最近邻原子层 (L1 层) 上原子磁矩最低这一计算预测的结果。Bhattacharya 等[89] 将 L1 层上原子磁矩的降低解释为这些原子形成的短键长，短键长导致相邻 Fe 原子 d 轨道之间发生强烈的杂化作用。

晶界原子的局域态密度 (local density of states，LDOS) 也可以反映其原子磁矩的变化。在不考虑轨道耦合的情况下，原子磁矩可由自旋向上 (up-spin) 和自旋向下 (down-spin)LDOS 曲线得到。分别对上旋和下旋的态密度进行能量积分到费米能级，积分差值即为原子磁矩。图 4.3.11 为 $\Sigma5(310)[001]$ 和 $\Sigma3(111)[1\bar{1}0]$ 晶界面邻近原子层的 LDOS。以 $\Sigma3(111)[1\bar{1}0]$ 更为明显，自旋向下 LDOS 在 E_{Fermi} 以下的积分在 L0 层上最小，在 L1 层上最大，对应于 L0 层原子磁矩最高，L1 层原子磁矩最小。而 L2 层原子的 LDOS 特征已经与体相原子较为接近了。

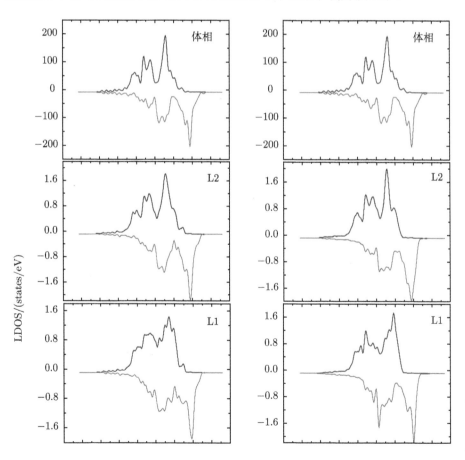

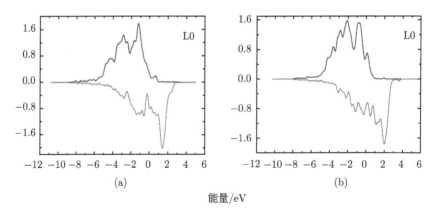

图 4.3.11　$\Sigma5(310)[001]$(a) 和 $\Sigma3(111)[1\bar{1}0]$(b) 晶界面邻近原子层 LDOS 的分布，以及与体相的比较

图中，费米能级均设为零能级，深色和浅色线分别为自旋向上和自旋向下 LDOS 的分布

4.4　结　束　语

　　回顾以上内容可以看到，基于合理的界面热力学和物理建模，第一性原理计算可以直接预测界面结构和界面相图，并实现对界面结构稳定性、界面强度、界面韧性和界面磁学性质的定量评估，从而获得实验研究方法难以获得的界面信息。第一性原理计算还可以实现对元素的界面偏聚及其效应的定量评估，帮助我们深入理解元素对界面的作用，揭示界面改性机理，为科学遴选合金化元素提供重要的理论依据。通过结合扩散动力学计算，第一性原理界面计算还可以进一步应用于研究材料在制备和服役过程中界面微结构的演变，为制备工艺的科学设计以及服役寿命的科学预测提供重要的理论依据。总而言之，第一性原理计算，特别是与有限元方法和扩散动力学的组合计算研究，为我们提供了一个面向界面基因开展材料科学设计的全新手段，必将对材料科学研究领域的持续进步做出重要贡献。

参 考 文 献

[1] Slater J C. A simplification of the Hartree-Fock method. Physical Review, 1951, 81(3): 385-390.

[2] Hohenberg P, Kohn W. Inhomogeneous electron gas. Physical Review, 1964, 136(3): 864-871.

[3] Cuevas J C. Introduction to density functional theory. Karlsruhe: Universität Karlsruhe, 2010.

[4] Harrison N M. An introduction to density functional theory. Nato Science Series Sub

Series III Computer and Systems Sciences, 2003, 187: 45-70.

[5] Kohn W, Sham L J. Self-consistent equations including exchange and correlation effects. Physical Review, 1965, 140(4A): A1133-A1138.

[6] Perdew J P, Burke K, Ernzerhof M. Generalized gradient approximation made simple. Physical Review Letters, 1996, 77(18): 3865.

[7] Cede G. Fundamentally, it's still the materials science that matters. The AMPTIAC Newsletter, 2001, 5(2): 3-10.

[8] Evans A G, Clarke D R, Levi C G. The influence of oxides on the performance of advanced gas turbines. Journal of the European Ceramic Society, 2008, 28(7): 1405-1419.

[9] Evans A G, Mumm D R, Hutchinson J W, et al. Mechanisms controlling the durability of thermal barrier coatings. Progress in Materials Science, 2001, 46(5): 505-553.

[10] Gleeson B. Thermal barrier coatings for aeroengine applications. Journal of Propulsion & Power, 2012, 22(2): 375-383.

[11] Hou P Y. Segregation phenomena at thermally grown Al_2O_3/alloy interfaces. Annual Review of Materials Research, 2008, 38(38): 275-298.

[12] Hou P Y. Chemical changes at alumina/alloy and alumina/bond coat interfaces. TBC International Workshop at University of California, Santa Barbara, 2007.

[13] Zhang W, Smith J R, Evans A G. The connection between ab initio, calculations and interface adhesion measurements on metal/oxide systems: Ni/Al_2O_3 and Cu/Al_2O_3. Acta Materialia, 2002, 50(15): 3803-3816.

[14] Jiang Y, Smith J R, Evans A G. Temperature dependence of the activity of Al in dilute Ni(Al) solid solutions. Physical Review B, 2006, 74(22): 4070-4079.

[15] Smith J R, Jiang Y, Evans A G. Adhesion of the γ-Ni(Al)/α-Al_2O_3 interface: A first-principles assessment. International Journal of Materials Research, 2007, 98(12): 1214-1221.

[16] Jiang Y, Smith J R, Evans A G. First principles assessment of metal/oxide interface adhesion. Applied Physics Letters, 2008, 92(14): 245414.

[17] Lan G, Wang Y, Jiang Y, et al. Effects of rare-earth dopants on the thermally grown Al_2O_3/Ni(Al) interface: The first-principles prediction. Journal of Materials Science, 2014, 49(6): 2640-2646.

[18] Lan G, Jiang Y, Yi D, et al. Theoretical prediction of impurity effects on the internally oxidized metal/oxide interface: The case study of S on Cu/Al_2O_3. Physical Chemistry Chemical Physics, 2012, 14(31): 11178-11184.

[19] Lan G, Jiang Y, Yi D, et al. Theoretical prediction of microstructure evolution during the internal oxidation fabrication of metal-oxide composites: The case of $Cu-Al_2O_3$. Rsc Advances, 2013, 3(36): 16136-16143.

[20] Jiang Y, Xu C H, Lan G. First-principles thermodynamics of metal-oxide surfaces and interfaces: A case study review. Transactions of Nonferrous Metals Society of China, 2013, 23(1): 180-192.

[21] Xu C H, Jiang Y, Yi D, et al. Interface-level thermodynamic stability diagram for in situ internal oxidation of Ag(SnO$_2$) composites. Journal of Materials Science, 2015, (4): 1646-1654.

[22] Xu C H, Jiang Y, Yi D, et al. The kinetics and interface microstructure evolution in the internal oxidation of Ag-3at.%Sn alloy. Corrosion Science, 2015, 94: 392-400.

[23] Yang L, Jiang Y, Wu Y, et al. The ferrite/oxide interface and helium management in nano-structured ferritic alloys from the first principles. Acta Materialia, 2016, 103: 474-482.

[24] Lojkowski W, Fecht H J. The structure of intercrystalline interfaces. Progress in Materials Science, 2000, 45(5): 339-568.

[25] Ni N, Kaufmann Y, Kaplan W D, et al. Interfacial energies and mass transport in the Ni(Al)-Al$_2$O$_3$ system: The implication of very low oxygen activities. Acta Materialia, 2014, 64(5): 282-296.

[26] Odette G R, Alinger M J, Wirth B D. Recent developments in irradiation-resistant steels. Annual Review of Materials Research, 2008, 38: 471-503.

[27] Wang M, Zhou Z J, Sun H Y, et al. Microstructural observation and tensile properties of ODS-304 austenitic steel. Materials Science and Engineering A, 2013, 559(3): 287-292.

[28] Sakasegawa H, Chaffron L, Legendre F, et al. Correlation between chemical composition and size of very small oxide particles in the MA957 ODS ferritic alloy. Journal of Nuclear Materials, 2009, 384(2): 115-118.

[29] Alinger M J, Odette G R, Hoelzer D T. On the role of alloy composition and processing parameters in nanocluster formation and dispersion strengthening in nanostuctured ferritic alloys. Acta Materials, 2009, 57(2): 392-406.

[30] Ohnuma M, Suzuki J, Ohtsuka S, et al. A new method for the quantitative analysis of the scale and composition of nanosized oxide in 9Cr-ODS steel. Acta Materials, 2009, 57(18): 5571-5581.

[31] Hirata A, Fujita T, Wen Y R, et al. Atomic structure of nanoclusters in oxide-dispersion-strengthened steels. Nature Materials, 2011, 10(12): 922-926.

[32] Cunningham N J, Odette G R, Stergar E. Further atom probe tomography studies of nanostructured ferritic alloy MA957 in three conditions. DOE Fusion Reactor Materials Program Semiannual Report, 2010, 49: 11-16.

[33] Odette G R, Hoelzer D T. Irradiation-tolerant nanostructured ferritic alloys: Transforming helium from a liability to an asset. Jom, 2010, 62(9): 84-92.

[34] Marquis E A. Core/shell structures of oxygen-rich nanofeatures in oxide-dispersion strengthened Fe-Cr alloys. Applied Physics Letters, 2008, 93(18): 181904.

[35] Klimenkov M, Lindau R, Möslang A. New insights into the structure of ODS particles in the ODS-Eurofer alloy. Journal of Nuclear Materials, 2009, s 386-388(5): 553-556.

[36] Lozano P S, Castro B V, Nicholls R J. Achieving sub-nanometre particle mapping with energy-filtered TEM. Ultramicroscopy, 2009, 109(10): 1217-1228.

[37] Wang Y, Liu Z K, Chen L Q. Thermodynamic properties of Al, Ni, NiAl, and Ni_3Al from first-principles calculations. Acta Materialia, 2004, 52(9): 2665-2671.

[38] Parlinski K//Johnson M R, Kearley G J, Büttner H G. Neutrons and Numerical Methods—N2M. Proceedings of the Workshop on Neutrons and Numerical Methods, Grenoble, France, 1998, AIP Conf. Proc. 479 (AIP, Woodbury, NY, 1999): 121.

[39] Baroni S, Giannozzi P, Testa A. Green's function approach to linear response in solids. Physical Review Letters, 1987, 58(18): 1861.

[40] Baroni S, De Gironcoli S, Dal Corso A, et al. Phonons and related crystal properties from density-functional perturbation theory. Review of Modern Physics, 2001, 73(2): 515-562.

[41] Gaskell D. Introduction to Metallurgical Thermodynamics. 2nd ed. Washington, New York: Hemisphere Publishing Corp., 1981.

[42] Eskov V M, Samokhval V V, Vecher A A. Thermodynamic properties of Al-Ni hard alloys. Russian Metallurgy, 1974, (2): 118, 119.

[43] Steiner A, Komarek K L. Thermodynamic activities of solid nickel-aluminum alloys. Transactions of the Metallurgical Society of AIME, 1964, 230(4): 786.

[44] Oforka N C. Thermodynamics of aluminum-nickel alloys. Indian Journal of Chemistry Section A—Inorganic Bio-Inorganic Physical Theoretical & Analytical Chemistry, 1986, 25(11): 1027-1029.

[45] Hilpert K, Miller M, Gerads H, et al. Thermodynamic study of the liquid and solid alloys of the nickel-rich part of the Al-Ni phase diagram including the $AlNi_3$ phase. Berichte der Bunsengesellschaft für physikalische Chemie, 1990, 94(1): 40-47.

[46] Merlin V, Eustathopoulos N. Wetting and adhesion of Ni-Al alloys on α-Al_2O_3 single crystals. Journal of Materials Science, 1995, 30(14): 3619-3624.

[47] Jiang Y, Wei Y, Smith J R, et al. First principles based predictions of the toughness of a metal/oxide interface. International Journal of Materials Research, 2010, 101(1): 8-15.

[48] Sun Y, Beltz G E, Rice J R. Estimates from atomic models of tension-shear coupling in dislocation nucleation from a crack tip. Materials Science and Engineering A, 1993, 170(1): 67-85.

[49] Tvergaard V, Hutchinson J W. The influence of plasticity on mixed mode interface toughness. Journal of the Mechanics and Physics of Solids, 1993, 41(6): 1119-1135.

[50] Wei Y, Hutchinson J W. Models of interface separation accompanied by plastic dissipation at multiple scales. International Journal of Fracture, 1999, 95(1): 1-17.

[51] Needleman A. An analysis of tensile decohesion along an interface. Journal of the Mechanics & Physics of Solids, 1990, 38(3): 289-324.

[52] Rose J H, Ferrante J, Smith J R. Universal binding-energy curves for metals and bimetallic interfaces. Physical Review Letters, 1981, 47(9): 675-978.

[53] Hutchinson J W. Toughness of Ni/AlO interfaces as dependent on micron-scale plasticity and atomistic-scale separation. Philosophical Magazine, 2008, 88(30-32): 3841-3859.

[54] Hemker K J, Mendis B G, Eberl C. Characterizing the microstructure and mechanical behavior of a two-phase NiCoCrAlY bond coat for thermal barrier systems. Materials Science and Engineering: A, 2008, 483(1): 727-730.

[55] Hemker K J. private communication. 2008.

[56] Wei Y, Hutchinson J W. Hardness trends in micron scale indentation. Journal of the Mechanics and Physics of Solids, 2003, 51(11): 2037-2056.

[57] Hutchinson J W, Suo Z. Mixed-mode cracking in layered materials. Advances in Applied Mechanics, 1991, 29(08): 63-191.

[58] Müller S, Bayer P, Reischl C, et al. Structural instability of ferromagnetic fcc Fe films on Cu (100). Physical Review Letters, 1995, 74(5): 765.

[59] Magnan H, Chandesris D, Villette B, et al. Structure of thin metastable epitaxial Fe films on Cu (100): Reconstruction and interface ordering by coating. Physical Review Letters, 1991, 67(7): 859.

[60] Häggström L, Soroka I, Kamali S. Thickness dependent crystallographic transition in Fe/Ni multilayers. Journal of Physics: Conference Series, 2010, 217(1): 012112.

[61] Vaz C A F, Bland J A C, Lauhoff G. Magnetism in ultrathin film structures. Reports on Progress in Physics, 2008, 71(5): 056501.

[62] Lu S, Hu Q M, Punkkinen M P J, et al. First-principles study of fcc-Ag/bcc-Fe interfaces. Physical Review B Condensed Matter, 2013, 87(22): 3129-3133.

[63] Lee D S, Ryoo H S, Hwang S K. A grain boundary engineering approach to promote special boundaries in Pb-base alloy. Materials Science and Engineering: A, 2002, 354(1): 106-111.

[64] Hirth J P. The influence of grain boundaries on mechanical properties. Metallurgical Transactions, 1972, 3(12): 3047-3067.

[65] Watanabe T. An approach to grain boundary design for strong and ductile polycrystals. Res. Mechanica, 1984, 11(1): 47-84.

[66] Lin P, Palumbo G, Erb U, et al. Influence of grain boundary character distribution on sensitization and intergranular corrosion of alloy 600. Scripta Metallurgica et Materialia, 1995, 33(9): 1387-1392.

[67] Mott N F. Slip at grain boundaries and grain growth in metals. Proceedings of the Physical Society, 1948, 60(4): 391.

[68] Read W T, Shockley W. Dislocation models of crystal grain boundaries. Physical Review, 1950, 78(3): 275.

[69] Li J C M. Disclination model of high angle grain boundaries. Surface Science, 1972, 31(1): 12-26.

[70] Shih K K, Li J C M. Energy of grain boundaries between cusp misorientations. Surface Science, 1975, 50(1): 109-124.

[71] Bollmann W. Crystal Defects and Crystalline Interfaces. Berlin: Springer, 1970.

[72] Zhang W Z, Weatherly G C. A comparative study of the theory of the O-lattice and the phenomenological theory of martensite crystallography to phase transformations. Acta Materialia, 1998, 46(6): 1837-1847.

[73] Balluffi R W, Brokman A, King A H. CSL/DSC lattice model for general crystalcrystal boundaries and their line defects. Acta Metallurgica, 1982, 30(8): 1453-1470.

[74] Sutton A P, Balluffi R W. Interfaces in Crystalline Materials. Materials Park, OH: Clarendon Press, 1995.

[75] Kronberg M L, Wilson F H. Secondary recrystallization in copper. Aime Trans., 1949, 185: 501-514.

[76] Bishop G H, Chalmers B. A coincidence-ledge-dislocation description of grain boundaries. Scripta Metallurgica, 1968, 2(2): 133-139.

[77] Bishop G H, Chalmers B. Dislocation structure and contrast in high angle grain boundaries. Philosophical Magazine, 1971, 24(189): 515-526.

[78] 王桂金. 现代晶界结构理论 (续). 材料科学与工程学报, 1987, 1: 003.

[79] Sutton A P, Vitek V. On the structure of tilt grain boundaries in cubic metals I. Symmetrical tilt boundaries. Philosophical Transactions of the Royal Society of London. Series A, Mathematical and Physical Sciences, 1983, 309(1506): 1-36.

[80] Tschopp M A, Solanki K N, Gao F, et al. Probing grain boundary sink strength at the nanoscale: Energetics and length scales of vacancy and interstitial absorption by grain boundaries in α-Fe. Physical Review B, 2012, 85(6): 064108.

[81] Zhou H B, Liu Y L, Duan C, et al. Effect of vacancy on the sliding of an iron grain boundary. Journal of Applied Physics, 2011, 109(11): 113512.

[82] Suzuki A, Mishin Y. Interaction of point defects with grain boundaries in fcc metals. Interface Science, 2003, 11(4): 425-437.

[83] Müller M, Erhart P, Albe K. Analytic bond-order potential for bcc and fcc iron— Comparison with established embedded-atom method potentials. Journal of Physics: Condensed Matter, 2007, 19(32): 326220.

[84] Du Y A, Ismer L, Rogal J, et al. First-principles study on the interaction of H interstitials with grain boundaries in α-and γ-Fe. Physical Review B, 2011, 84(14): 144121.

[85] Gao N, Fu C C, Samaras M, et al. Multiscale modelling of bi-crystal grain boundaries in bcc iron. Journal of Nuclear Materials, 2009, 385(2): 262-267.

[86] Tschopp M A, Gao F, Yang L, et al. Binding energetics of substitutional and interstitial helium and di-helium defects with grain boundary structure in α-Fe. Journal of Applied Physics, 2014, 115(3): 033503.

[87] Zhang L, Fu C C, Lu G H. Energetic landscape and diffusion of He in α-Fe grain boundaries from first principles. Physical Review B, 2013, 87(13): 134107.

[88] Wachowicz E, Ossowski T, Kiejna A. Cohesive and magnetic properties of grain boundaries in bcc Fe with Cr additions. Physical Review B, 2010, 81(9): 094104.

[89] Bhattacharya S K, Tanaka S, Shiihara Y, et al. Ab initio study of symmetrical tilt grain boundaries in bcc Fe: Structural units, magnetic moments, interfacial bonding, local energy and local stress. Journal of Physics: Condensed Matter, 2013, 25(13): 135004.

[90] Momida H, Asari Y, Nakamura Y, et al. Hydrogen-enhanced vacancy embrittlement of grain boundaries in iron. Physical Review B, 2013, 88(14): 144107.

[91] Nakashima H, Takeuchi M. Grain boundary energy and structure of α-Fe⟨110⟩ symmetric tilt boundary. Tetsu-to-Hagané, 2000, 86(5): 357-362.

[92] Zhang Y, Feng W Q, Liu Y L, et al. First-principles study of helium effect in a ferromagnetic iron grain boundary: Energetics, site preference and segregation. Nuclear Instruments and Methods in Physics Research Section B, 2009, 267(18): 3200-3203.

[93] Zhang L, Zhang Y, Lu G H. Structure and stability of He and He-vacancy clusters at a Σ5(310)/[001] grain boundary in bcc Fe from first-principles. Journal of Physics: Condensed Matter, 2013, 25(9): 095001.

[94] Čák M, Šob M, Hafner J. First-principles study of magnetism at grain boundaries in iron and nickel. Physical Review B, 2008, 78(5): 054418.

[95] Kapikranian O, Zapolsky H, Domain C, et al. Atomic structure of grain boundaries in iron modeled using the atomic density function. Physical Review B, 2014, 89(1): 014111.

[96] Fu C C, Willaime F, Ordejón P. Stability and mobility of mono-and di-interstitials in α-Fe. Physical Review Letters, 2004, 92(17): 175503.

[97] Fu C L, Krcmar M, Painter G S, et al. Vacancy mechanism of high oxygen solubility and nucleation of stable oxygen-enriched clusters in Fe. Physical Review Letters, 2007, 99(22): 225502.

[98] Tateyama Y, Ohno T. Stability and clusterization of hydrogen-vacancy complexes in α-Fe: An ab initio study. Physical Review B, 2003, 67(17): 174105.

[99] Jiang Y, Smith J R, Odette G R. Formation of Y-Ti-O nanoclusters in nanostructured ferritic alloys: A first-principles study. Physical Review B, 2009, 79(6): 064103.

[100] Wen Y N, Zhang Y, Zhang J M, et al. Atomic diffusion in the Fe [001]Σ= 5 (310) and (210) symmetric tilt grain boundary. Computational Materials Science, 2011, 50(7): 2087-2095.

[101] Kwok T, Ho P S, Yip S. Molecular-dynamics studies of grain-boundary diffusion. I . Structural properties and mobility of point defects. Physical Review B, 1984, 29(10): 5354.

[102] Tyson W R, Miller W A. Surface free energies of solid metals: Estimation from liquid surface tension measurements. Surface Science, 1977, 62(1): 267-276.

[103] Jiang Y, Adams J B, Schilfgaarde M V. Density-functional calculation of CeO_2 surfaces and prediction of effects of oxygen partial pressure and temperature on stabilities. The Journal of Chemical Physics, 2005, 123(6): 064701.

[104] Spencer M J S, Hung A, Snook I K, et al. Density functional theory study of the relaxation and energy of iron surfaces. Surface Science, 2002, 513(2): 389-398.

[105] Momida H, Asari Y, Nakamura Y, et al. Hydrogen-enhanced vacancy embrittlement of grain boundaries in iron. Physical Review B, 2013, 88(14): 144107.

[106] Yamaguchi M. First-principles study on the grain boundary embrittlement of metals by solute segregation: Part I . Iron (Fe)-solute (B, C, P, and S) systems. Metallurgical and Materials Transactions A, 2011, 42(2): 319-329.

[107] Rice J R, Wang J S. Embrittlement of interfaces by solute segregation. Materials Science and Engineering: A, 1989, 107(89): 23-40.

[108] Kittel C. Introduction to solid state physics. American Journal of Physics, 1954, 61(1): 59.

[109] Leung T C, Chan C T, Harmon B N. Ground-state properties of Fe, Co, Ni, and their monoxides: Results of the generalized gradient approximation. Physical Review B, 1991, 44(7): 2923.

[110] Singh D J, Pickett W E, Krakauer H. Gradient-corrected density functionals: Full-potential calculations for iron. Physical Review B, 1991, 43(14): 11628.

[111] Cho J H, Scheffler M. Ab initio pseudopotential study of Fe, Co, and Ni employing the spin-polarized LAPW approach. Physical Review B, 1996, 53(16): 10685.

[112] Yamaguchi M, Shiga M, Kaburaki H. Grain boundary decohesion by sulfur segregation in ferromagnetic iron and nickel-a first-principles study. Materials Transactions, 2006, 47(11): 2682-2689.

第5章 物理力学在铁电薄膜及其存储器当中的工程应用

蒋丽梅 杨 琼 周益春

(湘潭大学低维材料及其应用技术教育部重点实验室，
湘潭大学材料科学与工程学院)

5.1 铁电存储器的不可替代性

电子和微电子技术是衡量一个国家航空航天技术以及国防军事科技水平的重要标志。如载人飞行器发射运行和回收，以及空间导弹运行路线精密而准确的控制都必须通过电子仪器来完成。组成这些电子仪器的重要部件就是各种半导体电子元器件芯片。空间中运行的航天器，会不可避免地暴露于强辐照和高低温交变环境中。这种极端苛刻的服役环境会对航天器上的电子器件造成不同程度的破坏，进而使整个电子设备发生故障，直接影响航天器正常的运行、工作和在轨服役寿命。在一些至关重要的装备系统中，电子器件一旦失效，必将造成巨大的经济损失和灾难性的后果。据有关资料统计表明，自 1971 年至 1986 年，美国发射的 39 颗同步卫星，因各种原因造成的故障共 1589 次，其中与空间辐照有关的故障有 1129 次，占故障总数的 71%[1]。由于应用环境的特殊性，发展高可靠的电子元器件，实现航天和军事应用的微电子系统的抗辐照加固是航天电子元器件必须解决的关键问题，而微电子系统的抗辐照能力也是衡量航天和军事科技水平的一个关键指标。然而，由于西方国家对我国进行严格的技术封锁等原因，我国与西方发达国家相比，在电子元器件抗辐照加固技术方面还存在较大差距，从而制约了我国核心器件研制技术和水平的发展。我国的抗辐照集成电路研制，包括 CPU、存储器、探测器、FPGA 等核心器件的抗辐照电路的研制还处于起步阶段，所以长期以来，我国不得不采用低可靠性的集成电路来构建航天器的电子系统，有时甚至不得不冒着巨大的风险采用非抗辐照加固的芯片，这严重影响了我国航天器的性能和在轨服役寿命，极大地制约了我国航空航天事业的进一步快速发展。因此，为了应对当前及未来航天科技发展的挑战，研制高性能、高可靠性、高抗辐照能力的半导体电子元器件芯片 (即抗辐照加固电子元器件芯片)，对确保我国的国防安全、提升宇航型号的自主保障能力、打破国外的技术垄断和封锁、发展国民经济都具有十分重要的战略意义。

铁电材料是电介质材料的一种,它具有两个或以上的自发极化状态,且其自发极化能够随外场发生翻转,当外场撤去后,自发极化能够存留。铁电薄膜具有铁电效应、介电效应、压电效应、热释电效应、电光效应、声光效应、非线性光学效应等。丰富的物理特性使得铁电薄膜材料成为航空航天领域迫切需求的关键电子信息材料,在非挥发性存储器等核心高可靠的电子元器件领域具有显著的优势和广阔的前景。特别地,由于铁电材料具有天然抗辐照性能,其在航空航天、军事等复杂服役环境下具有无法替代的地位。以铁电薄膜材料为基础的电子元器件目前主要包括铁电存储器、铁电薄膜移相器、红外探测器、压电传感器和激励器、非线性光学器件等。其中,铁电存储器是铁电薄膜最重要的应用领域。利用铁电薄膜的自发极化而实现数据存储的铁电存储器是一种新型的非易失性存储器。

存储器作为信息系统的核心芯片,是我国进口金额最大的集成电路产品,是具有战略性、基础性、先导性的产业。由于与挥发性存储器相比,非挥发性存储器在无电源供应时所存储的数据仍能被长时间保存下来,在先进信息系统中扮演着越来越重要的角色。近年来,随着我国人造卫星、载人航天和深空探测等重大航天工程的陆续推进,对非挥发性存储器的需求日益迫切。与 Flash 等其他传统的非挥发性存储器相比,铁电存储器具备读写速度快、抗疲劳性能突出、功耗低以及抗辐照性能优异等几大核心优势,在航天和国防领域具有重大的应用前景。其擦写次数可达 1×10^{12} 次,是 Flash 的 1×10^7 倍;数据写入时间可小于 100 ns,比 Flash 快 1×10^6 倍;功耗约为 0.15 nJ/bit,是 Flash 的 1/100;加固前的抗总剂量效应约为 1 Mrad (Si),是 Flash 的 100 倍,加固后的抗总剂量效应可达 10 Mrad 以上;加固前的抗单粒子效应大于 20 MeV·cm^2/mg,加固后将达到 75 MeV·cm^2/mg 以上,约为 Flash 的 5 倍[2-7]。因而,铁电存储器在航空航天和国防军事领域引起了高度关注。2010 年,美国 NASA 在 "Radiation Hardened Memory Project" 中对铁电随机存储器 (FRAM) 进行了卫星搭载测试,发现 FRAM 在卫星工作的极端服役环境下未出现任何错误[8]。2013 年,欧洲阿丽亚娜空间公司在法国发射的 ESTCube-1 上选用了 Ramtron 公司生产的 FM25 系列 FRAM 存储固件镜像、执行程序和系统文件等关键数据[9]。日本近年发射的多颗小卫星上都采用了 FRAM 作为关键数据的存储部件。铁电存储器在我国军机及其他武器装备上也有明确的需求。但国内市场并无自主研制的铁电存储器,所需产品 100% 依赖进口,严重受制于人。自主研制具有我国独立知识产权的铁电存储器,打破欧美日的国际垄断,尤其是对我国航空航天事业以及国防的控制,是国家信息安全和国防安全的重要保障。

5.2　基于物理力学思想突破铁电存储器的瓶颈

航空航天装备不可避免地工作在极其恶劣和复杂的环境中，主要包括极端温度、原子氧、辐照效应、电磁效应、失重、高真空、流星体等复杂环境。随着航空航天事业的不断发展和人们对航空航天装备的性能要求不断攀升，装备用关键功能薄膜材料所面临的工作环境越发严峻。特别是在中高轨道上，存在着带电粒子辐照、紫外辐照等组成的综合辐照环境，它会导致航天器的电子信息系统性能发生极大的退化，这给航天器的安全服役带来巨大的威胁。由此可见，阐明铁电薄膜存储器在复杂服役环境下的失效机理，解决制约航空航天装备中铁电薄膜存储器服役可靠性关键科学和工程问题，研制出高可靠的铁电薄膜存储器，是保障航空航天飞行器安全有效服役、促进我国航空航天事业快速发展的必经途径。

由于航空航天装备的服役环境属于热、电、力和辐照等多种复杂因素作用的复杂环境，因此航空航天装备的零部件包括铁电薄膜存储器所遇到的性能退化和失效问题等服役可靠性问题与多场耦合力学紧密相连。此外，由于铁电存储器的存储状态由铁电薄膜的宏观极化状态所决定，铁电薄膜的宏观极化状态则是通过外电场作用下极化的翻转来控制。而铁电薄膜的极化翻转的本质是在温度场、电场和应力场共同作用下的电畴演化与翻转过程。因此，铁电薄膜和存储器的可靠性问题实质上是铁电薄膜及其存储器微观结构在力场、电场和辐照等多场耦合环境下发生的复杂物理力学变化。以物理力学的指导思想，探索铁电薄膜及其存储器在复杂环境下的服役和失效机理，促进铁电薄膜材料和器件的性能提升，对保障航空航天装备的安全服役，打破国外的技术垄断，推动我国航空航天事业发展具有重要意义。

1953 年，钱学森先生创造性地提出了物理力学学科，并指出物理力学的基本特征是从物质的微观结构及其运动规律出发研究介质的宏观力学性质的力学分支学科。物理力学的主要特点包括：注重机制的分析，着重分析问题的机制，进而建立理论模型来解决实际问题；注重运算手段，力求采用高效率的计算方法和现代化的运算工具来解决问题；注重微观到宏观，以往的技术科学和绝大多数基础科学，都是从宏观到宏观，从宏观到微观，或从微观到微观，物理力学是建立在近代物理和近代化学成就之上，并运用这些成就，构建起物质宏观性质的微观理论，这也是物理力学建立的主导思想和根本目的。物理力学方法不只局限于简单的推演方法或者只借助于某单一学科的成就，而是尽可能结合实验和运用多学科的成果，用于解决实际问题。

基于物理力学的基本思想，研究铁电材料及其器件的服役可靠性需坚持"材料"与"力学"学科交叉融合的特色开展"材料设计 — 制备 — 性能 — 服役 — 可靠性"的系统研究,从原子尺度、热力动力学理论出发对铁电薄膜材料及其存储器的成分、结构进行优化设计,发展原子尺度下铁电薄膜材料成形、微结构演变的分析方法,验证微结构与成分的设计理论,同时,发展铁电薄膜材料性能的表征方法与测试技术,分析材料及其性能与破坏机制,进一步为铁电薄膜及其存储器的设计与优化提供指导。

相比于西方发达国家,我国在铁电薄膜材料及存储器的设计、制备工艺、极端服役环境下器件服役可靠性的评价与验证、铁电薄膜材料和器件的工程化应用技术方面还存在明显短板,这主要是由于我们对于铁电薄膜存储器的服役和失效的内在机制这一科学问题理解不够充分。铁电薄膜存储器的研制与应用存在的主要科学与工程问题包括以下几个方面:①铁电薄膜材料与器件的设计和制备主要依赖于经验规律,缺乏相应的微观理论指导。我们还缺乏铁电薄膜材料成分分析和结构设计的基础研究,从材料的微观设计和制备工艺出发的材料制备方法尚研究得不够充分,铁电薄膜和器件的制备还处于拔苗助长的原始技术层级,没有从基础研究的角度彻底解决存在的主要科学问题和关键技术问题。②铁电薄膜材料与器件的微观组织结构和宏观性能关联的机理研究不充分。为了快速地实现应用,缩短研究周期,且有了国外的成功经验,以往我国在铁电存储器领域的研究更多地关注铁电存储器制备工艺的研究与应用攻关,对铁电薄膜材料与器件的微观组织结构和宏观性能的关联机理研究不够充分。首先,薄膜材料的制备主要基于经验规律,而从微观结构出发进行材料设计的理论方法研究不够;其次,缺乏薄膜材料和器件在服役条件下的微观结构和性能的表征手段,如薄膜力学性能表征一直是具有困惑性和挑战性的世界难题,至今仍存在诸多模糊认识,包括基本概念的明晰、关键表征参数的提炼、评价标准的完善;另外,薄膜材料和器件在服役条件下微观结构和性能的演化机理研究不够充分,薄膜材料和器件的服役过程涉及力、电、热、磁等多种因素耦合作用下微观、介观、宏观尺度的结构演化。③铁电薄膜及其存储器在复杂环境下的失效机理及服役可靠性评价和优化方法研究不够充分。对于极端环境下铁电薄膜及其存储器的可靠性评价一直是研究难点,一方面的原因是缺少有效的检测方法和实验表征方法,不能获得较为准确的瞬时环境下的参数,亟须发展有效的微纳尺度实验力学检测技术、实验数据识别和可视化技术、极端环境地面模拟技术等。极端服役环境下这些材料的失效形式与机理都非常复杂,对传统的力学理论、实验平台、实验方法以及寿命评估等方面都提出了严重挑战。另一方面的原因是极端环境下的铁电薄膜及其存储器的性能退化和服役可靠性理论研究缺乏。比如至今还没有成熟的材料热力化耦合与辐照损伤的基础理论,材料疲劳失效的理论也非常匮乏,而热力化、辐照的疲劳理论几乎没有。这些因素严重制约我国铁电薄膜及其存储器的发展。

基于此，本章后续内容综述了国内外科学工作者近些年基于物理力学的思想在以下三个领域所取得的研究进展，以期对后续研究工作有所启发：①铁电薄膜材料及其存储器的设计和制备；②铁电薄膜材料及其存储器的微观组织结构和宏观性能的机理研究；③铁电薄膜材料及其存储器在复杂环境下服役可靠性的评价和分析。

5.3 铁电薄膜及其存储器的微结构设计

5.3.1 界面与应变在铁电薄膜微结构设计当中的应用

当薄膜生长于基底上时，薄膜和基底之间自然而然地就会形成界面。铁电存储器是一个多层膜体系，更加不可避免地存在着多个界面，包括铁电薄膜与硅基底的界面以及铁电薄膜与金属或者氧化物电极的界面。当前电子器件的尺寸越做越小，因此存储器中薄膜的尺寸也会越来越薄，此时薄膜与基底或与电极的界面效应会显得十分重要。对于绝大多数铁电氧化物来说，当其直接被沉积在硅基底上时，界面处将发生原子扩散[10]、化学反应[11]、电荷注入[12]，从而形成界面死层。界面死层指的是极化翻转受到抑制的界面层。因为界面死层的存在，铁电随机存储器中铁电电容的实际电容值往往比理论预测值低一个数量级。界面问题对于铁电场效应晶体管存储器来说尤为显著，它是铁电场效应晶体管保持性能变差的主要原因。为了获得更好的界面，阻止铁电薄膜与基底或者电极界面间的原子扩散、化学反应、电荷注入十分重要。为了解决界面问题，研究者们秉承物理力学的指导思想，从微观的角度出发，提出界面工程的方法来进一步优化铁电薄膜及其存储器的宏观性能。界面工程是通过改变铁电薄膜与基底/电极接触的界面，利用界面与薄膜的微观相互作用机理来获得更好的薄膜宏观性能。当前，界面工程的主要方法包括：①加入缓冲层阻止铁电薄膜与电极和基底之间的界面作用；②谨慎选择电极和基底以减少界面作用；③降低铁电薄膜沉积温度和缩短沉积时间。

Maki 等[13]通过在铁电薄膜 Pb(Zr,Ti)O$_3$ (PZT) 和基底 IrO$_2$-Si 界面处生长一层 10~50nm 的 SrRuO$_3$ (SRO) 缓冲层，使得 PZT 产生铁电相的结晶退火温度大幅度地降低。XRD 分析几种情况下的晶粒取向如图 5.3.1 所示。

从图 5.3.1 可以看出，如果不先生长一层 SRO 缓冲层，在 450℃的退火温度下，PZT 薄膜内部并不能形成铁电相，只有升高退火温度，在 550℃才会形成铁电相。而加上 SRO 缓冲层之后，PZT 薄膜即使在 450℃下也会有铁电相的生成。造成这种差异的原因是 SRO 的结构与 PZT 很类似，在退火结晶的时候会为 PZT 钙钛矿铁电相提供更多的形核点，因此更容易形成铁电相。而在后续的薄膜电学性能测试中，Maki 等也发现添加 SRO 缓冲层后的 PZT 薄膜剩余极化、相对介电常数、翻转极化等性能均会有提升。

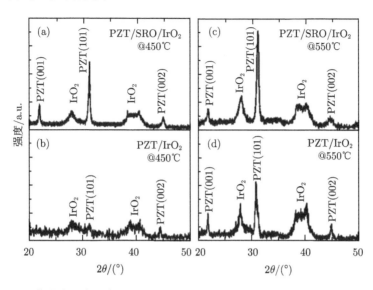

图 5.3.1　PZT 薄膜在退火温度 450℃和 550℃下，分别生长在含 SRO 和不含 SRO 缓冲层基底上的 XRD 图谱

图中 PZT(101) 为钙钛矿对应的衍射峰

对于 $BaTiO_3$ (BTO) 铁电薄膜，如果以 SRO 作为电极，就会在薄膜的层状生长过程中形成 RuO_2/BaO 界面终端序列，而该界面终端中会存在界面固定偶极子，这些界面固定偶极子会导致 BTO 内的极化难以翻转。Lu 等[14] 在 BTO 与 SRO 接触的上表面生长一层 $SrTiO_3$ (STO) 薄膜 (t-STO)，通过第一性原理计算以及唯象理论发现该 STO 层会使得原来向一边倾斜的 BTO 双势阱变得更加对称 (图 5.3.2)，也就是说 STO 的加入使得原本 BTO 中难以翻转的极化变得更容易翻转。而可翻转极化在铁电薄膜的实际应用中是十分重要的。Lu 等分析造成这一现象的原因一方面是 STO 层的引入会减少界面固定偶极子，另一方面是 STO 的高介电性对 BTO 中退极化场的屏蔽效应也会增强。不仅如此，在对应的实验上，他们也发现通过 STO 引入而消除界面固定偶极子后 t-STO 对应的 BTO 薄膜剩余极化更大，且剩余极化和翻转特性更好。

Yang 等[15] 通过第一性原理研究发现合理地构造界面能有效地克服死层效应并改善极化性质。他们以 PTO、BTO 钙钛矿铁电薄膜与 Pt、$LaNiO_3$ (LNO) 和 $SrRuO_3$(SRO) 电极构成的电极/铁电/电极结构的铁电电容为研究对象，研究了界面效应对铁电薄膜极化性质的影响，并且探索了铁电薄膜极化性质的界面改善。发现氧化物电极与铁电薄膜之间具有较强的界面结合性能，这可能是氧化物电极覆盖的铁电薄膜具有较强的抗疲劳性能的原因之一。然而，具有氧化物电极的铁电薄

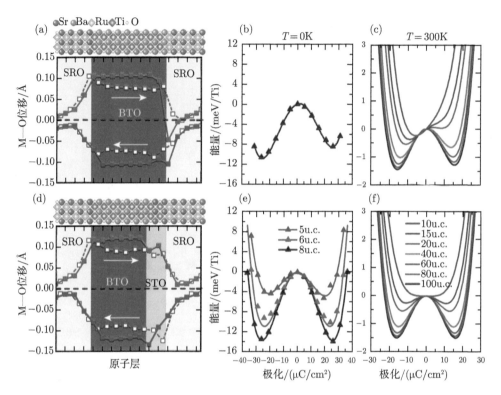

图 5.3.2 (a) 层状生长的 SRO/(BTO)$_8$/SRO 结构示意图, 左边界面为薄膜的下界面, 右边界面为薄膜的上界面, 实心符号为 Ru—O 或 Ti—O 的位移, 空心符号为 Sr—O 或 Ba—O 的位移, 红色和蓝色曲线分别对应向上和向下的极化; (b) SRO/(BTO)$_8$/SRO 异质结构中第一性原理计算 (散点) 和唯象理论 (实线) 下每个 Ti 原子所对应总能量随极化的变化曲线; (c) 300K 下唯象理论所得 (a) 模型中每个 Ti 原子的自由能随极化的变化; (d)~(f) SRO/(BTO)$_{n-2}$/(STO)$_2$/SRO, n=5, 6, 8 结构中与 (a)~(c) 类似的模型及计算数值图

膜, 特别是 TiO$_2$ 终端的情况, 其极化强度和极化稳定性较差, 甚至在界面处形成反向极化死层。引入 LaXO$_3$ (X=Fe, Co) 和 YNiO$_3$ (Y=Sr, Ba) 缓冲层能够有效地消除极化死层效应, 极大地改善铁电薄膜的极化性质, 如图 5.3.3 和图 5.3.4 所示。同时他们研究了界面缓冲层对死层效应的调控能力。通过电荷密度分析发现从 X= V 到 Cu, 从 BTO 薄膜表面的 Ti 转移到缓冲层中的电荷量越来越多, 如图 5.3.5 所示。电荷转移量越多, 则表示表面 Ti 与缓冲层之间的相互作用越强, 这个相互作用减少了表面 Ti 向薄膜内部收缩的趋势。随着相互作用的加强, BTO 上表面处的 Ti—O 长键便得到保护, 因此界面处的反向极化便再次向上翻转。他们发现无论是在 BaO 终端还是在 TiO$_2$ 终端界面处引入 LaXO$_3$ (X=Fe, Co) 和 YNiO$_3$ (Y=

Sr, Ba) 缓冲层，都能够有效地消除反向 180° 畴界，并且极大地改善 BTO 薄膜的极化性质。

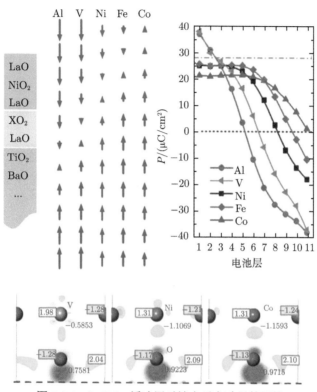

图 5.3.3　LaXO$_3$ 缓冲层对铁电反向畴界的调控

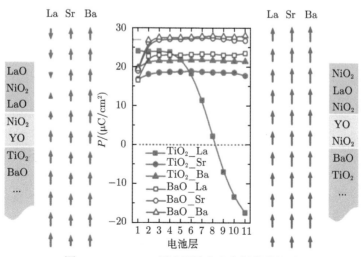

图 5.3.4　YNiO$_3$ 缓冲层铁电电容极化的影响

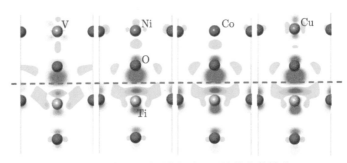

图 5.3.5　BTO 与缓冲层界面处的电荷转移

当铁电薄膜极薄 (几十纳米以下) 时, 外延薄膜能够与基底实现共晶格生长, 外延薄膜因为与基底晶格常数不匹配而受到来自基底的弹性拉/压应变, 进而在薄膜内形成失配应变。应变工程就是针对某种铁电薄膜, 人为地选择不同的基底, 在铁电薄膜内形成不同的失配应变, 从而利用极化-应变耦合效应 (压电耦合效应) 来调控铁电薄膜铁电畴等性能 [16]。应变工程导致失配应变的简单示意图如图 5.3.6 所示。

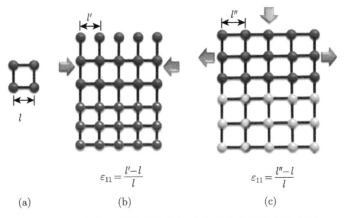

$$\varepsilon_{11} = \frac{l'-l}{l} \qquad\qquad \varepsilon_{11} = \frac{l''-l}{l}$$

(a)　　　　　　　　(b)　　　　　　　　(c)

图 5.3.6　应变工程导致铁电薄膜内形成失配应变示意图

(a) 无应变状态; (b) 失配压应变; (c) 失配拉应变

Choi 等 [17] 发现界面失配应变可以使得铁电薄膜的居里温度发生十分显著的变化。他们采用分子束外延方法将 BaTiO$_3$ 薄膜生长在具有不同晶格常数的 DyScO$_3$ 和 GdScO$_3$ 两种基底上, 三者之间晶格常数的关系为 $a_{\mathrm{BaTiO_3}} > a_{\mathrm{GdScO_3}} > a_{\mathrm{DyScO_3}}$[18]。不论 BaTiO$_3$ 生长在哪一种基底上, 其本身都是受到失配压应变。很显然两种基底带来的压应变关系为 $\varepsilon_{\mathrm{DyScO_3}} < \varepsilon_{\mathrm{GdScO_3}} < 0$。他们发现, 将 BaTiO$_3$ 生长在 DyScO$_3$ 上, 即对 BaTiO$_3$ 给予更大的失配压应变时, 相比于 BaTiO$_3$ 单晶块体材料可以将其薄膜的居里温度提高约 500℃, 且相变温度与理论预测十分

吻合。BaTiO$_3$ 居里温度的提高能够使得这种薄膜材料在更高的温度环境中稳定工作。Wang 等 [19] 通过相场法，并采用平面应变假设，发现在一定范围内 PbTiO$_3$ 的居里温度会随着连续的等轴应变的增加而增加，如图 5.3.7 所示。他们还发现在室温下，PbTiO$_3$ 的剩余极化和矫顽电场均会随着等轴应变的增大而增大，如图 5.3.8 所示。

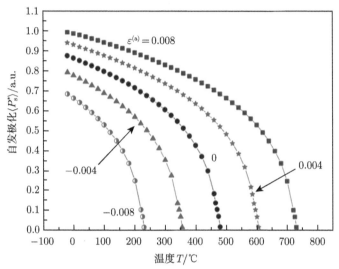

图 5.3.7 不同连续等轴应变下 PbTiO$_3$ 的自发极化随温度的变化

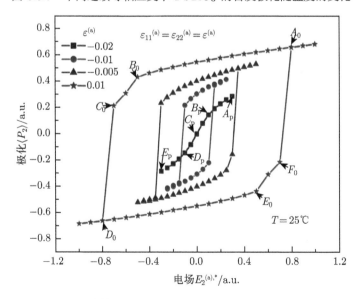

图 5.3.8 不同等轴应变下 PbTiO$_3$ 的极化平均值与外电场的关系

　　Jiang 等 [20] 采用脉冲激光沉积 (PLD) 方法, 通过对锆钛酸铅 (PZT) 薄膜生长过程进行原位监测 (反射高能电子衍射 (RHEED)) 和实时调控, 成功在柔性二维材料 (天然云母片) 生长出了基于范德瓦耳斯异质结的高质量外延三维铁电材料 (PZT), 如图 5.3.9 所示。图 5.3.9(a) 和 (b) 显示的是柔性非挥发存储器单元的结构设计和实物图, 图 5.3.9(c) 显示的是柔性异质结的表面形貌, 图 5.3.9(d) 显示的是 PZT/mica 异质结的原子结构示意图。这是传统钙钛矿铁电材料首次不使用转移的方法 [21] 直接在柔性基板上生长出高质量外延铁电薄膜, 为柔性外延铁电存储器的研制奠定了坚实的基础。令人兴奋的是此柔性 PZT 铁电薄膜相比于其他柔性有机铁电薄膜, 具有其他有机材料无法比拟的优异的铁电性能和热稳定性能。除此之外, 此柔性铁电薄膜还表现出非常显著的可弯曲特性, 当薄膜的弯曲半径高达 ±2.5mm, 弯曲疲劳循环大于 1000 次时, PZT 薄膜仍保持着原有卓越的铁电性能, 如图 5.3.10 所示。

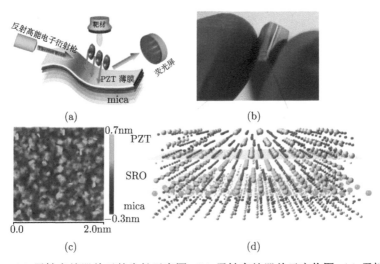

图 5.3.9　(a) 柔性存储器单元的生长示意图; (b) 柔性存储器单元实物图; (c) 柔性异质结表面形貌的原子力显微图; (d) PZT/mica 异质结的原子结构示意图

　　通过相场方法、第一性原理等理论研究, 研究工作者们还发现利用应变工程可使许多通常情况下不具有铁电性的铁电材料产生铁电性能, 如 $(001)_p$-PbTiO$_3$、BaTiO$_3$、Pb(Zr$_x$Ti$_{1-x}$)O$_3$ 以及 SrTiO$_3$ 等, 当对其进行应变约束时就会获得铁电性 (下标 p 表示伪立方指数)[18]。图 5.3.11 为相场法模拟的 (001)-BaTiO$_3$ 在不同温度、不同面内应变下的铁电相相图 [22]。通过改变应变和温度, BaTiO$_3$ 会出现四方相 (T)、正交相 (O) 和单斜相 (M)。不仅如此, 在 BaTiO$_3$ 的相变过程中, 会出现同一种相的极化翻转。在高温低应变区域, BaTiO$_3$ 中能够稳定存在的是顺电相 (paraelectric phase, 上标 P), 要想得到铁电相 (上标 F), 一种方法是增大拉/压应

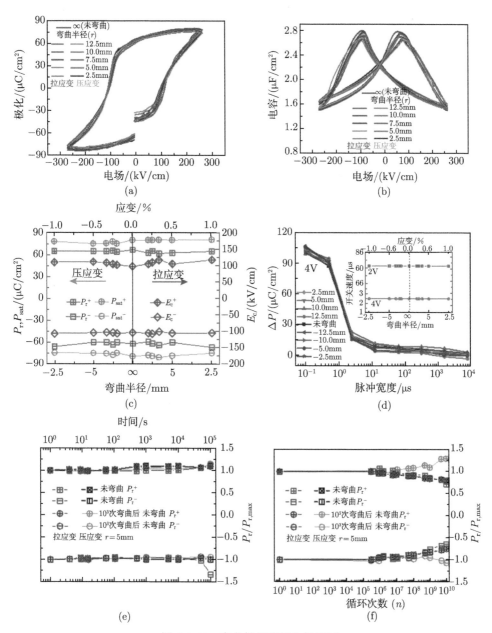

图 5.3.10 弯曲性能和持久性测试

(a) 弯曲条件下薄膜的宏观极化–电场关系图；(b) 弯曲条件下薄膜的电容–电场关系图；(c) 剩余极化、饱和极化和矫顽场随弯曲半径和应力的变化图；(d) 畴的翻转速度随弯曲半径的变化图；(e) 薄膜的保持性和弯曲半径的关系图；(f) 薄膜的抗疲劳性能和弯曲半径的关系图变, 另一种方法就是降低温度。在实际应用中, 人们用铁电薄膜的剩余极化 P_r 来记录信息 "0" 和 "1", 剩余极化越大, 则记录的信息越容易被准确识别, 越不容易出错, 而对于 (001)-BaTiO$_3$ 来说, P_r 取决于 P_3 方向的极化。因此, 要想制备高性能的铁电薄膜, 则应该使得薄膜在 P_3 方向极化变得更大。按照此相图的预测, 我们应该在铁电薄膜的面内施加压应变, 具体做法就是在选择基底时, 应该选择晶格常数比 BaTiO$_3$ 小的材料。通过铁电薄膜与基底微观的压电效应, 来实现改善薄膜宏观剩余极化的效果。

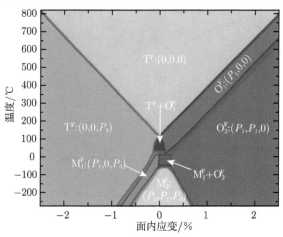

图 5.3.11　相场法模拟 $(001)_p$-BaTiO$_3$ 的应变–相图

Lu 等 [23] 发现外延铁电薄膜中存在的巨大应变梯度, 通过挠曲电效应的作用同样可以对极化分布产生显著的影响, 如引起极化的偏转, 90° 翻转。基于此原理, 通过 AFM 针在薄膜表面垂直施压引入局部应变梯度, Catalan 等实现了纯力写畴的目的, 并提出了纳米力畴信息存储器的概念。蒋丽梅 [24] 随后基于相场理论建立了挠曲电模型, 并利用此模型进一步探讨了力畴中向下有效极化的应变调控方法, 发现当所施加的外力不够大的时候, 力畴中向下的有效极化将随着失配应变从压变为拉逐渐增大。相反地, 如果所施加的外力足够大, 力畴中向下的有效极化将随着失配应变从压变为拉逐渐减小。因此, 为了提高向下的有效极化, 使得界面具备压应变或增大外加力将是有效的办法。

考虑到界面和应变效应与铁电场效应晶体管性能的密切相关性, Zhou、Zhang 等从界面调控、铁电存储单元优化的角度, 设计与制备了具有优异性能的 MFIS(金属–铁电–绝缘层–衬底) 多层结构及其原理型存储器件 [25]。

钟等开发了 5 in(1in=2.54cm) 的铁电薄膜脉冲激光沉积 (PLD) 生长工艺, 如图 5.3.12 所示, 制备出了一系列满足存储器应用的高质量铁电薄膜材料, 如 PZT、BNT、SBT 等。通过界面设计, 综合考虑绝缘层和铁电薄膜的种类和厚度、界面稳定性等方面的因素,分别选用 HfO$_2$、YSZ 作为绝缘层, SBT、BNT 作为铁电层制备出 Pt/SBT/HfO$_2$/Si 电容和 Pt/BNT/YSZ/Si 两种 MFIS 电容结构。他们对它们的 C-V 特性、疲劳特性、频率特性、保持性能进行了测试分析,发现所制备的 MFIS 多层结构显示出较好的电学性能,其中 Pt/BNT/YSZ/Si MFIS 多层结构经过 8h(80℃加速) 保持时间后,高低电容没有明显的衰减;经过 10^9 次的疲劳测试后,存储窗口没有明显下降,如图 5.3.13 所示。通过应变设计,在不同斜切 (miscut) 角度的 Si 基底上制备了 Pt/BNT/HfO$_2$/Si 电容,发现在斜切 Si 基底上生长的 BNT 薄膜呈现出 a 轴择优取向,且表面更加平整,表面粗糙度较小,具有更大的极化和介电常数。

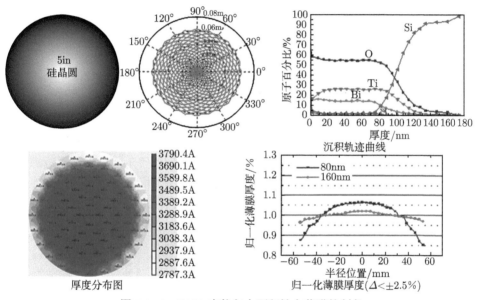

图 5.3.12 BNT 高均匀大面积铁电薄膜的制备

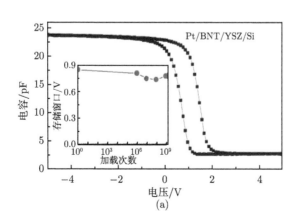

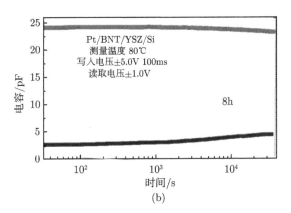

(b)

图 5.3.13　(a) Pt/BNT/YSZ/Si 的 *C-V* 曲线，插图是存储窗口随着加载次数的变
化；(b)*C-t* 保持特性曲线 (80℃加速)

　　在前面工作的基础上，他们分别利用 HfTaO 和 SBT 作为绝缘层和铁电层，用
氧化、扩散、光刻、淀积、刻蚀等标准 CMOS 工艺，制备出了铁电场效应晶体管
(FeFET) 存储器单元，如图 5.3.14 所示，分析了其铁电存储单元的阈值电压、转移
特性、输出特性、保持、疲劳等电学性能，结果表明该器件具有较好的存储特性、
较小的漏电流、较长的保持时间、较大的存储窗口，如图 5.3.15 所示。需特别指出
的是，他们又对制备的铁电场效应晶体管进行了伽马总剂量辐照实验，实验结果表
明制备的铁电场效应晶体管在 200 krad 辐照后，其电学性能没有明显退化。

图 5.3.14　Pt/SBT/HfTaO/Si 铁电场效应晶体管的显微照片

　　除此之外，Tan 等 [26] 还设计和制备了一系列新型结构的铁电晶体管：①考虑
ZnO 与 BNT 薄膜的匹配问题以及 ZnO 的固有极性对晶体管稳定性的贡献，在斜
切 Si 基底上，采用 PLD 方法依次制备了 LNO 底电极、BNT 铁电薄膜绝缘层和
ZnO 沟道层，形成了 ZnO/BNT/miscut-Si 薄膜晶体管结构，如图 5.3.16 所示，并
对其输出特性和转移特性进行了测试分析。结果表明：所制备的薄膜晶体管结构

显示出典型的 n 沟道增强型晶体管特性,并具有较好的电学性能。②分别以 BNT 薄膜和规整性 MWCNT 条纹作为栅介质和沟道,制备了 MWCNT/BNT/Si 底栅结构 FeFET,并对其输出特性和转移特性进行了测试分析。结果表明,所制备的 MWCNT/BNT/Si 底栅结构 FeFET 呈现出典型的 p 型沟道特性和优良的电学性能,具有较大的开态电流、大的开关比、高的沟道载流子迁移率、宽的存储窗口、低的亚阈值摆幅和低的阈值电压。③考虑负电容效应,设计了一种环形栅结构的 FeFET,如图 5.3.17 所示。负电容环栅铁电场效应晶体管表现出一些比传统正电容场效应晶体管优越的电学性能,比如栅电极能更好地控制沟道静电势、小的亚阈值摆幅 (小于 60mV/dec) 以及大的输出电流等。该研究成果对低功耗场效应晶体管的设计具有重要的指导意义。

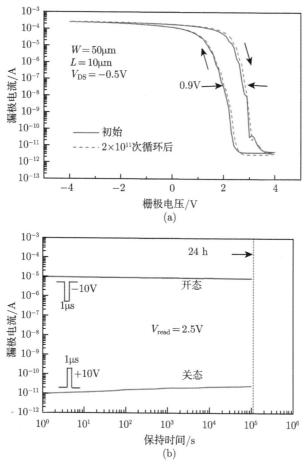

图 5.3.15 (a) Pt/SBT/HfTaO/Si 铁电场效应晶体管的转移特性曲线;
(b) Pt/SBT/HfTaO/Si 铁电场效应晶体管的保持性能

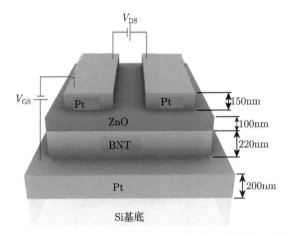

图 5.3.16　ZnO/BNT/miscut-Si 铁电薄膜晶体管示意图

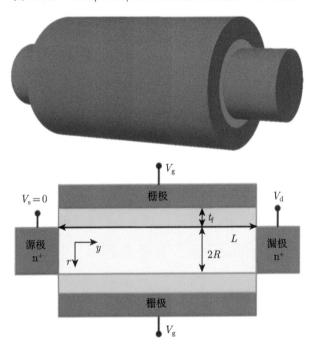

图 5.3.17　环形栅场效应晶体管示意图

5.3.2　掺杂在铁电薄膜微结构设计当中的应用

掺杂是指通过用离子半径和化合价相似的元素来取代材料中的部分离子，众多实验和理论证明掺杂可以改变材料的微观结构，提高材料的性能。当然，并非所有掺杂元素都要进入材料结构中去，有些掺杂元素是通过形成次晶相或改变材料晶界结构来对材料的性能产生影响的。

很多科学家报道施主原子 La[27-30] 和 Nb[30-33] 掺杂对 PZT 的抗疲劳性能具有改善作用。Hyun 等 [34] 和 Dong 等 [35] 同样报道 La 掺杂的 PTO 薄膜具有更好的抗疲劳性能。Dong 等指出 La 和 Nb 掺杂的 PZT 薄膜之所以具有优异的抗疲劳性能是因为掺杂原子降低了薄膜中的氧空位浓度。受主原子掺杂包括 Sc、Na[36]、Mg[36]、Fe[36,37] 和 Al[38] 的掺杂同样被发现对 PZT 薄膜的抗疲劳性能有改善作用。第二相的加入也可以改善 PZT 薄膜的抗疲劳性能。Zhang 等 [39-41] 发现掺入 $SrBi_2Nb_2O_9$ (SBN)、SBT 或者 ZrO_2 后 PLZT 的抗疲劳性能能够得到加强,但需注意的一点是它的翻转性能变差了。有趣的是,Tang 等 [42] 发现掺入 $Bi(Zn_{0.5}Ti_{0.5})O_3$ (BZT) 后,$Pb(Zr_{0.4}Ti_{0.6})O_3$ (PZT) 的剩余极化和抗疲劳性能都会增强。

除了 PZT,铁酸钡和铋层状的铁电薄膜通过掺杂也能得到改善。Lee 等 [43] 通过对 BFO 薄膜中掺杂 La,发现掺杂之后的薄膜表面粗糙度更好,介电常数更大、电滞回线矩形度更好,剩余极化更大,翻转特性更好,漏电流更小。在对掺杂前和掺杂后的 BFO 薄膜的 XRD 图谱分析中,Lee 等发现掺杂后的 BFO 薄膜的晶粒取向更加随机,结晶度更好,如图 5.3.18 所示。由于 La 的掺杂是属于同价替换 A 位的 Bi 原子 [44],因此掺杂之后的晶粒体积会更大。Lee 等分析认为导致掺杂后 BFO 薄膜电学性能提升的原因就是晶粒体积的增大。

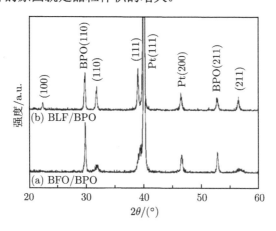

图 5.3.18 以 $BPO/Pt/TiO_x/SiO_2/Si$ (BPO) 为基底的 BFO 和掺 La 后的 BFO(BLF) XRD 图谱对比

钟向丽 [45] 通过采用不同含量 Mn 对 $Bi_{3.15}Nd_{0.85}Ti_3O_{12}$(BNT) 薄膜掺杂形成 $Bi_{3.15}Nd_{0.85}(Ti_{3-x}Mn_x)O_{12}$,对几组不同 Mn 含量下的薄膜的电学性能测试中发现在一定掺杂浓度下薄膜介电损耗会减小,且薄膜的漏电流比 BNT 薄膜要小近一个数量级,如图 5.3.19 所示。他们分析认为在 BNT 薄膜中,影响其电学性能的重要因素之一是由氧缺陷产生的空间电子能够在四价 Ti^{4+} 和三价 Ti^{3+} 之间跳跃运输。对于掺杂 Mn 之后的薄膜来说，三价的 Mn^{3+} 部分地取代了四价的 Ti^{4+} 而成为受主杂质，那么就会捕获氧缺陷所产生的电子。所以，受主杂质 Mn^{3+} 通过中和氧缺陷产生的电子而阻止了 Ti^{4+} 向 Ti^{3+} 的还原反应，从而降低了薄膜畴壁的 "钉扎" 效应，稳定了薄膜的电导性质，进而增强薄膜的铁电性能。

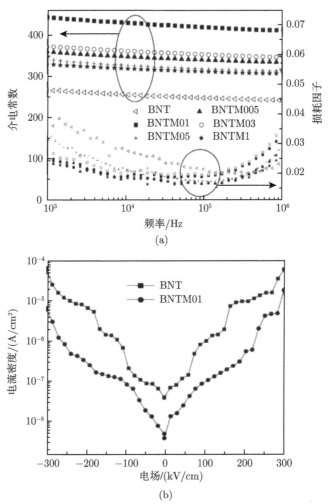

图 5.3.19　(a) 含有不同 Mn 掺杂浓度铁电薄膜的介电常数和损耗因子随频率的变化，图中 BNTMy 中 y 表示掺杂浓度，如 BNTM005 表示 $x=0.005$；(b) BTN 和 BNT01 的漏电流特性对比

传统钙钛矿结构的铁电材料与硅工艺平台不兼容是制约 FeFET 产业化发展的瓶颈 [46]。在铁电存储器的工业化生产中,常用的铁电薄膜材料主要有钙钛矿结构的锆钛酸铅 (PZT)、钽酸锶铋 (SBT) 等。PZT 和 SBT 与硅半导体材料存在界面不匹配的问题,PZT 和 SBT 中还含有高化学活性重金属离子,而重金属离子是导致集成电路失效的一个致命的污染源。与此同时,PZT 和 SBT 的制备温度较高,这在提高了工艺难度的同时,也增加了铁电薄膜与 CMOS 集成电路的交叉污染。上述一系列因素促使铁电薄膜与基底的界面和铁电薄膜材料内部形成了非常多的缺陷,消耗铁电薄膜的极化,从而导致 FeFET 的保持性能较差。由于氧化铪与目前的 CMOS 工艺兼容,自 2011 年非中心对称的正交相氧化铪 (或其掺杂系列) 材料具有铁电性的现象被德国 Löberwallgraben 实验室报道后,氧化铪基铁电薄膜材料立即引起了学术界和工业界的广泛关注 [47]。

常压下,氧化铪晶体有三种稳定的相结构,常温下稳定存在的单斜相 $P2_1/c$,温度高于 2050 K 时的四方相 $P4_2/nmc$,温度高于 2830 K 时的立方相 $Fm3m$。而且随着压强增大,氧化铪还有三种正交相,其空间群分别是 $Pbca$[48],Pcm[49] 和 $Pnma$[50]。铁电性源于非中心结构对称的晶体结构,上述空间群都是中心结构对称的晶体结构,故都不具有铁电性。德国 Löberwallgraben 实验室的 Böscke 等 [51] 通过对氧化铪进行二氧化硅掺杂后成功地在氧化铪中发现了铁电性,他们对与氧化铪性质极为相近的氧化锆材料的结构性质进行研究,使用 X 射线衍射仪进行分析,大致推测氧化铪铁电相结构是属于正交晶系的 $Pca2_1$ 空间群,此晶体结构呈现非中心对称性。掺杂氧化铪之所以表现出铁电性是因为:在二氧化硅的掺入以及应力的夹持双重作用下,氧化铪中的四方相在冷却的过程中转变成了非中心对称的正交相 $Pca2_1$ 空间群而非常见的单斜相。随后,具有不同掺杂类型的氧化铪基铁电薄膜被世界各地的研究者们争先恐后地报道出来,被报道的掺杂元素主要包括 Si[52]、Al[53]、Y[54]、Gd[55]、La[56]、Sr[57]。部分研究者还发现,混合的铪锆氧化物同样也具备铁电性。Schroeder 等 [58] 更是将不同掺杂元素和掺杂浓度下氧化铪基铁电薄膜的剩余极化性能进行了综合比较,如图 5.3.20 所示。从图中可以看出,对于大多数掺杂元素来说,掺杂后的氧化铪基铁电薄膜能获得 $15\sim25\mu C/cm^2$ 的剩余极化强度,掺 La 的氧化铪基铁电薄膜则表现出高达 $40\mu C/cm^2$ 的剩余极化强度。

氧化铪基铁电薄膜具有较大的剩余极化和较高的居里温度,除此之外,采用氧化铪基铁电薄膜制作高密度的晶体管型 (FeFET) 铁电存储器还具有以下几个特别重要的优势:①与硅基底具有优异的界面相容性;②成分简单、无污染,与标准的 CMOS 工艺平台完全兼容;③10nm 以下仍可保持优异的铁电性,可微型化能力强,可极大地提高存储器密度;④禁带宽度大 (约 5.7eV),漏电流较小,数据保持能力高。国际著名的微纳电子科学家 Tso-Ping Ma 教授指出:HfO_2 基铁电薄膜因为更大的矫顽场和更小的陷阱密度,相比 PZT 和 SBT 具有更强的保持性能 (10 年以上), 更适合于高密度的晶体管型铁电存储器。氧化铪基铁电薄膜与存储器示意图如图 5.3.21 所示。全球四大芯片制造商之一 Globalfoundries 公司与其合作者制备出了沟道长度小于 28 nm 的基于 Si:HfO$_2$ 的 FeFET, 并展示了该 FeFET 优异的保持性能 [59]。在国家大力发展 CMOS 集成电路工艺的背景下, 与 CMOS 工艺兼容的氧化铪基 FeFET 的研究为缩小我国与其他半导体强国在铁电存储器领域的差距提供了千载难逢的机会。

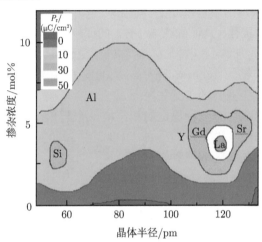

图 5.3.20　掺杂种类及其浓度、晶粒半径对剩余极化的影响 [58]

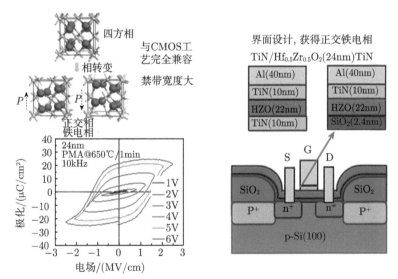

图 5.3.21　氧化铪基铁电薄膜与存储器示意图

5.4 微结构与宏观电学性能之间的关联

铁电薄膜的电偶极矩、电畴演化和电滞回线分别属于微观、介观和宏观的研究范畴，铁电薄膜及其存储器的性能极其敏感地依赖于其微观结构和组织成分。尤其当铁电薄膜及其存储器的尺寸处于纳米量级时，薄膜和器件内部的界面、缺陷、应变及其耦合效应极大地影响了材料和器件的宏观性能。基于这一特点，单从材料和器件的表征角度来说，就需要建立微观、介观和宏观的多尺度表征和测量体系，从而全面准确地研究结构与性能的关系。为了厘清铁电薄膜的微观构与电学性能的关联，铁电材料和结构的微观和介观表征显得尤为重要。如图 5.4.1 所示，利用压电力显微镜 (PFM) 可以研究微米尺度区域畴的翻转、保持性能、压电响应特性。PFM 的优点在于它研究的尺度和实际器件尺寸相似，能比较准确地反映材料性能。然而由于分辨率的限制，如果要获得更精细的缺陷信息、界面微结构等就非常困难了。因此，需要进一步采用高分辨和原位的透射电镜手段来研究铁电存储器中的微结构、界面和应变效应，进而分析缺陷、界面、应变等与电畴演化及宏观电学性能之间的关联。除此以外，由于铁电薄膜的超快翻转特征，基于飞秒激光的光学二次谐波探测方法 [60] 等新型的表征手段也逐渐显示出了强大的研究能力，这将为铁电材料的研究和应用带来重要的推动作用。

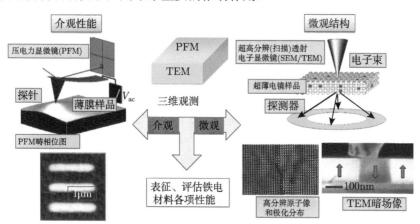

图 5.4.1 微结构与性能之间的关联

5.4.1 畴、畴壁与宏观性能之间的关联

铁电存储器的存储状态由畴翻转所控制，存储器的保持性能与电畴的尺寸和稳定性有关，存储器的数据读写速度、操作电压、疲劳性能与电畴的翻转性能有关。比如，Gruverman 等 [61] 认为 $SrBi_2Ta_2O_9$ 薄膜的保持性损失主要来源于底电

极界面处内建电场所致的畴背翻转。最近的研究表明存储器的漏电流也与电畴的结构有关, 因此畴结构和畴翻转是铁电存储器的应用基础, 薄膜的可靠性可以通过控制畴的结构和运动来改善。近年来, 畴工程, 即指通过控制薄膜内微观的电畴/畴壁结构来达到提高铁电薄膜宏观电学性能的目的, 受到研究者们的热烈关注 [62-66]。

Choi 等发现具有超短周期的 PbZrO$_3$/PbTiO$_3$ 铁电薄膜超晶格比长周期的畴稳定性更好 [63]。Ouyang 等发现生长于单晶 SrTiO$_3$ 上的 PbZr$_x$Ti$_{1-x}$O$_3$ 薄膜的畴壁移动性和压电效应可以通过特殊的自组装畴工程调控 [64]。Jang 等报道畴的翻转行为和漏电流可以通过畴工程同时得到改善 [65]。BiFeO$_3$ (BFO) 是一种具有菱方钙钛矿结构的铁电材料, 其自发极化沿着原立方结构的 $\langle 111 \rangle_c$ 晶向, 总共可能存在 8 种极化方向, 即 $r_1^\pm = \pm[111]_c$、$r_2^\pm = \pm[\bar{1}11]_c$、$r_3^\pm = \pm[\bar{1}\,\bar{1}\,1]_c$、$r_4^\pm = \pm[1\bar{1}1]_c$[67], 在其薄膜内存在着 71°、109° 和 180° 畴壁。Jang 等 [68] 将 BFO 薄膜分别生长在斜切角为 0.05° 和 4° 的斜切 SrTiO$_3$ 基底上, 发现生长在 0.05° 斜切基底上的 BFO 薄膜同时具有 r_1、r_2、r_3、r_4 四种类型畴结构, 而生长在 4° 斜切基底上的 BFO 薄膜则只存在 r_1、r_4 两种类型畴结构。造成这种电畴分布的原因是存在应变弛豫, 生长在 0.05° 斜切基底上的 BFO 薄膜应变弛豫是通过薄膜表面粗糙化实现的, 而生长在 4° 斜切基底上的 BFO 薄膜应变弛豫是通过位错倍增引起的晶体倾斜实现的。在后续对两种基底上生长的薄膜电学性能测试中, 他们发现在 4° 斜切基底上生长出的薄膜的剩余极化、漏电流等特性均要比在 0.05° 基底上的薄膜性能优异, 如图 5.4.2 和图 5.4.3 所示。他们分析出造成宏观漏电流差异的原因是 0.05° 斜切基底上薄膜中的 109° 畴壁才是漏电流传导的主要途径, 而 4° 斜切基底上生长出的薄膜, 内部只有 71° 畴壁, 因而漏电流会更小。

铁电薄膜极化偶极子翻转的特征时间为皮秒量级, 为了更本质地反映铁电薄膜的畴翻转动力学性质, Zhong 等 [69] 首次搭建了飞秒激光探测平台, 建立了 THz-TDS 系统、Z-扫描系统, 对铁电薄膜极化翻转进行了诱导和探测, 如图 5.4.4 所示。他们通过对飞秒激光诱导产生的二次谐波进行表征, 实现了铁电薄膜电畴演化的实时和非接触表征 [60]。他们还发现飞秒激光可以降低铁电薄膜的翻转势垒、减小矫顽场、诱导铁电薄膜发生极化翻转。

Sharma 联合 Liu 等 [70] 在国际上首次报道一类新型铁电畴壁原型存储器, 如图 5.4.5 所示。该工作在有限元分析 [71] 和相场模拟 [72] 分析的指导下, 通过生长高质量外延取向铁酸铋薄膜、精心设计面内电极形状、结合精密电子束光刻技术, 研制出了铁电畴壁原型存储器, 并基于扫描探针显微技术等手段进行了相关性能测试。该项工作中所研制的铁电畴壁原型存储器, 其尺寸小至 100 nm 以内, 能通过中等电压 (小于 3 V) 实现非破坏性读取, 展现出 10^3 的开关比, 并具有优异的保持性能和抗疲劳性能。与此同时, 通过精确地调控畴壁长度, 研究者们发现所研制的原型存储器能实现多级数据存储, 从而能大幅度提升存储密度。这一研究推动了纳米尺度铁电畴壁存储器研发和应用的进程。

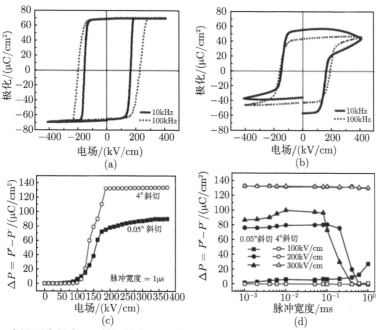

图 5.4.2　室温下生长在 4° 斜切基底 (a) 和 0.05° 斜切基底 (b) 上的 400 nm BFO 薄膜的电滞回线；两种基底上薄膜的翻转极化分别随外电场大小 (c) 和脉冲宽度 (d) 变化的对比

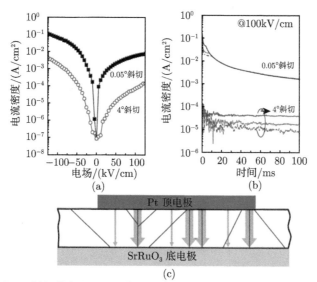

图 5.4.3　生长在 4° 斜切基底和 0.05° 斜切基底上的 400 nm BFO 薄膜的 C-V 特性 (a) 和 C-t 曲线 (b) 对比；(c) 0.05° 基底上 BFO 薄膜的漏电流路径示意图，箭头表示流经薄膜的漏电流，垂直的 109° 畴壁为漏电流的主要通道

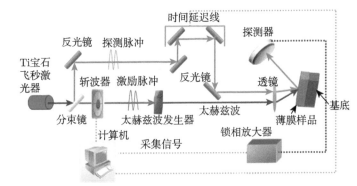

图 5.4.4　采用飞秒激光探测铁电畴超快翻转动力学光路图

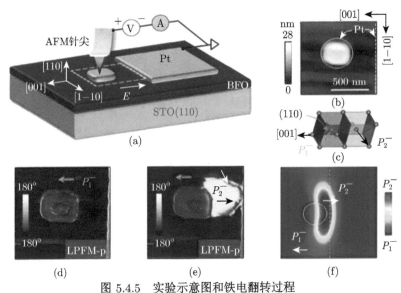

图 5.4.5　实验示意图和铁电翻转过程

(a) 铁电畴壁原型存储器及实验示意图；(b)(a) 中虚线内铁酸铋表面形貌；(c) 两种极化变体示意图；

(d) 初始状态 LPFM 相位图；(e) 通过电极施加电场后的 LPFM 相位图；(f) 相场模拟电畴翻转

此外，在理论上 Liu 等 [73] 通过细观力学分析的方法解释了实验中的现象：沿着 [111] 被极化的多畴 BaTiO₃(BTO) 铁电薄膜的压电常数 d_{33} 会比沿着 [001] 被极化的薄膜高约 70%。他们预测到极化沿着 [111] 的 BTO 薄膜压电常数 d_{32} 会比极化沿着 [001] 的薄膜高约 114%。他们还发现双畴 BTO 薄膜的压电常数 d_{32} 会比单畴 BTO 的高 400%，而 d_{33} 会比单畴 BTO 的高 100%，而这一现象表明含双畴的 BTO 会比含三畴的 BTO 的性能更好。

5.4.2　缺陷与铁电薄膜及存储器失效之间的关联

铁电体中的晶格缺陷被认为是导致铁电失效的主要原因，而在晶格缺陷中氧空位是常见也是影响最大的一类。氧空位可以在样品制备、器件制备、升温退火等一系列过程中被引入铁电体。Jia 和 Urban[74] 通过球差校正透射电子显微镜研究发现,在制备非常完好的 BaTiO₃ 中,其孪晶边界上只有 68% 的氧原子是按照钙钛矿结构排列的,也就是说,晶界附近的氧空位的含量非常大,约为 32%。氧空位的出现,使得铁电体内钛氧键序列被打破,从而导致晶格畸变 [75]。氧空位可以导致尾对尾 (tail-to-tail) 的极化花样,从而对铁电畴壁进行钉扎,减少总的铁电极化 [76,77]。氧空位也可以与畴壁 [78,79]、孪晶边界 [80,81] 等耦合,从而影响它们的动力学性质。

氧空位在铁电体内的迁移和重新聚集被认为是导致铁电失效的最主要原因 [82,83]。氧空位之间可以通过迁移形成聚合体 [84,85],也可以迁移至界面和晶粒边界与其形成耦合 [86],还可以通过迁移与其他离子掺杂或与杂质结合 [87,88]。这些含氧空位的缺陷复合体,可以使附近区域失去铁电性 (失活),也可以形成强的内建电场,对附近较大区域的极化形成钉扎 [89]。近年来,许多高分辨的透射电子显微镜的研究表明,晶体内部缺陷可能是抑制畴的形核、钉扎畴壁运动、影响铁电薄膜翻转性能以及造成铁电疲劳的重要原因 [90,91],如图 5.4.6 所示。而氧空位在外场下的迁移,以及氧空位所引起的载流子也被认为是导致漏电流的原因之一 [92]。

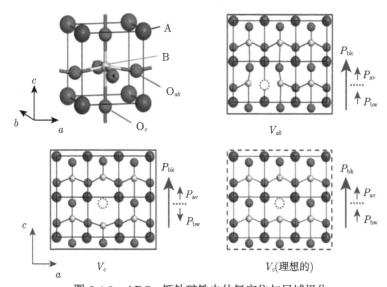

图 5.4.6 ABO₃ 钙钛矿铁电体氧空位与局域极化

单个氧空位和与之关联的杂质缺陷被认为是导致铁电薄膜及其存储器失效的一个关键微观因素 [93-96],因为氧空位能够导致局部的晶胞扭曲 [97-99]、空间电荷捕获以及畴壁钉扎 [99-104]。然而,多个氧空位的迁移与再分布却比单个氧空位对铁电薄膜失效的影响更大 [105-108]。氧空位在迁移的过程中,会与杂质或其他种类的阳离子缺陷发生复合形成杂质–氧空位复合体 [109,110]。这些复合体具有偶极子的性质，从而产生强的局部内建电场对附近的铁电电偶极子进行钉扎 [111]。如果钉扎发生在具有单畴结构的铁电薄膜中，由于在单畴中形成的缺陷偶极子具有一致的方向，所以它们往往只对铁电体一个方向的极化钉扎，这会使得铁电薄膜宏观上表现出印记失效现象 [112]。如果钉扎发生在具有多畴结构的铁电薄膜中，由于每个畴内的缺陷偶极子方向不同，所以极化钉扎方向也会不同，这会使得铁电薄膜产生双电滞回线的现象 [111]。

　　杨琼 [113] 等对氧化位与铁电薄膜宏观性能之间的关联进行了系统的研究，发现钙钛矿铁电体中 V_c 能够钉扎电畴翻转，造成铁电疲劳，如图 5.4.6 所示。ab 平面压应变能将氧空位造成的钉扎中心转化为非钉扎中心，而且压应变能够抑制氧空位的形成概率和流动性。研究结果表明，应变调控是克服铁电薄膜失效问题的有效方法，马颖等计算了不同构型的 Ba-O 双空位的形成能，发现在铁电体中空位对的偶极子方向会趋向于整体的极化方向，通过分子动力学计算发现双空位偶极子的存在会导致电滞回线的偏移，这是铁电薄膜印记效应 (图 5.4.7) 的重要原因。

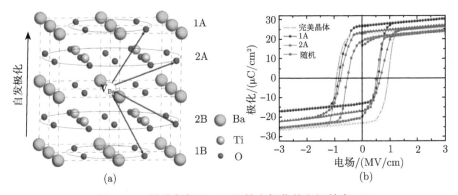

图 5.4.7　缺陷偶极子 (a) 和铁电极化的印记效应 (b)

　　与此同时，铁电薄膜中的缺陷或者位错同样与铁电薄膜存储器的可靠性密切相关。这是由于缺陷和位错附近会形成大的非均匀应变，极化与这个非均匀应变场会发生压电耦合，从而在缺陷或者位错周围产生一个非常大的极化梯度 [107]。而极化梯度又会引起强退极化场的产生，这个强退极化场能够屏蔽施加在铁电体上的外加电场，从而抑制位错外围几纳米区域的极化。以位错为中心的极化抑制区域起着 180° 和非 180° 翻转钉扎中心的作用。在外延薄膜中，界面位错产生的极化梯度会导致死层的产生，以及铁电薄膜极化性能的极大衰减。此外，Chu 等发现受压基底上生长的 (001) 取向的 PZT 纳米岛中存在着位错导致的不稳定极化 [108]。

5.4.3 铁电薄膜存储器的 "器件多变量耦合关系"

1. 构建了应变调控的铁电薄膜极化翻转模型

考虑了铁电薄膜中的晶格失配应变、退极化场、外加电场、温度等因素的影响，研究了他们对铁电极化翻转时间、翻转极化、矫顽电场的影响，并且建立了改进的应变调控的铁电电滞回线模型，模拟结果与实验结果符合很好，如图 5.4.8 所示。

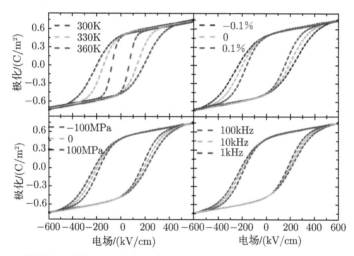

图 5.4.8　不同温度、晶格失配应变、外加应力和测试频率影响下的铁电薄膜电滞回线

2. 建立了铁电薄膜和器件的多变量耦合关系 [114,115]

从宏观上建立了铁电场效应晶体管极化、应力、应变、电场、源漏电流五个量之间的耦合关系：针对 FeFET 的保持性能失效问题，建立了退极化、温度、应变驱动下的 FeFET 保持性能模型。系统地研究了温度、应变对 FeFET 保持性能、C-V 特性、输出特性 (I_D-V_{DS})、转移特性 (I_D-V_{GS}) 的影响。模拟结果显示，适当地引入应变，可以有效地提高 FeFET 保持性能，如图 5.4.9 所示。此模型不仅能模拟宽时间尺度下的 FeFET 的保持性能，为预测保持性能提供了理论依据，还为 FeFET 保持性能的应变调控提供了理论指导，极大地推动了 FeFET 保持性能失效研究。

3. 建立了考虑挠曲电效应的铁电薄膜电力–电耦合模型 [71,116]

建立了铁电薄膜挠曲电力–电耦合模型，并推导出了该模型的弱形式，编制了相应的有限元程序。利用该模型，研究了挠曲电耦合下铁电薄膜电畴演变规律，发现：①界面失配应变会导致 $a/c/a/c$ 畴结构的形成，在 c 畴中的水平和垂直方向均存在着量级为约 10^6 m^{-1} 的应变梯度，畴壁处的应变梯度高达 $10^7 \sim 10^8$ m^{-1}。通过挠曲电效应，这个极大的应变梯度引起了 c 畴内部和畴壁处极化的偏转。应变梯度大的地方，极化偏转角度越大。②当薄膜中应变梯度非常大，或者挠曲电耦合系数非常大的时候，铁电薄膜从铁电相转换到公度相/非调和相/调制相。处于公度相的铁电薄膜表现出类反铁性能、类印记等失效现象。挠曲电耦合方式不同，铁电薄膜形成的极化花样及宏观电学性能不同，如图 5.4.10 所示。③因为挠曲电效应，在逐渐增加的局部外力作用下，电畴会经历 "极化小角度偏转 →90° 畴翻转 →90° 畴扩展 →180° 畴翻转 →180° 畴扩展 → 稳定"6 个阶段，如图 5.4.11 所示。随着外力的增加，铁电薄膜电滞回线变窄，电滞回线的非对称性也增加，即印记失效现象更明显。而畴翻转所需的力的大小以及印记失效可以通过界面失配应变进行调控。

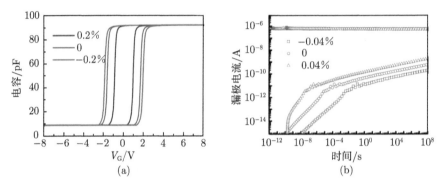

图 5.4.9　(a) 不同晶格失配应变影响下 FeFET 的 C-V 曲线；(b) 不同晶格失配应变影响下 FeFET 的保持性能

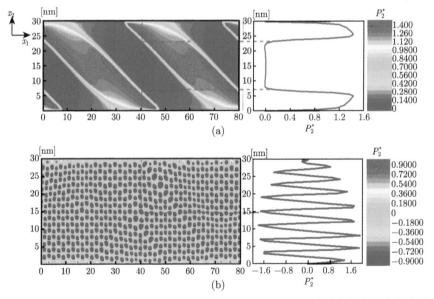

图 5.4.10　(a) 无挠曲电耦合效应时铁电薄膜中畴结构分布；(b) 挠曲电耦合强度很大时铁电薄膜畴结构分布

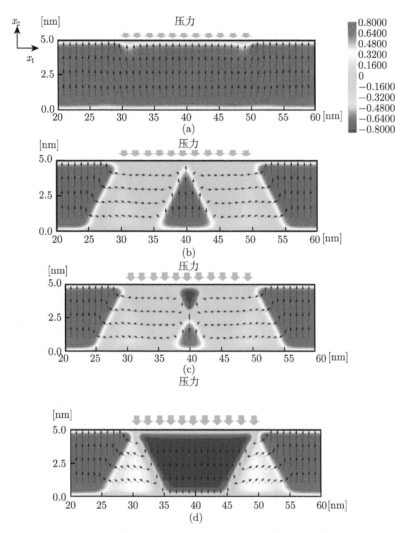

图 5.4.11　在逐步增大的应力 T_2^* 作用下, 铁电薄膜畴结构的演变情况

(a) $T_2^* = -46.3$; (b) $T_2^* = -71.5$; (c) $T_2^* = -78.7$; (d) $T_2^* = -142.7$. 薄膜上方逐渐增长的箭头表示逐渐增大的压力. 可以看出, 在逐渐增加的局部外力作用下, 电畴会经历 "极化小角度偏转 →90° 畴翻转 →90° 畴扩展 →180° 畴翻转 →180° 畴扩展 → 稳定"6 个阶段

5.5 在复杂环境下的服役和失效机理

人们在很早之前就已经开始研究辐照对于铁电材料性能的影响. 表 5.5.1 总结了前人对铁电材料进行的辐照实验. 从表中可以看出铁电材料不论是抗总剂量辐照能力 (约 10Mrad(Si))、抗剂量率 (大于 10^{11}rad(Si)/s)、还是抗中子辐照能力

(大于 10^{14}n/cm^2)，都能在同等条件下远优于 SiO$_2$。不仅如此，在理论上有人通过第一性原理计算，表明铁电材料承受住非常高的辐照阈值：辐照总剂量可达 100Mrad(Si)，剂量率达 2.5×10^{13}rad/s，中子通量达 5×10^{16}n/cm^2。以上表明铁电薄膜具有很强的抗辐照能力。

表 5.5.1　铁电薄膜材料辐照实验结果 [117-121]

铁电薄膜材料	总剂量失效阈值 /rad(Si)	剂量率失效阈值 /(rad(Si)/s)	快中子失效阈值 /(n/cm^2)
KNO$_3$	>10^5(γ)	>2×10^{11}(γ)	NA
PbTiO$_3$	>10^7(γ)	>1.2×10^{11}(γ)	>10^{14}
PZT	>10^7(γ/X ray)	NA	10^{15}
SBT	>10^7(γ)	NA	NA
BNT	>10^7(electrons)	NA	NA

因为作为铁电存储器核心部分的铁电薄膜有如此优异的抗辐照能力，以及相较于 Flash 等非挥发存储器，铁电存储器具有更高的读写次数、读写速度快等优势，很多科研机构仍在围绕着铁电存储器抗辐照开展研究。当今世界在铁电存储器抗辐照研究上，能够代表世界最顶尖水平的，分别是采用设计加固技术和德州仪器抗辐照工艺的 Celis (Symetrix 的子公司) 和 Ramtron 公司。美国 NASA 于 1997 年开展了深太空系统工程研究计划，在其计划书中对所需存储器提出了十分明确的要求：使用寿命不少于十年、抗辐照能力高于 1 Mrad(Si)、读写次数超过 10^{10}、每秒数据刷新两次 [122]。在其第一批计划 (1997~2000 年) 交付任务中，由 NASA 资助 Celis 公司开发 1 Mbit 具由抗辐照性能的铁电存储器。该项目中底层 CMOS 电路是基于能够与松下 6in 工艺线相兼容的抗辐照加固 CMOS 工艺，由美国能源部桑迪亚国家实验室提供。所研制的铁电存储器抗辐照水平达到了计划要求，存储容量是通过由 12 片 128 kbit 的单片多芯片封装实现了 1.5 Mbit。2004 年，Celis 公司开发的 1kbit 的铁电存储器可抗总剂量 2 Mrad(Si) 以及抗单粒子闩锁能力可达 163 MeV·cm^2/mg[123]，该产品基于德州仪器 130 nm 工艺。美国 Symetrix 公司于 2005 年全球首次实现了 SBT 铁电电容与 FD-SOI 的集成 [124]，遗憾的是并未见其公开报道抗辐照效果。根据 NASA 的 2010 年年度计划，德州仪器也正在研制抗辐照加固铁电存储器 [125]。2010 年，Ramtron 公司推出一款具有抗 3 ~7 Mrad(Si)γ 射线能力的基于铁电存储器的 RFID 产品 [126]。从 2012 年开始，NASA 通过对卫星搭载实验，发现铁电存储器在抗辐照上能力突出，特别适合空间应用 [127]。到 2014 年的时候，铁电存储器在法国卫星 (ESTCube-1) 的纠错控制及数据处理子系统中被应用，其测试报告指出由于铁电存储器具有极强的抗辐照能力以及极佳的稳定性，是一种非常适合应用于航天器的存储器件，所以文件系统的元数据及系统文件非常适合存储在铁电存储器中 [128]。铁电存储器不仅在国外受到极大的关

注，在国内，针对卫星在轨空间环境和单粒子效应等问题，2014 年，北京空间飞行器总体设计部设计出了具有通用接口的铁电存储器，未加固时抗总剂量辐照达到 $10^7 rad(Si)$，对单粒子效应几乎完全免疫，该器件基于铁电材料的高可靠、高抗辐照的 CPU 和 FPGA 解决方案，此外他们还设计了不需要外部 PROM 的基于铁电编程单元的新型 FPGA，具有很好的经济性应用前景 [129]。中国科学院新疆理化技术研究所和电子科技大学近几年也分别对几款商用铁电存储器进行了单粒子效应和总剂量效应研究 [130]。以上表明当前人们主要集中于 1T1C 结构的铁电存储器开展辐照效应研究，而对铁电场效应晶体管的辐照及加固技术鲜有涉足。

燕少安基于 "材料 — 器件 — 效应 — 加固" 的思路，分别从实验和理论的角度对铁电薄膜材料、MFIS 结构铁电电容及铁电场效应晶体管的电离辐照效应、辐照损伤机理及抗辐照加固技术展开研究 [131]，具体研究内容及相关结论如下：

(1) 通过蒙特卡罗模拟方法对 $SrBi_2Ta_2O_9$ (SBT) 铁电薄膜的低能量质子辐照损伤进行了研究。研究结果表明，低能量质子 (10~100keV) 入射到 SBT 铁电薄膜时能量损失主要是由电子阻止造成的，SBT 电子阻止本领在 90~210eV/nm 范围内，带来的电离能量损失占总能损的 94% 以上，这种辐照效应主要是总剂量电离效应。然而低能量质子在 SBT 薄膜中产生的非电离能量损失也不可忽视，当低能量质子注量大于 $10^{14} cm^{-2}$ 时，辐照产生的氧空位密度可达 $10^{18} cm^{-3}$，足以对 SBT 薄膜的电学性能产生非常大的影响。另外，质子入射角度也会对氧空位的产生有十分明显的影响。SBT 薄膜与硅材料相比，质子辐照带来空位数随入射角度的分布规律类似，但是 SBT 薄膜中产生的空位数更少，说明 SBT 薄膜比硅基材料具有更强的抗质子辐照能力。

(2) 应用经典半导体理论对铁电薄膜材料总剂量效应进行了建模与仿真。研究结果表明，随着辐照剂量增加，铁电薄膜内部介电常数、极化强度以及电流密度的分布将会发生相应的变化，在铁电薄膜中出现零电场区域时，变化量将十分显著，宏观上表现为铁电薄膜的介电常数、极化强度以及电流密度随着辐照剂量的增加而减小，这些性能退化在铁电薄膜辐照效应的基础上与实验观测相符合。可以推测，含有较多氧空位的铁电薄膜在辐照后性能退化更严重。因为辐照带来的固定电荷与铁电薄膜的厚度成正比，我们发现较薄的铁电薄膜辐照后性能退化较小。从材料加固的角度出发，在保证器件性能的前提下，高质量的、较薄的铁电薄膜所属器件的抗总剂量能力会更好。

(3) 通过实验的方法探究了 MFIS 结构铁电场效应晶体管的总剂量电离辐照效应 [132]。首先，他们通过调研，确定了 FeFET 的最优结构以及材料选择，制备出了 $Pt/SrBi_2Ta_2O_9/HfTaO/Si$ 的 MFIS 铁电电容以及基于此的 MFIS 结构的具有良好电学性能的 FeFET：存储窗口约 0.7V，开关比约 10^5，即使经过 24h 连续测试，开关比仍大于 10^4。辐照后，晶体管的栅漏电流无明显变化，C-V 和转移特性曲线出现负向漂移, 开关比降低, 存储窗口减小。当辐照剂量为 200krad(Si) 时, 辐照后晶体管开关比略有降低, 开关电流的平行度保持较好, 24h 连续测试后, 开关比仍有 10^4, 性能出现轻微衰减。但是当辐照剂量达到 10Mrad(Si) 后, 24h 连续测试后的开关比已经小于 10, 性能出现了急剧的降低, 晶体管已经失效。

(4) 基于经典半导体理论, 综合考虑绝缘层、铁电层、界面层、硅衬底的总剂量电离辐照效应以及剂量率效应对硅表面载流子寿命的影响, 对 FeFET 总剂量电离辐照效应进行建模。通过对计算结果的分析, 得出: ①高剂量辐照后 FeFET 中铁电层将出现极化强度减小、矫顽场漂移等明显的退化, 通过与实验对比, 模型能够反映在辐照后铁电薄膜 $P\text{-}V$ 曲线的退化规律, 能够有效解释辐照所导致的铁电薄膜 "印记" 及 "疲劳" 现象; ②预测了 FeFET 在高剂量辐照后出现的阈值电压漂移、存储窗口减小及开关比降低等退化现象, 不仅如此, 还发现剂量率效应也能对 FeFET 的电学行为产生明显影响; ③在一定辐照剂量下, 绝缘层厚度能明显地影响晶体管的存储窗口以及平带电压漂移量, 所以在满足器件性能要求的前提下, 较薄的绝缘层能提高铁电场效应晶体管的抗总剂量辐照能力。

(5) 使用 Sentaurus TCAD 对 FeFET 的单粒子效应进行全三维的建模与仿真。当粒子入射 FeFET 栅极后, 衬底中未被复合的电子快速扩散, 一部分被收集到漏极, 形成电流脉冲, 剩下的大部分电子被衬底收集, 形成衬底电流脉冲。在衬底处, 因为电子被收集, 多余的空穴就会显著抬高衬底电势, 这样会降低源体结、漏体结之间的电势差, 大量电子从源极注入沟道, 被沟道横向电场所收集, 形成宽度 10ns、达几百微安的漏极脉冲电流。如果晶体管存储着关的信息状态, 而此时正在进行 "读" 操作, 则此时会造成单粒子翻转。因为铁电场效应晶体管极化, 相比于普通 MOSFET 晶体管, 晶体管在关态下拥有更负的表面势, 所以当粒子入射栅极时, FeFET 的漏极电流脉冲更小一些。但是如果粒子入射漏极, 那么此时两者电荷收集的机理是相同的, 因此 FeFET 与 MOSFET 的漏极电流脉冲几乎一致。

(6) 针对 FeFET 提出了两种不同的加固措施: 漏墙加固结构和三管共漏反相器加固结构, 前者用于减小漏极单粒子电流脉冲, 后者针对 FeCMOS。漏墙加固结构可以抑制电荷收集, 有效地降低单个 FeFET 的漏极单粒子脉冲响应, 并且其加固效果与入射粒子的线性能量转移值呈正相关。漏墙加固结构对于入射角度的敏感性并不高。进一步的七级反相器链混合模拟结果则显示, 漏墙加固结构可以大幅降低反相器链终端输出的单粒子瞬态脉冲宽度, 有效抑制单粒子瞬态脉冲在电路中的传播。三管共漏反相器加固结构可以有效、快速地减小反相器中敏感 PMOS 的漏极单粒子瞬态脉冲, 大大降低反相器输出信号翻转的概率。反相器链混合模拟结果表明, 该三管共漏加固方法也能有效抑制单粒子瞬态脉冲在反相器链中的传播, 有效提高反相器电路抗单粒子翻转的能力。

对 BNT 铁电薄膜进行了电子、γ 射线、中子等辐照实验, 如图 5.5.1(a) 和 (b)

所示。研究结果表明 BNT 薄膜在 10Mrad(Si) 的电子辐照下, $2P_r$ 仅下降约 3%, 而且漏电流有所降低; 在 10Mrad(Si) 和 100Mrad(Si) 的 γ 射线辐照下, BNT 薄膜的晶体粒径变小, 漏电流明显得到了抑制, 我们认为这是由于辐照提高了晶界势垒。基于此, 我们提出通过适量的 γ 射线辐照, 可以优化铁电薄膜的电学性能。接下来我们对 BNT 薄膜进行了剂量为 $1 \times 10^{15} n/cm^2$、平均能量为 1MeV 的中子辐照, 薄膜产生了位移效应, 使 BNT 晶格产生离位原子, 破坏了晶格结构, 自发极化有所减小, 同时中子辐照导致 BNT 薄膜界面势垒降低, 漏电流有所增大, 但铁电电容并没有明显失效。在铁电薄膜辐照效应的基础上, 我们对制备的铁电场效应晶体管进行了 γ 射线辐照, 结果表明在 200krad(Si) 辐照后, 其电学性能没有明显退化, 如图 5.5.1(c) 和 (d) 所示。李玉姝等对铁电薄膜的辐照效应进行了分子动力学模拟和经验模型建模。分子动力学研究的结果表明, 适当地引入压应变, 能增强铁电薄膜的抗辐照能力。经验模型的建立, 有利于我们对薄膜的辐照效应进行量化的研

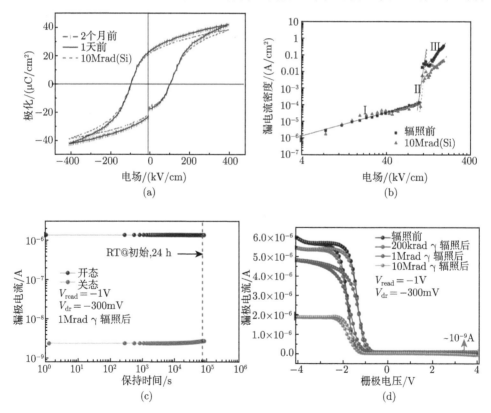

图 5.5.1　铁电薄膜和晶体管的辐照效应

(a) 和 (b) 分别为 BNT 薄膜在 10Mrad(Si) 电子辐照后的极化和漏电流; (c) 和 (d) 分别为 γ 射线辐照对铁电薄膜晶体管的保持性能和源漏电流的影响

究, 对铁电器件的辐照效应与电学失效的研究具有重要意义。

5.6　结　束　语

　　航空航天装备是衡量一个国家国防实力与科技发展水平的重要标志, 同时对于国民经济和人民生活水平的提高也起着巨大的推动作用。航空航天事业是一个知识和技术高度密集的现代高科技产业。其中, 电子信息系统是航空航天装备的核心部件, 代表着航空航天领域的最高科技水平, 是航空航天装备可靠有效运行的根本保障。不断发展的航空航天事业对航空航天装备的多功能化和高集成化提出了更高的要求, 同时, 航空航天装备的服役环境也越来越复杂, 这就使得航空航天装备中电子信息系统用的特种材料面临着更为严峻的挑战。发展高可靠的电子元器件, 实现航天和军事应用的微电子系统的抗辐照加固是航天电子元器件必须解决的关键问题, 而微电子系统的抗辐照能力也是衡量航天和军事科技水平高低的一个关键指标。

　　近年来, 我国在航空航天领域的发展非常迅猛, 如 "神舟" 系列飞船的成功发射和返回、"北斗" 卫星导航系统的建设、"嫦娥" 探月工程和 "天宫" 空间实验室的实施等。在各部门的协作与共同努力下, 我国首款国际主流水准的国产大型客机 C919, 2017 年 5 月 5 日 14 时许在上海浦东国际机场成功首飞, 经过几代航天人的呕心沥血, 在民用航空装备领域实现了零的突破, 这是我国航空航天工业发展的重要里程碑。虽然在科研工作者的努力下, 我国的航空航天事业已取得了长足的进步, 但是我们仍然要清晰认识到, 在高端通用芯片等核心领域, 特别是在电子元器件抗辐照加固技术方面, 我国仍然受制于人。

　　铁电薄膜及其存储器作为关键电子信息材料和非挥发性存储器等核心高可靠的电子元器件, 对于保障我国电子信息和国防安全具有重要意义。但当下, 受限于铁电薄膜专用设备和技术, 所需铁电存储器完全依赖进口。自主研制具有我国独立知识产权的铁电存储器, 打破欧美日的国际垄断, 尤其是对我国航空航天事业以及国防的控制, 成为国家的当务之急。

　　在空间服役过程中, 铁电薄膜和存储器面临着极端温度和辐照环境的影响, 辐照带来的电荷和缺陷是导致铁电失效的重要原因, 抑制了在航空航天领域的广泛应用。需要指出的是, 铁电存储器的工作和失效是一个力、热、电和源漏电流的多变量耦合问题, 其本质是一个在多场耦合下的复杂的物理力学过程, 以物理力学的指导思想, 探索铁电薄膜及其存储器在复杂环境下的服役和失效机理, 促进铁电薄膜材料和器件的性能提升, 对保障航空航天装备的安全服役, 打破国外的技术垄断, 推动我国航空航天事业的发展具有重要意义。基于物理力学的基本思想, 研究铁电材料及其器件的服役可靠性需坚持 "材料" 与 "力学" 学科交叉融合的特色开

展 "材料设计 — 制备 — 性能 — 服役 — 可靠性" 的系统研究。

基于物理力学的指导思想，我们总结得到研制出铁电存储器并且保障其在复杂环境下可靠运行存在的主要科学问题包括：①铁电薄膜材料与器件的设计和制备主要依赖于经验规律，缺乏相应的微观理论指导；②铁电薄膜材料与器件的微观组织结构和宏观性能关联的机理研究不充分；③铁电薄膜及其存储器在复杂环境下的失效机理及服役可靠性评价和优化方法研究不够。值得庆幸的是，近二十年，我国在这三个方向积累了不少经验，为国产铁电存储器的成功研发打下了坚实基础。本章综述了近十年来国内外特别是我国在上述三个领域的重要进展，以期对后续研究工作有所启发。

参 考 文 献

[1] 刘必慰. 集成电路单粒子效应建模与加固方法研究. 长沙：国防科技大学, 2009.

[2] Kamp D A, Devilbiss A D, Haag G R, et al. High density radiation hardened FeRAMs on a 130nm CMOS/FRAM process// Non-Volatile Memory Technology Symposium. IEEE, 2005: 4-51.

[3] Kumar U K, Umashankar B S. Improved hamming code for error detection and correction// International Symposium on Wireless Pervasive Computing. IEEE, 2007.

[4] Philpy S C, Kamp D A, Devilbiss A D, et al. Ferroelectric memory technology for aerospace applications. Aerospace Conference, 2000, 5: 377-383.

[5] Sridharan V, Liberty D. A study of DRAM failures in the field//2012 International Conference for High Performance Computing, Networking, Storage and Analysis (SC). IEEE, 2012: 1-11.

[6] Fenech H, Tomatis A, Amos S, et al. Future high throughput satellite systems//2012 IEEE First AESS European Conference on Satellite Telecommunications (ESTEL). IEEE, 2012: 1-7.

[7] Irom F, Nguyen D N, Underwood M L, et al. Effects of scaling in SEE and TID response of high density NAND flash memories. IEEE Transactions on Nuclear Science, 2010, 57(6): 3329-3335.

[8] Macleod T C, Sims W H, Varnavas K A, et al. Results from on-orbit testing of the fram memory test experiment on the fastsat micro-satellite. Integrated Ferroelectrics, 2012, 132(1): 88-98.

[9] Laizans K, Suenter I, Zalite K, et al. Design of the fault tolerant command and data handling subsystem for ESTCube-1. Proceedings of the Estonian Academy of Sciences, 2014, 63(2S): 222-231.

[10] Lei R, Ren Y B, Liu X T, et al. Interface modifications of lead zirconate titanate thin films. Ferroelectrics, 2010, 402(1): 43-46.

[11] Jia Z, Liu T, Hu H, et al. Imprint and fatigue properties of $Pt/Pb(Zr_{0.4}Ti_{0.6})O_3/Pt$ capacitor. Integrated Ferroelectrics, 2006, 85(1): 67-75.

[12] Jiang A Q, Lin Y Y, Tang T A. Charge injection and polarization fatigue in ferroelectric thin films. Journal of Applied Physics, 2007, 102(7): 074109.

[13] Maki K, Liu B T, Vu H, et al. Controlling crystallization of $Pb(Zr,Ti)O_3$ thin films on IrO_2 electrodes at low temperature through interface engineering. Applied Physics Letters, 2003, 82(8): 1263-1265.

[14] Lu H, Liu X, Burton J D, et al. Enhancement of ferroelectric polarization stability by interface engineering. Advanced Materials, 2012, 24(9): 1209-1216.

[15] Yang Q, Cao J, Zhou Y, et al. Dead layer effect and its elimination in ferroelectric thin film with oxide electrodes. Acta Materialia, 2016, 112: 216-223.

[16] Janolin P E, Anokhin A S, Gui Z, et al. Strain engineering of perovskite thin films using a single substrate. Journal of Physics: Condensed Matter, 2014, 26(29): 292201.

[17] Choi K J, Biegalski M, Li Y L, et al. Enhancement of ferroelectricity in strained $BaTiO_3$ thin films. Science, 2004, 306(5698): 1005-1009.

[18] Schlom D G, Chen L Q, Eom C B, et al. Strain tuning of ferroelectric thin films. Annu. Rev. Mater. Res., 2007, 37: 589-626.

[19] Wang J, Li Y, Chen L Q, et al. The effect of mechanical strains on the ferroelectric and dielectric properties of a model single crystal-Phase field simulation. Acta Materialia, 2005, 53(8): 2495-2507.

[20] Jiang J, Bitla Y, Huang C W, et al. Flexible ferroelectric element based on van der Waals heteroepitaxy. Science Advances, 2017, 3(6): e1700121.

[21] Ji Y, Cho B, Song S, et al. Stable switching characteristics of organic nonvolatile memory on a bent flexible substrate. Advanced Materials, 2010, 22(28): 3071-3075.

[22] Li Y L, Chen L Q. Temperature-strain phase diagram for $BaTiO_3$ thin films. Applied Physics Letters, 2006, 88(7): 072905.

[23] Lu H, Bark C W, Esque D L O D, et al. Mechanical writing of ferroelectric polarization. Science, 2012, 336(6077): 59-61.

[24] 蒋丽梅. 挠曲电耦合下铁电薄膜电畴演变及应变调控. 湘潭: 湘潭大学, 2014.

[25] Li S, Zhong X L, Jia Y R, et al. Deposition of $Bi_{3.15}Nd_{0.85}Ti_3O_{12}$ ferroelectric thin films on 5-inch diameter Si wafers by a modified pulsed laser deposition method. Thin Solid Films, 2015, 591: 126-130.

[26] Tan Q H, Wang J B, Zhong X L, et al. Polar ZnO thin-film nonvolatile transistors with (Bi, Nd)$_4$Ti$_3$O$_{12}$ gate insulators. EPL (Europhysics Letters), 2012, 97(5): 57012.

[27] Amanuma K, Hase T, Miyasaka Y. Fatigue characteristics of sol-gel derived $Pb(Zr, Ti)O_3$ thin films. Japanese Journal of Applied Physics, 1994, 33(9S): 5211.

[28] Tominaga K, Shirayanagi A, Takagi T, et al. Switching and fatigue characteristics of (Pb, La)(Zr, Ti)O$_3$ thin films by metalorganic chemical vapor deposition. Japanese

Journal of Applied Physics, 1993, 32(9): 4082-4085.

[29] Kang S J, Yang H J. Fatigue, retention and switching properties of PLZT(x/30/70) thin films with various La concentrations. Journal of Materials Science, 2007, 42(18): 7899-7905.

[30] Shimizu M, Fujisawa H, Shiosaki T. Effects of La and Nb modification on the electrical properties of Pb(Zr, Ti)O$_3$ thin films by MOCVD. Integrated Ferroelectrics, 1997, 14(1-4): 69-75.

[31] Chen J, Harmer M P, Smyth D M. Compositional control of ferroelectric fatigue in perovskite ferroelectric ceramics and thin films. Journal of Applied Physics, 1994, 76(9): 5394-5398.

[32] Haccart T, Remiens D, Cattan E. Substitution of Nb doping on the structural, microstructural and electrical properties in PZT films. Thin Solid Films, 2003, 423(2): 235-242.

[33] Griswold E M, Sayer M, Amm D T, et al. The influence of niobium-doping on lead zirconate titanate ferroelectric thin films. Canadian Journal of Physics, 1991, 69(3-4): 260-264.

[34] Hyun J W, Kim G B. Electric properties of La-modified lead titanate thin films fabricated by sol-gel processing. Journal of the Korean Physical Society, 2003, 42(1): 139-142.

[35] Dong Z, Shen M, Cao W. Fatigue-free La-modified PbTiO$_3$ thin films prepared by pulsed-laser deposition on Pt/Ti/SiO$_2$/Si substrates. Applied Physics Letters, 2003, 82(9): 1449-1451.

[36] Klissurska R D, Brooks K G, Setter N. Acceptor dopant effects on endurance of PZT thin films. Ferroelectrics, 1999, 225(1): 171-178.

[37] Majumder S B, Roy B, Katiyar R S, et al. Improvement of the degradation characteristics of sol-gel derived PZT (53/47) thin films: Effect of conventional and graded iron doping. Integrated Ferroelectrics, 2001, 39(1-4): 127-136.

[38] Iijima T, He G, Wang Z, et al. Ferroelectric properties of Al-doped lead titanate zirconate thin films prepared by chemical solution deposition process. Japanese Journal of Applied Physics, 2000, 39(9S): 5426.

[39] Zhang N, Li L, Gui Z. Improvement of electric fatigue in PLZT ferroelectric capacitors due to zirconia incorporation. Materials Chemistry and Physics, 2001, 72(1): 5-10.

[40] Zhang N, Li L, Gui Z. Frequency dependence of ferroelectric fatigue in PLZT ceramics. Journal of the European Ceramic Society, 2001, 21(5): 677-681.

[41] Zhang N X, Li L T, Li B R, et al. Improvement of electric fatigue properties in PLZT ferroelectric ceramics due to SrBi$_2$Ta$_2$O$_9$ incorporation. Materials Science and Engineering: B, 2002, 90(1): 185-190.

[42] Tang M H, Zhang J, Xu X L, et al. Electrical properties and X-ray photoelectron

spectroscopy studies of Bi(Zn$_{0.5}$Ti$_{0.5}$)O$_3$ doped Pb(Zr$_{0.4}$Ti$_{0.6}$)O$_3$ thin films. Journal of Applied Physics, 2010, 108(8): 084101.

[43] Lee Y H, Wu J M, Lai C H. Influence of La doping in multiferroic properties of BiFeO$_3$ thin films. Applied Physics Letters, 2006, 88(4): 042903.

[44] Lee D, Kim M G, Ryu S, et al. Epitaxially grown La-modified BiFeO$_3$ magnetoferro-electric thin films. Applied Physics Letters, 2005, 86(22): 222903.

[45] 钟向丽. 存储器用 BIT 基无铅铁电薄膜及纳米线的制备与改性. 湘潭: 湘潭大学, 2008.

[46] Yurchuk E, Muller J, Hoffmann R, et al. HfO$_2$-based ferroelectric field-effect transistors with 260nm channel length and long data retention//Memory Workshop (IMW), 2012 4th IEEE International. IEEE, 2012: 1-4.

[47] Böscke T S, Müller J, Bräuhaus D, et al. Ferroelectricity in hafnium oxide thin films. Applied Physics Letters, 2011, 99(10): 102903.

[48] Ohtaka O, Yamanaka T, Kume S, et al. Structural analysis of orthorhombic hafnia by neutron powder diffraction. Journal of the American Ceramic Society, 1995, 78(1): 233-237.

[49] Adams D M, Leonard S, Russell D R, et al. X-ray diffraction study of hafnia under high pressure using synchrotron radiation. Journal of Physics and Chemistry of Solids, 1991, 52(9): 1181-1186.

[50] Ohtaka O, Fukui H, Kunisada T, et al. Phase relations and volume changes of hafnia under high pressure and high temperature. Journal of the American Ceramic Society, 2001, 84(6): 1369-1373.

[51] Böscke T S, Müller J, Bräuhaus D, et al. Ferroelectricity in hafnium oxide thin films. Applied Physics Letters, 2011, 99(10): 102903.

[52] Zhou D, Xu J, Li Q, et al. Wake-up effects in Si-doped hafnium oxide ferroelectric thin films. Applied Physics Letters, 2013, 103(19): N69-N72.

[53] Mueller S, Mueller J, Singh A, et al. Incipient ferroelectricity in Al-doped HfO$_2$ thin films. Advanced Functional Materials, 2012, 22(11): 2412-2417.

[54] Olsen T, Schröder U, Müller S, et al. Co-sputtering yttrium into hafnium oxide thin films to produce ferroelectric properties. Applied Physics Letters, 2012, 101(8): 082905.

[55] Mueller S, Adelmann C, Singh A, et al. Ferroelectricity in Gd-doped HfO$_2$ thin films. ECS Journal of Solid State Science and Technology, 2012, 1(6): N123-N126.

[56] Muller J, Boscke T S, Muller S, et al. Ferroelectric hafnium oxide: A CMOS-compatible and highly scalable approach to future ferroelectric memories//Electron Devices Meeting (IEDM), 2013 IEEE International. IEEE, 2013: 10.8.1-10.8.4.

[57] Schenk T, Mueller S, Schroeder U, et al. Strontium doped hafnium oxide thin films: Wide process window for ferroelectric memories//Solid-State Device Research Conference (ESSDERC), 2013 Proceedings of the European. IEEE, 2013: 260-263.

[58] Schroeder U, Yurchuk E, Müller J, et al. Impact of different dopants on the switching properties of ferroelectric hafniumoxide. Japanese Journal of Applied Physics, 2014, 53(8S1): 08LE02.

[59] Yurchuk E, Müller J, Paul J, et al. Impact of scaling on the performance of HfO_2-based ferroelectric field effect transistors. IEEE Transactions on Electron Devices, 2014, 61(11): 3699-3706.

[60] Zhang Y, Zhang Y, Guo Q, et al. Characterization of domain distributions by second harmonic generation in ferroelectrics. npj Computational Materials, 2018, 4(1): 39.

[61] Gruverman A, Tanaka M. Polarization retention in $SrBi_2Ta_2O_9$ thin films investigated at nanoscale. Journal of Applied Physics, 2001, 89(3): 1836-1843.

[62] Potnis P R, Tsou N T, Huber J E. A review of domain modelling and domain imaging techniques in ferroelectric crystals. Materials, 2011, 4(2): 417-447.

[63] Choi T, Ho Park B, Shin H, et al. Nano-domain engineering in ultrashort-period ferroelectric superlattices. Applied Physics Letters, 2012, 100(22): 222906-222906-4.

[64] Ouyang J, Slusker J, Levin I, et al. Engineering of self-assembled domain architectures with ultra-high piezoelectric response in epitaxial ferroelectric films. Advanced Functional Materials, 2007, 17(13): 2094-2100.

[65] Jang H W, Ortiz D, Baek S H, et al. Domain engineering for enhanced ferroelectric properties of epitaxial (001) BiFeO thin films. Advanced Materials, 2009, 21(7): 817-823.

[66] Shelke V, Mazumdar D, Srinivasan G, et al. Reduced coercive field in $BiFeO_3$ thin films through domain engineering. Advanced Materials, 2011, 23(5): 669-672.

[67] Winchester B, Wu P, Chen L Q. Phase-field simulation of domain structures in epitaxial $BiFeO_3$ films on vicinal substrates. Applied Physics Letters, 2011, 99(5): 052903.

[68] Jang H W, Ortiz D, Baek S H, et al. Domain engineering for enhanced ferroelectric properties of epitaxial (001) BiFeO thin films. Advanced Materials, 2009, 21(7): 817-823.

[69] Li S, Zhong X L, Cheng G H, et al. Large femtosecond third-order optical nonlinearity of $Bi_{3.15}Nd_{0.85}Ti_3O_{12}$ ferroelectric thin films. Applied Physics Letters, 2014, 105(19): 192901.

[70] Sharma P, Zhang Q, Sando D, et al. Nonvolatile ferroelectric domain wall memory. Science Advances, 2017, 3(6): e1700512.

[71] Jiang L M, Zhou Y C, Zhang Y, et al. Impact of flexoelectricity on the polarization switching of ferroelectric thin films. Acta Materialia, 2015, 90: 344-354.

[72] Jiang L M, Tang J Y, Zhou Y C, et al. Simulations of local-mechanical-stress-induced ferroelectric polarization switching by a multi-field coupling model of flexoelectric effect. Computational Materials Science, 2015, 108: 309-315.

[73] Liu D, Li J Y. The enhanced and optimal piezoelectric coefficients in single crystalline barium titanate with engineered domain configurations. Applied Physics Letters, 2003, 83(6): 1193-1195.

[74] Jia C L, Urban K. Atomic-resolution measurement of oxygen concentration in oxide materials. Science, 2004, 303(5666): 2001-2004.

[75] Lo V C. Modeling the role of oxygen vacancy on ferroelectric properties in thin films. Journal of Applied Physics, 2002, 92(11): 6778-6786.

[76] Park C H, Chadi D J. Microscopic study of oxygen-vacancy defects in ferroelectric perovskites. Physical Review B, 1998, 57(57): R13961-R13964.

[77] Brennan C. Model of ferroelectric fatigue due to defect/domain interactions. Ferroelectrics, 1993, 150(1): 199-208.

[78] He L, Vanderbilt D. First-principles study of oxygen-vacancy pinning of domain walls in PbTiO$_3$. Physical Review B, 2003, 68(13): 134103.

[79] Hong L, Soh A K, Du Q G, et al. Interaction of O vacancies and domain structures in single crystal BaTiO$_3$: Two-dimensional ferroelectric model. Physical Review B, 2008, 77(9): 094104.

[80] Salje E K H. Multiferroic domain boundaries as active memory devices: Trajectories towards domain boundary engineering. Chem. Phys. Chem., 2010, 11(5): 940-950.

[81] Goncalves-Ferreira L, Redfern S A T, Artacho E, et al. Trapping of oxygen vacancies in the twin walls of perovskite. Physical Review B, 2010, 81(2): 024109.

[82] Warren W L, Vanheusden K, Dimos D, et al. Oxygen vacancy motion in perovskite oxides. Journal of the American Ceramic Society, 1996, 79(2): 536-538.

[83] Chen L, Xiong X M, Meng H, et al. Migration and redistribution of oxygen vacancy in barium titanate ceramics. Applied Physics Letters, 2006, 89(7): 071916.

[84] Scott J F, Dawber M. Oxygen-vacancy ordering as a fatigue mechanism in perovskite ferroelectrics. Applied Physics Letters, 2000, 76(25): 3801-3803.

[85] Woodward D I, Reaney I M, Yang G Y, et al. Vacancy ordering in reduced barium titanate. Applied Physics Letters, 2004, 84(23): 4650-4652.

[86] Scott J F, Araujo C A, Melnick B M, et al. Quantitative measurement of space-charge effects in lead zirconate-titanate memories. Journal of Applied Physics, 1991, 70(1): 382-388.

[87] Pöykkö S, Chadi D J. Dipolar defect model for fatigue in ferroelectric perovskites. Physical Review Letters, 1999, 83(6): 1231-1234.

[88] Eichel R A, Erhart P, Träskelin P, et al. Defect-dipole formation in copper-doped PbTiO$_3$ ferroelectrics. Physical Review Letters, 2008, 100(9): 095504.

[89] Ren X. Large electric-field-induced strain in ferroelectric crystals by point-defect-mediated reversible domain switching. Nature Materials, 2004, 3(2): 91-94.

[90] Yang S M, Kim T H, Yoon J G, et al. Nanoscale observation of time-dependent domain wall pinning as the origin of polarization fatigue. Advanced Functional Materials, 2012, 22(11): 2310-2317.

[91] Gao P, Nelson C T, Jokisaari J R, et al. Revealing the role of defects in ferroelectric switching with atomic resolution. Nature Communications, 2011, 2: 591.

[92] Meyer R, Liedtke R, Waser R. Oxygen vacancy migration and time-dependent leakage current behavior of $Ba_{0.3}Sr_{0.7}TiO_3$ thin films. Applied Physics Letters, 2005, 86(11): 112904.

[93] Scott J F, De Araujo P, Carlos A. Ferroelectric memories. Science(Washington, D. C.), 1989, 246(4936): 1400-1405.

[94] Dawber M, Rabe K M, Scott J F. Physics of thin-film ferroelectric oxides. Reviews of Modern Physics, 2005, 77(4): 1083.

[95] Lo V C. Modeling the role of oxygen vacancy on ferroelectric properties in thin films. Journal of Applied Physics, 2002, 92(11): 6778-6786.

[96] Yoo I K, Desu S B. Mechanism of fatigue in ferroelectric thin films. Physica Status Solidi(a), 1992, 133(2): 565-573.

[97] Warren W L, Tuttle B A, Dimos D. Ferroelectric fatigue in perovskite oxides. Applied Physics Letters, 1995, 67(10): 1426-1428.

[98] Warren W L, Dimos D, Tuttle B A, et al. Electronic domain pinning in Pb(Zr,Ti)O₃ thin films and its role in fatigue. Applied Physics Letters, 1994, 65(8): 1018-1020.

[99] Warren W L, Dimos D, Tuttle B A, et al. Polarization suppression in Pb(Zr,Ti)O₃ thin films. Journal of Applied Physics, 1995, 77(12): 6695-6702.

[100] Warren W L, Dimos D, Tuttle B A, et al. Relationships among ferroelectric fatigue, electronic charge trapping, defect-dipoles, and oxygen vacancies in perovskite oxides. Integrated Ferroelectrics, 1997, 16(1-4): 77-86.

[101] He L, Vanderbilt D. First-principles study of oxygen-vacancy pinning of domain walls in PbTiO₃. Physical Review B, 2003, 68(13): 134103.

[102] Gao P, Nelson C T, Jokisaari J R, et al. Revealing the role of defects in ferroelectric switching with atomic resolution. Nature Communications, 2011, 2: 591.

[103] Yang S M, Yoon J G, Noh T W. Nanoscale studies of defect-mediated polarization switching dynamics in ferroelectric thin film capacitors. Current Applied Physics, 2011, 11(5): 1111-1125.

[104] Kalinin S V, Rodriguez B J, Borisevich A Y, et al. Defect-mediated polarization switching in ferroelectrics and related materials: From mesoscopic mechanisms to atomistic control. Advanced Materials, 2010, 22(3): 314-322.

[105] Scott J F, Dawber M. Oxygen-vacancy ordering as a fatigue mechanism in perovskite ferroelectrics. Applied Physics Letters, 2000, 76(25): 3801-3803.

[106] Dawber M, Scott J F. A model for fatigue in ferroelectric perovskite thin films. Applied Physics Letters, 2000, 76(8): 1060-1062.

[107] Park C H, Chadi D J. Microscopic study of oxygen-vacancy defects in ferroelectric perovskites. Physical Review B, 1998, 57(57): R13961-R13964.

[108] Chu M W, Szafraniak I, Scholz R, et al. Impact of misfit dislocations on the polarization instability of epitaxial nanostructured ferroelectric perovskites. Nature Materials, 2004, 3(2): 87-90.

[109] Brennan C. Model of ferroelectric fatigue due to defect/domain interactions. Ferroelectrics, 1993, 150(1): 199-208.

[110] Duiker H M, Beale P D. Grain-size effects in ferroelectric switching. Physical Review B, 1990, 41(1): 490.

[111] Kalinin S V, Rodriguez B J, Borisevich A Y, et al. Defect-mediated polarization switching in ferroelectrics and related materials: From mesoscopic mechanisms to atomistic control. Advanced Materials, 2010, 22(3): 314-322.

[112] Bursill L A, Lin P J. Electron microscopic studies of ferroelectric crystals. Ferroelectrics, 1986, 70(1): 191-203.

[113] 杨琼. 存储器用铁电薄膜界面和应变效应的第一性原理研究. 湘潭: 湘潭大学, 2013.

[114] Zhang Y, Zhong X L, Vopson M, et al. Thermally activated polarization dynamics under the effects of lattice mismatch strain and external stress in ferroelectric film. Journal of Applied Physics, 2012, 112(1): 014112.

[115] Huang S, Zhong X, Zhang Y, et al. A retention model for ferroelectric-gate field-effect transistor. IEEE Transactions on Electron Devices, 2011, 58(10): 3388-3394.

[116] Jiang L, Xu X, Zhou Y, et al. Strain tunability of the downward effective polarization of mechanically written domains in ferroelectric nanofilms. RSC Advances, 2016, 6(84): 80946-80954.

[117] 唐重林, 柴常春, 娄利飞, 等. 铁电材料的核辐射效应. 材料导报, 2007, 21(8): 33-36.

[118] Li Y, Ma Y, Zhou Y. Polarization loss and leakage current reduction in $Au/Bi_{3.15}Nd_{0.85}Ti_3O_{12}/Pt$ capacitors induced by electron radiation. Applied Physics Letters, 2009, 94(4): 042903.

[119] Coic Y M, Musseau O, Leray J L. A study of radiation vulnerability of ferroelectric material and devices. IEEE Transactions on Nuclear Science, 1994, 41(3): 495-502.

[120] Wu D, Li A D, Ling H Q, et al. γ-ray irradiation effect on hysteresis symmetry and data retention of $Pt/SrBi_2Ta_2O_9/Pt$ thin-film capacitors. Applied Physics A: Materials Science & Processing, 2001, 73(2): 255-257.

[121] Kamp D A, DeVilbiss A D, Philpy S C, et al. Adaptable ferroelectric memories for space applications//Non-Volatile Memory Technology Symposium. IEEE, 2004: 149-152.

[122] Strauss K F, Daud T. Overview of radiation tolerant unlimited write cycle non-volatile memory//Aerospace Conference Proceedings, 2000 IEEE. IEEE, 2000, 5: 399-408.

[123] Philpy S C, Kamp D A, Derbenwick G F. Hardened by design ferroelectric memories for space applications. Non-Volatile Memory Technology Symposium, 2003: 4.

[124] Joshi V, Ohno M, Ida J, et al. Integrated silicon on insulator-ferroelectric capacitor process for radiation hard nonvolatile universal memory applications// Non-Volatile Memory Technology Symposium. IEEE, 2005: 2-40.

[125] http://www.nasa.com.

[126] http://www.ramtron-online.cn/down/action=show&id=1724.

[127] MacLeod T C, Sims W H, Varnavas K A, et al. Results from on-orbit testing of the fram memory test experiment on the fastsat micro-satellite. Integrated Ferroelectrics, 2012, 132(1): 88-98.

[128] Laizans K, Sünter I, Zalite K, et al. Design of the fault tolerant command and data handling subsystem for ESTCube-1. Proceedings of the Estonian Academy of Sciences, 2014, 63(2): 222.

[129] 张弓, 刘崇华, 潘宇倩, 等. 一种面向卫星应用的新型存储器和 FPGA 设计与实现. 空间电子技术, 2014, 4: 77-82.

[130] 翟亚红. 基于 PZT 的高可靠铁电存储器关键技术研究. 成都: 电子科技大学, 2013.

[131] 燕少安. 铁电场效应晶体管的电离辐射效应及加固技术研究. 湘潭: 湘潭大学, 2016.

[132] Yan S A, Zhao W, Guo H X, et al. Impact of total ionizing dose irradiation on Pt/SrBi$_2$Ta$_2$O$_9$/HfTaO/Si memory capacitors. Applied Physics Letters, 2015, 106: 012901.

第三篇　高压物理力学

第6章 基于同步辐射的 X 射线成像技术在静高压研究中的应用

侯琪玥 敬秋民 张 毅 刘盛刚 毕 延 柳 雷

(中国工程物理研究院流体物理研究所冲击波物理与爆轰物理实验室)

X 射线成像技术伴随着 X 射线的发现而诞生: 在 X 射线发现之初, 伦琴将手掌放在 X 射线管和荧光板之间, 清晰地看到了手掌内部的骨骼结构, 这是最早的 X 射线成像实验, 也使人们意识到 X 射线在医学领域有重要应用前景。随着同步辐射技术的发展, 尤其是专用同步辐射装置的出现, 高能量、高准直性、高通量和高相干性的 X 射线光源成为现实。X 射线成像技术也从最初的投影成像技术, 发展出相衬成像、显微成像以及相干衍射成像等多种实验技术[1-4]。物质的结构与性质之间的关系, 是凝聚态物理学、材料科学和结构生物学等学科研究的主线之一。物质的各种独特性质, 往往是由其不同的结构造成的。高穿透性无损伤的 X 射线成像技术, 可以在微观、介观和宏观尺度提供物质结构的可视化信息, 因此在众多研究领域具有广泛的应用。

静高压实验研究的是极端高压环境下物质的结构和物性随压力和温度加载的响应。压力对物质的电子结构、声子态密度、化学键、晶体结构, 进而对材料的各种物性都有重要的调制作用。研究压力对物质结构和物性的调制作用, 可以促进人们对于相关科学问题的认识 (如金属绝缘体转变、超导机制等)。在高压环境下, 可以合成出具有优异力学或电学性能的材料 (如超硬材料、热电材料等)[5,6]。地球和行星内部是天然的极端高温高压环境, 相关材料在高压下结构和物性的研究对人类了解地球的形成、演化和发展具有重要的意义[7,8]。高压下材料结构表征最主要的技术是 X 射线衍射技术 (X-ray diffraction, XRD), 它可以揭示具有长程周期性的晶体材料在原子尺度的结构信息。但是对于某些问题, X 射线衍射技术的应用具有一定的局限性, 比如对不具备长程周期性的液体和无定形材料的研究, 介观尺度问题的研究等。而 X 射线成像技术对材料的周期性结构没有要求, 且能揭示材料从微观、介观到宏观的跨尺度的结构信息, 因此在高压研究中得到越来越广泛的应用。

本章较系统地总结了近年来 X 射线成像技术的发展及其在静高压研究中的应

用, 主要包括利用 X 射线成像技术测量液体和无定形材料的密度, 研究材料的相变动力学行为, 以及研究铁合金在地球内部的输运机制等, 并给出了研究展望, 以期对今后相关领域的研究工作有所帮助。

6.1 X 射线成像基本原理和技术

X 射线通过样品后一部分会直接透射过去 (透射光), 另一部分会被一些微小结构 (如包含物) 以偏离入射的方向散射出去 (散射光)。这些光会在样品后的空间内进行衍射传播, 根据传播的特点可分为几何投影区、菲涅耳衍射区和夫琅禾费衍射区 (如图 6.1.1 所示)。距离样品很近的位置空间内, 光的传播几乎为直线传播, 因此在光屏上的显示为几何投影, 在这个区域内的 X 射线成像为投影成像, 空间分辨率主要取决于探测器像素尺寸 (从 $1\mu m$ 到几十微米), 这种成像方法是传统的吸收成像, 旋转样品还可以进行三维重建。当光传播到菲涅耳衍射区时, 菲涅耳衍射效应开始增强, 样品的相位信息则开始转换为光强信息。某些相衬成像技术需要利用特殊的光学元件将相位信息提取出来, 目前世界上比较普遍的是光栅剪切相衬技术以及衍射增强相衬技术。而同轴衍射成像只需要采集不同距离下的衍射图便可提取出相位信息。在此区域若利用菲涅耳波带片对样品进行放大成像, 即 X 射线透射显微成像 (transmission X-ray microscopy, TXM) 技术, 其空间分辨率主要是由物镜的数值孔径限制, 一般为 30~100nm。当光传播至夫琅禾费衍射区域时, 光屏所呈现的是样品的傅里叶变换散射图, 根据散射图来反推样品的电子密度, 即 X 射线相干衍射成像 (coherent diffraction imaging, CDI) 技术。对于晶体样品, 需要采集晶体在某个衍射方向 (hkl) 下的衍射斑, 即 Bragg-CDI 成像。这种成像技术的分辨率受到的最大散射角的限制, 目前为止可以达到 10nm[9], 是 X 射线成像方法中分辨率最高的一种 (表 6.1.1)。

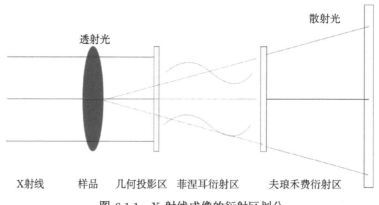

图 6.1.1 X 射线成像的衍射区划分

表 6.1.1　典型的 X 射线成像技术及其特点

X 射线成像技术	特点	分辨率	视场	同步辐射装置 [1]	大压机
X 射线照相	阴影投影	几十微米	毫米	ESRF[2]	巴黎-爱丁堡压机
				APS[2]	德里卡默压机; 卡瓦型装置; D-DIA 型大压机 [2]
				Spring-8[2]	德里卡默压机; 卡瓦依型装置; DIA 大压机; D-DIA 型大压机
				NSLS[2] SSRF[2],SSRL[2]	DIA 型大压机
X 射线显微	波带片	30~100nm	几十微米	ESRF,APS,Spring-8, SSRL	—
X 射线相干衍射成像	无光学器件相干光成像	1~30nm	亚微米到十几微米	ESRF,APS,Spring-8, SSRF	—
X 射线近边吸收-显微成像	价态成像	30~100nm	几十微米	SSRL	—

注: (1) 同步辐射装置均为英文缩写，可在网站上查询，大压机表示目前应用在同步辐射装置的压机类型。

(2) NSLS 为布鲁克海文国家实验室的国家同步辐射光源; ESRF 为欧洲同步辐射光源; APS 为美国先进光源; SSRF 为上海同步辐射装置; SSRL 为斯坦福同步辐射实验室; Spring-8 为日本的同步辐射实验室; D-DIA 型大压机为 DIA 型大压机对卡瓦依型装置加压的设备。

6.2　高压下的研究应用

在高压研究中, X 射线成像技术在许多方面都发挥了无可替代的作用, 如无定形材料的物态方程测量, 高压加载下的声速测量, 地球物理中熔融铁在岩石中的输运机制, 晶体材料中的应变的分布, 以及材料相变过程的演化等。下面对 X 射线成像技术在相关领域的研究进展进行简要介绍。

6.2.1　状态方程测量

状态方程是高压实验研究领域最重要的研究内容之一, 即研究物质体积 (密度) 对外部加载的压力和/或温度的响应。它描述物质的基本的热力学性质, 是物质性质最本质的描述之一。通常材料的物态方程 (equation of state, EOS) 是通过高压 (大压机、金刚石对顶砧加载等)、高温 (电阻加温、激光双面加温等) 加载下的原位 X 射线衍射实验获得的。其中大压机设备庞大不易搬运, 本节特别列出不同类型的大压机在国内外同步辐射光源束线下的分布 (表 6.1.1)。X 射线衍射实验适用于测量晶体材料的物态方程, 而对于非晶材料 (如玻璃、液体和熔融态物质等), 由于难以建立衍射信号与实空间样品体积的简单对应关系, 利用衍射技术测量非晶材料的状态方程具有很大挑战。X 射线成像技术则不受样品状态的限制, 是测量非晶材料极端条件下状态方程的有效工具。

目前 X 射线成像技术对 EOS 的测量有两种方式: 密度测量和体积测量。最初 X 射线成像是从大压机加载下样品的密度测量开始的: 沿径向扫描样品, 得到圆柱状样品对 X 射线的吸收强度随径向位置的变化, 通过方程拟合得到样品的密度参数[10-13]。对于液态样品, 主要是通过大压机的圆柱形样品腔 (一般为单晶蓝宝石和氮化硼) 来维持其几何形状。一维扫描的方法对柱状样品的形状要求很严格, 如果样品有所形变, 那么拟合出来的密度参数便会偏差很大。Chen 等于 2014 年提出了 X 射线投影成像的方法来拟合密度参数[14], 这种方法只要求在 X 射线传播方向上使样品保持柱形即可, 在垂直光方向上样品的变形对测量结果的影响很小 (图 6.2.1(a))。因为投影成像方法并非拟合柱状样品的吸收曲线, 而是拟合样品内红宝石小球的吸收曲面, 如图 6.2.1(b) 所示为样品和红宝石球的投影像, 这种二维拟合的方法可以减小一维拟合的统计误差。上述拟合的方法主要针对大压机的测量, 在金刚石压机内, 根据样品的吸收强度求出其密度参数[15] 则需要测量样品的一维厚度。样品的厚度是通过拟合封垫的一维厚度分布得到的结果, 但封垫厚度的测量是需要结合 X 射线衍射和纵向吸收扫描两种技术, 并且在计算中并未考虑金刚石变形对厚度的影响, 此时可采用径向的断层扫描成像技术直接测量样品密度。这种成像技术多用来测量体积参数, 但是分辨率不够高, 噪声级别差别较大，会使得样品边界确定困难。2008 年，Liu 等直接在重建样品内选择明确的区域 (图 6.2.1(c) 方框所示) 进行密度平均测量[16]。这种密度测量方法的理论部分在 2010 年被 Xiao 等进行拓展[17]：由于金刚石对顶砧下的角度缺失会影响传统的滤波反投影三维重建，采用参考物的重建可以消除上述问题造成的系统误差，如果参考物与样品的 EOS 曲线趋势相似，还可以进一步消除样品的误差振荡。

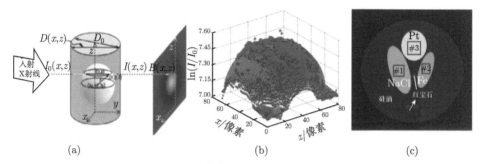

图 6.2.1　X 射线投影测量密度示意图[14](a)，X 射线投影成像图[14](b)，以及金刚石压机加载下的样品 (Pt、NaCl 和 Fe)、红宝石球和传压介质[17](c)

　　而对于体积测量最初也是在大压机中实现的。2005 年，Wang 等在美国先进光源 (Advanced Photon Source，APS) 的 GSECARS 实验站，对硫化铁基质中的 Mg_2SiO_4 小球 (0.8mm)，在 Drickamer anvil cell 加载下 (<8 GPa) 进行三维重建成像 (10μm 分辨率)，证明了 X 射线断层扫描的体积测量在大压机中的适用性[18] (图 6.2.2(a))。随着成像技术的发展，2012 年，Wang 等在全景金刚石对顶砧加载下，利用 APS 同步辐射的 32ID-C 线站上的 TXM 技术，对晶体 Sn 颗粒 (~10μm) 进行三维成像 (分辨率达到 60nm)[19]。实验中分别对 4.7GPa、8.1GPa 和 12GPa 下的样品进行三维重建、边界分割后计算样品体积 (相对误差 0.5%)，得到的 P-V 结果与之前 XRD 的测量结果非常吻合 (图 6.2.2(b))。综上所述，X 射线成像技术在大压机和金刚石对顶砧加载下，都能够提供精确的体积测量。而上述利用 X 射线成像方法对密度和体积的测量，对于无定形材料和液体的物态方程测量意义重大。

　　无定形材料的原子排列结构非常复杂，其 X 射线衍射峰宽是晶体的 10 倍。尽管如此，无定形材料的第一个衍射峰位 Q_1 仍可用来描述 “单胞” 的尺度：d_1 正比于 $1/Q_1$，即最近邻原子间的平均尺寸。通常认为在无序各向同性系统可采用幂为 3 作为体积估算[20,21]：V 正比于 $(1/Q_1)^3$。但最近发现在 “无序” 的金属玻璃中，在短程范围内存在着非常复杂的有序性[22,23]，而在 1992 年，Meade 在利用此关系计算玻璃的体积–压力关系时，发现与理论预测相差 3 倍[24]，这说明无定形材料复杂的原子结构特点使得 X 射线衍射技术受到限制。

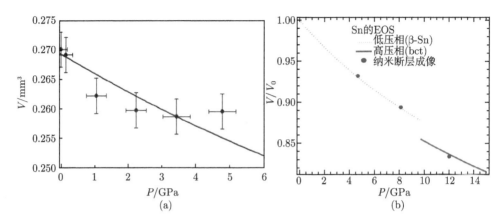

图 6.2.2　Mg_2SiO_4[18] (a) 和晶体 Sn[19] (b) 的 P-V 曲线

　　2014 年，Zeng 等利用 X 射线成像的方法探讨了金属玻璃的体积与第一衍射峰位的关系[25]。他们利用压力作为密度增加的参数，同时通过 X 射线衍射和显微成像来获得相应的单胞尺度和体积，进而求出二者之间的幂次关系。为了获得大范围的密度值，实验中选取了体模量很小的金属玻璃 (约 41GPa)，加压过程中金属玻璃没有发生结晶化及相变，而且加载过程几乎是弹性压缩，在卸载后，Q_1 回到了初始位置。为了准确测量高压下样品的密度，Zeng 等利用 X 射线透射显微成像 (分辨率 30nm) 技术测量高压下的样品体积，同时利用集成于巴黎–爱丁堡压机 (Paris-Edinburgh Cell) 的声速干涉仪和 X 射线投影成像方法，在低压部分对上述测量结果进行验证 (如图 6.2.3(a) 所示)。最后根据相应的 Q_1 值得到二者的关系并非之前所认为的各向同性的 3 次方关系，而是偏于分形结构的 2.5 次方关系，如图 6.2.3(b) 所示。2015 年，Lin 等根据上述方法对 GeO_2 的高压体积进行了测量[26]。此外，无定形 Se 在高压下会发生结晶化过程，同时伴随着微小的密度变化，Liu 等根据 X 射线衍射数据精修结果，得到 Se 的密度会发生大约 3.6% 的变化。为了原位精确地测量无定形 Se 结晶化过程的密度变化，Liu 等在 APS 的 2-BM 线站上利用 X 射线断层扫描成像技术，研究了无定形 Se 在 10.7GPa 时结晶过程的密度变化[16]，如图 6.2.3(c) 所示，由于成像边界存在模糊，在此成像中通过上述方法转为密度测量。

　　对于液体和熔融态在高压下的密度测量，早期使用过沉降法，但这种方法的误差较大，实验过程复杂。2011 年，Keisuke 等利用装备在日本 Spring-8 同步辐射 BL22XU 线站上的 DIA 型压机对液态的硫化铁材料进行高压高温的实验[13]。这种压机采用圆柱形的单晶蓝宝石大体模量材料作为样品容器，在 y 方向进行一维扫描得到吸收曲线，拟合出样品的密度参数。其中蓝宝石的吸收系数和密度分别来自于 Chantler 在 1995 年得到的理论公式[27] 和 Pavese 于 2002 年获得的 EOS 曲线[28]。这种方法与 XRD 得到的固体密度结果在误差范围内相吻合。吸收曲线法的误差来自于光子计数误差, 硫化铁吸收系数的不确定性, 拟合误差, 以及多次测量的均方误差, 总的误差约为 2%。2014 年, Chen 等只采用氮化硼作为传压介质, 通过样品内红宝石球的二维投影, 拟合出硫化铁液体的密度参数[14], 其测量结果与固体硫化铁 XRD 的结果偏差为 1%~2%。这种二维投影的方法不局限于样品的固定形状, 适用于样品在高压下的变形情况, 而且可不需采用单晶蓝宝石作为样品腔, 对密度测量引入额外的影响参数, 同时使得液体密度测量的实验设备变得简单, 除此之外二维曲面拟合相对一维曲线降低相应的统计误差 (光子数和拟合统计误差)。

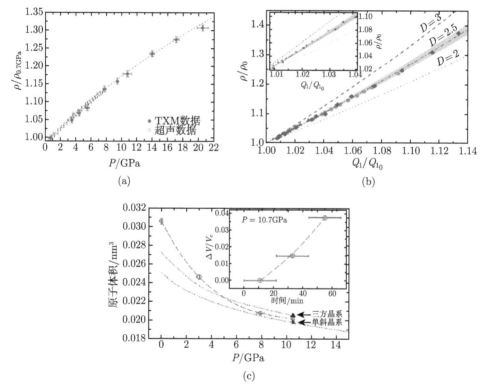

图 6.2.3 (a) 金属玻璃的 P-V 曲线[25]; (b) 金属玻璃中密度与第一衍射峰位的关系[25]; (c) 无定形 Se 的 P-V 曲线 (插图为无定形 Se 在结晶过程中的密度曲线)[26]

6.2.2 地幔中铁的输运

地核的形成对于地球历史的鉴定至关重要, 地球的分层结构 (金属铁内核, 外围覆盖的地幔和地壳) 表明地球中存在着一种机制, 可以将铁合金从硅酸盐中分离, 并运送到地核。地幔中铁的分离和输运过程是地球物理研究的重要内容。

虽然目前对硅酸颗粒间的熔融铁合金已经做了大量的实验研究，但地核的形成机制仍然没有完全理解。因为之前的实验研究是基于二维观测，在研究三维熔融连通性时会造成一些误判断。同步辐射 X 射线断层扫描可以克服二维观测的局限性，提供样品的三维信息。2011 年，Zhu 等以不同熔体含量的橄榄–玄武岩作为样品，研究在上地幔中熔融物的渗透性质[29]：熔体含量从 2% 至 20% 时，熔体在颗粒边缘都可形成连通的通道，渗透率依然可以利用熔体含量 (与孔隙率等效) 和渗透率的立方关系[30] 进行近似；而高熔体含量 (大于 10%) 的样品，熔融物还会大量分布在晶粒的边界面上而造成拓扑分布发生突变，而渗透率在此区间并没有明显变化，表示孔隙率（与渗透率近似为立方关系）与熔体的拓扑分布无关。为了量化熔体网格的连通性，将通道截面缩小到中心点，进行骨骼化算法分析，分析结果指出所有样品中的连通网络都是通过熔体的 3 重结点构成，与之前的经验结果相同。根据三维重建获得的连通参数，可估算出熔体的上升速度，并可模拟地学中的熔体运动，而 Zhu 所采取的 X 射线断层扫描的分辨率为 0.7μm，对于熔体含量很少 (2%) 的情况下，其连通性的参数测量会受到三维重建伪影的影响。

因此，为了能够得到更好的分辨率和更好的衬度，需采用相干衍射成像 (CDI) 技术对样品进行成像。为了模拟地球的上地幔的条件，Jiang 等将 80% 的圣卡罗橄榄石和 20% 的铁在放入大压机 (multi anvil apparatus) 内，保持压力 (6GPa) 和温度 (1800℃)1h 下合成样品[31]。在 Spring-8 同步辐射 RIKEN 光束线 (BL29XUL) 中，对合成的样品在旋转角 −69.4° ~ 69.4°，等斜率地采集了 27 幅图像进行重建。重建得到的电子密度形貌图如图 6.2.4(a) 所示。三个不规则的颗粒互相连接 ($2.44\mu m \times 2.31\mu m \times 0.78\mu m$)，这些颗粒的形状，表面形貌和体积都与高温高压处理过程相关。再根据质量与电子个数的体积关系 $m = 2.05 N_e$，可以确定样品的平均质量密度约 $3.58g/cm^3$，这与以前的研究结果是吻合的。为了研究富铁相的二维分布，同时在上海同步辐射光源进行 Scanning-TXM 成像，在铁吸收边前后得到一个铁的差图像，将此结果与 CDI 重建的切片 (16.3nm 厚，图 6.2.4(b)) 进行比对，得到在 CDI 密度三维重建中，富铁相、FeS 相及橄榄石相的质量密度区间，这些不同相的密度并非是所想的突变，而是连续变化的。同时二维分布图显示，富铁相和 FeS 相主要分布于颗粒的边缘，另外还形成了一个铁矿坑。根据三维形貌图，熔融铁不仅形成孤立的球体 (与之前的结果一致)，还会形成不规则的三维形状，而不规则的形状更有利于铁进行输运。当然这些熔融铁的形成与局部的温度、压力、几何结构以及三维的渗透机制有关。

根据液态铁在固体和各向同性的基质中的渗透理论，当固–液界面能与固–固界面能的比值 (二面角) 变小时，熔融铁会从球状变为凹面三棱镜状，从而有利于铁的输运，其中二面角可通过凹面三棱镜之间的夹角进行测量。为了研究地核中铁输运的机制与高压的关系，在 2013 年，Shi 等将 92% 顽辉石和 8% 的铁镍合金混合，将四个样品在常温下加载到不同压力,然后利用双面激光加热到合金熔化而岩石仍为固态的最高温度 (XRD 表征状态),分别为 2300K @25 GPa;2800 K @39 GPa;3100 K @52GPa 和 3300K @ 64GPa[32]。由于固相存在各向异性,因此采用纳米尺度的 X 射线透射显微断层扫描,研究下地幔中熔融铁的输运与压力的关系。它们的三维成像如图 6.2.5 所示,可以看出铁分布由开始的孤立的凹点 (25GPa;39GPa) 到后来形成连通网络 (52GPa; 64GPa)。而岩石间隙的熔融铁,也从球形 (25GPa; 39GPa) 转为枝杈形 (52GPa; 64GPa),对其二面角进行测量得到最可几的二面角比值。压力较低时二面角都较大,而随着压力的增加,最可几二面角开始变小,这表示压力是使得岩石中的熔融铁渗透能力变强的机制。最后对 64GPa 样品的渗透性质进行分析:熔融铁不仅分布在晶粒的边缘,还扩散到了晶粒的边界面上。根据骨骼化算法得到,在这个压力点下,熔体主要是通过 3 重和 4 重结点进行连通,与渗透分析的结果一致。这个结果表明压力在 50GPa 以上时,固–液界面能降低到某一临界值以下,或者两相结构发生变化,而使得岩石中的熔融铁可通过渗透进行连通。

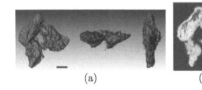

(a)　　　　　　(b)

图 6.2.4　橄榄石-FeS 样品的相干衍射成像结果[31]

(a) 三维形貌图,分别为前视图、俯视图和侧视图;(b) 二维切片图,显示质量密度的分布

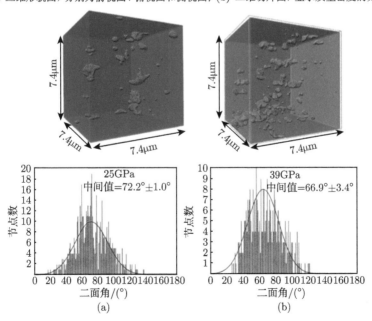

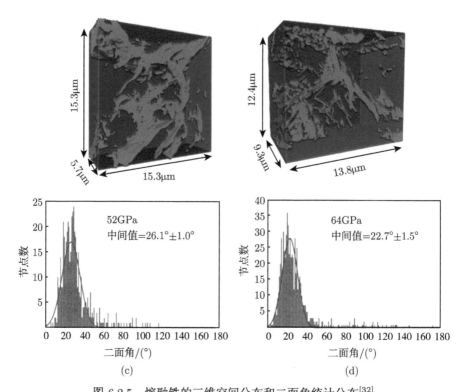

图 6.2.5　熔融铁的三维空间分布和二面角统计分布[32]

(a) 2300K @ 25GPa；(b) 2800K @ 39GPa；(c) 3100K @52GPa；(d) 3300K @64GPa

6.2.3　相变演化及动力学过程

尽管 XRD 技术可以研究样品微观原子排列变化所导致的结构相变，但样品内相变核的分布位置以及相变过程的可视化却需要 X 射线成像技术来完成。X 射线成像技术可以得到密度、元素、价态等物理参数的分布，而这些参数的变化常常反映出样品的相变的演化过程，因此 X 射线成像技术可以实时地观测样品相变过程。

2004 年，Katayama 等利用日本 Spring-8 同步辐射装置的 BL14B1 线站的 X 射线投影成像技术，研究磷在高温高压 (六面顶压机 SMAP180) 下的相变[33]。通过 X 射线投影成像图，可以定性地看出相变：在 0.77GPa，765℃条件下，先从初始的红磷相变为如图 6.2.6(a) 所示的黑磷，然后 0.8GPa，1000℃条件下黑色的区域变淡，根据 XRD 谱峰指出此变化是黑磷相变为低密度流体态 (low density fluid phase，LDFP)，继续加压到 0.86GPa，995℃时出现了一个球形的高密度区域，此区域的衍射谱与 LDFP 明显不同，表明新相出现，直至到达 1.01GPa 时，此新相充满整个样品腔，XRD 谱指出高密度液体相 (high density liquid phase，HDLP) 相变完成，从中可推测出在 0.86GPa 下的高密度球为 HDLP 相，同时从 HDLP 相出现的影像看出，两相的物理密度不同，界面张力差别很大，一般条件下非极化分子液体要小于金属液体的界面张力，与之前电导率的理论和实验结果相吻合[34,35]。

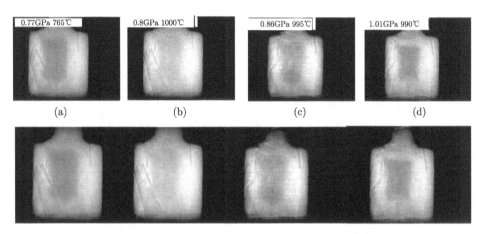

图 6.2.6　磷在高温高压的 X 射线投影成像图[33]

(a)765℃@0.77GPa；(b)1000℃@0.8GPa；(c)995℃@0.86GPa；(d)990℃@1.01GPa

对于某些材料，X 射线成像技术还可以实现其相变过程的五维观测。$BiNiO_3$ 材料在 3~5GPa 时会由低压相 (low pressure phase, LPP) 相变为高压相 (high press phase, HPP)，同时伴随着 Ni 元素电荷的转移[36]，利用这一特点，2014 年，Yang 等采用最近发展的 X 射线近边吸收谱 (X-ray absorption near edge spectrum, XANES) 成像方法[37](TXM 和 XANES 技术结合)，将 $BiNiO_3$ 材料在相变过程中的两相分布随压力的变化呈现出来[38]，如图 6.2.7(a) 所示为在 3.89GPa，4.17GPa 和 4.55GPa 下高密度相和低密度相的三维分布图。图中明显看出，初始时由压力不均匀造成 HPP 相的分布不均匀，而随着压力的增加 HPP 相从几个孤立的点出发，逐渐扩展，最后演化成一个连续的相体。另外，为了深入研究相变过程中相边界结构，从某个二维切片切入 (图 6.2.7(b))，根据 Canny 边缘探测算法计算出三个压力点下的相边界 (图 6.2.7(c))，研究相变时相边界的演化情况。从图 6.2.7(c) 可以看出正是这些不规则的相边界，驱动着样品由 LPP 相变为高压下相对稳定的 HPP 相。(边界突出的部分相变速度慢，凹下的部分相变速度快，最终达到类似球形的状态，如同熔融铁的渗透过程。) 对样品的五维探测 (X, Y, Z, Energy, Pressure) 可以实现对相变过程中不同相的体积以及边界形状的测量，洞察到相变过程的潜在的机制。

对于玻璃相变目前还没有基本理论可以进行描述，2014 年，Li 等采用颗粒状的粒子混合液体的模型，研究玻璃或者胶体内的动力学作用机制[39]。通过机械振荡粒子，利用 X 射线快速断层扫描技术，获得不同时间 (振荡次数) 下粒子的分布，而根据粒子分布可得到聚合配位数和局部结构等信息。根据聚合配位数随着时间的变化曲线，推测出成键是推动聚合的主要动力。同时，根据局部结构信息确定出玻璃相变的动态结构作用机理应该为多面体短程有序[40]，并非晶格有序结构[41]，因为模型在结构趋于稳定时，存在着大量的五次对称结构的局部结构。利用 X 射线成像技术研究基于玻璃相变的粒子模型，也是目前非晶动力学结构机制的一大热点。

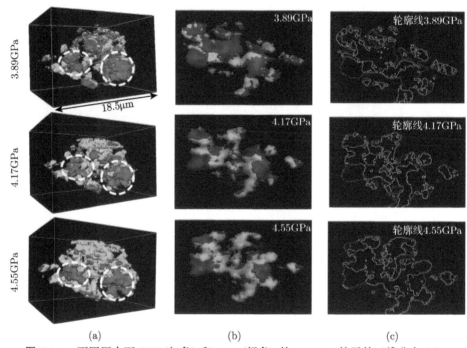

图 6.2.7　不同压力下 LPP(红色) 和 HPP(绿色) 的 BiNiO$_3$ 粒子的三维分布 (a)、
二维切片 (b) 和二维相界 (c)[38]

6.2.4　其他应用

X 射线成像技术还可以对不同的样品进行黏度测量[42-44]，声速测量[45]，以及应力应变分布测量[46,47] 等。除了以上介绍的 X 射线成像技术之外，还有很多有潜力的成像技术可以用在高压领域中，如 X 射线光子相关谱和超快 X 射线相干衍射。X 射线光子相关谱是通过不同时刻的相干衍射图的互相关，来研究材料内磁畴($\sim$1μm) 随时间的变化[48]，因此根据不同压力下的相干衍射图的互相关，可以研究磁畴随压力的变化。而超快 X 射线相干衍射通过调节泵浦激光和相干 X 射线的时间差，得到样品泵浦后不同时刻的三维相位和三维声子的剪切振动[49]，如果加入高压维度，便可得到压力与声子剪切振动的关系。

6.3 结束语和展望

X 射线成像技术与高压领域结合离不开技术上 (硬件和软件) 的不断突破。三维成像需要获得多角度下样品的投影信息,而基于三维成像的大压机,其固定环一般需要铝合金或其他透光材质[18]。对于传统的金刚石压机,其能透光方向十分有限,因此先后出现了全景压机[50,51]、十字形压机[25],甚至还出现了一字形的压机[52]。全景压机有三个窗口,每个窗口沿赤道方向和经度方向的开口角为 105° 和 68°,这种压机可达到 153GPa 的压力[50]。十字形压机,顾名思义,其外形类似于十字架,有四个窗口,X 射线被螺丝阻挡的部分只有 30°[25],但目前达到的最高压力有限。尽管如此,在某些角度仍然存在投影死角的区域,目前针对这一问题,2008 年,Liu 等通过小角间隔地等角扫描,重建出样品后计算平均密度[16];2012 年,Wang 等提出了利用代数迭代的方法逐渐逼近真实的三维分布[19];另外,目前应用在电子断层重建和相干衍射有限角度扫描重建的方法 —— 等斜率重建方法 (equally sloped tomography)[53],可将投影数量减小 60%~70%[54],这种重建方法也十分有利于高压 X 射线成像技术。最后,为了能够使 X 射线成像达到更高的压力,在大压机中通过设计压砧的角度,尖端的大小,以及固定环的尺寸,而金刚石压机中通过设计封垫的组合,力求达到更高的压强[18]。

X 射线成像技术在高压下的应用趋势仍然有待于其技术本身的发展,提高成像的空间分辨率以及衬度分辨率,能够更精准地获得样品的三维结构分布,测量相关物理参数。同时,X 射线成像技术与其他技术进行结合也是一大趋势。比如采用 X 射线吸收和扫描方式结合可以进行密度测量;在多晶 X 射线劳埃衍射实验中结合针孔扫描技术,可以测量变形晶体中的应变分布;X 射线透射显微成像 (TXM) 与近边吸收谱 (XANES) 技术结合,又可以得到不同价态的三维分布等。因此,X 射线成像技术在高压下更好的应用,有待于它与其他技术结合,得到高压下更丰富的信息。

参 考 文 献

[1] Thuring T, Abis M, Wang Z, et al. X-ray phase-contrast imaging at 100keV on a conventional source. Sci. Rep., 2014, 1(1): 1-4.

[2] Wilkins W S, Gureyev T E, Gao D, et al. Phase-contrast imaging using polychromatic hard X-rays. Nat., 1996, 384(28): 335-338.

[3] Wang Y. Achromatic Fresnel optics for wideband extreme-ultraviolet and X-ray imaging. Nat., 2003, 424(6944): 50-53.

[4] Miao J, Charalambous P, Kirz J, et al. Extending themethodology of X-ray crystal-

lography to allow imaging of micrometre-sized non-crystalline specimens. Nat., 1999, 400(6742): 342-344.

[5] Tian Y, Xu B, Yu D, et al. Ultrahard nanotwinned cubic boron nitride. Nat., 2013, 493(7432): 385-388.

[6] Ovsyannikov S, Shchennikov V. Pressure-tuned colossal improvement of thermoelectric efficiency of PbTe. Appl. Phys. Lett., 2007, 90(12): 122103-1-3.

[7] Murakami M, Hirose K, Kawamura K, et al. Post-perovskite phase transition in $MgSiO_3$. Sci., 2004, 304(5672): 855-858.

[8] Zhang L, Meng Y, Yang W, et al. Disproportionation of $(Mg,Fe)SiO_3$ perovskite in Earth's deep lower mantle. Sci., 2014, 344(6186): 877-882.

[9] Chapman H N, Barty A, Marchesini S, et al. High-resolution ab initio three-dimensional X-ray diffraction microscopy. J. Opt. Soc. Am., 2006, 23(5): 1179-1200.

[10] Katayama Y. Density measurements of non-crystalline materials under high pressure and high temperature. High Pres. Res., 1996, 14(4-6): 383-391.

[11] Katayama Y, Tsuji K, Chen J, et al. Density of liquid tellurium under high pressure. J. Non-Cryst. Solids, 1993, 156-158: 687-690.

[12] Sanloup C, Guyot F, Gillet P, et al. Density measurements of liquid Fe-S alloys at high-pressures. Geophys. Res. Lett., 2000, 27(6): 811-814.

[13] Keisuke N, Ohtani E, Satoru U, et al. Density measurement of liquid FeS at high pressures using synchrotron X-ray absorption. Am. Miner., 2011, 96(5-6): 864-868.

[14] Chen J, Yu T, Huang S, et al. Compressibility of liquid FeS measured using X-ray radiograph imaging. Phys. Earth Planet In., 2014, 228: 294-299.

[15] Hong X, Shen G, Prakapenka V, et al. Density measurements of noncrystalline materials at high pressure with diamond anvil cell. Rev. Sci. Instrum., 2007, 78(10): 103905-1-6.

[16] Liu H, Wang L, Xiao X, et al. Anomalous high-pressure behavior of amorphous selenium from synchrotron X-ray diffraction and microtomography. PNAS, 2008, 105(36): 13229-13234.

[17] Xiao X, Liu H, Wang L, et al. Density measurement of samples under high pressure using synchrotron microtomography and diamond anvil cell techniques. J. Synchrotron Rad., 2010, 17(3): 360-366.

[18] Wang Y, Uchida T, Westferro F, et al. High-pressure X-ray tomography microscope: Synchrotron computed microtomography at high pressure and temperature. Rev. Sci. Inst., 2005, 76(7): 1-7.

[19] Wang J, Yang W, Wang S, et al. High pressure nano-tomography using an iterative method. J. App. Phys., 2012, 111(11): 112626-1-5.

[20] Yavari A R, Moulec A L, Inoue A, et al. Excess free volume in metallic glasses measured by X-ray diffraction. J. Acta. Materialia., 2005, 53(6): 1611-1619.

[21] Cadien A, Hu Q Y, Meng Y Q, et al. First-order liquid-liquid phase transition in cerium. Phys. Rev. Lett., 2013, 110(12): 1-5.

[22] Miracle D B. A structural model for metallic glasses. Nat. Matar., 2004, 3(10): 697-702.

[23] Cheng Y G, Ma E, Sheng H W. Atomic level structure in multicomponent bulk metallic glass. Phys. Rev. Lett., 2009, 102(24): 1-4.

[24] Meade C, Hemley R J, Mao H K. High-pressure X-ray diffraction of SiO_2 glass. Phys. Rev. Lett., 1992, 69(9): 1387-1390.

[25] Zeng Q, Kono Y, Lin Y, et al. Universal fractional noncubic power law for density of metallic glasses. Phys. Rev. Lett., 2014, 112(18): 185502-1-5.

[26] Lin Y, Zeng Q, Yang W, et al. Pressure-induced densification in GeO_2 glass: A transmission X-ray microscopy study. Appl. Phys. Lett., 2015, 103(26): 261909-1-6.

[27] Chantler C. Theoretical form factor, attenuation and scattering tabulation for $Z = 1$-92 from $E = 1$-10eV to $E = 0.4$-1.0MeV. J. Phys. Cheml. Ref. Data, 1995, 24(1): 71-643.

[28] Pavese A. Pressure-volume-temperature equations of state: A comparative study based on numerical simulations. Phys. Chem. Miner., 2002, 29(1): 43-51.

[29] Zhu W, Gaetani A, Fusseis F, et al. Microtomography of partially molten rocks: Three-dimensional melt distribution in mantle peridotite. Sci., 2011, 332(6025): 88-91.

[30] Wark D, Watson E. Grain-scale permeabilities of texturally equilibrated, monomineralic rocks. Earth Planet Sci. Lett., 1998, 164(3-4): 591-605.

[31] Jiang H, Xu R, Chen C, et al. Three-dimensional coherent X-ray diffraction imaging of molten iron in mantle olivine at nanoscale resolution. Phys. Rev. Lett., 2013, 110(20): 205501-1-4.

[32] Shi C, Zhang L, Yang W, et al. Formation of an interconnected network of iron melt at Earth's lower mantle conditions. Nat. Geosci., 2013, 6(11): 971-975.

[33] Katayama Y, Inamura Y, Mizutani T, et al. Macroscopic separation of dense fluid phase and liquid phase of phosphorus. Sci., 2004, 306(5697): 848-851.

[34] Senda Y, Shimojo F, Hoshino K. The metal-nonmetal transition of liquid phosphorus by ab initio molecular-dynamics simulations. J. Phys.: Condens. Matter, 2002, 14(14): 3715-3723.

[35] Hohl D, Jones R. Polymerization in liquid phosphorus: Simulation of a phase transition. Phys. Rev. B, 1994, 50(23): 17047-17053.

[36] Azuma M, Chen W, Seki H, et al. Colossal negative thermal expansion in $BiNiO_3$ induced by intermetallic charge transfer. Nat. Commun., 2011, 2(6): 347-351.

[37] Meirer F, Cabana J, Liu Y, et al. Three-dimensional imaging of chemical phase transformations at the nanoscale with full-field transmission X-ray microscopy. J. Synchrotron Rad., 2011, 18(5): 773-781.

[38] Liu Y, Wang J, Azuma M, et al. Five-dimensional visualization of phase transition in $BiNiO_3$ under high pressure. Appl. Phys. Lett., 2014, 104(4): 043108-1-4.

[39] Li J, Cao Y, Xia C, et al. Similarity of wet granular packing to gels. Nat. Commun., 2014, 5(09): 1-7.

[40] Zaccarelli E, Lu P, Ciulla F, et al. Gelation as arrested phase separation in short-ranged attractive colloid-polymer mixtures. J. Phys. Condens. Matter, 2008, 20(49): 494242/1-494242/8.

[41] Royall P, Williams S, Ohtsuka T, et al. Direct observation of a local structural mechanism for dynamic arrest. Nat. Mater., 2008, 7(7): 556-561.

[42] Urakawa S, Terasaki H, Funakoshi K, et al. Radiographic study on the viscosity of the Fe-FeS melts at the pressure of 5 to 7 GPa. Am. Mineral., 2001, 86: 578-582.

[43] Kono Y, Park C, Kenney-Benson C, et al. Toward comprehensive studies of liquids at high pressures and high temperatures: Combined strucuture, elastic wave velocity, and viscosity measurements in the Paris-Edinburgh cell. Phys. Earth Planet. Sci., 2014, 228: 269-280.

[44] Funakoshi K, Nozawa A. Development of a method for measuring the density of liquid sulfur at high pressures using the falling-sphere technique. Rec. Sci. Instrum., 2012, 83(10): 103908.

[45] Li B, Kung J, Liebermann R. Modern techniques in measuring elasticity of Earth materials at high pressure and high temperature using ultrasonic interferometry in conjunction with synchrotron X-radiation in multi-anvil apparatus. Phys. Earth Planet. In., 2004, 143-144: 559-574.

[46] Larson B, Yang W, Ice G, et al. Three-dimensional X-ray structural microscopy with submicrometre resolution. Nat., 2002, 415(6874): 887-890.

[47] Yang W, Huang X, Harder R, et al. Coherent diffraction imaging of nanoscale strain evolution in a single crystal under high pressure. Nat. Commun., 2009, 8(4): 291-298.

[48] Shpyrko O, Isaacs E, Logan J, et al. Direct measurement of antiferromagnetic domain fluctuations. Nat., 2007, 447(3): 68-71.

[49] Trigo M, Fuchs M, Chen J, et al. Fourier-transform inelastic X-ray scattering from time- and momentum-dependent phonon-phonon correlations. Nat., 2013, 9(12): 790-794.

[50] Xu J, Mao H, Hemley R, et al. The moissanite anvil cell: A new tool for high-pressure Research. J. Phys.: Condens. Matter, 2002, 14(11): 11543-11548.

[51] Mao H, Xu J, Struzhkin J, et al. Phonon density of states of iron up to 153 gigapascals. Sci., 2001, 292(5518): 914-916.

[52] Urakawa S, Terasaki H, Funakoshi K, et al. Development of high pressure apparatus for X-ray microtomography at SPring-8. J. Phys.: Conference Series, 2010, 215: 012026-1-5.

[53] Miao J, Forster F, Levi O. Equally sloped tomography with oversampling reconstruction. Phys. Rev. B, 2005, 72(5): 52103-1-4.

[54] Fahimian B, Mao Y, Cloetens P, et al. Low-dose X-ray phase-contrast and absorption CT using equally sloped tomography. Phys. Med. Biol., 2010, 55(18): 5383-5400.

第7章　磁驱动准等熵平面压缩和超高速飞片发射实验技术原理、装置及应用[*]

孙承纬　赵剑衡　王桂吉　张红平　谭福利　王刚华

(中国工程物理研究院流体物理研究所)

　　磁驱动准等熵压缩加载作为一种新颖的实验技术,在材料动力学特性、武器物理、高能量密度物理、天体物理等方面的重要应用前景得到了国外相关领域学者的广泛重视,发展十分迅速[1-5]。与一般冲击实验加载手段相比,该技术可以达到压力平滑加载范围跨越最大,可实现 GPa 到 TPa 量级的加载,一次实验可提供一条从低压到高压完整的 (准) 等熵参考线,已实现高达 40km/s 的宏观金属飞片发射[6],可以在一发实验中实现多个样品或飞片的同时加载,这是目前轻气炮、爆轰、激光和电炮等加载手段所不能比拟的。同时,该技术为我们提供了一种考察物质形态 (尤其是偏离 Hugoniot 状态) 的新实验途径,与冲击压缩线互补,可得到范围更广、压缩度更高、精度更高的物态方程结果,并且可揭示突破冲击压缩极限[2] (图 7.0.1)、更有效地增加高物质密度的知识。因此,利用脉冲大电流产生随时间平滑上升的磁压,实现对金属材料的高压准等熵压缩,进而研究很高能量密度状态下金属材料的可压缩性和完全物态方程,是近年来美国、俄罗斯、法国等国核武器实验室开创的武器物理实验室模拟研究的重要发展方向。由于天体物质受引力压缩状态接近于准等熵压缩[3],因此该技术对于天体物理、地球和行星物理等基础物理研究同样有着十分重要的意义。数百 GPa 压力、亚微秒时间的磁驱动准等熵压缩是压力平滑上升、压缩和驱动更加有效、样品熵增和温升较低的加载技术,可进行压力与温度分解的较高应变率动力学实验,得到关于金属材料动态断裂、高压相变动力学和炸药化学反应特性新认识,并能得到材料结构与其宏观物理 (力学、光学……) 性质之间关系的认识,因此是研究材料变形、损伤、相变和化学反应特性以及驱动高速飞片的全新实验加载手段。磁驱动准等熵压缩技术首创者 Asay 等[4] 认为,磁驱动准等熵压缩实验是冲击压缩和准静态等温压缩实验之间的重要桥梁,获得这种中间状态数据就可对各种物态方程理论做出关键性的鉴别,并可以探

---

　　[*] 国家自然科学基金仪器专项 (10927201), 国家自然科学青年基金 (11002130), 国家自然科学基金 NSAF 重点项目 (11176002), 中国工程物理研究院重点基金 (2010A0201006, 2011A01001) 资助项目

索更广泛的物态方程区域。他们认为磁驱动准等熵加载实现了冲击动力学界长期追求的目标，是开辟波结构技术研究新领域的革命性新能力。

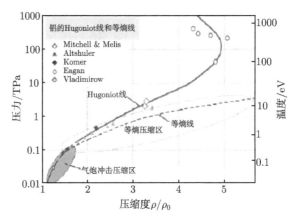

图 7.0.1　铝的冲击绝热线和等熵线

本章对该加载技术的基本原理、装置研究以及其在材料的高压物性和材料动力学性能方面的研究进展进行了详细的介绍、分析和评述。

7.1　基　本　原　理

图 7.1.1 给出了磁驱动准等熵压缩和发射飞片实验的加载部分示意图[1,7]。其原理是当回路导通放电后，脉冲功率装置短路放电产生的强电流从两个平行的正负极板的内表面 (趋肤效应) 流过，一个平面上电流产生的磁场与另一个平面的电流相互作用产生磁压力 p，施加在这两个电极板间的内表面上。磁压力 p 正比于电流密度 i 的平方[8]：

$$p = \frac{\mu_0}{2} i^2 \tag{7.1.1}$$

式中，μ_0 为真空磁导率，i 为电流密度。所以放电一开始，从两个导电内表面向正负极板条厚度方向作用有平滑上升的压力波，在这样的加载下材料经历很接近完全等熵的压缩过程。一旦压缩波到达板条的另一表面 (一般是自由面) 向回反射稀疏波时，该自由表面做加速运动。图 7.1.1 中的极板条上有镗孔，镗孔区域厚度比其边缘薄得多，造成镗孔区底部速度明显高于边侧，镗孔区底部作为飞片发射出来。利用简单的动量守恒定律，可以得到一个飞片末速度的简单估算公式[8]：

$$u_{\mathrm{f}} = \frac{\int_0^{t_1} p(t)\mathrm{d}t}{m} + u_0 \tag{7.1.2}$$

式中，u_f 为飞片末速度，u_0 为飞片的初速度，p 为作用在飞片上的压力，m 为飞片单位面积质量。磁驱动准等熵压缩材料与磁驱动发射高速飞片实验原理基本相同，侧重点不同，前者主要是利用磁压实现对材料的压缩过程，后者主要是利用磁压实现飞片的发射，两者对加载区样品的要求略有不同，时间尺度上有差异。需要补充说明的是，把流经导体样品表面的电流密度及其分布测量准确，就能准确地给定磁压力，这种方法的响应和精度已有大量的研究[1,4,9]，误差取决于电流分布不均匀性和磁扩散等因素。磁扩散的特征时间 t_D 可用下式表示：

$$t_D = \delta^2/\kappa_0 = \delta^2 \sigma \mu_0 \tag{7.1.3}$$

式中，δ 是电极板的特征厚度，导体的电导率为 σ。式 (7.1.3) 也可以看作磁扩散深度 δ 与相应的扩散时间 t_D 的大致关系。材料的导电率越高，t_D 越大，即磁扩散越慢。更准确的磁压可通过磁流体数值模拟得到。

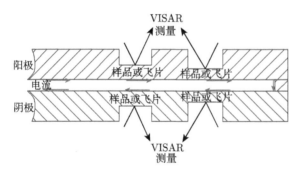

图 7.1.1 磁驱动准等熵压缩和发射飞片实验原理图

7.2 磁压加载准等熵压缩实验的数据处理方法

由于在磁驱动准等熵压缩实验中存在电流流动引起的复杂现象以及波系的相互作用等，磁驱动准等熵加载的数据处理方法与以往有明显不同。这些方法主要有原位粒子速度近似 (包括样品后表面为自由面和窗口界面情况)[1,10]、力学运动方程组的反向积分[11,12] 和基于特征线计算编码的反演方法[13-16] 等，本节主要介绍常用的前两种方法。

7.2.1 原位粒子速度近似方法

原位粒子速度近似方法基于相同加载压力下的台阶靶实验 (如图 7.2.1 所示，需要说明的是这里按照理想导体近似，百纳秒量级的实验时间内可以不计磁扩散的影响，此外电极板的宽厚比设计可以保证在边侧稀疏波达到之前完成样品的准等熵压缩，不同厚度样品的加载压力只取决于电极板的电流分布均匀性和样品安装的一致性), 首先利用等熵线确定材料的拉格朗日声速 c_L(等熵线的斜率 $\Delta h/\Delta t$ 即扰动传播的拉格朗日声速), 继而积分在等熵线上扰动引起的流场量增量 (用符号 Δ 表示) 之间的关系式:

$$\Delta \sigma = -\rho_0 c_L (u) \Delta u \tag{7.2.1}$$

$$\Delta v = \frac{v_0}{c_L (u)} \Delta u \tag{7.2.2}$$

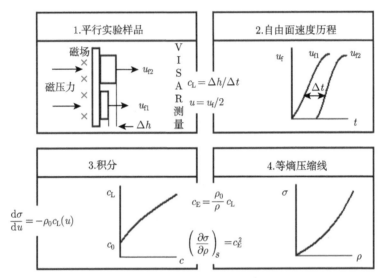

图 7.2.1　利用平行实验样品的 VISAR 测量速度历史和自由面速度近似, 数据处理得出准等熵线的过程 (这里 σ 是加载于台阶靶的正应力, u_f 和 u 分别指在台阶靶自由面测量得到的速度和原位粒子速度, ρ_0 和 ρ 分别表示样品的初始密度和压缩过程中的密度, c_E 和 c_L 分别是样品的欧拉声速和拉格朗日声速, 积分公式来源于等熵线上扰动引起的流场增量关系 (7.2.1) 和 (7.2.2))

依据流体模型, 这里就得到了斜率为 $\Delta \sigma / \Delta v = -\rho_0^2 c_L^2(u)$ 的参数形式的等熵压缩线, 当采用流体弹塑性模型时, 这里得到的 $\sigma\text{-}v$ 曲线就包含了偏应力的贡献, 不再是单纯的等熵压缩参考线。需要指出的是, 这里用到原位粒子速度 u, 并非测量得到的速度 u_f, 因此需要在二者之间进行转换。对于自由面样品来说, 常用的是原位粒子速度近似, 即假设测得的自由面速度等于一个很厚的介质在相当于该样品厚度的拉格朗日位置处原位粒子速度的两倍, 这样近似下多个不同厚度样品的自由面速度历程就可看作很厚介质中多个拉格朗日位置处的原位粒子速度历程。这种方法没有考虑实际应力波的后自由面反射对粒子速度的影响。如果两条自由面速度历史的相对时间有误差, 通过积分该误差就会累积到较大的程度, 因此该方法还需要对时间零点进行校正。有关工作[17] 已经表明，就 $c_\mathrm{L}(u)$ 而言，自由面速度近似与原位粒子速度计算的相对偏差小于 5%。最佳的原位粒子速度最好是利用界面的粒子速度，方法是在样品后表面增加一块与被测材料阻抗相近的透明光学材料，读者可参阅文献 [18]。

依据压力平滑上升的压缩波的传播理论，如果磁扩散影响可忽略不计，波后介质的运动是简单波，上面的分析正适用于该简单波情形。当样品加载面处磁扩散、相变等物理现象的影响不能忽略时，必须考虑一般的非简单波情形，寻求比自由面速度近似更精确的处理方法。为了避免拉格朗日分析在空间坐标方向上只有有限个离散数据点的不足，目前已经发展了沿等时线积分、Seaman 提出的途径线 (path line) 方法、Forest 提出的冲量时间积分 (impulse time integral) 等方法的拉格朗日处理技术。Aidun 和 Gupta[10] 则采用对粒子速度曲面进行显式拟合的方法，细致地进行了非简单波的分析，虽然该方法十分繁琐，需要编制专门的程序进行拟合和运算，但从考虑周密以及与实验结果相符的程度来看，仍是目前最适当的拉格朗日分析方法。

7.2.2 反向积分方法

美国 Los Alamos 实验室和 Sandia 实验室的科学家在处理磁驱动准等熵压缩实验数据中，除了采用前面提及的自由面速度近似方法外，更倾向于采用反向积分 (backward integration) 方法，以得到更高的计算精度。Barker 于 1972 年最早提出了反向积分方法，Hayes[11] 把此方法发展为适合于以自由面速度历史为输入数据的情形，目前已广泛应用于以多个平行样品的实验数据，确定材料本构关系、断裂特性以及炸药反应特性等工作中[12]。

冲击动力学问题的数值模拟中，在给定的加载条件、本构关系和其他定解 (初始、边界) 条件之下，数值积分流体动力学方程组可得到样品材料、结构的运动或"响应"。这种途径可称为动力学方程组的"正向积分"。当流场中不出现冲击波间断的场合时，如果知道材料或结构的某种"响应"以及有关的定解条件，是否可以通过上述方程组在时间上的反积分拟合确定材料的加载条件和本构关系？这种方法称为动力学方程组的"反向积分"。具体说来，就是以加载条件相同、厚度不同的两组以上平行样品的自由面/窗口界面的速度历史数据作为初始条件，向空间内部反向积分，以相同的加载条件作为判断依据，不断优化调整力学响应方程 (预先选定力学响应方程框架) 中的参数，直至两组数据在加载面得到相同的加载历史，即可同时确定材料的加载历史和本构关系 (等熵压缩实验中的等熵线，层裂实验中的层裂强度，起爆实验中炸药的反应度或反应速率等)。

在流场控制方程组中采用流体模型描述的材料力学响应关系 $\varepsilon = F(\sigma)$(当采用流体弹塑性模型进行描述时，材料的强度和应变率等问题在本构关系式 $\varepsilon = F(\sigma, \dot\varepsilon)$

中可以体现), 则该控制方程组作反积分运算的差分格式是

$$\begin{cases} \sigma\left(h-\mathrm{d}h,t\right)=\sigma\left(h,t\right)+\rho_{0}\left[u\left(h,t+\mathrm{d}t\right)-u\left(h,t-\mathrm{d}t\right)\right]\mathrm{d}h/(2\mathrm{d}t) \\ u\left(h-\mathrm{d}h,t\right)=u\left(h,t\right)+\left[\varepsilon\left(h,t+\mathrm{d}t\right)-\varepsilon\left(h,t-\mathrm{d}t\right)\right]\mathrm{d}h/(2\mathrm{d}t) \\ \varepsilon\left(h-\mathrm{d}h,t\right)=F\left[\sigma\left(h-\mathrm{d}h,t\right)\right] \end{cases} \quad (7.2.3)$$

这里应注意不同位置处对时间积分的区间不应相同, 这是双曲型偏微分方程组的特性所决定的, 反向积分过程中所有空间点在时间积分开始时的 “边界条件” 应是材料处于未受扰动的初始状态。除测量的速度历史外, 反向积分计算中还需要用到自由面/窗口界面处的其他变量演化历史, 自由面处的压力为零, 密度为环境密度; 对于带透明光学窗口的材料, 窗口界面处的应力和比容需要根据窗口的物态方程或本构关系计算得出。

　　图 7.2.2 是美国 Sandia 实验室在 Z 机器上进行铜材料等熵压缩实验的 VISAR 记录 (Z-452) 和反向积分计算加载历史的比较[19]。图 7.2.3 给出了利用特征线法、反向积分法、等熵线理论近似计算铜的等熵压缩线之间的计算结果比较。虽然有关反向积分方法的计算数学理论方面的工作较为滞后, 但反向积分计算结果可以通过流体动力学方程组的正向积分来检验和核对。美国科学家的有关工作表明, 反向积分方法具有令人满意的较高的计算精度。大致说来, 厚度不同样品的 “响应” 给出的加载历史可以相符合到差异不足 1% 的程度, 正、反向积分计算结果的核对几乎可达到完全重合。

　　由于磁流体力学 (MHD) 方程组[9](由质量守恒、动量守恒、能量守恒和磁扩散方程组成) 也是双曲型的, 如果考虑磁扩散时存在较小的黏性项, 则成为对流-扩散方程, 这些情形原则上可以进行反向积分计算。如果能实现 MHD 方程组的反向积分计算, 则加载电流历史也可以成为拟合和校核计算结果的有用工具。

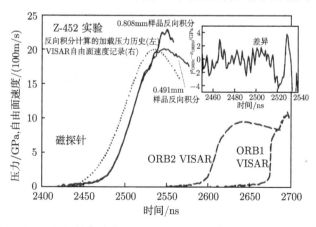

图 7.2.2　Z-452 号实验的 VISAR 记录和反向积分计算的加载历史

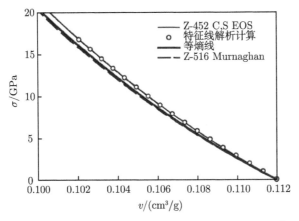

图 7.2.3　Z-516 号反向积分计算得到铜的等熵线与其他方法计算结果的比较

7.3　磁驱动等熵压缩和高速飞片的实验装置

1997 年,美国 Sandia 国家实验室报道了利用 Z 机器 (图 7.3.1) 进行平面样品准等熵压缩的实验 (ICE)[1-3,6-8]。该装置总储能量为 11.4MJ,最大放电电流 (绝缘堆处) 为 20~22MA,经波形调节后,放电电流的上升时间在 200~450ns 范围内可调,作用于铝样品的准等熵压缩磁压力达到 260GPa,铜样品近 400GPa,驱动金属铝飞片最高速度达到 34km/s 以上。Z 装置采用汇聚结构,负载区的设计为方框形结构,因此实际流经电极的电流密度为 5~6MA/cm。至今可以公开报道的磁驱动实验结果大都是在 Z 机器上做出来的。Z 机器在进行磁驱动实验时遇到内阻抗过大、电流波形难调的问题,加载过程中电磁能量的不适当集中,导致真空回旋面经常破裂,影响实验的进度和成本。目前,Sandia 科学家已建造一个更新的脉冲功率装置 ZR(Z-Refubishment, Z 整治型),主要目的是通过提高负载电流 (达到 26MA)、延长脉宽和使波形充分可调的技术改进,驱动更高压力的准等熵压缩、更快速度的高速飞片实验。目前 ZR 装置的驱动能力已达到 40km/s 以上[6]。

美国 Los Alamos 国家实验室同 Livermore 实验室和俄罗斯实验物理研究院联合,利用爆炸磁压缩电流发生器 (MCG) 进行平面样品准等熵压缩实验 (同轴型 MCG"Ranchero")[20-22]。单个 1.4m 长 Ranchero 发生器输出电流已达 50MA,两个 Ranchero 发生器可输出 90MA 电流,经断路开关调节后放电电流的上升时间为 500~600ns,可实现对钨平面样品 2TPa 压力的准等熵压缩。这个高能量密度状态已接近核武器初级核反应之前的情况,如果采用圆柱形样品,则可以达到更高的压缩。该实验室的相关研究人员正在努力达到上述指标。在 MG-9 会议上,Goforth[23] 报告透露,他们用电容器组和小型平板 MCG,产生 7MA 电流 (上升沿 300~500ns),

已把铜、钽 (较厚样品) 准等熵压缩到接近 100GPa，可在诸如钨材料的样品中产生超过 2Mbar(1bar=10^5Pa) 的准等熵压缩波。装置及其负载结构示意图如图 7.3.2 所示。

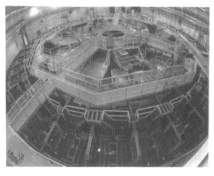
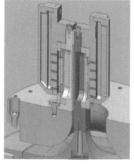
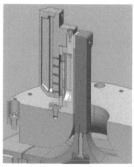

(a) Z机器　　　　　　　　(b) 等熵压缩实验两种典型的负载区结构

图 7.3.1　美国 Sandia 国家实验室的 Z 机器

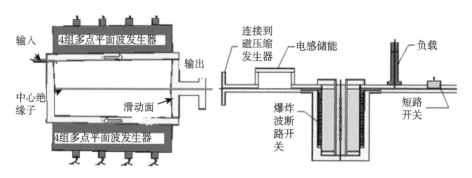

图 7.3.2　平板式爆炸磁通量压缩发生器及其负载结构

法国 Gramat 研究中心采用俄罗斯的低电感开关技术建立的 GEPI 装置[23,24] 由多台电容器并联的电容器组组成，放电电流峰值达 4MA 以上，电流上升时间为 600ns，具备放电电流波形调节功能，负载的设计采用单条片形结构，已达到的准等熵压缩压力为 100GPa，驱动铝飞片的速度达到 10km/s 以上。装置照片如图 7.3.3 所示。法国 Gramat 中心目前为 Sandia 实验室研制了两台小型发生器[25]：VELOCE 和 CPPM(后者安置在华盛顿州立大学，WSU)，如图 7.3.4 所示，由 8 个主电容器 (储能 0.6MJ) 和 72 个峰化电容器组成，其外形尺寸为 3.6m×5.5m×2m，电流上升时间 (0~100%) 为 470ns，充电电压 80kV 时电流峰值为 3.5MA。电流波形依靠峰化开关充气条件来调节。由于实验采用加载强度最高的单条片样品结构，VELOCE 的工作能力 (电流密度) 相当于 Z 机器上十几兆安的水平。利用三维 MHD 编码 ALEGRA，对电极板构型与加载均匀性的关系做了仔细研究，有效保证了实验的精度。目前发表的工作只是 WSU 物理系 Asay 等关于斜波加载下材料强度的实验研究。Sandia 实验室把 VELOCE 装置与轻气炮、Z 机器等设施组成 "动态压缩集成实验设施"(dynamic integration compression experiments, DICE),准备全面深入地开展材料动力学性质的研究。VELOCE 进一步发展目标是增强波形调节能力 (更加内凹的前沿)、更短的上升沿 (200~300ns)[26],若能成功地使几台 VELOCE 汇流,则将具有与大型装置相当的加载能力。近期,Sandia 实验室的研究人员建立了一套放电波形可任意调节的电容器组装置 GENESIS[27],该装置的放电电流峰值可达 5~7MA,上升时间 220~500ns。

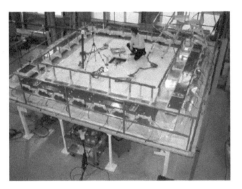

图 7.3.3 GEPI 实验装置照片

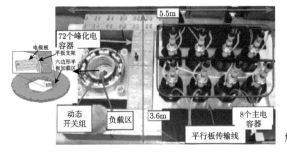

(a) VELOCE装置及其负载区结构

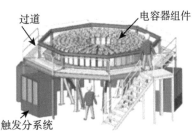

(b) GENESIS三维图

图 7.3.4 美国 Sandia 实验室的小型磁驱动实验装置 VELOCE 和 GENESIS

国内目前只有中国工程物理研究院流体物理研究所在开展磁驱动研究工作,2003 年,通过对一套 700MA 的电炮装置[28]的改造,实现了磁驱动发射厚度 0.38mm、直径 4mm 的铝飞片到 1.5km/s 速度,基本弄清了磁驱动准等熵加载和发射超高速飞片的原理[7]。目前已建立放电电流 1.5MA 以上、上升时间 500ns 的 CQ-1.5 电容器组装置,使用四点爆炸网络开关或者同步多雷管爆炸开关以降低回路电感。在较窄条片样品上可达到的磁驱动准等熵压力为 50GPa,驱动宏观金属铝飞片的速度达到 7~9km/s 甚至更高, 已经测量了多种金属在几十 GPa 范围内的等熵线。在国家自然科学基金仪器专项的资助下, 我们正在研制一台放电电流 4~6MA、上升时间 500ns 左右、波形可调节的实验装置, 预计达到准等熵压缩压力 100GPa 左右, 驱动飞片速度在 10km/s 以上, 将为我国准等熵压缩动力学创新性实验研究提供更高的实验能力[29,30], 如图 7.3.5 所示。

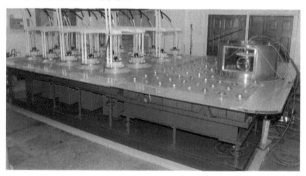

图 7.3.5 流体物理研究所研制的磁驱动实验装置 CQ-4

从国外实验情况可知, 虽然目前人们利用电流高达 10~30MA 的大型装置 (Atlas[31], Z) 进行准等熵压缩研究, 但美、法等国家已经趋向于使用小型电容器组的实验装置 (4~7MA) 进行材料的准等熵压缩和发射高速飞片实验研究。主要原因是该类型的装置体积小、结构紧凑、操作方便、实验效率高、成本低, 可用于探索压力 100GPa 量级范围中材料准等熵压缩特性, 以及对于通常工作范围的材料动力学的基础研究及其在航空、航天、兵器和高速运输等技术领域的应用。

7.4 磁驱动等熵压缩实验

7.4.1 金属材料的等熵压缩实验

自 Sandia 国家实验室首次提出磁驱动准等熵压缩技术以来, 其初始应用是材料的偏离 Hugoniot 特性研究, 例如, 材料的准等熵压缩线和物态方程研究。目前已公布的数据中铜和铝的实验结果较多, 在铜样品上获得了近 400GPa 的准等熵压缩压力, 在铝样品上近 260GPa[32,33], 同时包括在实验构形影响和数据处理方法比较等方面也有细致的研究[34-38]。图 7.4.1 给出了 Sandia 实验室 Z 机器上做的几发典型的铝材料 ICE 实验结果[36], 图中供比较的 Hugoniot 线取自 Los Alamos 和 Livermore 实验室的手册, 理论等熵线则是根据线性冲击绝热线数据以及 $\Gamma/v = $ const. 的假定计算的。从图 7.4.1 中可以看到实验等熵线和理论结果十分吻合, 在 40~50GPa 及以上范围开始与 Hugoniot 线有明显差别, 在 100GPa 以上范围已有不低于 10% 的差别。2006 年报道的 Z-1190 号实验得到了 240GPa 以下范围内 6061-T6 铝合金的等熵线 (图 7.4.2), 应力测量值的最大不确定度为 ±4.7%, 密度不确定度则为 ±1.4%, SESAME3700 的等熵线与实验结果十分符合, 这说明 ICE 实验精度已能满足鉴别物态方程数据库版本的需要。图 7.4.3 给出了铜的 ICE 实验结果与手册所列冲击绝热线数据的比较, 同时也列出了我们自己的结果作为比较[29], 结果同样表明在低压范围内等熵线与冲击绝热线的差别很小。另外, 法国 Garmat 研究中心 (CEG)Mangeant 等利用小型电容器组 ESCG(1.7MA, 500ns) 和更大的装置 GEPI(3~4MA, 600ns) 进行了压力范围为 1~100GPa 的金属材料铝、铜等的 ICE 实验[26,39]。较高压力的 ICE 实验必须调节电流波形, 但这一技术关键及具体电流波形 (甚至幅值) 仍处于严格保密之中。

英国核武器研究院 (AWE) 的科学家 Rothman 等[40,41] 利用美国 Z 机器进行了铅材料的 40~50GPa 准等熵压缩实验, 包括多晶铅、单晶铅和铅锑合金 (锑的质量分数为 3%)。这是该院高压物态方程研究计划的一部分, 他们认为掌握偏离冲击绝热线 (off-Hugoniot) 的 ICE 数据, 对于验证和改进大范围物态方程模型十分必要。实验得到这三种材料拉格朗日声速与粒子速度的关系, 实验测量误差约 5%, 数据的分散度有 10% 左右。在实验误差范围内, 上述实验结果与数据库 SESAME 3200 相符合。

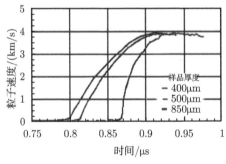

(a) 自由表面速度历史的VISAR记录

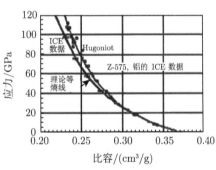

(b) Z-575号实验得到的6061-T6铝的等熵压缩线

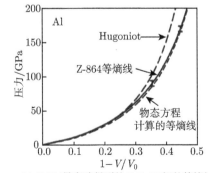

(c) Z-864号实验得到的6061-T6铝的等熵线

图 7.4.1 Hall, Hayes 等关于铝的等熵压缩实验结果[34-38]

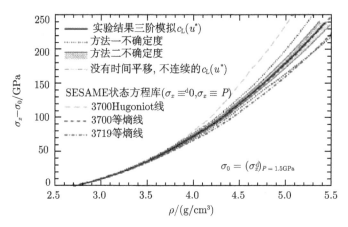

图 7.4.2 240GPa 以下压力范围铝合金的实验等熵线及其与 SESAME 数据的比较[33]

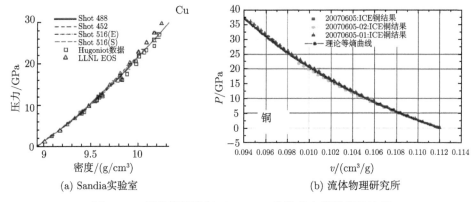

(a) Sandia实验室   (b) 流体物理研究所

图 7.4.3 铜的等熵线与 Hugoniot 及物态方程数据的比较

值得注意的动向和重大进步是, 图 7.4.4 所示美国、英国四家核武器实验室联合进行的四次重金属材料在 300GPa 范围的准等熵压缩实验结果 (Z-1683, Z-1511, Z-1555, Z-1655)[42]。实验中电流波形经过优化调节, 并且在数据处理时引入了电极板微倾斜的修正方法, 进一步提高了实验精度 (自由面速度为 3m/s, 测时精度为 0.8ns)。实验结果表明, 钽的准等熵线与其冷能曲线接近, 但明显低于其冲击绝热线; 钨的准等熵线则接近于其冲击绝热线, 而且在几十 GPa 范围内明显高于其冷能曲线。这些差别与低压范围的弹塑性性态有关。基于可理解的原因, 这些实验中电流幅值、波形及其调节技术、样品温升等关键数据都没有报道。

如前所述, 国外实验室对磁驱动 ICE 实验测量精度做了深入的理论计算和实验技术研究, 得到很大提高, 已经能用来在低压段鉴别不同版本 SESAME 数据库的适用性, 已经达到最先进的冲击压缩实验精度的水平, 大量的 ICE 实验数据正被用来补充和修正美国的物态方程数据库,我们应充分重视这个态势。当然正如冲击压缩实验一样,面临 1~10TPa 过渡区域中物态方程数据测量的巨大挑战,磁驱动准等熵压缩技术还要跨上若干台阶才能知道其在超高压范围的适用性如何。现在公认的观点是,依靠冲击绝热线和准等熵压缩线两种参考线,可以得到适用范围更大、更可靠的物态方程数据,尤其是在对核武器物理研究有重要意义的偏离Hugoniot 区域的数据。

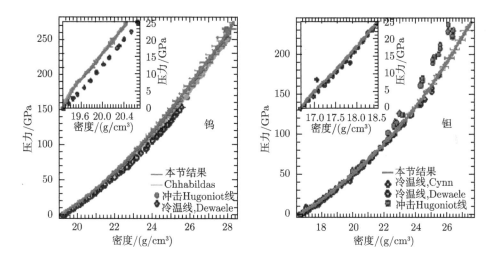

图 7.4.4 300GPa 以下钨和钽的准等熵压缩线

7.4.2 准等熵加载下材料动力学性能研究

磁驱动准等熵压缩进一步的应用就是研究材料的动态力学性能,例如,材料的弹性极限、屈服强度、损伤层裂、相变等问题。研究高压、高应变率下的材料强度对实际应用以及获取该加载条件下的材料响应特性具有重要作用。

在冲击动力学中材料强度的研究中通常采用的是 Asay 等[43] 于 1978 年提出的方法,即利用对预冲击压缩样品的再次冲击和等熵卸载实验,测量再次冲击绝热线上的 Hugoniot 弹性极限 σ_{HEL} 以及卸载曲线上的屈服转变压力 σ_Y,它们的差值就是 $(4/3)Y$。这种方法的不足之处也较明显,首先,它要求预冲击加载具有足够宽的高压力平台,确保再次冲击和等熵卸载都是在样品处于均匀应力状态的基础上进行的。其次,样品受预冲击加载时其熵增和温升不容忽视,压力对材料强度的影响伴随着不易区分的应变率效应和热软化问题。再者,样品从弹性卸载向塑性卸载的转变,往往带有较长的弛豫时间 (即所谓的 "准弹形阶段",QE),σ_Y 的确定是经验性的,卸载开始时刻也是模糊的。磁压或激光驱动的 (准) 等熵压缩加载,可在数十至数百纳秒期间使样品中压缩波的峰值平滑地升至若干 GPa 以至 TPa 的量级,为非对称压缩状态下材料力学形态的研究提供了一种应变率可控 ($10^5 \sim 10^7 s^{-1}$)、熵增和温升不明显的加载技术及研究途径，把应变率、塑性功导致的强化效应同冲击加热 (甚至熔化) 导致的热软化效应区分开来，可以更细致地了解不同应变率下材料微结构性质与其屈服强度的关系。这条途径充分利用了过去多年中利用冲击加载进行实验的经验，并在理论方法和实验技术方面有所创新和提高。美国 Sandia 实验室和华盛顿州立大学 (WSU) 的研究人员研究了 55GPa 以下范围内 6061-T6 铝合金的压缩屈服强度[44-46]。这些实验细致准确地记录了样品中发生的过程，有助于澄清加、卸载应变率和材料微结构 (不同热处理方式) 的作用，实验结果表明斜波加载时材料初始性质对其屈服强度强化的影响可以忽略不计，研究发现等熵线并不正好处于加载屈服面与卸载屈服面的中间对称位置。2007 年，Ao 等[47] 在凝聚态物质的冲击压缩国际会议上报道了他们在 VELOCE 上对 LiF 窗口材料强度测量的结果，并通过数值计算的方法估计了窗口材料强度对实验样品材料强度计算的影响。后来，他们在 Z 机器上又测量了 LiF 窗口材料在 114GPa 压力下的屈服强度[48]，以此数据作为对其他材料在高压下强度数据修正的基础。Asay 等[44,49] 对不同初始状态下钽和铝材料在准等熵压缩下的屈服强度测量结果表明，不同初始状态的钽在加载压力到达弹性极限 (IEL) 后出现不同形式的弛豫 (relaxation)，而高压下 (峰值压力 56GPa) 铝的屈服强度和冲击压缩条件下的实验结果存在较大差异。Wise 等[50] 利用 Sandia 国家实验室的动态压缩集成实验设施 (DICE) 开展了冲击和准等熵压缩下铁–镍–钴合金 (Kovar) 材料的动态力学响应研究。比较了两种不同加载应变率区 Kovar 的弹塑性变形和失效 (屈服和层裂) 情况。Lawrence 等[51] 利用 Z 机器进行了多孔材料陶瓷粉末 (Al_2O_3、WC、ZrO_2 等) 准等熵压缩下的动态性能实验，实验数据结合一维拉格朗日流体力学编码和 P/α 模型，确定了这些多孔材料的压垮 (碎) 强度。前面提及的研究表明冲击或准等熵加载实验中应当如何恰当定量表征材料的屈服强度，以及现有的材料动力学本构关系能否反映这样表征的材料强度变化规律是非常重要和值得探索的问题。另外，准等熵压缩在未反应含能材料的动力学特性研究方面显示了其独特的优势，它能将加载的压力幅值延升到近 20GPa 而使炸药未发生显著反应，这方面国外也开展了较多的工作[52-57]，例如，Reisman 和 Hare 等[54-57] 对 LX-04(HMX/Viton-A=85/15)、LX-17、细颗粒 TATB 和 HMX 等炸药进行了 10~40GPa 范围的 ICE 实验，压力脉冲前沿为 300ns，得到了这些炸药的本构关系，了解了它们的反应特征和相变性态。

磁驱动准等熵加载作为一种加载应变率适中、温升较低、时间较慢的压缩过程，与冲击加载条件的极端性 (高应变率、高温、瞬时) 差别较大，因此在此情况下不同相变动力学模型之间的差异如何是目前研究和验证的热点问题。Sandia 国家实验室将磁驱动准等熵压缩下铁的 α-ε 相变实验研究作为其脉冲功率惯性约束聚变计划中的一个亮点，发表在 1998 年 9 月的内部宣传杂志《亮点》上[58]，如

图 7.4.5 所示。Asay 依据上述实验结果提出了与加载速率有关的相变动力学模型，以代替人们常用的平衡相变动力学模型，较好模拟了 ICE 实验中铁的性态。法国 CEG 科学家 Hereil 等[59] 在 GEPI 装置上做了类似的实验。ICE 较高应变率加载条件下液态金属的快速凝固 (β-γ 相变)，是以前用冲击压缩方法无法做到的新型实验，Davis 等[24,25] 在 Saturn 和 Z 机器上利用低熔点金属锡进行了探索研究，同时分别采用平衡、冻结和非平衡的凝固动力学模型进行理论计算，并与实验进行比较 (图 7.4.6)。冻结模型比较接近于实验，调节参数后的非平衡模型更可反映出实验结果与冻结模型计算的差别。这些实验表明至少在小于 100ns 的斜压力波加载下，可以引发液态锡的凝固，并且沿非平衡的途径完全转变为 γ 固相。

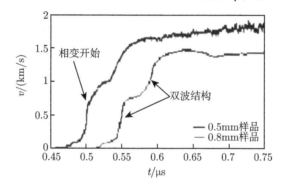

图 7.4.5   等熵压缩下铁的同素异构相变

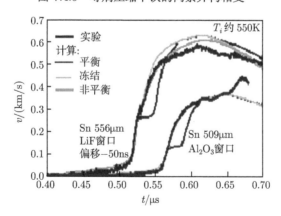

图 7.4.6   锡样品等熵压缩的实验和计算结果

7.4.3   磁驱动高速飞片和物态方程冲击压缩实验

1. 磁驱动高速金属飞片的实验

在 Z 机器上进行的磁驱动高速铝飞片的实验已得到显著进展，在 2000 年达到 20km/s 的速度之后，2001 年 Hall 等[60] 改进了实验技术，把正方柱筒构形 (15mm×15mm) 改为长方柱筒 (8mm×15mm)，提高了电流密度，磁压力达到 250GPa，进入飞片的初始冲击波波幅值成为 70GPa，驱动直径 12mm、厚度 0.5mm 的宏观铝飞片达到 21km/s 的超高速，2004 年达到了 27km/s。2005 年，Matzen 等[61] 在总结 Sandia 实验室脉冲功率驱动的高能量密度物理研究的文章中，展示了磁驱动厚度 0.85mm 铝飞片达到 33km/s 速度的结果 (图 7.4.7(a))，在无冲击或准等熵加速过程中该飞片经受的磁压峰值高达 480GPa，飞片自由面速度测量值与理论预计在 250ns 飞行历程的 98% 以上范围内偏离不大于 3%。2010 年，在 ZR 装置上实现 40km/s 以上的超高速 (图 7.4.7(b))[62]。Knudson 等[63] 采用平面结构将钛合金飞片的最大速度提高到 21km/s。法国科学家 Avrillaud 等[39] 在 GEPI 装置上进行磁驱动铝飞片实验，也将宽度 6mm、厚度 0.4mm 飞片发射到 10.24km/s。流体物理研究所利用 CQ-1.5 装置，已使直径 6mm、厚度 0.7mm 铝飞片的速度达到 8～9km/s[29,30]。

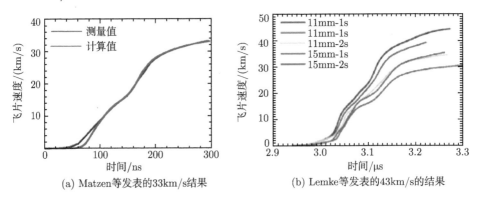

(a) Matzen等发表的33km/s结果　　　　　(b) Lemke等发表的43km/s的结果

图 7.4.7 磁驱动 33km/s 和 43km/s 铝飞片的速度历史

磁驱动高速飞片过程中，强电流对飞片 (或电极板) 部分烧蚀造成的等离子体膨胀做功，对飞片速度有 15%～20% 甚至更大的贡献[60]。但磁场向飞片内部扩散导致电流通过和焦耳热的产生，会引起飞片前表面区域的温度和体积膨胀，并可能影响物态方程实验的精度，了解磁驱动高速飞片的温升显得很有必要。Bergstresser 和 Becker[64] 利用四道光学辐射高温计测量了磁驱动高速飞片的温度，给出飞片温度上界的估计，第一、二道给出 200ns 之内飞片温度上界分别是 790K 和 695K。

2. 利用磁驱动高速飞片进行的高压物态方程实验

Sandia 实验室科学家成功地进行了以磁驱动宏观高速铝、钛飞片 (11～28km/s) 作为撞击武器的高压物态方程实验，在冷冻液氖和铝样品中分别达到了 400GPa 和 500GPa 的冲击压力[62](图 7.4.8、图 7.4.9)。在此以前，这种高压范围的冲击绝热线实验测量，只有利用地下核试验、球面聚心爆轰装置和高功率激光器加载才能做到，相比之下磁驱动加载的实验条件更好，实验数据精度更高。特别是 Sandia 实验室根据磁驱动飞片尺寸大、加载时间长、撞击器初始状态良好和便于应用先进光电测试手段的特点，提出了用阻抗匹配法 Hugoniot 测量、回射波测量以及二次冲击加载测量三位一体的实验研究途径，较好解决了高压范围中样品密度测量误差较大的难题，对不同实验加载手段得出数据的差异给出了合理的解释。这条实验研究途径已可用于鉴别和验算各种高压物态方程模型计算结果的细致差别，并已推广用于高功率激光测量物态方程的工作之中。

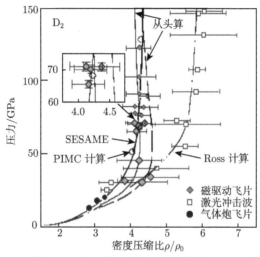

图 7.4.8　液氘冲击绝热线的实验 (阻抗匹配法) 及理论结果

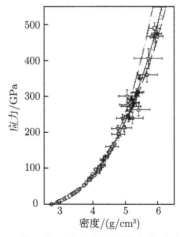

图 7.4.9　磁驱动飞片实验测量的铝的冲击绝热线

图中锁线为 SESAME 3711 数据，黑菱形为磁驱动实验结果，其他实验结果是: Kormer(方形), LANL
手册 (圆形), Mitchell(灰圆), Al'tshuler(灰方形, 三角形), Volkov(菱形), Glushak(倒三角形)

Knudson 等[65] 利用上述磁驱动高速铝飞片，还进行了铝 (6061-T6) 样品在 123.5∼473.4GPa 范围内冲击绝热线的准绝对测量，15 发样品实验中有 5 发样品处于 22K 低温状态。速度范围为 7∼21km/s 的铝飞片直接撞击 0.3mm/0.9mm 台阶形铝样品，样品中冲击波速度的测量误差为 1%∼3%。实验结果与 SESAME 3700∼3719 的数据进行了细致核对，P-ρ 平面上表示的 Hugoniot 线更具有鉴别作用 (图 7.4.9)，说明 SESAME 3700(实线) 和 3719(点线) 模型与实验结果比较接近。另外，Rothman 等[40] 应用 Z 机器驱动厚度 0.3mm、速度 20km/s 的铝飞片撞击厚度 0.15mm 的铅样品，目的是检验各种多相物态方程。

7.5 磁驱动加载技术和实验的展望

磁驱动准等熵压缩和高速飞片实验从加载原理、样品制备、测量诊断到数据处理都与以往的轻气炮冲击压缩实验很不相同，确实开辟了具有重要应用前景的压力平滑上升的高压加载和研究途径。这门技术是理论与实验 (包括数值实验和物理实验)、多学科综合与技术创新高度结合的成功范例，充分显示了当代先进科研方法的特色。但是，这种努力能否达到学术界向往已久的目标 ——TPa 级准等熵压力峰值与 50∼100km/s 速度的宏观完整高速飞片，还有很大难度，不能过于乐观。主要的物理原因是金属材料的电导率有很强的非线性，由此决定了高压范围中物性的复杂性，例如，体声速与压力的非线性关系。本章前面根据加载电流幅度简单地计算了磁压力，实际上正弦波形电流条件下，样品中应力波很容易叠加形成冲击波。对于数十至近百 GPa 的 ICE 实验，根据体声速的非线性适当调节电流脉冲波形已十分必要。同时，为了给出高精度的物态方程数据，继续提高实验测量技术和数据处理方法，始终是人们关心的重要问题。但是无论是波形调节，还是关于高精度的数据处理方法方面，可以清楚地看到，国外特别是 Sandia 实验室进展和应用很快，利用这些技术在金属材料中已实现了 480GPa 以上的压力，但是他们对这方面的技术细节较少提及，甚至是严格保密，因此必须依赖我们自己去攻关。

由于磁驱动准等熵压缩实验是冲击压缩和准静态等温压缩实验之间的重要桥梁，国外目前非常关注和重视获取这种中间状态的数据，以对各种物态方程理论做出关键性的鉴别，并利用其探索更广泛的物态方程区域。磁驱动准等熵加载实现了冲击动力学界长期追求的目标。利用这种实验技术研究材料在卸载、相变等复杂过程中的性质，能够得到材料结构与其宏观物理 (力学、光学 ……) 性质之间关系的认识，这方面的应用前景也十分宽广。

参 考 文 献

[1] Hall C A, Asay J R, Knudson M D, et al. Experimental configuration for isentropic compression of solids using pulsed magnetic loading. Rev. Sci. Instrum., 2001, 72(9): 3587-3595.

[2] Cauble R, Reisamn D B, Asay J R, et al. Isentropic compression experiments to 1Mbar using magnetic pressure. J. Phys.: Condens. Matter, 2002, 14: 10821-10824.

[3] Pollington M, Thompson P, Maw J. Equations of state.Discovery · The Science and Technology Journal of AWE, 2002, 5: 16-25.

[4] Asay J, Hall C A, Knudson M. Recent advances in high-pressure equation-of-state capabilities. SAND2000-0849C.

[5] High-Energy-Density Physics Study Report. A comprehensive study of the role of high-energy-density physics in the Stockpile Stewardship Program. National Nuclear Security Administration office of Defense Programs, U. S. Department of Energy. http://www.dp.doe.gov/dp_web/doc/HEDP_-Study_Report_April_2001.pdf.

[6] Savage M. The Z pulsed power driver since refurbishment. The 13th International Conference on Megagauss Magnetic Field Generation and Related Topics, Suzhou, China, July 8-10, 2010.

[7] 赵剑衡, 孙承纬, 谭福利, 等. 一维平面磁驱动等熵加载发射飞片技术. 爆炸与冲击, 2005, 25(4): 303-308.

[8] Knoepfel H. Pulsed High Magnetic Fields. Amsterdam: North-Holland Pub. Co., 1970: 104-129.

[9] 经福谦, 陈俊祥. 动高压原理与技术. 北京: 国防工业出版社, 2006: 220-292.

[10] Aidun J B, Gupta Y M. Analysis of Lagrangian gauge measurements of simple and nonsimple plane waves. J. Appl. Phys., 1991, 69(10): 6998-7014.

[11] Hayes D. Backward integration of the equations of motion to correct for free surface perturbaritz. SAND2001-1440, Sandia National Laboratories, 2001.

[12] Hayes D, Vorthman J, Fritz J. Backward integration of a spall VISAR record to the spall plane. LA-13830-MS, Los Alamos National Laboratory, 2001.

[13] Rothman S D. Characteristics analysis of isentropic compression experiments (ICE). PPN05/05, Atomic Weapons Establishment (AWE) Report 151/05, Feb., 2005.

[14] Maw J R. A characteristics code for analysis of isentropic compression experiments. Shock Compression of Condensed Matter-2003, 2004: 1217-1220.

[15] Rothman S D, Maw J R. Characteristics analysis of isentropic compression experiments (ICE). J. of Physics IV (Proceedings), 2006, 134: 745-750.

[16] Cowperthwaite M, Williams R F. Determination of constitutive relationships with multiple gauges in nondivergent waves. J. Appl. Phys., 1971, 42(1): 456-462.

[17] Davison L. Traditional analysis of nonlinear wave propagation in solids//Horie Y, et al. High-Pressure Shock Compression of Solids vol. Ⅳ, Old Paradigms & New Challenges. New York: Springer, 2003.

[18] Vogler T J, Ao T, Asay J R. High-pressure strength of aluminum under quasi-isentropic loading. International J. of Plasticity, 2009, 25: 671-694.

[19] Grady D, Young E. Evaluating constitutive properties from velocity interferometer data. Sandia National Laboratories, 1975, SAND75-0650.

[20] Tasker D G, Fowler C M, Goforth J H. et al. Isentropic compression experiments using high explosive pulsed power. MEGAGAUSS-9, Proc. 9th Int. Conf. Megagauss Magnetic Field Generation and Related Topics, 765-771, Moscow-St.-Petersburg, Russia, July, 2002.

[21] Tasker D G, Goforth J H, Oona H, et al. Advances in isentropic compression experiments (ICE) using high explosive pulsed power. Shock Compression of Condensed Matter-2003, 2004: 1239-1242.

[22] Goforth J H, Atchison W L, Fowler C M, et al. Design of high explosive pulsed power systems for 20MB isentropic compression experiments. MEGAGAUSS-9, Proc. 9th Int. Conf. Megagauss Magnetic Field Generation and Related Topics, 137-147, Moscow-St.-Petersburg, Russia, July, 2002.

[23] Hereil P L, Lassalle F, Avrillaud G, et al. GEPI: An ICE generator for dynamic material characterization and hypervelocity impact. Shock Compression of Condensed Matter-2003, 2004: 1209-1212.

[24] Avrillaud G, Courtois L, Guerre J, et al. GEPI: A compact pulsed power driver for isentropic compression experiments and for non shocked high velocity flyer plates. 14th IEEE Int'l Pulsed Power Conf., 2003: 913-916.

[25] Ao T, Asay J R, Chantrenne S, et al. A compact strip-line pulsed power generator for isentropic compression experimemnts. Rev. Sci. Instrum., 2008, 79: 013903.

[26] 孙承纬. 磁驱动等熵压缩和高速飞片的实验技术. 高能量密度物理, 2006, 1: 1-7.

[27] Glover S F, Davis J P, Puissant J G, et al. Genesis: A 5-MA programmable pulsed-power driver for isentropic compression experiments. IEEE Transactions on Plasma Science, 2010, 38(10): 2620-2626.

[28] 赵剑衡, 孙承纬, 唐小松, 等. 高效能电炮实验装置的研制. 实验力学, 2006, 21(3): 369-375.

[29] Sun C W, Wang G J, Zhao J H, et al. Magnetically driven isentropic compression and flyer plate experiments using a compact capacitor bank. Shock Compression of Condensed Matter – 2007, 2007: 1196-1199.

[30] Wang G J, Sun C W, Zhao J H, et al. The compact capacitor bank CQ-1.5 employed in magnetically driven isentropic compression and high velocity flyer plate experiments. Rev. Sci. Instrum., 2008, 79(5): 053904.

[31] Trainor R J, Parsons W M, Ballard E O, et al. Overview of the Atlas project. Proc. 11th IEEE Int. Pulsed Power Conf., 37-46, Baltimore, MD USA, June, 1997.

[32] Davis J P, Deeney C, Knudson M D, et al. Magnetically driven isentropic compression to multimegabar pressures using shaped current pulses on the Z accelerator. Physics of Plasma, 2005, 12: 056310-1-056310-7.

[33] Davis J P. Experimental measurement of the principal isentrope for aluminum 6061-T6 to 240 GPa. J. Appl. Phys., 2006, 99: 103512.

[34] Hall C A, Asay J R, Knudson M D, et al. Recent advances in quasi-isentropic compression experiments (ICE) on the Sandia Z accelerator. Shock Compression of Condensed Matter – 2001, 2002: 1163-1168.

[35] Hayes D B, Hall C A, Asay J R, et al. Measurement of the compression isentrope for 6061-T6 aluminum to 185 GPa and 46% volumetric strain using pulsed magnetic loading. J. Appl. Phys., 2004, 96(10): 5520-5527.

[36] Davis J P, Deeney C, Knudson M D, et al. Magnetically driven isentropic compression to multimegabar pressures using shaped current pulses on the Z accelerator. Phys. Plasmas, 2005, 12: 056310.

[37] Reisman D B, Torr A, Cauble R C. Magnetically driven isentropic compression experiments on the Z accelerator. J. Appl. Phys., 2001, 89(3): 1625-1633.

[38] Hall C A. Isentropic compression experiments on the Sandia Z accelerator. Phys. Plasmas, 2000, 7(5): 2069-2075.

[39] Hereil P L, Avrillaud G. Dynamic material characterization under ramp wave compression with GEPI device. J. Phys. IV France, 2006, 134: 535-540.

[40] Rothman S D, Evans A M, Graham P, et al. Measurements of the equation of state of lead under varying conditions by multiple methods. Shock Compression of Condensed Matter–2001, 2002: 79-82.

[41] Rothman S D, Parker K W, Davis J P, et al. Isentropic compression of lead and lead alloy using the Z machine. Shock Compression of Condensed Matter-2003, 2004: 1235-1238.

[42] Eggert J, Bastea M, Reisman D B, et al. Ramp wave stress-density measurements of Ta and W. Shock Compression of Condensed Matter-2007, 2007: 1177-1180.

[43] Asay J R, Lipkin J. A self-consistent technique for estimating the dynamic yield strength of a shock-loaded material. J. Appl. Phys., 1978, 49(7): 4242-4247.

[44] Asay J R, Ao T, Davis J P, et al. Effect of initial properties on the flow strength of aluminum during quasi-isentropic compression. J. Appl. Phys., 2008, 103: 083514.

[45] Ding J L, Asay J R. Material characterization with ramp wave experiments. J. Appl. Phys., 2007, 101: 073517.

[46] Huang H, Asay J R. Compressive strength measurements in aluminum dor shock compression over the stress range of 4-22 GPa. J. Appl. Phys., 2005, 98: 033524.

[47] Ao T, Asay J R, Davis J P, et al. High-pressure quasi-isentropic compression loading and unloading of interferometer windows on the Veloce pulsed power generator. Proc. of the Conference on Shock Compression of Condensed Matter-2007, Waikoloa, Hawaii, U.S.A, June 24-29, 2007: 1157-1160.

[48] Ao T, Knudson M D, Asay J R, et al. Strength of lithium fluoride under shockless compression to 114 GPa. Jour. Appl. Phys., 2009, 106: 103507.

[49] Asay J R, Ao T, Vogler T J, et al. Yield strength of tantalum for shockless compression to 18GPa. Jour. Appl. Phys., 2009, 106: 073515.

[50] Wise J L, Jones S C, Hall C A, et al. Dynamic response of Kovar to shock and ramp wave compression. Proc. of the Conference on Shock Compression of Condensed Matter-2007, Waikoloa, Hawaii, U.S.A, June 24-29, 2007: 1024-1027.

[51] Lawrence R J, Grady D E, Hall C A. The response of ceramic powders to high-level quasi-isentropic dynamic loads. 13th APS Topical conference on Shock Compression of Condensed Matter, 2003: 1213-1216.

[52] Baer M R, Hall C A, Gustavsen R L, et al. Isentropic loading experiments of a plastic bonded explosive and constituents. J. Appl. Phys., 2007, 101: 034906.

[53] Baer M R, Hall C A, Gustavsen R L, et al. Isentropic compression experiments for mesoscale studies of energetic composites. AIP Conference Proceedings, 2006, 845: 1307-1310.

[54] Hare D E, Reisman D B, Garcia F, et al. The Isentrope of Unreacted LX-04 to 170 kbar. AIP, 2004: 145-148.

[55] Hare D E, Forbes J W, Reisman D B, et al. Isentropic compression loading of octahydro-1,3,5,7-tetranitro-1,3,5,7-tetrazocine (HMX) and the pressure-induced phase transition at 27 GPa. Applied Physics Letters, 2004, 85: 949-951.

[56] Reisman D B, Forbes J W, Tarver C M, et al. Isentropic Compression of LX-04 on the Z Accelerator//Michael D F, Naresh N T, Yasuyuki H. AIP, 2002: 849-852.

[57] Hooks D E, Hayes D B,Hare D E, et al. Isentropic compression of cyclotetramethylene tetranitramine (HMX) single crystals to 50 GPa. Journal of Applied Physics, 2006, 99: 124901.

[58] Asay J R, Hall C A, Holland K G, et al. Isentropic compression on iron with the Z accelerator. Shock Compression of Condensed Matter-1999, 2000: 1151-1154.

[59] Hereil P L, Lassalle F, Avrillaud G. GEPI: A Nice Generator for Dynamic Material Characterisation and Hypervelocity Impact//Furnish M D, Gupta Y M, Forbes J W. Shock Compression of Condensed Matter-2003. 2004: 1209-1212.

[60] Hall C A, Knudson M D, Asay J R, et al. High velocity flyer plate launch capability on the Sandia Z accelerator. Int. J. Impact Eng., 2001, 26: 275-287.

[61] Matzen M K, Sweeney M A, Adams R G, et al. Pulsed-power-driven high energy density physics and inertial confinement fusion research. Phys. Plasmas, 2005, 12: 055503.

[62] Lemke R W, Knudson M D, Davis J P, et al. Magnetically driven hyper-velocity launch capability at the Sandia Z accelerator. International Journal of Impact Engineering, 2001, 38: 480-485.

[63] Knudson M D, Lemke R W, Hayes D B, et al. Near-absolute Hugoniot measurements in aluminum to 500GPa using a magnetically accelerated flyer plate technique. J. Appl. Phys., 2003, 94(7): 4420-4431.

[64] Bergstresser T, Becker S. Temperature measurement of isentropically accelerated flyer plates. Shock Compression of Condensed Matter-2001, 2002: 1169-1172.

[65] Knudson M D, Asay J R, Deeney C. Adiabatic release measurements in aluminum from 240- to 500-GPa states on the principal Hugoniot. J. Appl. Phys., 2005, 97: 073514.

第8章　爆轰加载材料和结构动力学行为精密物理机制辨识和建模*

胡海波

(中国工程物理研究院流体物理研究所冲击波物理与爆轰物理重点实验室)

精密物理实验的根本要义,是正确认识主导对象过程走向的各种物理机制,对应这些机制进行物理–数学建模,可靠支撑具有预测能力的数值模拟程序框架。

对爆轰、冲击波作用下材料强度、断裂、相变及其相互耦合的动力学行为,国内外同行一直重视,数十年间众多高水平团队持续攻关,倍加关注,但在基本概念、过程的定义、现象机制认识和物理模型方面,迄今尚未形成基本完备的理论框架。针对强动载条件下材料和结构动载行为的几类典型现象,同行学者们按各自的解读尝试给出了似乎也都能自圆其说的概念定义、理论和公式模型,但若用精密物理实验的思维逐一重新审视,会发现其中诸多环节现象解读与实际不符,逻辑上立足无据,亟待依托更系统、精密的实验观测,重新发现,重新认识,在洞悉客观机制基础上,才能言及数值模拟建模和预测的置信度。

本章以中国工程物理研究院 (中物院) 力学与数学学科力学专业组近几年提出的具有指南推动意义的 "爆轰加载壳体膨胀剪切断裂模拟的材料模型及计算方法" "爆轰驱动飞层界面与内层状态演化差异多尺度分析" 等基金课题研究认识进展为例,介绍精密物理实验研究的新发现和建模思路,以及要真正实现精密物理模拟所面临的诸多问题和挑战。

8.1　爆轰加载壳体膨胀剪切断裂模拟的材料模型及计算方法

8.1.1　"塑性峰" 理论简洁直观, 但掩盖了多种物理机制接续演化的事实

爆轰加载壳体膨胀断裂问题的实验及理论研究历史已近百年, 其中最著名的是英国科学大师 G. I. Taylor[1] 在 20 世纪 40 年代提出的爆轰产物压力作用下壳壁整体拉应力状态贯穿断裂判据和苏联学者 A. G. Ivanov[2] 在 20 世纪 70 年代发现

---
* 本章全文引自: 胡海波. 爆轰加载材料和结构动力学行为精密物理机制辨识和建模. 中国工程物理研究院科技年报, 2014: 16-25

的"塑性峰"现象。

前者在极度简化的材料模型与沿半径发展和贯穿的纯拉伸断裂假定下导出，不完全适合强载荷下剪切断裂行为描述；后者基于背景光照明的阴影式分幅照相的粗略实验观测，以爆轰产物泄漏为断裂判据，发现高应变率加载条件下，等效断裂应变大幅上升且呈现峰值的事实，推论在高应变率加载下材料塑性亦即断裂延展性将大幅增长，并将其归类定义为材料自身的动载性能（"塑性峰"理论）。

在 20 世纪 90 年代初，中物院流体物理研究所内爆研究团队针对爆炸膨胀断裂机制追溯和断裂模式研究，基于高水平的前照明高速分幅照相和样品回收观测，对强爆轰加载下较典型的单旋（亦称自组织）剪切断裂的微细观起源、壳壁膨胀应变多机制、多阶段演化和纵向裂纹多起源汇聚的系列基本事实进行了确认，典型实验结果见图 8.1.1 和图 8.1.2。此后，通过多年持续、系统的实验研究发现：高应变率加载条件下，由加载爆轰产物压力和壳体结构决定的在壳壁内界面大量萌生，经快速竞争筛选后形成的有限数目的宏观剪切断裂，在远低于材料静态延伸率条件下（通常 ≤10%，宏观剪切裂纹贯穿外壁时刻，可借助多路激光测速精密诊断

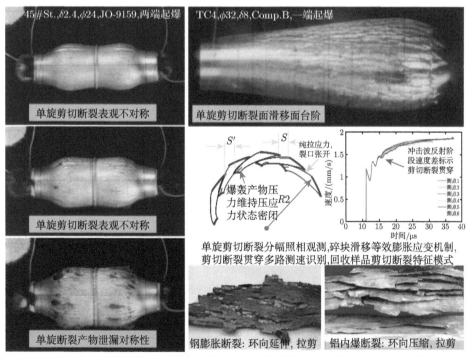

图 8.1.1　高应变率加载条件下金属柱壳的单旋剪切断裂模式、裂纹贯穿壳壁时刻的诊断（相邻测点速度历程出现突变差异）、爆炸膨胀和内爆剪切断裂的回收样品裂纹萌生和剪切断口取向特征

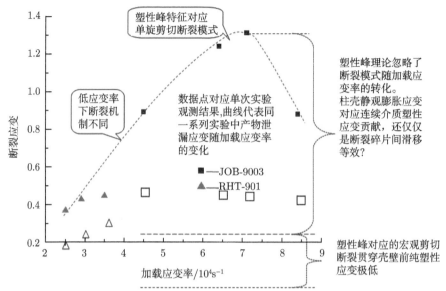

图 8.1.2　45$^{\#}$ 钢柱壳断裂应变随加载应变率变化：Ivanov 塑性峰特征典型

的膨胀速度差识别) 即可贯穿壳壁, 彻底改变柱壳应力分布状态; 剪切断裂贯穿壳壁后, 因滑移卸载, 多重断裂碎块基本处于弹性状态; 多重剪切断裂面上的滑移是柱壳表观膨胀应变的来源; 多重滑移碎片间的动态滑移, 因爆轰产物压力, 构成一个自我封闭的膨胀壳层体系, 直至极高等效膨胀应变下 (通常 ≥100%), 内部压力降低使内壁滑移接触面压应力状态无法维持; 对应的回收实验显示, 在高应变率剪切断裂低应变贯穿后, 壳壁减薄基本停止。爆炸膨胀断裂自组织单旋剪切模式一般出现在对应 Ivanov 塑性峰的特定高应变率区段; 在更低加载应变率下, 会出现纯剪切非单旋、拉剪混合等模式。在爆轰驱动柱壳内爆时, 壳壁全过程处于压应力状态, 由于材料的固态特性, 剪切失稳在壳壁内界面上率先大量萌生, 迅速竞争筛选而形成的有限数目的宏观剪切断裂贯穿壳壁的机制更加典型, 单旋剪切断裂的倾向更加明显。

需要特别强调的是, 尽管爆轰加载强度可能远高于壳体材料屈服限, 但不能简单将壳壁材料视为流体, 因壳壁材料始终处于固态。对于固体材料而言, 脱离开滑移、断裂机制, 表面积不会无端增、减; 壳壁中剪切应力分布是过程发展的主导影响因素, 而壁面是应力状态间断的奇异面, 且从真实微细观表征指标看, 其并非理想、均匀几何面, 这是剪切失稳机制本征性存在并发挥主导作用的前提。

针对单旋剪切断裂, 精密实验观测确认的多机制、多阶段耦合的演化进程, 与"塑性峰"理论下壳壁连续塑性变形而后瞬间断裂的简化解读反差明显。针对高应变率柱壳膨胀断裂现象的两类不同机制解读, 自然对应不同的物理-数学建模。从精密物理实验的视角, 显然应选择后者作为建模思考依据。从概念上值得注意的是，这类断裂行为的主控机制和参数，并不归属于单一的材料物性，是材料物性与试验件结构、加载强度组合的结果，且这也还不是单旋剪切断裂特征行为的全部诱因，还存在宏观连续介质力学理论框架注定会遗漏的某些重要方面。

8.1.2 数值模拟中的对称条件设定，会轻易地屏蔽真实的物理主导机制

要贴近真实断裂起源及发展演进过程，借助二维、三维数值模拟计算来描述爆炸加载柱壳断裂，按标准套路，在引进相互关联、数学上封闭的物理模型体系（EOS、本构模型、多机制断裂模型/判据）后，断裂演化进程就应顺理成章地展现出来。可惜的是，诸多"先进"的大型数值模拟程序长年来复现的都是更符合 Ivanov 理论的剧情故事：壳壁以连续状态持续平稳膨胀⋯⋯！剪切断裂起源演化被程序"客观"且非常确信地掩盖！究其根源，是不具备数值模型中形成剪切失稳、断裂的充要条件。在计算建模中，若设定材料性能均匀、几何及加载条件对称，即便材料强度模型具备剪切失稳特性，与半径呈 45°、135° 的两个剪切应力最大方向的剪切失稳也不能自主发展起来。其中的关键控制机制或要点在哪里？

针对强加载下单旋断裂特征主控机制追溯，国内外同行实验研究者重点关注一个事实聚焦在壳壁表面状态，即机械加工中形成的表面层 $1 \sim 10 \mu m$ 的晶粒扭曲、微缺陷、残余应力等微–介观非均匀性。显然，在极高的应变率下，其充分主导了众多剪切失稳起源的位置和方向选择。但这类微–介观尺度状态如何量化表征，以及如何将其纳入宏观连续介质模型，仍是待研究的难点问题。

近年来，国内外学者改变思路，在模拟计算方面多方尝试，相应模拟结果展示出与实验观测极为类似的剪切失稳发展的多阶段过程行为。对比这些数值模拟团队的处理方法，尽管其对应不同的物理认识和理论解释，但必备要素不外乎两个方面：第一，材料本身要具备剪切失稳特性，即本构模型必须包含超过特定应变后的应力塌陷区段；第二，在剪切失稳起源位置，即壳体内壁必须存在足够数量和幅度的初始扰动，无论这种扰动是直接人为设定的内壁几何缺陷、体缺陷分布、瞬时加载强度扰动，还是通过概率型本构给定的材料体积中的强度涨落等。

在数值模拟建模中有针对性地进行上述建模处理的前提下，相关程序都大致能够给出与实验观测基本一致的特征进程图像，典型模拟结果见图 8.1.3。在不仔细追究剪切带内部状态 (剪切带内材料状态精细分布及其梯度变化、时间响应) 演化的前提下，借助这些计算，可在满足表观膨胀应变与实验观测"校验"基本符合一致的条件下，相对量化、客观地反映早期剪切断裂所引发的柱壳内部应力、应变分布的极度非均匀性演化。但是，数值计算中单旋行为的模拟，仍离不开强制性的人为干预。

这类模拟中凸显出一个问题，那就是剪切断裂一旦以这样或那样的方式启动，原则上，材料 EOS、本构均不再主导过程演化。在剪切失稳演化中，本构模型和各

种形式的初始非均匀性,究竟扮演着什么角色?诸多形态的初始非均匀性都导致同样结果,那么,哪一种在物理上更本质或更贴近真实物理机制?目前,单从数值模拟计算本身,还不能给出答案。探究多方面的原因,尤其是剪切失稳微细观起源的追溯及其对应模拟,对宏观连续介质模型体系本身提出了挑战。

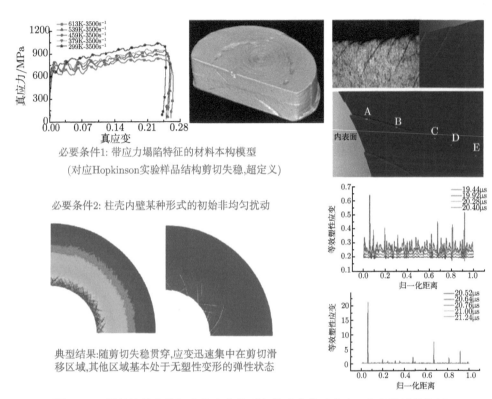

图 8.1.3　模拟计算中剪切失稳生成必要条件及失稳后应力、应变局域化特征

　　这类数值计算中不可或缺的带应力塌陷的本构模型及其实验获取途径也倍受质疑,因为其借助 Hopkinson 杆实验一维应力假定,却又不可避免地引入了非一维应力的带结构特征的剪切失稳和断裂,超出了原方法定义;经典高压-高应变率本构模型中的材料剪切强度,原则上随加载强度增加呈单一增长趋势,其定义不涉及对非均匀性失稳和断裂的表征;这两类模型的适用量程通常也不相互覆盖。若使用后一类本构,要构成封闭的模型体系,原则上还必须引入一组描述对应加载条件下剪切断裂起源、发生、发展条件的模型和参数,而这些模型及参数显然不能简单归类为基本的物性参数,试图通过其他的分解实验观测来获取。须认真考虑这类复杂应力条件和因非宏观缺陷引发的断裂,其中是否包含基本的主控机制和物理参量,值得单独识别和提取、定义,并加以量化表征、建模。

从精密物理实验的观点审视，上述计算的模型体系尚不严格封闭，剪切失稳起源及断裂发展模型是否应单独考虑，还有待分析。仅从断裂判据方面，纯拉伸、拉剪和纯剪切断裂机制共存、竞争，随加载应变率呈现模式过渡，导致断裂模式变化的起始点或量化判据不清楚，许多模拟结果只具备事后复现能力。

目前国内外多种数值模拟计算均能够定性复现与柱壳高应变率加载膨胀或内爆剪切断裂实验现象特征基本符合的过程，是因所选用的含应力塌陷的本构模型和人为设定的各类初始扰动的组合，在过程发展趋势上间接等效了剪切断裂起源及演化，但这种模型组合并非真正意义上的精密物理建模，是一种典型的等效建模，虽可借助其分析过程特征，却不能用于对剪切失稳真实物理机制的追溯。剪切失稳起始阈值及传播速度等相关物理参数对应模拟的量化程度，取决于带应力塌陷本构参数及初始状态非均匀性的建模处理技巧。此外，数值计算方法及网格划分，也会对结果产生影响，故任何讨论分析，均难说是纯粹针对物理模型。

8.1.3 主导爆炸膨胀剪切行为的影响因素及材料性能库存变化的影响角色

若将关注点集中到描述爆炸膨胀断裂的模型体系，并将应用背景锁定在材料性能的库存变化可能带来的影响上，国内外同行目前例行的研究方法必然招致重大质疑。其中最典型的问题是：材料 EOS、本构的轻微，甚至明显变化，是否主导对应构件高应变率加载行为产生关联变化？其是否确系主要矛盾？从目前可借助分析的具体实验和大量数值模拟计算案例看，答案基本上倾向于否定。

爆炸膨胀断裂的系列经典模型、理论，如 Grady 等[3]、Wright 等[4]、Molinari[5]关于碎片尺度分布公式的导出思路，多基于均匀、连续介质假定和应力波概念，对断裂模式差别、纵向裂纹机制和表现均没有明确说法，其在推导断裂起源时或也引入了某些随机涨落概念，但最终都简单导向断裂行为结果直接取决于材料宏观性能、结构几何以及加载强度因素的结论。前述这些理论、公式或许适应于特定类型的实验，故均不关注断裂起源及其发展进程、裂纹纵向特征，也不关注断裂模式演化，其在物理上是否严格封闭、自洽？答案并不肯定。显而易见的是，这类适于工程计算粗估的经验模型和公式，不适于具备预测能力的数值模拟计算建模，也不能成为模拟计算校验的标杆或基准。

本研究团队一直在持续关注表面层微–介观状态对剪切失稳、断裂起源位置、方向选择的影响。种种迹象表明，这或是一个被遗漏的最为根本的主导影响因素，但要建立同时考虑宏观和微–介观参数的模型，面临的概念难度非常大。

针对动态断裂问题，宏观连续介质力学概念与方法的认知空白和逻辑短板，在精密物理实验研究实践中的各方面不断显现。涉及动态断裂问题的库存可靠性研究，尤其是基于以程序模拟预测为主的研究思路策划，应关注哪些主控机制，控制哪些关键因素，模型体系中涉及断裂的部分如何设计、验证，须三思而后行。

8.2 爆轰驱动飞层界面与内层状态演化差异多尺度分析

借助先进测试技术的支持，国内外同行在爆轰加载条件下的微喷射、微层裂现象的实验研究上取得了长足进展，理论分析和数值模拟研究方法也在不断跟进发展。近年来在各核大国武器实验室，以分子动力学 (MD) 方法为代表的冲击相变、微喷射、微层裂现象相关微观模拟方法的进展，尤其引人注目。

从精密物理实验、模型体系和模拟计算平台构建的角度看，在宏观连续介质体系框架内进行微喷射、微层裂现象的模拟，因涉及材料强度、相变、冲击熔化、大变形、断裂及破碎，以及冲击波前沿与可能包含不理想状态的自由面作用过程，借助直接的流体动力学数值模拟计算面临诸多挑战，令同行专家都谈虎色变，无人敢坚信自己的模拟结果或贸然以此为依托谈论研究计划里程碑；各类解析理论也多源自宏观现象观测，且涉及诸多可能引发各种质疑的直接引用 MD 模拟结果作前提，针对材料性能和相变状态的假定，难以归类进精密物理模型框架。同行中乐观的预期也不过是：相关的数值模拟和解析推导或可帮助定性反映对应过程的某些主导因素，但注定无法描述从连续介质到微米特征尺寸众多破碎颗粒生成的全过程演化关键细节。因界面应力状态的特殊性，其与材料动载性能 (例如，弹–塑性本构) 及加载历程特征的耦合，以及相变、断裂行为与前述因素的直接耦合，诸多已知及未知因素对界面层状态演化的影响，还有待认真研究。

与此同时，近年来针对冲击波作用下材料动力学过程的分子动力学数值模拟技术发展迅猛，使得许多研究者可以尝试通过特定的势函数选取，在基本拟合冲击加载特征参数和冲击相变特征行为的前提下，来模拟冲击波与理想平面或有特定粗糙度的自由面作用，形成微喷射、微层裂的过程演化，所给出的瞬时状态的表观图像十分精彩、逼真。一时间，相当一部分国内外同行在其研究报告或国际学术会议交流中，简单将描述微观与宏观过程的术语直接对套，不加区别地直接应用微观过程模拟的种种表象，来推论宏观现象的物理机制及过程结果。殊不知，这种得来全不费功夫的多尺度 "穿越" "过渡"，可能隐含系列概念误用的风险。中物院力学与数学学科力学组专家对此提出了质疑，并从实验、数值模拟和 MD 计算多方面组织力量研究，评估各类方法的局限，试图基于精密物理实验的观测结果，来澄清各种物理上不甚严格的解读和分析演绎结论。

其中的一个关键问题，是宏观连续介质中的冲击波现象与 MD 模拟的冲击波现象的物理对应性。若仅从材料压缩度、冲击波传播速度参数的比对结果是否符合来判断，现象的一致很容易实现，甚至在涉及相变模拟 "对应" 的条件下，也可以选择不止一种势函数，较好地满足前述的比对要求。但势函数不同，可能对应截然不同的材料相图，这就需要额外判断哪种更好，或在物理上是否唯一。

从微喷射、微层裂形成机制追溯的角度,一个自然的关注点,是针对同样的冲击加载幅值,宏观连续介质观测的波阵面前沿宽度多在纳秒量级,典型的冲击相变行为即便冲击加载足够强,也大致在纳秒量级上完成,而 MD 的模拟计算中,这类过程对应的特征时间仅皮秒水平。因此,MD 模拟的冲击波阵面与自由面的作用影响区仅在纳米以下水平。若考虑边界卸载影响,在 MD 计算中,冲击相变尤其是冲击熔化不发生转化的区域仅几个分子层 (取决于配位数)。这一结论被一些同行直接引证,并作为前提来推导宏观连续介质的微喷射行为。这是否真实、可行?物理上到底差别在哪里?目前只有探索和争议,没有显见的答案。

为剖析这一问题,借助中国工程物理研究院九所向美珍和陈军开发的 MD 模拟程序,对比计算了在同样的加载强度下,冲击波前沿宽度的影响,相应结果的差别非常显著:边界层附近整个区域的状态,可能从典型的冲击熔化,过渡到典型的固相残留。若对应考虑其对微喷射、微层裂行为的影响,对应的反差势必也极端显著。如图 8.2.1 所示。

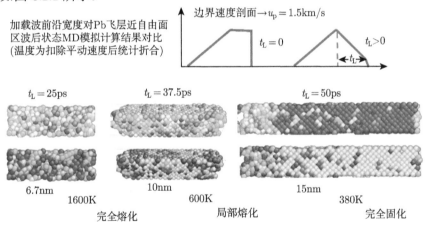

图 8.2.1 MD 模拟相同幅度、不同前沿宽度的加载脉冲后近表面层温度状态差别

为从宏观连续介质精密实验诊断和模拟计算的角度对应开展研究,选取了研究基础较充分的纯铁作为模拟材料,利用其相变的诸多特征与涉及复杂固-固、固-液相变的对象材料的相似性,以及可以回收分析的优势,来模拟冲击波前沿与边界层作用以及相变动力学的影响,典型结果见图 8.2.2 和图 8.2.3。利用 ≤30GPa 幅值的中、低强度加载的实验和回收分析,校验了基于相场模拟的程序;再利用其预测当冲击波及相变前沿合并,趋向于纳秒水平时,近表面层的相变状态分布。取得的定性结论是:在 30GPa 以上的加载强度下,无法完成相变的近表面层开始不断减小,但直至 80GPa,初始相残留区仍会保持在数微米水平。30~80GPa 区段高强度冲击加载实验已在进行,测量了自由面波剖面,但因样品回收困难,暂时拿不到验证结论。

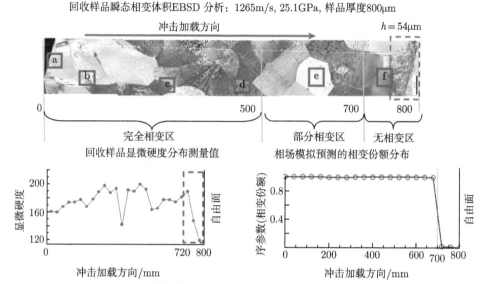

图 8.2.2   冲击加载纯铁回收样品相变分布实验观测与相场模拟计算的结果对比

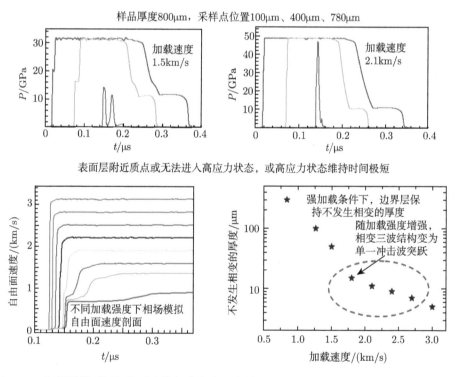

图 8.2.3   相场模拟不同部位质点的加载应力历程差别结果及借助能够复现实测自由面速度
历程的相场模拟预测的自由面近表面层不发生相变的"硬壳层"厚度

若这一结论近似适用于冲击熔化,值得关注的是典型的微喷射、微层裂物质总量也仅对应这一厚度的范围。直接涉及冲击熔化相关的实验还有待开展,届时,近表面层的状态非均匀性演化,尤其是可能进入熔化、局部熔化亚表面层的压缩、卸载历程,以及抗拉伸破碎能力的急剧降低,可能成为微层裂物质速度轻微超前现象机制解释的关键环节,这也是后续实验测量和相变模拟计算关注的焦点。

MD 模拟与宏观实验观测及相场模拟图像存在定性差异,其中与前沿相关的物理机制的模拟性还值得认真分析。从宏观物理机制看,涉及弹塑性和相变过程的量化描述是过程发展主导性因素,断裂过程也可能介入与之耦合。对于 MD 模拟结果的解读,不能不假思索地跨越多尺度问题的物理差别,简单读图发挥,套用术语进行演绎推论。目前在国际同行中,这一问题已成为讨论焦点,因涉及多尺度问题,要实现量化模拟和多尺度物理机制的对照分析,还面临诸多挑战。

8.3 滑移爆轰对碰区运动驱动参数和早期过程行为的精密诊断

另一组涉及复杂动力学现象精密物理实验研究进展的例子,是近年来针对滑移爆轰加载的对碰区运动过程参数多路激光测速和光学诊断的实验研究攻关,典型结果见图 8.3.1 和图 8.3.2。其揭示出丰富的状态演化细节和关键物理信息,为先进数值模拟提供了高价值支撑数据,也对该过程物理机制对应的量化模拟提出挑战。

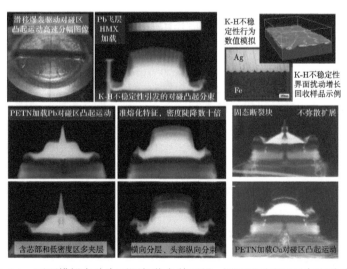

图 8.3.1 平面模拟实验中不同加载条件下铅、铜飞层对碰区凸起行为表现

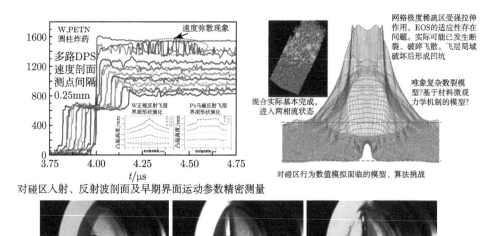

对碰区入射、反射波剖面及早期界面运动参数精密测量

图 8.3.2　对碰区不同位置自由面质点的冲击波入射、反射历程精密测量,因速度梯度引发的晚期飞散状态定性模拟结果,以及早期运动凸起行为直接观测

依据前期实验掌握的对碰区凸起运动晚期宏观表现,实验研究的关注点进一步聚焦到加载过程特征参数与其中包含的材料压缩度、强度和相变动力学行为信息的量化获取,以及对碰区凸起运动早期过程中,材料状态分区及其对应的断裂和破碎行为特征观测。因对象过程的空间尺度在亚毫米水平,关键过程时间跨度不超出 100ns,其间因滑移爆轰引发的倾斜冲击波在飞层中入射、反射、对碰和稀疏卸载,不同部位应力和应变状态梯度巨大,先后经历强压缩、卸载,相变、熔化,拉伸破坏和散碎,在以远小于纳秒、微米计的时、空演化进程中,状态变化剧烈。8.2节讨论的冲击波在自由面上反射的复杂机制自然也包含在其中。随实验装置、加载条件的细微变化,对象材料物性的不同,尤其是重点关注的高压缩度、相变体系复杂的低熔点材料,结果表现的层次和变化注定千差万别。例如,Pb 飞层在略高于材料拉伸破坏强度的对碰加载条件下,会产生类似射流的典型凸起行为,从飞层基体脱离的总量可观 (对应尺度约 mm×mm) 的对碰区物质,以各自不同的速度超前运动,迅速破碎、弥散,形成与加–卸载波系关联、结构复杂、折合密度可能仅有飞层初始密度的数个百分点水平的破碎颗粒云团。

对于这一过程中涉及多物理、多过程,跨越连续介质到两相流状态的过程和参数变化,实验上可以选取或设计专门的方法来进行诊断,原则上不存在根本性技术难题。但从数值模拟计算跟踪斜入射冲击波加–卸载过程,需要描述的诸多物理过程就相互纠缠在一起了,尤其是涉及材料高压、高应变率剪切强度主导的材料流变，以及与对碰区动载加-卸载过程在时空上严重耦合的固态、液态的相变、逆相变动力学行为，正规反射或马赫反射波系演化和对应状态分区，汇聚压缩和拉伸破坏，相关机制对应量化描述的难度，远甚于目前仍令同行学者头疼的一维层裂和熔化断裂现象模拟。为实现哪怕最基本的现象特征的模拟复现，需要哪些物理模型和量化准确的参数，以及从计算方法上如何处理从连续介质压缩到涉及熔化的拉伸断裂、破碎，最终演化为相对初始密度而言稀薄两相流的进程演化，值得从事数值模拟计算的学者们认真考虑。显然，目前没有现成的程序和模型可以作为依托，机制、过程严格一一对应的直接模拟不现实，而采取何种简化、唯象，且仍可抓住这种多阶段、多种机制作用的现象的物理本质和量化特征，也绝非易事。目前实验的侧重点是获取对象介质连续状态阶段的加-卸载过程参数，以其直接支持对应数值计算程序的基本过程校验；而后，结合对这一阶段连续介质状态动力学行为的后续演化观测，以及对于对碰晚期介质断裂、破碎晚期状态演化的回溯分析，或能拼凑出对应过程建模的大致基本思路。

科学意义

　　爆轰、冲击波物理领域的相关研究，得益于近年实验和数值模拟计算方法的迅猛发展，在精密物理实验理念的指导下，通过对涉及多机制、多过程耦合的复杂内爆流体动力学现象的研究，获得更贴近真实的现象机制认识，来支撑有预测能力程序框架相关模型的改进和完善，取得了显著进步；随着精密物理实验研究的深入，不可避免地会从实验、理论上触及传统连续介质力学理论框架之外的微-介观尺度问题。其中涉及跨尺度的问题挑战性极强，不能迷茫于术语的对应挪移，或简单寄希望于在微观尺度上寻求到宏观尺度诸多复杂难题的唾手可得的答案。要在积极求索的同时，以风物长宜放眼量的科学、开放的心态辩证对待。

　　在依托先进诊断方法洞察现象细节，借助微观模型来深化现象物理本质认识的同时，一度热门至极的全物理、全过程、全三维的建模、数值模拟计算能力发展的理想主义愿景，要面对现实，重新思辨，对当前不断推进的精密物理实验、建模的具体实践案例，逐个细加审视。当对象过程并非基本物理定律直接主控时，研究者更多只是在大致对应现存的实验观测和机制解读，人为选取特定数学公式来等效替代、近似表征客观现象的某一方面内在或外在特性，而不是其全部的内在属性。物理机制对应性及模型量化的准确性完全取决于人，对此要有清醒认识。切忌但凡见到公式，就膜拜为至上科学，再任其唬人。即便是宏观连续介质层面的物理-数学建模，没有必要，也不可能穷尽所有细节，唯象和等效永远无法避免。如前面介绍的能够复现爆炸膨胀断裂各阶段演化特征的数值模拟，就是一种简单意义上的过程等效，其借助模型和参数选择，以及初始或边界条件设定的搭配，产生了异曲同工的效果，但其并非真正意义上的精密物理建模。应切记的是，不能仅凭模拟进程图像的相似，就反过来天真地认为真实过程必须遵从数值模拟中所选取的那些物理定义可能都不明确的数学公式。

涉及材料强动载性能的很多概念、参数，迄今仍无法单纯、明晰地定义，连续介质剪切强度对应的动载本构以及各类拉伸、剪切断裂阈值、模型均存在源头并非基本物性参数的问题，其涉及的主导物理机制极端复杂，定性上其取值会随应力状态、应变率不同及过程演化的卷积结果而变化，相变动力学过程也不可避免地被牵扯进来。因此，这方面性能很难从其他基本物理量导出，或设计单纯的分解实验，来针对某个参量的表现独立地进行系统观测，直接取得结果。经常不得已而为之的是，只能借助综合性实验对其进行研究、分析。例如，针对高压高应变率强度的扰动增长法研究，只能借助实验取得所关注的特定材料在给定的应力-应变状态下扰动增长演化综合行为的观测数据，再依托事先选定的程序和模型，通过数值模拟计算结果的整体符合来反推，因此，也无法明确地将物理模型与计算方法的耦合剥离开来。这样一来，即便依托大量系统、可靠的实验数据，借助模拟计算校验确定了模型、参数，也不能脱离对应计算程序，无限普适地对所获取模型及参数加以推广。在很多情况下，研究者甚至无法确认到底是物理模型影响大，还是算法、程序的影响更大。对于这样一个同行物理、数学研究人员都不愿主动谈及的问题，为了应题，在模型和程序的校验中必须认真加以对待。

致谢

本章讨论所依托的基本素材，来自中国工程物理研究院流体物理研究所 101 室内爆动力学基础研究团队和与之合作的一所相关测试技术团队及九所陈军、向美珍、熊俊、江松青，宁波大学周凤华、董新龙，北京工业大学隋曼龄团队的相关基金课题。谨在此对参与相关课题研究、合作的院内外各位同事、研究生的努力工作和协同精神表示由衷感谢！对中国工程物理研究院科技委员会力学与数学学科专家对上述研究方向的持续关注、立题策划和悉心指导深表敬意！

参 考 文 献

[1] Taylor G I. Science Papers of Sir G. I. Taylor. London: Cambridge University Press, 1963: 387-393.

[2] Ivanov A G. Explosive deformation and destruction of tubes. Problemy Prochnosti, 1976, 11: 50-52.

[3] Kipp M E, Grady D E, Chen E P. Strain-rate dependent fracture initiation. International Journal of Fracture, 1980, 16(5): 471-478.

[4] Wright T W, Ockendon H. A scaling law for the effect of inertia on the formation of adiabatic shear bands. International Journal of Plasticity, 1996, 12(7): 927-934.

[5]　Molinari A. Collective behavioavior and spacing of adiabatic shear bands. Journal of the Mechanics and Physics of Solids, 1997, 45(9): 1551-1575.

扩展阅读：

• Dominating role of early stage shear instabilities on the nonlinear evolution of the stress and strain field inside the intensive explosively loaded metal tube wall. The 10th International Conference on New Models and Hydrocodes for Shock Processes in Condensed Matter, Czech Republic, EU, July 27th –August 1st, 2014.

• Interaction between shock front and free surface from the experimental view and its influence on particle state evolution inside the near surface layer. Ibid.

• 中国工程物理研究院科学技术发展基金课题研究总结报告：爆轰加载壳体膨胀剪切断裂模拟的材料模型及计算方法，九所熊俊，2015；爆轰驱动飞层界面与内层状态演化差异多尺度分析，九所陈军，2013；对碰区运动驱动参数和早期过程行为的精密诊断，一所张崇玉，2015.

第9章 极端条件下液体结构和物性的实验研究进展

柳 雷 毕 延 徐济安

(中国工程物理研究院流体物理研究所冲击波物理与爆轰物理重点实验室)

物质在极端条件 (高温高压) 下的结构和性质是地球科学、凝聚态物理学、化学、材料科学关心的重要课题。长久以来，高压研究者对晶体材料在极端条件下的晶体结构、电子和声子结构、力学性质、电学性质、磁学性质和光谱学性质等进行了深入而广泛的研究。然而，对于液态 (熔体) 物质而言，其长程周期性的缺失，使得对其结构和物性的研究在理论和实验上都存在很大的困难[1]。理论预言的液体–液体相变大多在实验技术很难达到的过冷区域[2]。另外，由于液体不具备长程有序性，如何有效地从实验上区分两种不同的液体结构，也是阻碍液体结构相变研究的难点之一。同样，长程周期性的缺失，也使得我们无法像晶体材料那样通过 X 射线衍射技术来精确地测量液体在极端条件下的密度。除了结构和密度以外，液体的黏度也是其重要性质之一。极端条件下液体黏度的测量也面临测量的温压范围较窄等难题。

研究物质结构变化，最有说服力的实验手段便是测量其结构。然而，对于液态物质而言，直接的结构测量挑战颇大，因此常通过其他性质的突变从侧面揭示其中所包含的结构变化[3]，但有时难免得出错误的结论。2007 年，Mukherjee 和 Boehler[4] 测量了 71GPa 压力范围内 N_2 的熔化线，发现 N_2 的熔化线在 50GPa 存在一个极大值：压力小于 50GPa 时，N_2 的熔化温度随压力升高而增大；压力在 50~71GPa 时，N_2 的熔化温度随压力升高而减小。他们认为，这是因为 N_2 发生了分子流体到聚合态流体的相变[4]。但随后的研究显示，在约 120GPa 压力范围内，液态 N_2 仍保持分子结构，未发生结构相变。而 Mukherjee 等探测到的熔化温度的下降，是由固态 N_2 的相变和 N_2 与吸热材料 (Ir) 的化学反应引起的[5,6]。2012 年，通过激光加载技术，Spaulding 等在 $MgSiO_3$ 熔体中发现了低密度相到高密度相的转变，并认为这是液体中的相变[7]。但随后的第一性原理计算表明，该密度变化可能是由 $MgSiO_3$ 熔体分解为 SiO_2 熔体和 MgO 固体引起的，$MgSiO_3$ 中是否存在液体相变还不得而知[8]。从这些例子可以看到直接的结构测量对研究液体结构相变的重要性。21 世纪初，Katayama 等综合运用 X 射线衍射、X 射线吸收和 X 射线成像技术，直接测量了液态磷的结构和密度，确认了液态磷中存在结构相变[9,10]。

虽然随后的研究证实该相变为聚合态流体到分子液体的相变 (在相图上气–液共存线终结在临界点,在临界点以下可以区分液态和气态,在临界点以上则无法分辨液体和气体的区别。物质处于临界点以上的状态称为流体 (fluid phase) 或超临界流体 (supercritical fluid phase) 态。关于该问题,可参见文献 [11,12]),但非液体–液体结构相变[13] 这一结果还是引发了随后液体结构和物性研究的热潮。

相比较为成熟的极端条件下的晶体结构和物性的研究而言,极端条件下液体结构和物性的实验研究目前还有诸多困难。国际上在该领域已有不少有影响的研究成果,而国内研究者在该领域则少有涉猎。本章重点介绍了近年来液体结构、密度及黏度测量实验技术的进展,以及利用这些实验技术取得的研究成果,以期对后续研究工作有所启发。本章讨论的是均一成分、各向同性的液体,诸如 Al_2O_3-Y_2O_3 体系的包括两相分离之类的其他问题[14] 并不在本章的讨论范围。

9.1 极端条件下液体研究

9.1.1 液体结构研究

对于利用能散 X 射线散射技术测量液体结构而言,获得可靠的 X 射线散射强度曲线至关重要。一般来说,透过样品腔的 X 射线的散射强度 $I_{obs}(E, \theta)$ 可以简单表示如下[15]:

$$I_{obs}(E, \theta) = kI_{eff}(E, \theta)[I_{coh}(E, \theta) + I_{inc}(E, \theta)] + A_{coh}(E, \theta)I_{back}(E, \theta) \qquad (9.1.1)$$

其中,E, θ, k, $I_{coh}(E, \theta)$, $I_{inc}(E, \theta)$, $A_{coh}(E, \theta)$, $I_{back}(E, \theta)$ 分别为 X 射线能量,散射角,比例因子,相干散射强度,非相干散射强度,吸收因子和背景强度。原则上,$A_{coh}(E, \theta)I_{back}(E, \theta)$ 可以通过采集不含样品的实验组装得到。可是,在现在的实验条件下,信号的信噪比很高,与背景强度相关的这一项可以忽略不计。于是,有效光源强度 $I_{eff}(E, \theta)$ 可以简单地表示为

$$I_{eff}(E) = I_p(E)C(E)A(E, \theta) \qquad (9.1.2)$$

其中,$I_p(E)$, $C(E)$ 和 $A(E, \theta)$ 分别是光源强度随能量的分布,固体探测器的效率,以及样品和其他材料的吸收。非相干散射强度 $I_{inc}(E, \theta)$ 可表示如下:

$$I_{inc}(Q)s = Z - \left[\frac{f(Q)^2 s}{2}\right] \times \{1 - M[\exp(-Ks) - \exp(Ls)]\} \qquad (9.1.3)$$

其中,$Q = 4\pi E \sin\theta/12.398$($E$ 是 X 射线能量);Z 是原子序数;$s = Q/(4\pi)$;M, K, L 分别是原子种类相关的参数 (具体数值可查阅文献 [16]);$f(Q)$ 是原子散射因子 (atomic scattering factor),

$$f(Q) = \sum_{j=1}^{4} a_j \exp(-b_j s^2) + c \tag{9.1.4}$$

式中，a_j, b_j, c 是原子种类相关的参数 (具体数值可查阅文献 [17])。结构因子可以通过下式得到：

$$S(Q) = \frac{I_{\mathrm{coh}}(Q) - \sum_i f_i(Q)^2}{\left[\sum_i f_i(Q)\right]^2} + 1 \tag{9.1.5}$$

为了得到材料局域的结构信息，通常需要将方程 (9.1.5) 进行傅里叶变换得到其径向分布函数 (radial distribution function) $D(r)$,

$$D(r) = 4\pi r^2 \rho_0 + \frac{2\pi}{r} \int_0^\infty [S(Q) - 1]Q\sin(Qr)\mathrm{d}Q \tag{9.1.6}$$

其中，r, ρ_0 分别是径向尺寸和原子数密度。但是在多数情况下，液体和无定形材料的密度是未知的，通常只能得到其约化径向分布函数 (reduced radial distribution function) $G(r)$,

$$G(r) = \frac{2}{\pi} \sum_m K_m^2 \int_0^\infty [S(Q) - 1]Q\sin(Qr)\mathrm{d}Q \tag{9.1.7}$$

其中，K_m 为每个原子中的有效电子数，近似等于其电子总数。

近年来，利用 X 射线衍射/散射技术测量液体物质的结构已经出现了不少优秀的工作。2013 年，两个研究小组分别报道了在液态 Ce 中存在低密度相到高密度相的转变。然而对这一相变的机理他们分别给出了不同的解释[18,19]。Cadien 等[18]利用 X 射线衍射技术结合理论模拟，发现液态 Ce 在 13 GPa 左右存在密度变化达 14% 的相变，这一低密度相到高密度相的相变终结于临界点 (21.3GPa, 2100K)。他们认为这一相变是由 f 电子的去局域行为造成的。2014 年，Lipp 等[19] 利用成像的方法发现 Ce 在液相区的压缩曲线与固相区的 γ-α 相变过程中的压缩曲线类似，据此，他们认为 Ce 在液相区存在 "γ-Ce like" 的液体和 "α-Ce like" 的液体。

由于 SiO_2 玻璃在工程应用和地球物理领域的重要性，SiO_2 玻璃在高压条件下的结构演化受到广泛关注。综合 X 射线衍射实验和布里渊散射实验等的结果，现在普遍认为，SiO_2 玻璃在高压下的结构演化分为四个阶段[20-24]：①小于约 20GPa，密度随压力增加而增加，但是 Si 的配位数维持在 4 左右，主要是中程结构压缩引起密度的增加，此过程中 Si—O 键的长度随压力增加而减小；②约 20 至约 40GPa，Si 的配位数逐渐由 4 配位增加为 6 配位，配位数的增加引起密度的增加，在此过程中 Si—O 键的长度随压力增加而增加；③约 40 至约 140GPa，Si 的配位数稳定为 6 配位，此过程中 Si—O 键的长度随压力增加而减小；④大于 140GPa，Si 的配位数随压力增加而继续增加。对于 SiO_2 玻璃，还有一个很有意思的问题是 He 与 SiO_2 玻璃的相互作用。在高压条件下，He 原子进入 SiO_2 玻璃的结构空隙，使得 SiO_2 变得更难压缩[25]。几乎同时，Shen 等也在 SiO_2 玻璃中发现了类似的现象[26]，他们认为 He 主要进入 SiO_2 的六圆环空隙；而对于六圆环空隙较小的 GeO_2 玻璃，He 的影响则小得多。这些结果表明，我们在 DAC 实验中使用 He 作为传压介质时需要慎重。关于这一点，普林斯顿大学的 Duffy 教授在 2014 年 *Nature* 的一篇关于单晶高压实验的评论文章中特意指出要考虑小分子的惰性气体作为传压介质时扩散进入样品的影响[27]。

2014 年，本课题组采用 Paris-Edinburgh 压机产生高温高压环境。利用 X 射线散射技术，较系统地研究了液态硫在高压条件下的结构随温度的演化[28]。如图 9.1.1 所示，我们分别使用 h-BN，NaCl 和蓝宝石单晶作为样品腔，以剔除可能存在的样品与样品腔材料的化学反应所带来的影响。通过固体探测器在不同角度 ($2.5°$, $3.5°$, $5°$, $7°$, $10°$, $14°$, $20°$ 和 $25°$) 测量液态硫的衍射/散射信号，以覆盖较大的 Q 区间从而得到可靠的结构因子 $S(Q)$，再通过傅里叶变换得到其对分布函数 $g(r)$，见图 9.1.2，进而得到液态硫的配位数和链长等结构信息。具体的衍射信号，液态硫的结构因子，对分布函数，液态硫的配位数和链长随温度的变化见图 9.1.3。我们发现在高温高压条件下液态硫是链状结构，而且液态硫存在主要由温度驱动的结构相变：在 6.2GPa，1100K 左右，液态硫的链状结构突然发生断裂，链长由 600

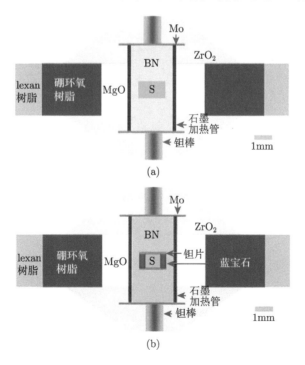

(a)

(b)

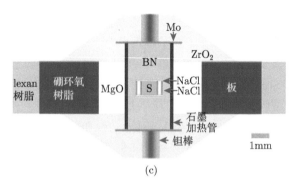

图 9.1.1 利用不同材料作为样品腔的实验组装[28]

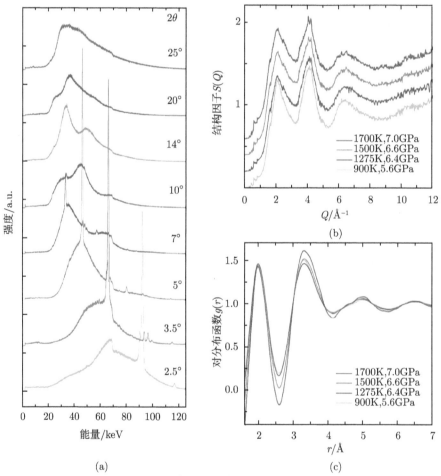

图 9.1.2 5.6GPa、900K 温压条件下液态硫的典型衍射谱 (a)、结构因子 (b)
及对分布函数(c) [28]

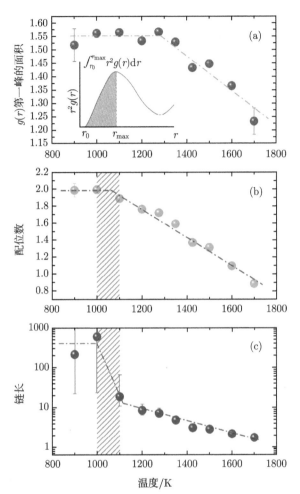

图 9.1.3 液态硫对分布函数第一峰的面积 (a)、配位数 (b) 和链长 (c) 随温度的变化[28]

多个原子急剧减小为约 18 个原子。在此过程中液态硫转变为金属态, 黏度急剧减小, 但是密度没有明显的变化。这一相变的温度在硫的临界温度之下, 因此这一相变是主要由温度驱动的液体-液体结构相变。

硅酸盐熔体在地球深部演化的各个阶段都发挥了重要的作用: 从数十亿年前地核地壳的形成到现在的火山活动。由于材料的微观结构决定了其物理化学性质, 研究硅酸盐熔体在高压下的结构将有助于我们了解地球内部岩浆的活动。2013 年, Sanloup 等[29] 研究了铁橄榄石 (Fe_2SiO_4) 熔体的结构和密度随压力的变化关系。他们发现, Fe 的配位数随着压力的增加从常压条件下的 4.8(3) 增加到 7.5GPa 时的 7.2(2), 增加速度远快于镁橄榄石 (Mg_2SiO_4)。他们认为, 在这一过程中, 铁橄榄石的结构在逐渐变化, 因此不能使用一个状态方程来描述该压力范围内铁橄榄石熔体的压缩性质。在更高的压力下，铁橄榄石熔体还有继续发生相变的可能性，因此也不能将低压段铁橄榄石熔体的压缩性外推到很高的压力。同年，Sanloup 等也对玄武岩熔体的高压结构进行了研究，他们发现玄武岩熔体中 Si 的配位数随压力的演化与 SiO_2 玻璃相似。当 Si 完全转变为六配位后，玄武岩熔体表现得更难压缩，需要用 4 阶的 Birch-Murnaghan 方程来描述整个过程中玄武岩熔体的压缩行为[30]。限于篇幅，更多关于硅酸盐熔体结构的研究请参阅文献 [31-33]。

9.1.2　液体密度测量

液体的密度是液体最重要的物性参数之一。液体的密度突变是判断其发生短程结构相变的重要指征之一。在地球科学中，对高压条件下硅酸盐熔体的密度的了解，对理解地球和行星内部岩浆的迁移过程具有重要的意义。而纯铁和铁的轻元素合金在高压下的液态密度是构建地核形成模型和地核动力学模型的重要参数。在静高压实验中，对晶体材料等温压缩线的测量已扩展至约 600GPa 的压力范围[34]，而液体等温压缩线的测量则面临诸多挑战。下面我们将简述液体等温压缩线测量的实验方法及其应用。

1. 吸收法

20 世纪 90 年代，Katayama 等[35-37] 发展了利用同步辐射 X 射线吸收技术测量无定形材料密度的方法。经过几十年的发展，X 射线吸收法成为测量高温高压条件下液体密度的最主要的实验技术。X 射线吸收法测量液体密度的原理基于 Beer-Lambert 定律，透过材料的 X 射线强度与入射 X 射线强度之比为 (以 Paris-Edinburgh Cell 样品组装为例，见图 9.1.4(a))[38]

$$\frac{I}{I_0} = \exp[(-\mu\rho t)_{\text{sample}} + (-\mu\rho t)_{\text{sapphire}} + (-\mu\rho t)_{\text{environment}}] \tag{9.1.8}$$

其中，I_0 和 I 分别是入射和透射 X 射线强度，μ 为质量吸收系数 (mass absorption coefficient)，ρ 为材料密度，t 为 X 射线穿透的材料厚度。下标 sample, sapphire, environment 分别表示样品，蓝宝石样品腔和环境材料。假设在扫描过程中，X 射线穿过的环境材料 (传压介质、碳管加热器等) 是均匀的，则有

$$\frac{I}{I_0} = C \exp[(-\mu\rho t)_{\text{sample}} + (-\mu\rho\Delta t)_{\text{sapphire}}] \tag{9.1.9}$$

$$t = 2\sqrt{r^2 - (y - Y_c)^2} \tag{9.1.10}$$

$$\Delta t = (2\sqrt{R^2 - (y - Y_c)^2} - 2\sqrt{r^2 - (y - Y_c)^2}) - 2\sqrt{R^2 - r^2} \tag{9.1.11}$$

其中，y 轴方向是垂直于 X 射线入射的方向 (如图 9.1.4 所示)，Y_c 是样品中心坐标，R 和 r 分别为蓝宝石样品腔的外径和内径，C 表示的是环境材料的吸收效应。

在沿着样品的过程中，X 射线透过样品的厚度 t 随 y 而变化。Δt 是 X 射线透过蓝宝石样品腔的厚度，当 $y = Y_c$ 时，$\Delta t = 2(R - r)$。将式 (9.1.10) 和式 (9.1.11) 代入式 (9.1.9)，即可得到透射 X 射线与入射 X 射线强度比随 y 变化的关系：

$$f(y) = \frac{I}{I_0}(y) = C \exp\{[-2u\rho\sqrt{r^2 - (y - Y_c)^2}]_{\text{sample}}$$
$$+ [-2u\rho\sqrt{4r^2 - (y - Y_c)^2} - \sqrt{r^2 - (y - Y_c)^2} - \sqrt{3r^2}]_{\text{sapphire}}\} \quad (9.1.12)$$

其中假设蓝宝石样品腔的外径尺寸是内径的 2 倍，即 $R=2r$。在高压下，蓝宝石样品腔的尺寸 r 随压力变化，我们可以通过最小二乘法拟合得到其尺寸。蓝宝石的

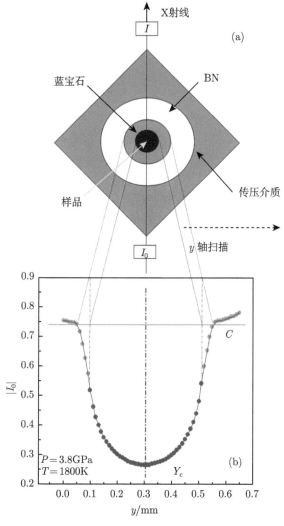

图 9.1.4　利用 X 射线扫描法测量液体密度示意图 (a) 及典型的 X 射线强度扫描曲线 (b)[38]

质量吸收系数 μ 和密度 ρ 可以分别通过理论公式[39] 和 Al_2O_3 的状态方程[40] 得到。那么要通过拟合方程 (9.1.12) 得到待测样品的密度，现在我们还需知道样品的质量吸收系数 μ。为了得到待测样品的质量吸收系数 μ，需先在较低的温度下 (样品还是晶体时)，利用 X 射线衍射技术测量样品的密度，同时扫描透射 X 射线与入射 X 射线强度比随 y 变化的关系，通过拟合方程 (9.1.12) 即可得到不同压力条件下的待测样品的质量吸收系数 μ。Nishida 等[38] 详细分析了该方法的测量误差：透射 X 射线与入射 X 射线强度比的测量误差约为 0.5%，待测样品的质量吸收系数 μ 的误差约为 1%，拟合误差约为 1.5%，位置扫描误差约为 1.5%。据此分析，他们认为该方法测量的密度误差约为 2%。

21 世纪初，Katayama 等[10] 发现了高温高压条件下单质磷中的分子流体 (molecular fluid) 到聚合态液体 (polymeric liquid) 的结构相变。X 射线透射成像实验 (密度衬度成像) 发现在相变过程中，样品腔中渐渐长出球状的高压相。随着相变过程的进行，高压相的体积逐渐增大，最后充满样品腔。利用 X 射线吸收技术，Katayama 等测量 P 在相变前后的密度分别为约 $1.6g/cm^3$ 和 $2.6g/cm^3$，密度增加了约 60%。X 射线透射成像技术也可用于测量液态材料的等温压缩线。2014 年，Lipp 等[19] 利用透射成像技术测量了金属 Ce 液体的体积随压力的变化，发现液态金属 Ce 中存在类似于 α-Ce 的液体到类似于 γ-Ce 的液体的相变。但是这种方法是利用二维的投影面积来反推样品的三维体积，测量精度较低。在液体–液体结构相变过程中，由于不同态的密度和黏度不一样，极可能发生像 Katayama 等[10] 在液态 P 中观察到的两相分离现象。但是两相的密度差不可能都如 P 中的 60% 那么大。对于密度差较小的两种液态相之间的结构相变，利用密度成像技术可能观察不到两相分离现象，需要用到相衬成像技术。

利用 X 射线吸收技术来测量液体密度的技术的主要应用是测量 Fe 的轻元素合金液体，以期厘清地核中的轻元素成分。现在一般的观点认为，地球外核的密度小于纯铁在相应温度压力条件下的密度[41]，地球外核含有质量为 10%~15% 的轻元素 (C, H, O, S, Si 等)[42]。为了弄清楚地核中含有何种轻元素，研究者们进行了大量的研究，然而时至今日，这仍是未解之谜。归纳来说，对地核轻元素的研究基本是一个思路：研究铁的不同轻元素合金在地核温度压力下的密度和声速，并与地球初步参考模型比较 (PREM 模型[43])，若某种轻元素的加入，能使纯铁的密度和声速曲线向 PREM 模型靠拢，则认为地核中含有该种轻元素，反之，地核中则不含有该种轻元素。21 世纪初，Sanloup 等[44,45] 研究了 Si 和 S 的含量对 Fe 合金液体压缩性质及声速的影响。Si 和 S 的加入，都使纯铁的密度明显降低。S 的加入使得 Fe-S 熔体比纯铁熔体更易压缩，而 Si 的加入并不会对纯铁熔体的压缩性造成明显的影响。随着 Si 含量的升高，Fe-Si 合金熔体的声速增加，逐渐接近 PREM 模型给出的地球外核的声速。反之，随着 S 含量的升高，Fe-S 合金熔体的声速减小，更加远离 PREM 模型给出的地球外核的声速。据此,Sanloup 等认为地核中更可能含有 Si 元素,而非 S 元素。C 对液态纯铁的压缩特性的影响与 S 相似。对 Fe-C 熔体密度的测量发现,在 5GPa 以上,其密度显著增加,可能发生了结构相变[46,47]。当然这一结果还需进一步的更高压力的实验证明。这些研究一个显著的缺陷是,实验的温压范围与地球外核的温压范围 ($\sim$135$\sim$330GPa,$\sim$3500$\sim$5500K[48]) 相去甚远,实验结果外推的可靠性与合理性值得商榷。该方法也常用于测量矿物熔体的密度,来研究地幔中岩浆熔体的动力学性质。相关研究可参阅文献 [49-52]。

X 射线吸收扫描方法最大的缺陷是所能达到的压力范围较低。Shen 等[53],Hong 等[54] 和 Sato 等[55] 分别将方程 (9.1.9) 应用到 DAC 实验中以测量金属液体,重 Z 无定形材料和轻 Z 无定形材料的状态方程。他们将密度测量的最高压力扩展到约 60GPa。Hong 等利用该方法测量了约 60GPa 压力范围内 GeO_2 玻璃的等温压缩线。在压力低于 4.4GPa 时,GeO_2 玻璃的局域结构是 GeO_4 四面体结构,而压力高于 13.2GPa 时,GeO_2 玻璃的局域结构是 GeO_6 八面体结构。八面体 GeO_2 玻璃的体模量是四面体结构的 2 倍多[54]。他们发展的方法从原理上来说同样适用于液体材料密度的测量。只是对于液体实验而言,常需要额外的温度加载装置,这进一步增加了实验的技术难度。

2. 落球法

落球法测量液体密度的原理基于 Stokes 方程。小球在牛顿液体中下落的平衡速度 v_s 与液体的密度 ρ_l 之间有如下关系:

$$v_s = \frac{2gr_s^2(\rho_s - \rho_l)}{9\eta}W_s \tag{9.1.13}$$

$$W_s = 1 - 2.104\left(\frac{r_s}{r_c}\right) + 2.09\left(\frac{r_s}{r_c}\right)^3 - 0.95\left(\frac{r_s}{r_c}\right)^5 \tag{9.1.14}$$

其中,g 为重力加速度,r_s 为探测小球的半径,ρ_s 为探测小球的密度,η 为液体的黏度,r_c 为样品腔半径,W_s 为壁效应修正项。对同一温度压力条件下的液体使用不同密度的小球探测时,方程 (9.1.13) 可写为如下形式:

$$\rho_s = \rho_l + \frac{9v_s}{2gr_s^2W_s}\eta \tag{9.1.15}$$

ρ_s-$v_s/(r_s^2 W_s)$ 曲线的截距即为液体的密度 (见图 9.1.5: 利用不同密度的小球测量液体 S 密度的实验结果)。因此,通过 X 射线成像技术实时记录不同小球在液体中的下落轨迹,即可测得液体的密度。图 9.1.6 是 Funakoshi 和 Nozawa 利用该方法测量 S 液体密度的实验组装[56]。通过 Mo 电极和碳管组成的电加热系统对样品进行温度加载。样品温度通过布置在样品腔上方的热电偶测量,压力通过测量压标材料的状态方程得到。透过样品组装的透射 X 射线的强度信息通过闪烁体转换为可见光，然后利用高速相机记录小球的下落轨迹。Funakoshi 和 Nozawa 利用该方法测量了液态 S 在 9GPa，1089K 温压范围的密度。该方法涉及多个探测小球以及线性拟合过程，测量结果误差较大，Funakoshi 和 Nozawa 的测量结果误差达到了约7%。其他利用该方法测量液体密度的研究可参阅文献 [57]。

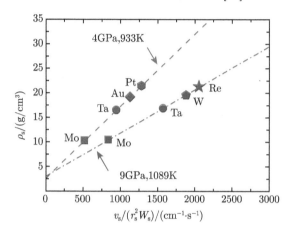

图 9.1.5　利用落球法测量液体硫密度的拟合图[58]

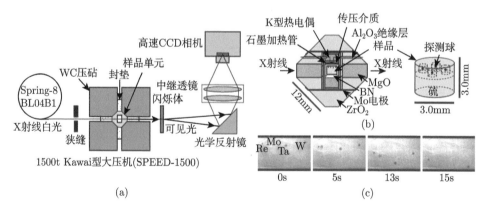

图 9.1.6　(a) 利用落球法测量液体密度示意图；(b) 典型的样品组装；
(c) 不同时刻小球的位置[58]

除上述两种方法之外，液体密度测量的方法还包括 X 射线散射法、沉降法、布里渊散射法等，受篇幅所限，只能略为简述一下。X 射线散射法是通过密度与材料分布函数的关系，用适当的迭代处理得到的[58,59]，但是 Shen 等指出，这种方法对 r_{min}(接近原子的半径) 的取值较敏感，若不对 r_{min} 进行限制，得到的材料密度是没有物理意义的[60]。沉降法，顾名思义就是利用已知密度的材料在液体中的沉降来判断其与液体的相对密度,这种方法一般只能给出液体密度的上下边界,误差较大。且以前多通过回收实验来判断标准材料的沉降,费时费力,现逐渐与同步辐射 X 射线成像技术结合[61-64]。利用布里渊散射技术测量液体或无定形材料的密度的原理是对体声速的积分[65],或利用折射率与密度的关系[66] 得到相应压力下的材料密度。然而布里渊散射技术对非透明材料则无能为力。如本节所述,目前液体密度的测量技术都有各自的局限性,所覆盖的温压区间较小。发展适合更大温压范围的液体密度测量技术的科学需求非常迫切,若能将液体密度测量的温压范围拓展至地球外核的温压条件,相信能产生大批原创性的科研成果。

9.1.3 液体黏度测量

黏度是液体极其重要的性质之一。在凝聚态物理领域,对黏度的研究有助于我们理解玻璃转变现象。在地球物理科学中,地幔和地核中熔体的黏度决定了地球内部质量和热量的输运过程,同时也影响着地球磁场的形成和演化。在材料科学领域,黏度在材料制备过程中也具有重要的影响:从低黏度的熔体易于长出单晶材料,而从高黏度的熔体则易于得到玻璃态的物质[67]。黏度测量的方法很多 (见文献 [68] 的综述),但是适用于高温高压条件下黏度测量的方法则极为有限,而其中最主要的方法就是落球法。对于牛顿流体而言,其黏度与在其中自由下落的小球的平衡速度 v_s 有如下关系:

$$\eta = \frac{2gr_s^2(\rho_s - \rho_l)}{9v_s} \tag{9.1.16}$$

考虑到壁效应 (wall effect,修正项为 W_s) 和末端效应 (end effect,修正项为下式中的 E),式 (9.1.16) 修正为

$$\eta = \frac{2gr_s^2(\rho_s - \rho_l)}{9v_s}\frac{W_s}{E} \tag{9.1.17}$$

$$E = 1 + \frac{9}{8}\frac{r_s}{Z} + \left(\frac{9}{8}\frac{r_s}{Z}\right)^2 \tag{9.1.18}$$

其中各项的物理含义与方程 (9.1.13) 和 (9.1.14) 一致,Z 为样品的高度。根据方程 (9.1.17),要得到精确的液体黏度,需要得到精确的小球尺寸 (r_s),小球与待测液体的密度差 ($\rho_s - \rho_l$),以及小球在待测液体中下落的平衡速度 (v_s)。在高压研究中,该方法多应用于大腔体压机中,主要原因是探测球需要一定的距离来达到下落的平衡速度。所采用的实验组装也与图 9.1.6 所示相似,只是在样品腔中只用放置一个探测球。Urakawa 等[69] 在不考虑壁效应和末端效应的情况下,推导了探测小球下落的平衡速度以及达到平衡速度所需的距离与液体黏度的关系。一般来说,液体的黏度越小,探测小球的平衡速度越大,达到平衡速度所需的距离越长,例如:

(1) 对 Fe-FeS 熔体体系[69]: $\eta=0.02\text{Pa·s}$, $\rho_s=20\text{g/cm}^3$, $\rho_l=6\text{g/cm}^3$, 若 $r=50\mu\text{m}$, 则下落小球的平衡速度 $v_T=3.81\text{mm/s}$, 达到平衡距离所需的时间和距离分别为 $t_T=9\text{ms}$, $D_T=36\mu\text{m}$;

(2) 对 KCl 熔体[70]: $\eta=0.0019\text{Pa·s}$, $\rho_s=22.16\text{g/cm}^3$, $\rho_l=1.55\text{g/cm}^3$, 若 $r=106\mu\text{m}$, 则下落小球的平衡速度 $v_T=52.87\text{mm/s}$, 达到平衡距离所需的时间和距离分别为 $t_T\approx20\text{ms}$, $D_T=700\mu\text{m}$。

探测球的尺寸是通过标定的相机拍摄的图像得到的。探测球的密度可通过其高温高压状态方程得到。而大多数的待测液体在高温高压条件下的密度是未知的, 通常使用其常压下的液体密度来代替。由于待测小球的密度远大于待测液体的密度 (如 Pt 探测球的密度为 21.45g/cm^3, 而液态硫的密度为 1.85g/cm^3 @400K[71]), 因此, 这种处理并不会对黏度的测量值产生较大的误差[67,72]。Kono 等估计利用 Pt 球测量 NaCl 液体黏度时由 NaCl 液体密度 10% 的误差引起的黏度测量误差仅为 0.8%[72]。与 9.1.2 节所述一致, 一般利用高速相机记录探测小球在待测液体中的下落轨迹, 从而得到其平衡速度。一般来说, 影响探测小球平衡速度测量精度的原因包括以下几方面: ①相机的速度。尤其是对于极低黏度的液体, 低速相机会对速度的测量引入较大的误差[72]。②部分熔化问题。样品腔中存在一定的温度梯度 (温度差几十开)[69,72], 使得部分样品未熔化, 从而影响探测小球下落的轨迹与速度[70,72]。③温度梯度引起的对流。若液体中存在对流, 将会影响探测小球的下落速度 (可通过计算瑞利数是否大于临界值 1200 来判断液体中是否发生对流)[69]。Brizard 等认为, 该方法测量的液体密度的最大误差来源为探测球的尺寸 r_s 和平衡速度 v_s 的误差[73]。成像系统的分辨率决定了探测球尺寸 r_s 的误差。Kono 等估计 HPCAT 的 16 BM-B 束线测量的液体黏度误差不超过 11%[70]。

俄罗斯科学院高压物理研究所的 Brazhkin 等利用落球法开展了一系列的黏度测量工作 (Se[74], As-S 熔体[67] 及 B_2O_3[75] 等)。在液态 Se 体系中, 他们发现其黏度随压力的变化在 4GPa 左右发生突变, 迅速减小接近于零 (约 mPa·s)。据此, Brazhkin 等[74] 认为高压下的液态 Se 是非黏性的金属液体 (nonviscous metallic liquid)。这一黏度突变的结果从侧面证明了 Brazhkin 等[76] 早年通过电阻测量确定的 Se 的液体–液体相界的存在。2008 年, 该小组通过结构和电阻测量发现在 As-S 熔体中存在分子液体 —— 共价聚合物液体 —— 金属液体的转变[77]。随后的黏度测量发现在该转变过程中, As-S 熔体黏度变化跨越了 4~5 个数量级 ($10^{-2}\sim10^2\text{Pa·s}$), 从而说明粒子间相互作用/化学键对液体黏度的巨大影响[67]。2010 年, Brazhkin 等[75] 又对 B_2O_3 液体的黏度进行了测量, 发现高压下 B_2O_3 液体的黏度减小了 4 个数量级。然而, Brazhkin 等的研究存在一个不容忽视的问题: 在高压下, Se 液体、As-S 熔体和 B_2O_3 液体的黏度都基本上达到 mPa·s 量级, 而他们使用的成像相机的帧率仅为 30~50 帧/s, 这对测量低黏度的液体而言是远远不够的。Kono 等[70,78] 指出,在测量 KCl(黏度为 1~2mPa·s) 液体的黏度时，使用 125 帧/s 的 CCD 相机会错误判断测量小球达到平衡速度的时间，从而对平衡速度进而黏度的测量带来较大的误差。Kono 等[72] 在测量 KCl 液体的黏度时使用的高速相机帧率大于 1000 帧/s，最高可达 2000 帧/s。他们发现在 2GPa 左右，KCl 液体的黏度随压力的增加停止，当压力进一步增加时，KCl 的黏度维持不变。在这一过程中，KCl 液体的结构也发生了变化。KCl 液体黏度和结构突变的压力与 KCl 晶体 B1-B2 相相变的压力相一致[79]。

硅酸盐熔体的黏度对地球内部岩浆的输运过程，矿物的结晶与分离过程，以及热量的输运过程都有重要的影响。因此，在过去的几十年间，高温高压条件下硅酸盐熔体黏度的研究一直是地球物理学家关注的重点问题之一。聚合的硅酸盐熔体和非聚合的硅酸盐熔体 (硅酸盐的聚合度用 T-O 四面体中未与其他四面体形成桥接的氧原子个数 (non-bridging oxygen)NBO/T 表示：完全聚合的硅酸盐熔体 NBO/T=0，完全非聚合的硅酸盐熔体 NBO/T=4) 的黏度在压力作用下呈现出不同的反应[80-87]：聚合的硅酸盐熔体的黏度首先随压力的升高而降低，在更高的压力下则表现出对压力的正相关，其黏度存在一个极小值；而非聚合的硅酸盐熔体的黏度则一直随压力的增加而升高。2014 年，Wang 等[88] 通过实验测量和分子动力学模拟，从原子尺度对这一现象给出了解释。Wang 等认为聚合的硅酸盐熔体的黏度达到极小值的压力对应其 TPF(tetrahedral packing fraction) 达到理论极限值 0.6 的压力。在此压力之下，压力使得聚合的硅酸盐熔体中 T—O—T 键角度数减小，随着压力的增高，部分 T—O—T 键断裂，导致其聚合度降低，黏度减小；在此压力之上，则形成了高配位数 (5 配位或 6 配位的结构)，导致黏度与压力成正相关。

以上对液体/熔体黏度的测量大都是沿着熔化线的测量，其原因是待测材料一熔化，探测小球即下落，无法研究更高温度下液体的黏度。为了研究黏度随温度变化，Terasaki 及合作者[80,89,90] 对图 9.1.6 所示的实验组装进行了改进：在样品上加装一层密度比样品小，熔点比样品高，不与样品反应的隔离物质，并把探测小球埋于其中。在样品熔化以后，这层物质并不熔化，只有待该层物质熔化以后，探测小球才下落，从而能测量熔化线以下温度的液体黏度。更换不同熔点的隔离物质，即可研究液体黏度随温度的变化。但该方法的一个缺点是，在液面交界处，可能存在较大的张力，从而使小球不能顺利下落，且有时会影响小球的下落轨迹。

自 20 世纪 70 年代以来，也有研究者利用落球法在 DAC 中测量液体的黏度[91-95]。在 DAC 中利用落球法测量液体黏度的主要问题是，随着压力的升高，封垫的厚度及样品腔的直径都会发生变化。因此，式 (9.1.17) 的修正项随着压力而变化，这给黏度的测量带来较大的误差。

自 20 世纪 20 年代 Bridgman[96] 的开创性工作以来，经过近一个世纪的发展，极端条件下液体黏度的测量技术得到了长足的发展。然而时至今日，仍有许多问题亟待解决。其中最突出的问题是如何将黏度测量的温压范围扩展到下地幔和地核的温压区域，从而揭示 D″ 区域的性质、热柱的形成、地核的形成、地磁场的形成与演化等。

9.2　结　束　语

本章系统总结了近年来在极端条件下液体结构和物性测量方面所取得的进步。从中可以看出，虽然近年来实验技术有了长足发展，但是对于我们所关注的科学问题而言，目前的实验技术是远远不能满足要求的。对极端条件下液体结构和物性研究而言，无论是实验技术、实验研究还是理论研究，都有相当多的有意义的工作值得开展。

参 考 文 献

[1] McMillan P F, Wilson M, Wilding M C, et al. Polyamorphism and liquid-liquid phase transitions: Challenges for experiment and theory. J. Phys. Condens. Matter, 2007, 19: 415101.

[2] Poole P H, Grande T, Angell C A, et al. Polymorphic phase transition in liquid and glasses. Science, 1997, 275(5298): 322-323.

[3] Brazhkin V V, Popova S V, Voloshin R N. Pressure-temperature phase diagram of molten elements: Selenium, sulfur and iodine. Physica B, 1999, 265: 64-71.

[4] Mukherjee G D, Boehler R. High-pressure melting curve of nitrogen and the liquid-liquid phase transition. Phys. Rev. Lett., 2007, 99(22): 225701.

[5] Goncharov A F, Crowhurst J C, Struzhkin V V, et al. Triple point on the melting curve and polymorphism of Nitrogen at high pressure. Phys. Rev. Lett., 2008, 101(9): 095502.

[6] Gregoryanz E, Goncharov A F. Comment on "high-pressure melting curve of nitrogen and the liquid-liquid phase transition". Phys. Rev. Lett., 2009, 102(4): 049601.

[7] Spaulding D K, McWilliams R S, Jeanloz R, et al. Evidence for a phase transition in silicate melt at extreme pressure and temperature conditions. Phys. Rev. Lett., 2012, 108(06): 065701.

[8] Boates B, Bonev S A. Demixing instability in dense molten MgSiO$_3$ and the phase diagram of MgO. Phys. Rev. Lett., 2013, 110(13): 135504.

[9] Katayama Y, Mizutani T, Utsumi W, et al. A first-order liquid-liquid phase transition in phosphorus. Nature, 2000, 403: 170-173.

[10] Katayama Y, Inamura Y, Mizutani T, et al. Macroscopic separation of dense fluid phase and liquid phase of phosphorus. Science, 2004, 306: 848-851.

[11] McMillan P F, Stanley H E. Fluid phase: Going supercritical. Nat. Phys., 2010, 6: 479-480.

[12] Simeoni G G, Bryk T, Gorelli F A, et al. The Widom line as the crossover between liquid-like and gas-like behaviour in supercritical fluids. Nat. Phys., 2010, 6: 503-507.

[13] Monaco G, Falconi S, Crichton W A, et al. Nature of the first-order phase transition in fluid phosphorus at high temperature and pressure. Phys. Rev. Lett., 2003, 90(25): 255701.

[14] Greaves G N, Wilding M C, Fearn S, et al. Detection of first-order liquid/liquid phase transitions in yttrium oxide-aluminum oxide melts. Science, 2013, 322: 566-570.

[15] Yamada A, Wang Y, Inoue T, et al. High-pressure X-ray diffraction studies on the structure of liquid silicate using a Paris-Edinburgh type large volume press. Rev. Sci. Instrum., 2011, 82(1): 015103.

[16] Palinkas G. Analytic approximations for the incoherent X-ray intensities of the atoms from Ca to Am. Acta Cryst., 1973, A29: 10.

[17] Ibers J A, Hamilton W C. International Tables for X-ray Crystallography. Birmiingham: Kynoch, 1974.

[18] Cadien A, Hu Q Y, Meng Y, et al. First-order liquid-liquid phase transition in cerium. Physical Review Letters, 2013, 110(12): 125503.

[19] Lipp M J, Jenei Z, Ruddle D, et al. Equation of state measurements by radiography provide evidence for a liquid-liquid phase transition in cerium. J. Phys. Conf. Seri., 2014, 500: 302011.

[20] Meade C, Hemley R J, Mao H K. High pressure X-ray diffraction of SiO_2 glass. Phys. Rev. Lett., 1992, 69(9): 1387-1390.

[21] Sato T, Funamori N. Sixfold-coordinationed amorphous polymorph of SiO_2 under high pressure. Phys. Rev. Lett., 2008, 102(25): 255502.

[22] Benmore C J, Soignard E, Amin S A, et al. Structural and topological changes in silica glass at pressure. Phys. Rev. B, 2010, 81(5): 054105.

[23] Sato T, Funamori N. High pressure structural transformation of SiO_2 glass up to 100 GPa. Phys. Rev. B, 2010, 82(18): 184102.

[24] Murakami M, Bass J D. Spectropic evidence for ultrahigh-pressure polymorphism in SiO_2 glass. Phys. Rev. Lett., 2010, 104(2): 025504.

[25] Sato T, Funamori N, Yagi T. Helium penetrates into silica glass and reduces its compressibility. Nat. Comm., 2011, 2: 345.

[26] Shen G, Mei Q, Prakapenka V B, et al. Effect of helium on structure and compression behavior of SiO_2 glass. Proc. Natl. Acad. Sci., 2013, 110: 17263.

[27] Duffy T S. Crystallography's journey to the deep earth. Nature, 2014, 506: 427-429.

[28] Liu L, Kono Y, Kenney-Benson C. Chain breakage in liquid sulfur at high pressures and high temperatures. Phys. Rev. B, 2014, 89(17): 174021.

[29] Sanloup C, Drewitt J W E, Crepisson C, et al. Structure and density of molten fayalite at high pressure. Geochim Cosmchim Acta, 2013, 118: 118-128.

[30] Sanloup C, Drewitt J W E, Konopkova Z, et al. Structural change in molten basalt at deep mantle conditions. Nature, 2013, 503: 104-107.

[31] Yamada A, Inoue T, Urakawa S, et al. In situ X-ray diffraction study on pressure-induced structural changes in hydrous forsterite and enstatite melts. Earth Planet. Sci. Lett., 2011, 308: 115-123.

[32] Sakamaki T, Wang Y, Park C, et al. Structure of jadeite melt at high pressure up to 4.9 GPa. J. Appl. Phys., 2012, 111: 112623.

[33] Sakamaki T, Wang Y, Park C, et al. Contrasting behavior of intermediate-range order structures in jadeite glass and melt. Phys. Earth Planet. Inter., 2014, 228: 281-286.

[34] Dubrovinsky L, Dubrovinskaia N, Prakapenka V B, et al. Implementation of micro-ball nanodiamond anvils for high pressure studies above 6 Mbar. Nat. Comm., 2012, 3: 1163.

[35] Katayama Y, Tsuji K, Chen J Q, et al. Density of liquid tellurium under high pressure. J. Non-Cryst. Solids., 1993, 156-158: 687-690.

[36] Katayama Y. Density measurements of non-crystalline materials under high pressure and high temperature. High Press Res., 1996, 14: 383-391.

[37] Katayama Y, Tsuji K, Shimomura O, et al. Density measurements of liquid under high pressure and high temperature. J. Synchrotron Radiat., 1998, 5: 1023-1025.

[38] Nishida K, Ohtani E, Urakawa S, et al. Density measurement of liquid FeS at high pressures unsing synchrotron X-ray absorption. Am. Mineral., 2011, 96: 864-868.

[39] Chantler C T. Theoretical form factor, attenuation and scattering tabulation form $Z =$ 1-92 from $E =$ 1-10 eV to $E =$ 0.4-1.0 MeV. J. Phys. Chem. Ref. Data, 1995, 24: 71-643.

[40] Pavese A. Pressure-volume-temperature equations of state: A comparative study based on numerical simulations. Phys. Chem. Mineral., 2002, 29: 43-51.

[41] Birch F. Elasticity and constitution of the Earth's interior. J. Geophys. Res., 1952, 57: 227-286.

[42] Poirier J P. Light elements in the Earth's outer core: A critical review. Phys. Earth Planet. Inter., 1994, 85: 319-337.

[43] Dziewonski A M, Anderson D L. Preliminary reference Earth model. Phys. Earth Planet. Inter., 1981, 25: 297-356.

[44] Sanloup C, Guyot F, Gillet P, et al. Density measurements of liquid Fe-S alloys at high-pressure. Geophys. Res. Lett., 2000, 6: 811-814.

[45] Sanloup C, Fiquet G, Gregoryanz E, et al. Effect of Si on liquid Fe compressibility: Implications for sound velocity in core materials. Geophys. Res. Lett., 2004, 31: L07604.

[46] Shimoyama Y, Terasaki H, Ohtani E, et al. Density of Fe-3.5wt%C liquid at high pressure and temperature and the effect of carbon on the density of molten iron. Phys. Earth Planet. Inter., 2013, 224: 77-82.

[47] Sanloup C, Westrenen W V, Dasgupta R, et al. Compressibility change in iron-rich melt and implications for core formation models. Earth Planet. Sci. Lett., 2011, 306: 118-122.

[48] Duffy T. Mineralogy at the extremes. Nature, 2008, 415: 269-270.

[49] Sakamaki T, Ohtani E, Urakawa S, et al. Density of high-Ti magma at high pressure and origin of heterogeneities in the lunar mantle. Earth Planet. Sci. Lett., 2010, 299: 285-289.

[50] Sakamaki T, Ohtani E, Urakawa S, et al. Measurement of hydrous peridotite magma density at high pressure using the X-ray absorption method. Earth Planet. Sci. Lett., 2009, 287: 293-297.

[51] Sakamaki T, Ohtani E, Urakawa S, et al. Density of dry peridotite magma at high pressure using an X-ray absorption method. Am. Mineral., 2010, 95: 144-147.

[52] Crepisson C, Morard G, Bureau H, et al. Magmas trapped at the continental lithosphere-asthenosphere boundary. Earth Planet. Sci. Lett., 2014, 393: 105-112.

[53] Shen G, Sata N, Newville M, et al. Molar volumes of molten indium at high pressures measured in a diamond anvil cell. Appl. Phys. Lett., 2002, 81(8): 1411-1413.

[54] Hong X, Shen G, Prakapenka V B, et al. Density measurements of noncrystalline materials at high pressure with diamond anvil cell. Rev. Sci. Insturm., 2007, 78(10): 103905.

[55] Sato T, Funamori N. High-pressure in situ density measurement of low-Z noncrystalline materials with diamond-anvil cell by an X-ray absorption method. Rev. Sci. Insturm., 2008, 79(7): 073906.

[56] Funakoshi K, Nozawa A. Development of method for measuring the density of liquid sulfur at high pressures using the falling-sphere technique. Rev. Sci. Instrum., 2012, 83(10): 103908.

[57] Dobson D P, Jones A P, Rabe R, et al. In-situ measurement of viscosity and density of carbonate melts at high pressure. Earth Planet. Sci. Lett., 1996, 143: 207-215.

[58] Kaplow R, Strong S L, Averbach B L. Radial density functions for liquid mercury and lead. Phys. Rev., 1965, 138: A1336.

[59] Eggert J H, Weck G, Loubeyre, et al. Quantitative structure factor and density measurements of high-pressure fluids in diamond anvil cells by x-ray diffraction: Argon and water. Phys. Rev. B, 2002, 65(17): 174105.

[60] Shen G, Rivers M L, Sutton S R, et al. The structure of amorphous iron at high pressures to 67 GPa measured in a diamond anvil cell. Phys. Earth Planet. Inter., 2004, 143-144: 481-495.

[61] Balog P S, Secco R A, Rubie D C. Density measurements of liquids at high pressure: Modification to the sink/float method by using composite spheres, and application to Fe-10wt%S. High Press Res., 2001, 21: 237-261.

[62] Balog P S, Secco R A, Rubie D C, et al. Equation of state of liquid Fe-10wt %S: Implications for the metallic cores of planetary bodies. J. Geophys. Res., 2003, 108: 2124.

[63] Tateyama R, Ohtani E, Terasaki H, et al. Density measurements of liquid Fe-Si alloys at high pressure using the sink-float method. Phys. Chem. Minerals., 2011, 38: 801-807.

[64] Nishida K, Terasaki H, Ohtani E, et al. The effect of sulfur content on density of the liquid Fe-S at high pressure. Phys. Chem. Minerals., 2008, 35: 417-423.

[65] Zha C S, Hemley R J, Mao H K. Acoustic velocities and refractive index of SiO_2 glass to 57.5 GPa by Brillouin scattering. Phys. Rev. B, 1994, 50(18): 13105-13112.

[66] Jia R, Li F, Li M, et al. Brillouin scattering studies of liquid argon at high temperatures and high pressures. J. Chem. Phys., 2008, 129(15): 154503.

[67] Brazhkin V V, Kanzaki M, Funakoshi K, et al. Viscosity behavior spanning four orders of magnitude in As-S melts under high pressure. Phys. Rev. Lett., 2009, 102(11): 115901.

[68] Brooks R F, Dinsdale A T, Queated P N. The measurement of viscosity of alloys—A reviw of methods, data and models. Meas. Sci. Technol., 2005, 16: 354-362.

[69] Urakawa S, Terasaki H, Funakoshi K, et al. Radiographic study on the viscosity of the Fe-FeS melts at the pressure of 5 to 7 GPa. Am. Mineral., 2001, 86: 578-582.

[70] Kono Y, Park C, Kenney-Benson C, et al. Toward comprehensive studies of liquids at high pressures and high temperatures: Combined strucuture, elastic wvae velocity, and viscosity measurements in the Paris-Edinburgh cell. Phys. Earth Planet. Sci., 2014, 228: 269-280.

[71] Funakoshi K, Nozawa A. Development of a method for measuring the density of liquid sulfur at high pressures using the falling-sphere technique. Rec. Sci. Instrum., 2012, 83(10): 103908.

[72] Kono Y, Kenney-Benson C, Park C, et al. Anomaly in the viscosity of liquid KCl at high pressures. Phys. Rev. B, 2013, 87(2): 024302.

[73] Brizard M, Megharfi M, Mahe E, et al. Design of a high precision falling-ball viscometer. Rev. Sci. Instrum., 2005, 76(2): 025109.

[74] Brazhkin V V, Funakoshi K, Kanzaki M, et al. Nonviscous metallic liquid Se. Phys. Rev. Lett., 2007, 99(24): 245901.

[75] Brazhkin V V, Farnan I, Funakoshi K, et al. Structural transformations and anomalous viscosity in the B_2O_3 melt under high pressure. Phys. Rev. Lett., 2010, 105(11):115701.

[76] Brazhkin V V, Katayama Y, Kanzaki M, et al. Pressure-induced structural transformations and the anomalous behavior of the viscosity in the network chalcogenide and oxide melts. JETP Lett., 2011, 94(2): 161-170.

[77] Brazhkin V V, Katayama Y, Kondrin M V, et al. AsS melt under pressure: One substance, three liquids. Phys. Rev. Lett., 2008, 100(14): 145701.

[78] Kono Y, Kenney-Benson C, Hummer D, et al. Ultralow viscosity of carbonate melts at high pressures. Nat. Comm., 2014, 5: 5091.

[79] Vaidya S N, Kennedy G C. Compressibility of 27 halides to 45 kbar. J. Phys. Chem. Solids, 1975, 32(5): 951.

[80] Suzuki A, Ohatani E, Terasaki H, et al. Pressure and temperature dependence of the viscosity of a $NaAlSi_2O_6$ melt. Phys. Chem. Minerals, 2011, 38: 59-64.

[81] Suzuki A, Ohatani E, Funakoshi K, et al. Viscosity of albite melt at high pressure and high temperature. Phys. Chem. Minerals, 2002, 29: 159-165.

[82] Suzuki A, Ohatani E, Terasaki H, et al. Viscosity of silicate melts in $CaMgSi_2O_6$-$NaAlSi_2O_6$ system at high pressure. Phys. Chem. Minerals, 2005, 32: 140-145.

[83] Mori S, Ohatani E, Suzuki A, et al. Viscosity of the albite melt to 7 GPa at 2000 K. Earth Panet. Sci. Lett., 2000, 175: 87-92.

[84] Funakoshi K, Suzuki A, Terasaki H. In situ viscosity measurements of albite melt under high pressure. J. Phys. Condens. Matter., 2002, 14: 11343.

[85] Tinker D, Lesher C E, Baxter G M, et al. High-pressure viscometry of polymerized silicate melts and limitations of the Eyring equation. Am. Mineral., 2004, 89: 1701-1708.

[86] Allwardt J R, Stebbins J F, Terasaki H, et al. Effect of structural transitions on properties of high-pressure silicate melts: 27Al NMR, glass densities, and melt viscosities. Am. Mineral, 2007, 92: 1093-1104.

[87] Poe B T, McMillan P F, Rubie D C, et al. Silicone and oxygen self-diffusivities in silicate liquids measured to 15 gigapascals and 2800 kelvin. Science, 1997, 276: 1245-1248.

[88] Wang Y, Sakamaki T, Skinner L B, et al. Atomistic insight into viscosity and density of silicate melts under pressure. Nat. Commun., 2014, 5: 3241.

[89] Terasaki H, Kato T, Urakawa S, et al. The effect of temperature, pressure, and sulfur content on viscosity of the Fe-FeS melt. Earth Plant. Sci. Lett., 2001, 190: 93-101.

[90] Liebske C, Schmickler B, Terasaki H, et al. Viscosity of peridotite liquid up to 13 GPa: Implications for magma ocean viscosities. Earth Plant. Sci. Lett., 2005, 240: 589-604.

[91] Piermarini G J, Forman R A, Block S, Viscosity measurements in the diamond anvil pressure cell. Rev. Sci. Insrum., 1978, 49(8): 1061-1066.

[92] King H E, Herbolzheimer Jr E, Cook R L. The diamond-anvil cell as a high pressure viscometer. J. Appl. Phys., 1992, 71(5): 2071-2081.

[93] Abramson E H. The shear viscosity of supercritical oxygen at high pressure. J. Chem. Phys., 2005, 122(8): 084501.

[94] Abramson E H. Viscosity of carbon dioxide measured to a pressure of 8 GPa and temperature of 673 K. Phys. Rev. B, 2009, 80(2): 021201.

[95]　Nakamura Y, Takimoto A, Matsui M. Rheological study of solidified lubricant oils under very high by observing microsphere deformation and viscosity prediction. Lubrication Sci., 2010, 22: 417-429.

[96]　Bridgman P W. The viscosity of liquids under pressures. Proc. Natl. Acad. Sci. USA, 1925, 11: 603-606.

第10章 金属材料在准等熵加载和冲击加载下的强度

谭 华 俞宇颖

(中国工程物理研究院流体物理研究所冲击波与爆轰国家重点实验室)

所谓单轴应变加载是指仅在应力波传播方向上发生应变的动态加载,是平面应力波作用下产生的一种加载状态,包括平面冲击加载、平面准等熵加载及平面应力波在自由面反射产生的准等熵卸载等。平板碰撞法是产生单轴应变最常用的实验方法,其中利用功能梯度材料 (functional graded materials,FGM) 制作的准连续型阻抗梯度飞层 (functional graded impactor,FGI) 能够产生连续光滑的准等熵压缩、准等熵卸载及其他波形作复杂变化的单轴应变加载 [1];最近还发展了磁驱动 [2]、激光烧蚀等离子体驱动 [3] 等方法产生超高应变率准等熵波。

在许多实际工程应用中,材料的应力–应变状态更接近于单轴应变加载下的高应力–高应变率状态。例如,在柱面内爆或球面内爆加载中,材料经历的加载作用就十分复杂:除了冲击加载,还经历准等熵压缩和准等熵卸载等过程。在高速和超高速碰撞研究中,例如,高速弹丸穿靶实验中,也涉及高应力–高应变率下弹和靶的强度问题;就这类问题涉及的高应力、高应变率、高温、高流体静水压强 (或平均应力) 而言,更接近于平面应力波产生的单轴应变加载状态。单轴应变加载的高应力–高应变率状态与霍普金森 (Hopkinson) 杆单轴应力加载产生的低应力、低应变率状态有本质区别。

表 10.0.1 列出了单轴应力加载与单轴应变加载状态的比较。这里的单轴应力加载下的应力状态仅指屈服后的流动应力,这是实验主要关心的应力状态。其中 x, y, z 是三个主轴应力的方向,加载应力波沿着 x 方向传播;字符 σ 表示应力,ε 表示应变;$\bar{\sigma}$ 和 $\bar{\varepsilon}$ 分别表示三个主轴应力和主轴应变的平均值。

长期以来,我们对 Hopkinson 杆加载产生的单轴应力状态和平板撞击冲击加载产生的单轴应变状态进行了大量研究,分别发展了一套比较成熟的理论模型和实验技术。这两类实验关注的对象其实很不相同:在单轴应力加载下,我们重点关注材料中偏应力状态或材料屈服强度随轴向应变、应变率的变化,即 "本构关系" 问题;对材料在单轴应力加载下的压强、温度等热力学状态并不关心。在平面冲击压缩加载下，重点关注单轴应变加载下的压强 (平均应力)、比容、温度和比内能的关系，即 "物态方程" 问题，很少考虑材料的 "本构特性" 对物态方程的影响。虽然这两类实验关注两类不同的动力学问题，但我们却在心中默认：可以把单轴应力实验得到的本构数据和模型用于单轴应变加载的情况。情况果真应该如此吗？从表 10.0.1 可以看出，两者实际的力学状态相去甚远。单轴应力实验的确能够为我们提供低应力–低应变率下本构特性的一些基本知识，但是 "单轴应力本构关系" 描述的力学状态毕竟离我们想要解决的高应力–超高应变率状态太远了。

表 10.0.1   单轴应力加载与单轴应变加载状态的比较

状态 \ 加载方式	单轴应力加载	单轴应变加载
应力状态	简单应力状态: $\sigma_x < 1\mathrm{GPa}$, $\sigma_y = \sigma_z = 0$	复杂应力状态: $\sigma_x \sim 10^1 \sim 10^2 \mathrm{GPa}$, $\sigma_y = \sigma_z \sim \sigma_x$
应变特点	复杂应变状态: $\varepsilon_x + \varepsilon_y + \varepsilon_z = 0$, $\bar{\varepsilon} = 0$	简单应变状态: $\varepsilon_y = \varepsilon_z = 0$, $\bar{\varepsilon} = \varepsilon_x/3$
应变率范围	$10^2 \sim 10^3 \mathrm{s}^{-1}$	斜波加载: $10^5 \sim 10^8 \mathrm{s}^{-1}$ 平面冲击加载: $10^9 \mathrm{s}^{-1}$
等效压强	$\bar{\sigma} = \sigma_x/3 \sim 10^{-1} \mathrm{GPa}$	$\bar{\sigma} = (\sigma_x + \sigma_y + \sigma_z)/3 \sim \sigma_x$
温度	室温 $\sim 1 \times 10^3 \mathrm{K}$	$1 \times 10^3 \sim 1 \times 10^4 \mathrm{K}$

本章将通过基本物理图像的分析，就单轴应变加载下材料的本构关系或强度特性涉及的一些基本问题展开讨论。重点阐述准等熵加载的特点及其对材料强度特性的影响、测量单轴应变加载下材料屈服强度需要的实验研究方法等。希望引起研究者对这类问题的兴趣，有益于我们今后的工作。

10.1   单轴应变加载下固体材料的屈服强度

我们熟悉单轴应力下材料的屈服强度的实验技术，也积累了诸如 JC 模型、ZA 模型等描述单轴应力本构关系的知识，但是对于单轴应变下的本构关系研究不多。为了厘清单轴应变下本构关系的含义和实验研究方法，首先需要对单轴应变下应力、应变、应变率、偏应力、剪 (切) 应力、平均应力及固体的强度等基本问题进行细致的分析。

10.1.1   单轴应变加载下的主轴应力、偏应力及平均应力

固体区别于流体的重要特征之一是前者能够承受剪切加载作用而后者不能。本节把固体材料抵抗剪切加载的能力简称为固体材料的强度。

按照固体力学，固体材料内部任意一个面元上受到的载荷应力可以分解为垂直于该面元的法向应力或正应力，以及平行于该面元的切向应力或剪应力；固体内

任意一个体积元受到的应力可以用应力张量表示。作用于任意体积元的应力张量中存在三个相互垂直的特殊的方向，在垂直于这三个特殊方向的面元内不存在剪应力 [4]。这三个特殊的应力方向称为主轴应力方向或主应力方向，垂直于这三个方向的平面称为主平面。

在单轴应变加载下，应力波传播的方向就是主应力方向。在以下讨论中，设固体为各向同性材料。应力波沿着 x 方向传播，沿着 x 方向的主应力记为 σ_x；垂直于 x 方向的另两个主应力方向分别记为 y 方向和 z 方向，相应的主应力为 σ_y 和 σ_z。对于流体材料，材料中应力大小处处相等 (帕斯卡定律)，任意一点的应力大小均等于流体的当地压强 p，即 $p \equiv \sigma_x = \sigma_y = \sigma_z$；但是单轴应变加载下固体中的应力与方向有关，轴向应力并不等于横向应力。对于各向同性固体材料，$\sigma_y = \sigma_z \neq \sigma_x$。

在与三个主轴应力 σ_x、σ_y 和 σ_z 方向垂直的主平面内，剪应力等于零；本节把其他方向简称为非主轴方向，在与非主轴方向垂直的平面内，剪应力并不等于零；非主轴方向有无穷多个，其中存在一个特别的非主轴方向：在垂直于此非主轴方向的平面内剪应力达到最大 (该非主轴方向与三个主轴方向近似成 45° 角)，这个剪应力称为 "最大分解剪应力"，用 $\tau_{\rm m}$ 表示。根据固体力学可知，各向同性固体材料中的最大分解剪应力 $\tau_{\rm m}$ 与主轴应力的关系为

$$\tau_{\rm m} = (\sigma_x - \sigma_y)/2 = (\sigma_x - \sigma_z)/2 \tag{10.1.1}$$

三个主轴应力的平均值称为平均应力，用 $\bar{\sigma}$ 表示，

$$\bar{\sigma} \equiv (\sigma_x + \sigma_y + \sigma_z)/3 \tag{10.1.2}$$

固体中的平均应力实际上是应力张量的第一不变量的另一种表达形式。由于该应力不变量与坐标轴的取向无关 [4]，在应力张量理论中把它称为应力的球形分量。

主轴应力 σ 与平均应力 $\bar{\sigma}$ 的差称为偏应力，用 s 表示，

$$s \equiv \sigma - \bar{\sigma} \tag{10.1.3}$$

偏应力与方向有关。沿着主轴 x 方向的偏应力分量 s_x 为

$$s_x \equiv \sigma_x - \bar{\sigma} \equiv \frac{4}{3}\tau_{\rm m} \equiv \frac{2}{3}(\sigma_x - \sigma_y) \tag{10.1.4}$$

或

$$\sigma_x \equiv \bar{\sigma} + s_x \tag{10.1.5}$$

因此，偏应力表示正应力对平均应力的偏离。由于偏应力在量值上与材料受到的最大分解剪应力 $\tau_{\rm m}$ 成比例关系，我们可以通过偏应力研究单轴应变加载下固体承受的剪应力。类似地得到 y 方向和 z 方向的偏应力分量为

$$s_y \equiv \sigma_y - \bar{\sigma} = -(\sigma_x - \sigma_y)/3 = -s_x/2 \tag{10.1.6a}$$

$$s_z \equiv \sigma_z - \bar{\sigma} = -(\sigma_x - \sigma_z)/3 = -s_x/2 \tag{10.1.6b}$$

即

$$\sigma_y \equiv \bar{\sigma} + s_y \tag{10.1.6a}$$

$$\sigma_z \equiv \bar{\sigma} + s_z \tag{10.1.6b}$$

这样一来，单轴应变下轴向应力的加载作用可以看作球应力分量与偏应力分量的共同作用结果，即

$$\sigma \equiv \bar{\sigma} + s \tag{10.1.7}$$

当偏应力等于零时，平均应力与三个主轴应力相等，这相当于流体介质的情况，或者受到流体静水压加载的情况。正是在这一意义上，平均应力被定义为固体的等效压强，简称为压强，用 p 表示，

$$p \equiv \bar{\sigma} \equiv (\sigma_x + \sigma_y + \sigma_z)/3 = (\sigma_x + 2\sigma_y)/3 = \sigma_x - \frac{4}{3}\tau_{\mathrm{m}} \tag{10.1.8}$$

可见，固体材料压强的定义是流体压强定义的推广，它也奠定了平均应力在固体物态方程研究中的意义和地位。在固体的物态方程研究中讨论的压强是热力学意义下的压强，即固体的平均应力，也就是固体在流体静水压加载下的状态。我们在用平面冲击压缩方法研究固体的物态方程时，把实验测量的轴向应力当作 Hugoniot 状态下的压强，这是有一定条件的，即假定了 "流体近似" 模型成立，偏应力可以忽略不计。

无论对于固体还是流体，在单轴应变加载下，应变仅发生在应力波传播方向上，即

$$\varepsilon_x \neq 0, \quad \varepsilon_y = \varepsilon_z = 0 \tag{10.1.9}$$

类似地，单轴应变加载下的平均应变为

$$\bar{\varepsilon} \equiv (\varepsilon_x + \varepsilon_y + \varepsilon_z)/3 = \varepsilon_x/3 \tag{10.1.10}$$

平均应变实际上是应变张量的第一不变量的一种表达形式 [4]。定义偏应变 e_{s} 为

$$e_{\mathrm{s}} \equiv \varepsilon - \bar{\varepsilon} \tag{10.1.11}$$

偏应变也与方向有关。在 x 方向的偏应变为

$$e_x \equiv \varepsilon_x - \bar{\varepsilon} = \frac{2}{3}\varepsilon_x \tag{10.1.12a}$$

横向偏应变为

$$e_y = e_z \equiv \varepsilon_y - \bar{\varepsilon} = \varepsilon_z - \bar{\varepsilon} = -\varepsilon_x/3 \neq 0 \tag{10.1.12b}$$

因此, 流体介质在单轴应变加载下的偏应力虽然等于零, 但偏应变并不等于零。换言之, 存在偏应力就一定存在偏应变, 但存在偏应变不一定存在偏应力。在单轴应变实验中, 轴向应变 ε_x 是能够精密测量的, 因此偏应变也能精密测量。方程 (10.1.9)、(10.1.12a)、(10.1.12b) 完整地描述了单轴应变加载下应变的特点。

10.1.2 单轴应变加载下固体材料的剪切模量和屈服强度

在固体力学中, 体积模量 K 和剪切模量 G 常被用来表示弹性响应特性。体积模量表示材料对流体静水压或平均应力的响应, 即

$$K = \left(\frac{\mathrm{d}p}{\mathrm{d}V}\right)/V \tag{10.1.13}$$

密闭容器 (如千斤顶) 中的流体介质也能承受很高压强的流体静水压作用, 固体材料发生冲击熔化后也有很高的体积模量。因此, 体积模量并非固体特有的属性。

剪切模量表示材料对剪切加载的响应, 是固体材料特有的属性, 它反映了固体在弹性应变下承受剪切加载的能力。由于偏应力在量值上与材料受到的最大分解剪应力 τ_{m} 成比例关系, 可以通过偏应力研究固体对剪应力加载的响应特性, 而且偏应力的变化导致了偏应变的变化。在固体力学中, 剪切模量被定义为剪应力 τ 的改变与剪应变 γ 的改变之比, 即

$$G = \frac{\partial \tau}{\partial \gamma}$$

其中, 剪应变表示固体在剪应力作用下形状的改变。在固体力学中, 用与主轴方向一致的正交线段的夹角的改变来衡量。各向同性固体在单轴应变下的最大剪应变为 [4]

$$\gamma_{\mathrm{m}} = \varepsilon_x = \frac{3}{2}e_{\mathrm{s}}$$

上式将最大剪应变与偏应变联系起来。在单轴应变加载下, 用最大分解剪应力为

$$\tau_{\mathrm{m}} = (\sigma_x - \sigma_y)/2 = \frac{3}{4}s$$

与最大剪应变 γ_{m} 来衡量固体能够承受的剪切加载, 则由此得到单轴应变加载下用偏应力和偏应变来描写固体材料在弹–塑性屈服前抵抗剪切加载能力的剪切模量表达式, 即

$$G = \frac{1}{2}\frac{\partial s}{\partial e_{\mathrm{s}}} \tag{10.1.14}$$

在单轴应变的弹性加载区, 最大分解剪应力或偏应力随加载应力的增加而增大; 当最大分解剪应力超出固体能够承受的极限时, 材料将从弹性应变状态进入塑性应变状态, 或者说材料发生了弹–塑性屈服。这个极限剪应力称为临界剪应力, 用 τ_{c} 表示。因此, 固体材料的塑性应变是由剪切应力引起的; 仅存在流体静水压

作用不能使固体材料发生弹–塑性转变 (elastic-plastic transition)。固体发生弹–塑性屈服后的力学状态不再能用弹性模量描写，也不服从胡克定律。在固体力学中，用屈服强度 Y 描写固体材料弹–塑性转变特性。屈服强度与临界剪应力的关系为

$$Y = 2\tau_{\mathrm{c}} = |\sigma_x - \sigma_y|_{\mathrm{yield}} \tag{10.1.15}$$

下标 "yield" 表示弹–塑性屈服，即把发生弹–塑性转变时的最大分解剪应力的两倍定义为材料的屈服强度，此即 von Mises 屈服判据。发生弹–塑性屈服后固体材料的力学状态的集合称为屈服面，这是一个空间曲面。在单轴应变加载下，各向同性固体的屈服面关于应变轴对称，它与轴向应力 (σ_x)–应变 (ε_x) 平面相交得到的两条曲线在文献中习惯上简称为 "上屈服面" 和 "下屈服面"。本节中对屈服面的表述也遵循这种习惯。对于压缩 (或加载) 产生的屈服，固体材料的力学状态位于上屈服面，偏应力 $s_+ = \dfrac{2}{3}(\sigma_x - \sigma_y) = \dfrac{2}{3}Y > 0$；在拉伸 (或卸载) 屈服时，固体材料的力学状态位于下屈服面，偏应力 $s_- = \dfrac{2}{3}(\sigma_x - \sigma_y) = -\dfrac{2}{3}Y < 0$。因此，对应于同一应变状态，上、下屈服面之间的距离恰好等于 $4Y/3$。图 10.1.1 给出了单轴应变加载下的上、下屈服面上的轴向偏应力 s_x 及屈服强度随轴向应变的变化示意图。图 10.1.2 给出了轴向应力、平均应力 (流体静水压)、屈服面位置和屈服强度之间的关系示意图。

发生弹–塑性屈服时偏应力也达到极限值，即

$$s_{\max} = s_{\mathrm{yield}} = (\sigma - \bar{\sigma})|_{\mathrm{yield}} = \frac{2}{3}Y = \frac{4}{3}|\tau_{\mathrm{c}}| = \frac{2}{3}|\sigma_x - \sigma_y|_{\mathrm{yield}} \tag{10.1.16}$$

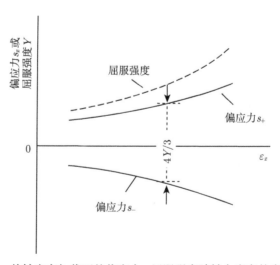

图 10.1.1　单轴应变加载下的偏应力、屈服强度随轴向应变的变化示意图

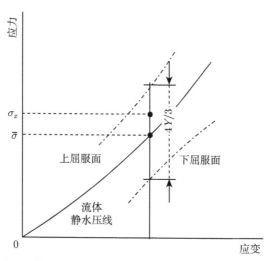

图 10.1.2　轴向应力、平均应力 (流体静水压)、屈服面位置和屈服强度之间的关系示意图

式 (10.1.16) 表明：可以利用轴向应力与平均应力的差计算屈服强度。反之，测量了屈服强度也就能确定流体静水压。根据数学极值条件得到弹–塑性屈服时的剪切模量应当满足

$$G_{\text{yield}} = \frac{1}{2}\left(\frac{\partial s_{\text{yield}}}{\partial e_{\text{s}}}\right) = 0 \qquad (10.1.17)$$

这是根据弹–塑性屈服和剪切模量的定义提出的屈服判据，不妨称为弹–塑性屈服的剪切模量判据。剪切模量判据与 von Mises 屈服条件是等价的。在我们难以确定屈服强度的具体值但是能够知道剪切模量或它的变化规律的情况下，可以根据式 (10.1.17) 确定材料的屈服条件或判定其屈服状态。

需要说明，式 (10.1.17) 不是描写 “理想弹–塑性模型” 本构关系的屈服条件。在理想弹塑性模型中，屈服强度 (偏应力) 等于常数且不随应变的变化而改变，因而屈服后的剪切模量一定等于零，但是，式 (10.1.17) 仅要求偏应力达到极大值并没有要求偏应力的极大值保持为常数，这个极大值可以随加载应力、应变和应变率的改变而发生变化；式 (10.1.17) 是偏应力达到极大值的数学表达。屈服强度等于常数不过是式 (10.1.17) 包含的一种特殊情况，不是它表达的全部情况。偏应力与加载路径 (如应变率) 有关，且随加载路径变化而改变。因此，理想弹–塑性模型不过是式 (10.1.17) 描写的动力学过程中的一种特例而已。

总之，固体在载荷作用下的力学状态需要用两类方程进行描写：第一类方程描写固体的应力、比容、温度、内能等热力学状态的相互关系及变化规律，称为物态方程。第二类方程描写在偏离流体静水压加载作用下，固体的偏应力、偏应变等偏量的相互关系及变化特性，称为本构关系或本构方程，包括描写弹性应变的剪切模量方程与描写发生弹–塑性屈服时的屈服强度方程，这两个力学方程可以统称为固

体的强度特性方程, 加上屈服条件 $G=0$, 组成了固体本构关系的基本方程组。本构
关系与物态方程虽然都是描写材料对力学载荷的相应特性, 但本构关系研究材料
对偏应力的响应特性, 物态方程研究材料对流体静水压或平均应力的响应; 前者与
加载路径或加载过程密切相关; 后者是态函数, 仅与始态及终态有关, 而与热加载
路径无关。强度特性与具体加载过程有关意味着描写单轴应力加载下固体材料的
强度特性的本构方程原则上不能用于描写单轴应变–超高应变率加载的情况。

10.2　准等熵加载的特点

理想的等熵过程是一种可逆绝热过程。由于过程可逆, 等熵加载的热力学路径
与卸载路径完全重合。在热力学的发展历史中, "等熵" 是针对流体 (液体、气体)
的准静态绝热过程提出的一种理想化模型, 等熵线是绝热可逆加载/卸载下的一条
流体静水压线。当我们讨论固体的绝热加载过程时, 如果我们也要求过程是 (理想)
等熵的, 则材料在载荷应力作用下就不能发生塑性应变, 因为塑性应变总伴随着
不可逆熵增。既然不存在塑性应变, 固体在加载过程中就不存在偏应力, 因为偏应
力最终必然导致弹–塑性转变。因此, 固体材料的等熵线应该是一条流体静水压线,
理想的等熵状态下材料中偏应力等于零。当我们谈论 "固体的等熵压缩" 时, 就隐
含了 "固体经受流体静水压下的可逆绝热压缩加载" 这项假定; 如果在加载过程中
存在偏应力作用, 这种过程不可能是理想等熵的, 至多是准等熵的。

因此, 理想的等熵过程是一种特殊的绝热过程。该绝热过程中, 热力学状态做
无限缓慢变化。否则, 有限的变化速率引起的能量非均匀沉积或多或少总会引起熵
增, 破坏过程的可逆性。实际发生的加载过程总有一定的变化速率, 不可能是等熵
的。实际上, 把极其缓慢的 "准静态绝热过程" 当作等熵过程看待。而要求一个实
际过程既做到 "准静态" 又做到 "绝热" 是互相矛盾的: "准静态" 要求过程越慢越
好, 而 "绝热" 则要求过程尽量迅速以避免与外界的热交换。实际上我们只能在两
者之间折中: 如果一个动力学过程引起的熵增与它初始状态的熵相比是一个高阶
小量, 则该过程就可以近似看作是等熵的, 称为准等熵过程。在大多数文献中, 把
应力–应变状态作连续变化的动力学绝热过程统称为准等熵过程。例如, 冲击波在
自由面卸载过程, 用磁驱动方法产生的超高应变率连续加载过程, 等等。

10.2.1　沿着准等熵线的声速

实际遇到的准等熵加载/卸载过程通常在亚毫秒甚至微秒或亚微秒量级时间内
就完成了。在冲击动力学中讨论的准等熵压缩就是这样一种热力学状态作连续变
化的快速过程。我们总是把冲击波在自由面反射产生的卸载波当作 "等熵卸载波"
看待。实际上, 自由面卸载过程是一种典型的应力–应变作连续变化的绝热过程, 它

经历的时间通常仅为数十至数百纳秒。而目前受到广泛关注的 "磁压缩"[2] 和 "激光烧蚀等离子体" 产生的连续加载 [3] 在文献中被称为 ICE(isentropic compression experiment) 波,这种 "等熵压缩过程" 经历的时间仅数十纳秒,是一种极为迅速的连续加载过程。

由于准等熵加载是一种连续的应力作用过程,可以将准等熵加载的持续应力作用分解为无穷多个逐步递增的子应力作用的叠加:每个子应力扰动相对于前一应力扰动的增量可以看作对前一应力状态的小扰动波,小扰动波在介质中的传播就可以用小扰动的特征线理论 [5] 进行分析处理。假设图 10.2.1 中的曲线 $\overline{OQ}$ 表示某准等熵压缩过程中应力–密度 (或应变) 曲线,曲线 $\overline{OQ}$ 称为准等熵压缩线。$\overline{OQ}$ 线上的任意一点 A 代表应力扰动产生的准等熵加载状态。A 点沿着 $\overline{OQ}$ 曲线的移动代表了应力–应变空间中准等熵压缩波中的小扰动波的传播路径。引起 A 点的移动的应力增量 $\delta\sigma$ 与密度增量 $\delta\rho$ 之比即 $\overline{OQ}$ 曲线在 A 点的斜率,以 K_Q 表示 (下标 Q 表示准等熵压缩,下同),得到

$$K_Q = \lim_{\delta\sigma \to 0} \left(\frac{\delta\sigma}{\delta\rho}\right)_Q = \left(\frac{\mathrm{d}\sigma}{\mathrm{d}\rho}\right)_s = c^2 \qquad (10.2.1)$$

其中,c 表示小扰动波的传播速度,此即从波动方程给出的声速的定义 [6],下标 s 表示小扰动。与冲击绝热线不同,OQ 线上任一点的状态都可以当作紧随于它后方的小扰动的始态。如果从 A 点出发的等熵线用 $\overline{AI}$ 表示,则 $\overline{OQ}$ 线上与 A 点紧邻的 A_1 点的状态并不会落在过 A 点等熵线 $\overline{AI}$ 上,等熵线 $\overline{AI}$ 在 A 点的斜率 K_I 为

$$K_I = \lim_{\delta\sigma \to 0} \left(\frac{\delta\sigma}{\delta\rho}\right) = \left(\frac{\mathrm{d}\sigma}{\mathrm{d}\rho}\right) I = c^2 = K_Q$$

其中,下标 I 表示沿着等熵线。换言之,过准等熵线上任一点 A 的等熵线与该准等熵线在 A 点相切。这样看来,虽然从同一始态出发的冲击绝热线和等熵线仅有唯一的一条,但是从同一始态出发的准等熵线可以有无数条,它们都有相同的始态斜率。众所周知,对于准等熵压缩波,除了在弹–塑性转变区,后方的应力扰动总能赶上它前方的扰动,因此

$$\left(\frac{\partial c}{\partial \sigma}\right)_Q > 0 \qquad (10.2.2a)$$

$$\frac{\partial K_Q}{\partial \sigma} = 2c\left(\frac{\partial c}{\partial \sigma}\right)_Q > 0 \qquad (10.2.2b)$$

即准等熵波的传播速度随应力增加而升高。换言之,在某一时间间隔内,对于同样幅度的应力扰动 $\delta\sigma$,不同的准等熵加载波会产生不同的应变量 $\delta\varepsilon$。因此,不同斜

率的准等熵线实际代表热力学状态的不同变化速率。在力学上,用应变率来表征应力波加载过程中状态变化的速率。

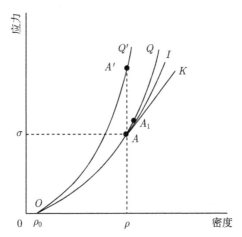

图 10.2.1　应力比容平面上准等熵压缩线 AQ 与过 A 点的等熵线 AI 相切,以及它们与过 A 点的切线 K 的关系

10.2.2　准等熵过程的应变及应变率

应变 ε 的微分定义为

$$\mathrm{d}\varepsilon \equiv -\mathrm{d}V/V = \mathrm{d}\rho/\rho \tag{10.2.3a}$$

即

$$\varepsilon = \ln(V_0/V) = \ln(\rho/\rho_0)$$

这样定义的应变被称为真应变。在实际应用中经常使用工程应变,即

$$e \equiv (V_0 - V)/V_0$$

显然,有

$$\mathrm{d}e = -\frac{\mathrm{d}V}{V_0} = -\frac{V}{V_0}\frac{\mathrm{d}V}{V} = \frac{V}{V_0}\mathrm{d}\varepsilon \tag{10.2.3b}$$

应变 ε 随时间的变化称为应变率,以 $\dot{\varepsilon}$ 表示,即

$$\dot{\varepsilon} = \frac{\mathrm{d}\varepsilon}{\mathrm{d}t} \tag{10.2.4}$$

根据特征线理论 [5],经过右行准等熵波,波后应力 σ 与粒子速度 u、欧拉声速 c 及密度 ρ 满足关系

$$\mathrm{d}\sigma = \rho c \mathrm{d}u \tag{10.2.5}$$

利用声速与应变的关系

$$c^2 = \left(\frac{\mathrm{d}\sigma}{\mathrm{d}\rho}\right)_s = \frac{1}{\rho}\left(\frac{\mathrm{d}\sigma}{\mathrm{d}\rho/\rho}\right) = \frac{\mathrm{d}\sigma}{\rho\mathrm{d}\varepsilon}$$

不难得到准等熵加载下的应变与声速及密度的关系

$$\mathrm{d}\varepsilon = \frac{\mathrm{d}\sigma}{\rho c^2} \tag{10.2.6a}$$

以及应变率与声速和加速度的关系

$$\dot{\varepsilon} = \frac{\mathrm{d}\varepsilon}{\mathrm{d}t} = \frac{\dot{u}}{c} \tag{10.2.6b}$$

其中，$\dot{u} \equiv \mathrm{d}u/\mathrm{d}t$ 表示粒子的瞬时加速度。而准等熵加载中应力的剖面可表示为

$$\frac{\mathrm{d}\sigma}{\mathrm{d}t} = \frac{\rho c\mathrm{d}u}{\mathrm{d}t} = \rho c^2\dot{\varepsilon} \tag{10.2.7}$$

对式 (10.2.6b) 作如下物理解释。首先，在匀速运动的流场中，尽管物质微团 (即粒子) 在运动，但粒子之间不存在相对位移，因而不会引起比容的改变或产生应变，即匀速流场中的应变率等于零。只有当粒子之间存在相对运动即存在加速度时，粒子之间才发生相对位移，才能产生应变。准等熵加载下，材料受到单调变化的应力的连续加载作用，粒子做变加速度运动，导致比容或应变随时间变化。加载应力增大，加速度 $\dot{u}$ 也增大；应变率增大，粒子速度剖面也越陡峭。如果把加载过程的应变率取作正应变率，那么准等熵卸载的应变率就是负应变率 (粒子速度连续减小)；冲击波阵面后 Hugoniot 状态下的粒子速度保持恒定，其应变率为零。通常说的冲击加载的应变率是指从始态到终态的冲击加载中应变的平均变化率。由此可见，冲击波或准等熵压缩波在自由面的反射同时伴随着应变率的巨大变化，应变率的急剧改变可以导致材料动力学性质的改变。

式 (10.2.6) 表明应变率还与材料的声速有关。声速本质上代表固体的力学模量。从直观上看，声速越大，材料的应力–密度曲线 (σ-ρ 曲线) 的斜率也越大，因而斜率大的应力–应变曲线应该具有更高的应变率。因此，在式 (10.2.6) 中材料的应变率与声速成反比这一结果似乎有悖于我们的直观认识。例如，对于图 10.2.1 中准等熵线 Q 及 Q' 上具有相同密度 (或比容) 的 A' 及 A 点，单纯从声速的角度考虑，Q' 线的应变率似乎比 Q 低。在同一密度下，对于相同的应力增量 $\delta\sigma = \rho c\mathrm{d}u$，$Q'$ 点的声速比 Q 点高的确意味着前者的密度的增量 (或应变) 比后者小，

$$(\mathrm{d}\varepsilon)_{Q'} = \left(\frac{\mathrm{d}\sigma}{\rho c^2}\right)_{Q'} < \left(\frac{\mathrm{d}\sigma}{\rho c^2}\right)_Q = (\mathrm{d}\varepsilon)_Q$$

因而表面上似乎可以得到 $\left(\dfrac{\mathrm{d}\varepsilon}{\mathrm{d}t}\right)_{Q'} < \left(\dfrac{\mathrm{d}\varepsilon}{\mathrm{d}t}\right)_Q$ 的结论。然而，这是忽略了加速度的

影响的缘故。根据式 (10.2.4)，由于 A' 点的声速比 A 点高，对于相同的应力增量 $\delta\sigma$，意味着 A' 点对应的粒子速度增量 $\delta u = \mathrm{d}\sigma/(\rho c)$ 也必须比 A 点小，这显然是不能成立的，因为既然 A' 点的应力比 A 点高，高应力下粒子的加速度必定比低应力下的要大。因此，当我们单纯比较声速对应变率的影响时，假定了在同一密度状态下 A' 点具有较高声速但却具有较小加速度，这样的假设显然是不成立的。实际的情况是：既然 A' 状态的声速比 A 点高，A' 的应力也比 A 点高，A' 状态下粒子的加速度也比 A 点高。应变率是加速度和声速这两个因素相互竞争的结果。因而 A' 的应变率比 A 更高。在准等熵加载下，应力-应变曲线越陡峭，应变率越高，反之亦然。

10.2.3　准等熵压缩线对等熵线的偏离

既然应变率反映了一个系统的热力学状态的变化速率，外力载荷作用的应变率越高，由能量的非均匀沉积导致系统热力学状态的非均匀性就越严重，该加载过程产生的熵增也越大；伴随熵增的温升也越大。从同一始态出发加载到相同比容 (或密度) 时，应变率高的准等熵加载将达到更高的温度，因而具有更高的压强和主轴应力，它对理想等熵线的偏离也越大。

在单轴应变加载中，冲击加载粒子速度波剖面最陡峭。根据冲量原理，冲击绝热加载中粒子加速度最大，应变率最高，往往达到 $10^9 \mathrm{s}^{-1}$ 以上。理想等熵加载过程的粒子加速度最低，在理论上理想等熵过程应变率几近于零 $(\dot{u} \sim 0)$。准等熵加载的应变率介于冲击绝热加载的极端应变率 (大于 $10^9 \mathrm{s}^{-1}$) 和准静态等熵加载过程的应变率 (小于 $10^{-1} \mathrm{s}^{-1}$ 或更低)。因此，在 σ-ρ 平面上准等熵线是位于冲击绝热线与等熵线之间的一些曲线。准等熵加载的应变率越高，它就越靠近冲击绝热线，对等熵线的偏离越严重。不同应变率的准等熵线与等熵线和冲击绝热线之间的位置关系如图 10.2.2 所示。

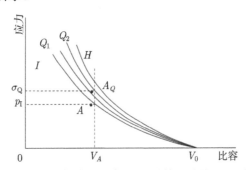

图 10.2.2　应力-比容平面上准等熵压缩线 Q 与等熵压缩线 I 及冲击绝热线 H 的关系

Q_2 的应变率比 Q_1 高，它更接近于冲击绝热线 H

从这一意义上说，应变率表征准等熵加载对等熵线的偏离程度，建议用应变率

衡量这类实验的 "准等熵" 程度。当我们比较不同冲击加载实验得到的数据时, 仅需考虑冲击加载应力对材料响应特性的影响。但是当我们比较不同准等熵实验的结果时, 抑或比较同一发准等熵实验不同加载应力下的数据时, 仅考虑轴应力是不够的, 还必须对它们的应变率做出说明, 否则可能导致物理问题的错误解读, 产生错误的结论。沿着同一条准等熵加载路径的声速和粒子速度都在改变; 外载应力在加载过程的异常改变也能导致应变率发生突变, 这些都可能导致应变率的急剧变化并导致实验数据出现异常。恒应变率准等熵加载实际上很难做到; 但是, 我们希望在同一发准等熵实验中的应变率尽量做到近似不变或变化不大, 至少不发生量级的改变, 在实验设计中需要给予特别注意。

10.2.4   准等熵压缩状态位于屈服面上

准等熵应力波是由无数小扰动子应力波组成的波列, 而且每个子波的波后状态都是热力学平衡态 (不考虑相变), 而前一子波的波后状态就是紧跟在它后面的子应力波的始态。因此, 一旦固体材料发生弹–塑性转变进入屈服状态, 材料的状态就处于屈服面上; 后续子波的加载作用就是对已经处于屈服状态的材料进行准等熵再加载, 使材料达到新的屈服状态。也就是说, 在准等熵加载中, 材料一旦发生屈服, 后续子波的作用使材料的状态沿着屈服面移动而不会偏离屈服面, 准等熵加载状态将始终位于屈服面上, 就像 Hopkinson 杆实验中的情况那样。Hopkinson 杆实验实际上是一种典型的准等熵加载实验: 同一应变率下, 屈服后的应力–应变状态始终沿着同一屈服面移动; 不同应变率下, 屈服后的应力–应变状态位于不同的屈服面上; 反映了不同应变率加载产生不同的熵增导致准等熵线的分离 (图 10.2.3)。

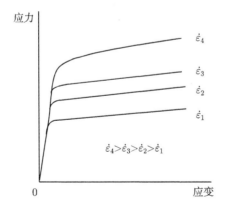

图 10.2.3   Hopkinson 杆实验的应力–应变曲线实际上是一些准等熵压缩线

不同应变率下曲线相互分离, 后续应力波加载使材料的状态始终保持在同一条应力曲线上移动

Asay 等报道了用磁驱动装置产生数十吉帕应力的准等熵压缩结果 [6], 他们测量了 2024 铝在准等熵压缩下的声速, 发现 2024 铝在初始的弹–塑性屈服后, 后续

准等熵加载的纵波速度与理论计算的体波速度相等。换言之，在他们的准等熵加载实验中，弹塑性屈服后 2024 铝的剪切模量始终等于零：$G_{yield} = 0$ 标志着材料状态始终处于屈服面上，这与根据剪切模量判据给出的结论一致。准等熵状态位于屈服面上意味着沿着等熵线的声速就是体波声速；等熵压缩下的本构方程退化为单一的屈服强度方程，类似于 Hopkinson 杆实验中我们用单一的屈服强度方程描写流动应力随应变的变化。当然，从准等熵压缩状态卸载时，材料依然要经历准弹性卸载然后进入下屈服面。这也与 Hopkinson 实验的情况类似，用有效剪切模量描写沿着准弹性卸载路径的强度特性 (见下文)。

按照固体力学，在未发生屈服时，固体的应力–应变状态位于由上、下屈服面限定的带状区域内 (图 10.1.2)；屈服后，固体中的应力–应变状态位于屈服面上。既然准等熵压缩状态位于屈服面上，该力学状态对流体静水压状态的偏离将达到最大。在后面将会看到，在冲击压缩的固相区，Hugoniot 状态不在屈服面上，也就是说 Hugoniot 状态对流体静水压线的偏离程度相对于准等熵压缩的较轻些。当然，同一应变下准等熵压缩对应的流体静水压线和冲击压缩对应的流体静水压线不是同一条曲线，特别是高应力下两者有很大差异。

低应力下的冲击绝热线与等熵线二阶相切，这是在流体模型近似下得到的结果。因此在流体模型近似下，低应力下的冲击绝热线、准等熵压缩线与等熵压缩线三者基本重合。另一方面，从低应力下的准等熵压缩实验中测量的轴向应力，等于流体静水压强与偏应力之和，包含了材料强度效应的影响。随着低应力下准等熵实验测量技术的迅速发展，实验测量不确定度大为减小，在实验测量不确定度的范围内，我们能够将在低应力下的实测准等熵压缩线与理论计算的等熵线 (它表示低应力下的流体静水压线) 区分开。另一方面，由于缺乏低应力下的冲击绝热线实验测量数据，在比较低应力下的冲击绝热线与准等熵压缩数据时，常常根据较高应力下的冲击波速度与粒子速度的关系 (D-u 关系)

$$D = c_0 + \lambda u$$

作线性外推得到 "理论" 冲击绝热线。在低应力下粒子速度 $u \sim 0$ 且 $u/c_0 \ll 1$，这种外推意味着低应力下的冲击波速度 D 就是等熵声速，用 D-u 关系线性外推得到的低应力冲击绝热线实际上等价于把等熵线当作低应力下的冲击绝热线。这样做的结果是：在形式上将导致低应力下的准等熵压缩线位于冲击绝热线的上方的 "奇异" 现象。在一些文献中报道了低应力加载下准等熵压缩数据位于理论冲击绝热线的上方，这一 "异常" 现象就是这样产生的。事实上，无论实验加载技术还是测量方法，抑或是材料的响应特性，低应力冲击波与低应力准等熵波并没有什么区别，我们没有必要将它们硬性分开。

最近发表的关于超高应变率准等熵压缩的文献中 [7,8]，把理论等熵线近似当作准等熵加载的流体静水压线。既然准等熵压缩状态位于屈服面上，准等熵加载下的轴向应力对流体静水压线的偏离就是屈服强度 (约 $2Y/3$)。他们的结果表明在数十吉帕的准等熵加载 (磁驱动实验) 下得到的屈服强度 Y 可达到轴向应力的 $8\%\sim10\%$[7]。冲击加载具有超高应变率，我们在 "流体近似模型" 假定下把冲击加载的轴向应力当作流体静水压强，因为业已证明在数十吉帕下这种近似对物态方程研究带来的不确定度远小于实验测量不确定度，可以忽略不计。对于高应力–高应变率和超高应变率 ($10^5 \sim 10^8 \mathrm{s}^{-1}$) 下的准等熵加载，$8\%\sim10\%$ 的偏差是不可忽略的，"流体近似模型" 能用于超高应变率准等熵加载吗？换言之，在磁压缩这类ICE 实验中，实验测量的轴向应力，能像冲击压缩实验那样把它当作 "流体静水压强" 看待吗？把等熵线当作准等熵加载的流体静水压线在物理上是自洽的吗？

原则上，为了得到超高应变率下准等熵压缩下的流体静水压强，需要首先确定屈服强度。在长期的研究中，已经积累了在单轴应力–低中应变率 ($10^2 \sim 10^4 \mathrm{s}^{-1}$) 下的屈服强度的实验测量方法，建立了屈服强度的经验模型。单轴应变实验通常达到 $10^5 \sim 10^8 \mathrm{s}^{-1}$，加载应力高达数十至数百吉帕压强。没有证据证明能够将单轴应力 Hopkinson 实验的结果外推到超高应变率–高流体静水压强下计算固体材料的强度特性。超高应变率下的本构关系研究直接关系到我们如何确定准等熵加载下的流体静水压和从准等熵压缩实验数据建立物态方程的问题。尤其在低压下用 ICE 实验研究固–固相变时，必须考虑屈服强度和应变率的影响。因此，应变率和屈服强度是我们构建多相物态方程不可回避的问题。

10.3　测量屈服强度的双屈服面法

Rosenberg 等 [9] 用锰铜计直接测量纵向和横向应力得到低应力下的屈服强度，但对这种方法的有效性存在较大争议 [10]，而且不适用于高应力–高应变率加载下的测量。除了锰铜计自身响应特性的限制以及测量对样品产生的干扰以外，在高应变率实验中样品尺寸小，难以布置大尺寸探头，需要发展一种非接触式测量技术，以激光干涉测量为基础的双屈服面法就是这样的技术。

10.3.1　利用双屈服面法测量准等熵压缩下的屈服强度的原理

所谓 "双屈服面法"，就是通过确定上屈服面与下屈服面之间的距离获得屈服强度的方法。这一方法最早被 Asay 和 Chhabildas 用于测量铝合金在冲击压缩下的屈服强度，所以曾简称为 "AC" 方法 [11]；也被张江跃等用于测量国产 93 钨合金在冲击压缩下的屈服强度 [12]。但是 Asay 和 Chhabildas 从预冲击状态的加载称为 "shock-reloading"，因此与我们说的双屈服面法 "冲击加载–准等熵再加载" 的含义有所区别。将双屈服面法应用于准等熵加载实验，隐含了 "准等熵加载状态位于屈服面上" 的基本假设, 而 "AC" 方法使用双层飞层产生的 "再加载波" 并不一定是准等熵波, 有可能这种 "reloading" 产生的是 "reshock"。在准等熵压缩实验中, 当处于准等熵压缩状态下的材料突然受到卸载作用时, 材料将从上屈服面经历 "准弹性卸载"(图 10.3.1) 进入下屈服面。一旦测量了在准等熵压缩和准等熵卸载过程的声速和粒子速度, 就能确定应力–应变平面上的准等熵加载路径和卸载路径, 进而确定上、下屈服面的位置。根据上、下屈服面之间的距离与屈服强度的关系确定材料在准等熵加载下的屈服强度。

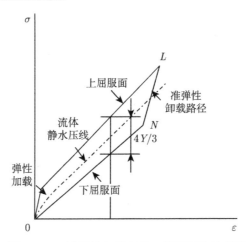

图 10.3.1　准等熵加载下的双屈服面法示意图

在加载过程中材料经历初始的弹性加载和弹–塑性屈服进入上屈服面, 再经历准弹性卸载进入下屈服面, 一旦通过声速测量计算出应力 (σ)–应变 (ε) 空平面上的加载和卸载路径, 即可确定屈服面的位置并获得屈服强度

　　但是, 直到目前, 还没有看到用双屈服面法测量准等熵加载下的屈服强度的报道。最近报道了利用 z-pinch 装置 (磁驱动方法) 产生的 $10^7 s^{-1}$ 超高应变率下的准等熵压缩实验的结果 [2]。研究者们根据实测的轴向应力数据计算了准等熵线与理论等熵线的差, 得到了超高应变率准等熵加载下的屈服强度 [7,8]。显然, 这种方法严重依赖于物态方程, 而且原则上与我们关于屈服强度的基本定义不符 (参见方程 (10.1.16))。

1. 拉氏测量

　　在确定准等熵加载或准等熵卸载路径的平板 (如阻抗梯度飞层等) 碰撞实验中, 需要进行多台阶样品的拉格朗日测量。同时测量拉格朗日声速和粒子速度剖面的实验装置如图 10.3.2(a) 所示。图 10.3.2(a) 中显示了 3 台阶样品的实验样品结构。用激光位移干涉仪 (DISAR)[13] 观测台阶 "样品/窗口" 界面的粒子速度剖面。图 10.3.2(b) 是准等熵加载实验的 "样品/窗口" 界面粒子速度剖面示意图，图中的 "样品窗口/界面" 是一个随着流场中粒子的运动而运动的物质界面，实验针对流场中的跟随某一界面一起运动的特定 "流体微团" 进行观测，不是针对实验室坐标系的欧拉 (Euler) 空间中某固定坐标位置进行观测，因而 "界面粒子速度" 属于拉氏 (Lagrange) 测量而不是欧拉测量。

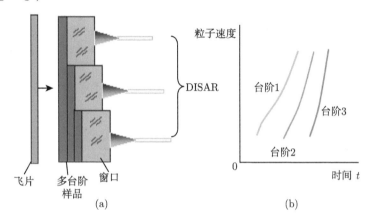

图 10.3.2 同时测量拉格朗日声速和粒子速度剖面的实验装置示意图 (a) 及粒子速度剖面 (b)

从粒子速度剖面获得声速的拉氏分析法可以用图 10.3.3 说明。所谓声速即具有固定相位特征的小扰动波在介质中的传播速度。对于多样品装置的某个界面 (用字符 I 标记它)，界面粒子速度剖面 $u_I(t)$ 反映了不同的小扰动波与随界面 I 一起运动的 "流体微团" 相作用的历史。不同相位特征的小扰动具有不同的传播速度，在不同时刻到达同一 "样品/窗口" 界面，产生不同的粒子速度、应力、密度变化。实验观测某固定界面上的粒子速度的变化历史 $u_I(t)$ 实际等价于在跟随界面运动的坐标系中观测不同的小扰动波对同一粒子微团的作用。因此，不同小扰动波的相位特征与同一界面粒子速度剖面上的不同速度相互对应，或者说，可以用粒子速度剖面上不同的粒子速度值表征不同的小扰动波；具有确定相位特征的小扰动波在介质中以确定的速度传播，沿着它的传播路径，在不同的时刻到达不同的 "样品/窗口" 界面位置。同一小扰动波在它的传播路径上的粒子速度变化、应力变化和密度变化显然是相同的。我们任意选取具有某确定粒子速度值的小扰动，比较它在不同界面粒子速度剖面上的出现时刻，就相当于观测具有某确定相位特征的小扰动波在介质中的传播历程。在图 10.3.3 中，横坐标表示样品厚度或台阶样品的位置 (h)。任意选定界面 I 处某一个 "特征粒子速度" $u_I(t)$，用它表征任一小扰动波的特征。从多台阶样品的不同粒子速度剖面可以得到该特征粒子速度值的出现时刻 t，用纵坐标表示该特征粒子速度到达该界面的时刻，斜率 $\mathrm{d}h/\mathrm{d}t$ 代表该小扰

动特征相态的传播速度 a，即

$$a = \mathrm{d}h/\mathrm{d}t \tag{10.3.1}$$

因此本节用字符 a 表示拉氏声速相速度。在计算拉氏声速的式 (10.3.1) 中没有考虑介质物理状态的变化对声速的影响。在式 (10.2.5) 中定义的声速是从波动方程给出的声速，包含了介质的应力、密度变化的影响，称为欧拉声速或热力学声速，本节用字符 c 表示。可以证明拉氏声速与欧拉声速满足关系 [5]

$$\rho_0 \cdot a = \rho \cdot c \tag{10.3.2}$$

其中，ρ_0 表示初始密度而 ρ 表示相应应力状态下的密度。

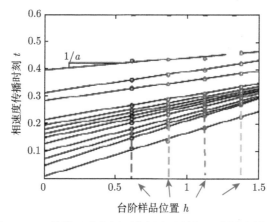

图 10.3.3　从粒子速度剖面获得声速的拉氏分析法原理图

　　式 (10.3.1) 表明，为了获得高置信度的声速数据，要求粒子速度剖面具有很高的时间分辨力。超高应变率准等熵压缩波在传播过程中极易发展成冲击波，导致多台阶样品实验中样品的总厚度非常有限，各台阶样品非常薄。中国工程物理研究院流体物理研究所研制的全光纤激光位移干涉测量系统 (DISAR 和 DPS) 具有高时间分辨力、不丢失条纹、易于操作等优点。由于加窗实验测量中要求光学测量系统具有长景深测量能力，使用多模光纤的 DISAR[13] 测量系统能够满足加窗条件下的拉氏测量的要求。

　　2. 原位粒子速度

　　在上面的分析中忽略了待测试样品材料与透明窗口的阻抗失配产生的反射波对后续小扰动加载波的影响。这种影响表现为两方面：首先是界面反射波与后续加载波的作用导致后续加载波传播速度的改变。如果我们假定在不同界面位置处反射波对后继入射波的影响基本相同，则不同界面处反射波对小扰动传播速度的影响也基本相同。根据台阶厚度计算声速时，它们对传播时间的影响可以近似互相抵消。上文利用特征粒子速度表征小扰动的相态特征并通过粒子速度剖面计算的相速度就是在这种假定下进行的。

其次，"样品/窗口"阻抗失配导致实验观测到的界面粒子速度 u_I 与小扰动入射波后的原位粒子速度 u_i 不等，除非样品与窗口的阻抗十分接近 (例如，铝与氟化锂单晶)。根据界面反射的阻抗匹配原理，可以得到入射波后的原位粒子速度 u_i 与界面粒子速度 u_I 和拉氏声速 a 的关系为[5]

$$du_i = \frac{1}{2}\left[du_I + \frac{d\sigma_I}{(\rho_0 a)_i}\right] \tag{10.3.3}$$

$$d\sigma_i = \frac{1}{2}[d\sigma_I + (\rho_0 a)_i du_I] \tag{10.3.4}$$

其中，u 表示粒子速度，σ 表示应力，ρ 表示密度，下标 i 表示待测材料，下标 0 表示常压–常温或 "零压" 条件，界面上的力学状态与透明窗口中透射波后的力学状态相同。对式 (10.3.3) 及式 (10.3.4) 进行积分计算，可以从实测的界面粒子速度剖面 u_w 得到入射波后的原位粒子速度剖面，建立粒子速度随声速和加载应力的变化。上述声速和粒子速度复原法方法被俞宇颖和胡建波等成功应用于 LY12 铝等材料的声速[14]和剪切模量测量[15]以及锡的冲击相变研究[16]。

另一种从界面粒子速度剖面复原出入射波后的原位粒子速度的方法称为 "反向积分法"，由美国 Sandia 实验室的 Dennis Hayes 首先提出[17]，被成功应用于磁驱动准等熵压缩试验的数据处理。关于反向积分法的基本原理、涉及的物理近似及计算方法，请参阅有关文献。

10.3.2 准等熵加载下的应力–应变路径和偏应力

单轴应变下的准等熵加载路径或卸载路径是指应力–应变平面上的一条曲线，它描述在连续的应力作用下应变随应力的变化。在准等熵加载或卸载下，这条曲线就是屈服面的位置。根据小扰动传播的特征线理论和声速的定义，不难得到

$$d\sigma_i = \rho_0 a du_i \tag{10.3.5a}$$

$$dV = d\left(\frac{1}{\rho}\right) = -\frac{du_i}{\rho_0 a} \tag{10.3.5b}$$

$$d\varepsilon == \frac{\rho}{\rho_0}\frac{du_i}{a} \tag{10.3.5c}$$

因此，通过粒子速度剖面测量和拉氏声速测量，我们完全能够确定准等熵加载下的应力–应变路径。在实际应用中常常利用工程应变 e 代替真应变 ε，即

$$e = (V_0 - V)/V_0 \tag{10.3.6a}$$

$$de = -\frac{dV}{V_0} = \frac{du_i}{a} \qquad (10.3.6b)$$

式 (10.3.6b) 结合式 (10.3.5c) 得到工程应变与真应变的关系

$$\rho de = \rho_0 d\varepsilon \qquad (10.3.6c)$$

而拉氏声速可以用真应变和工程应变分别表示为

$$c^2 = \frac{1}{\rho}\frac{d\sigma}{d\varepsilon} \qquad (10.3.7a)$$

$$a^2 = \frac{1}{\rho_0}\left(\frac{d\sigma}{de}\right)_s \qquad (10.3.7b)$$

在声速测量中直接得到的是拉氏声速而不是欧拉声速, 后者需要利用式 (10.3.2) 计算。根据拉氏声速和粒子速度也可以计算图 10.3.1 中从上屈服面上的 L 点沿着准弹性路径卸载到下屈服面上的 N 点时偏应力的变化。偏应力 s 随卸载路径的变化可用声速表示为

$$ds = 2G \cdot de_s = 2G \cdot \frac{2}{3}d\varepsilon = \frac{4}{3} \cdot \rho c_t^2 \cdot d\varepsilon = \frac{4}{3} \cdot \frac{3}{4}\rho \left(c_1^2 - c_b^2\right) d\varepsilon$$

即

$$ds = \frac{\rho_0^2}{\rho}\left(a_1^2 - a_b^2\right) d\varepsilon \qquad (10.3.8a)$$

其中, 下标 1 和 b 分别表示纵波和体波声速。利用式 (10.3.6c) 得到

$$ds = \rho_0 \left(a_1^2 - a_b^2\right) de \qquad (10.3.8b)$$

沿着准弹性卸载路径积分, 得到 L 点的偏应力 s_L 与 N 点的偏应力 s_N 之差, 即

$$s_L - s_N = \rho_0 \int_N^L \left(a_1^2 - a_b^2\right) de = \rho_0 \int_N^L \left(a_1^2 - a_b^2\right) \frac{du_i}{a_1} \qquad (10.3.9)$$

显然 L 点的应变 ε_L 与 N 点的应变 ε_N 并不相等。我们假定 L 点的偏应力与 N 点的偏应力对流体静水压线的偏离近似相同, 即假定有

$$s_L \approx -s_N = \frac{2}{3}Y \qquad (10.3.10)$$

由此应变为 $(s_L + s_N)/2$ 的准等熵压缩状态, 偏应力和屈服强度近似取为

$$|s_L| = |s_N| = \frac{\rho_0}{2}\int_N^L \left(a_1^2 - a_b^2\right)\frac{du_i}{a_1} \qquad (10.3.11)$$

$$Y = \frac{3}{4}\rho_0 \int_N^L \left(a_1^2 - a_b^2\right)\frac{du_i}{a_1} \qquad (10.3.12)$$

在上述模型中, 我们隐含假定了准等熵加载的应变率与准等熵卸载的应变率基本一致, 不会对 L 点的位置产生显著的影响。

利用阻抗梯度功能材料产生准等熵压缩波

准等熵压缩波是由一系列小扰动子波 (声波) 组成的应力波。小扰动波产生的应力变化正比于密度与声速的乘积:

$$z = \rho c \tag{10.3.13}$$

$$\mathrm{d}\sigma = \rho c \mathrm{d}u = z \mathrm{d}u \tag{10.3.14}$$

z 称为材料的波阻抗或力学阻抗。因此, 只要用波阻抗随飞层厚度递增或递减的功能材料制作的飞层撞击试样, 就能在试样中产生准等熵波。这种波阻抗随厚度按照一定规律变化的飞层, 在早期的文献中称为 "密度梯度飞层"(graded density impactor, GDI)[18], 本节称为阻抗梯度飞层。早期的阻抗梯度飞层由多种均质薄片组合而成, 图 10.3.4(a) 是作者曾用过的一种 GDI 的基本结构原理图。将若干厚度不同、阻抗不同的均质材料按阻抗由低到高的顺序叠合在一起, 经高温整体烧结, 就制成了所谓的叠层型阻抗梯度飞层或 GDI。为了避免准等熵波过早发展成冲击波, 要求 GDI 的阻抗随厚度按二次或高次曲线变化 (图 10.3.4(b)), 这就对各均质材料层的厚度做出了限定。当飞层以低阻抗面击靶时, 进入靶样品中的应力波逐渐增强, 形成准等熵压缩波; 反之, 当以高阻抗面击靶时, 进入靶样品中的应力波逐渐减小, 形成准等熵卸载波。

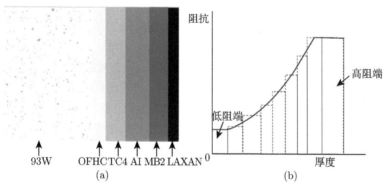

图 10.3.4　一种 GDI 的基本结构 (a) 和阻抗随厚度的变化规律 (b)

叠层型阻抗梯度飞层的层数很有限 (6~8 层), 每材料层也不可能太薄 (毫米量级), 材料层之间的阻抗不能作光滑连续变化, 仅能产生阶梯状的准等熵波。如果设法将材料层之间的阻抗差异尽可能减小, 尽量减小各层的厚度以增加材料层数, 就能得到波形连续光滑的准等熵加载波。这种阻抗梯度飞层需要用功能梯度材料制造, 阻抗作准连续变化的梯度飞层在文献中称为功能梯度飞层 (FGI), 本节称为准连续型梯度飞层。国内武汉理工大学利用粉末冶金法或流延法 [19,20] 工艺制备的 FGI 及其产生的准等熵压缩波剖面如图 10.3.5 所示。

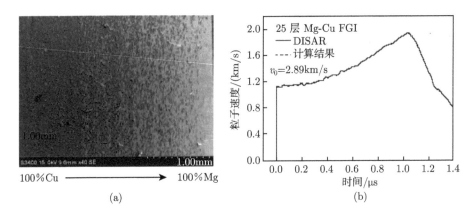

图 10.3.5   利用粉末冶金法或流延法工艺制备的一种 Mg-Cu 型 FGI 阻抗梯度飞层的基本
结构 (a) 及其击靶波形 (b)

粒子速度剖面用 DISAR 测量, 窗口为 LiF 单晶

虽然 FGI 低阻抗端的材料可以采用低密度材料制造, 在高速度碰撞下仍会
产生一个低幅冲击波 (图 10.3.5(b)), 冲击波的幅值与低密度材料的阻抗相关。因
此, FGI 产生的准等熵波实际上是具有一定初始幅值的冲击波后紧随着一个准等
熵压缩波。研制具有极低密度 (例如, 密度低于 $0.1g/cm^3$ 的泡沫塑料) 的阻抗梯度
飞层是 FGI 研究工作中的一项重要内容。

磁驱动准等熵加载技术能产生具有极低初始幅值的准等熵压缩。但由于应变
率极高, 尤其在高峰值应力时, 需要采用极薄的台阶样品, 样品制备和装配极其困
难; 磁驱动准等熵加载在达到峰值应力后, 材料并不能稳定维持在该热力学状态
下, 因为随着驱动准等熵加载的电流的迅速下降, 该准等熵加载波后跟随的卸载波
进入样品将会导致峰值应力随传播距离的增加而下降, 表现出一种虚假的 "耗散"
现象。在有些实验测量中, 如温度测量, 在适当的时间内维持在一个稳定的热力学
状态是非常重要的。最后, 磁驱动准等熵加载技术难以产生诸如 "准等熵压缩—台
阶 (稳态) 加载—准等熵再加载/卸载" 等复杂的加载作用, 但是利用 FGI 产生的准
等熵加载能够解决此类问题。实际的内爆过程既不是单纯的冲击压缩, 也不是单纯
的准等熵压缩或卸载, 常常是冲击压缩、准等熵压缩、准等熵卸载的联合作用。FGI
为开展这类研究提供了一种有效的手段。

10.3.3   利用双屈服面法测量冲击压缩下的屈服强度

Hugoniot 弹性极限是表征材料在冲击压缩下弹-塑性转变的一个常用强度参
量, 在文献中以字符 σ_{HEL} 表示。实验上可以根据自由面粒子速度剖面计算。一般
金属材料的 σ_{HEL} 很小, 低于 1GPa; 有些无机单晶材料的 Hugoniot 弹性极限很
高, 有文献报道蓝宝石单晶的 σ_{HEL} 达到约 16GPa。但是 σ_{HEL} 并不等于零压下

的屈服强度 Y_0。利用一维应变下的弹–塑性关系和屈服强度的定义可以得到[5]

$$Y_0 = \sigma_{HEL} / (K_0/2G_0 + 2/3) \tag{10.3.15}$$

其中, K_0 和 G_0 分别为常压下的体积模量和剪切模量, 可以通过常压声速测量得到。但是, 当冲击波应力高于 σ_{HEL} 时, 由于加工硬化, 材料的屈服强度随加载应力增大, 应该如何测量冲击加载下的屈服强度呢?

20 世纪 80 年代末, 美国洛斯阿拉莫斯国家实验室 (LANL) 的 Asay 和 Chhalbildas 利用两片均质材料组成的双层飞层, 进行了铝合金在冲击压缩下的屈服强度的实验测量。本节在他们工作的基础上, 提出了利用 FGI 进行冲击压缩下的屈服强度测量的设想。

10.3.4 冲击压缩状态不一定在屈服面上

"冲击压缩状态" 是指冲击波阵面后的热力学平衡态, 即 Hugoniot 状态。这里的 "不一定" 的含义是: 只要没有发生冲击熔化, Hugoniot 状态就不在屈服面上, 即固相区的 Hugoniot 状态不在屈服面上; 但是发生冲击熔化后, 材料进入固–液混合相区, Hugoniot 状态逐渐进入屈服状态; 材料最终发生完全熔化进入液相区, 但是液体无所谓弹–塑性屈服问题。

从冲击压缩状态卸载时的弹–塑性是一种司空见惯的现象, Johnson 等指出这种弹性称为准弹性 [21], Asay 等在对铝合金进行 "冲击压缩–准等熵再加载" 实验时发现, 粒子速度剖面中出现了准弹性加载波 [11,22]。这说明冲击压缩后的 Hugoniot 状态既不在下屈服面上, 也不在上屈服面上。因为处于下屈服面上的塑性屈服状态在受到卸载时将沿着下屈服面移动, 而处于上屈服面上的固体材料在受到小扰动加载时也应沿着上屈服面移动, 都不应表现出弹性特征。因此说 "在固相区 Hugoniot 状态不在屈服面上"。国内, 俞宇颖等在测量受强冲击加载的金属材料的剪切模量时发现: LY12 铝合金和无氧铜的剪切模量随冲击加载应力的升高快速单调增加; 在接近冲击熔化压强时达到最高值 [15]; 发生冲击熔化进入固–液混合相区后随冲击压强的增加迅速下降, 但依然可以观测到准弹性卸载波 [23]。当然, 冲击加载进入液相区后, 材料中的偏应力等于零, 偏应力消失, 上、下屈服面及流体静水压线合为一条应力–应变曲线, 屈服强度消失。这一图像描写了冲击加载下应力–应变空间中屈服面从固相区到固–液混合相区直到液相区的基本走向。

尽管 "冲击压缩状态不一定在屈服面上" 这一观点得到了许多实验事实的支持, 但它违背了我们传统上对冲击波加载的基本认识。对于固相区的冲击加载, 我们在测量自由面速度剖面时的确观察到了 "弹–塑性双波" 结构, 这又该如何解释呢?

目前还没有一个统一的模型对冲击压缩状态偏离屈服面的原因做出解释。根据目前积累的冲击加载的基本知识, 本节提出下述看法: 在冲击波加载作用下, 固体应力–应变状态的改变是一种跃变, 完全不同于准等熵加载那种连续变化过程。冲击跃变发生在极薄的冲击波阵面内。冲击波阵面的典型空间尺度 (阵面厚度) 估计在数十纳米至数纳米量级, 相当于数百至数十个原子的厚度。而力学状态的跃变是在纳秒或亚纳秒时间尺度完成的。在如此短暂的时空尺度内, 冲击波阵面处于极端非平衡状态。这种极端非平衡态的主要特征是冲击波能量的高度非均匀沉积和应力–应变–温度的极端的非均匀分布。冲击波阵面内的局域性能量沉积可导致瞬态奇异高温, 可导致固体发生瞬态局域性结构崩塌, 瞬态局域性高剪应力导致局域性屈服。因此, 冲击波阵面内的 “屈服” 不过是非平衡态下的一种局域性的短暂现象, 不是材料在平衡态下的整体性屈服。在冲击波阵面后方, 能量的重新分布导致材料进入新的热力学平衡态, 局域性高剪应力和局域性高温消失导致应力的重新分布。从整体平均看来, 材料的应力–应变状态不一定达到屈服状态。这有点像我们在 LY12 铝的固–液混合相区看到的那样, 虽然固体发生部分冲击熔化, 但是材料整体上仍然处于 “固体” 状态, 依然具有抵抗剪切加载的能力 (剪切模量并不等于零)。此外, 冲击加载导致大量的微观缺陷 (如位错等), 使材料表现出与原始材料不同的弹–塑性响应特征。这种新的弹性称为 “准弹性”, 以与常温常压下原始材料的弹性特性相区别。

准等熵状态处于屈服面上而冲击加载状态不在屈服面上, 其根源是由于前者是在连续的应力加载作用下, 应力–应变状态始终处于平衡态下; 而后者是在冲击波加载下, 其状态的改变是突跃性的。冲击波阵面内的平均应变率高达 $10^9 \mathrm{s}^{-1}$ 以上, 但波后 Hugoniot 状态下的应变率等于零。从冲击波阵面到 Hugoniot 状态, 应变率发生了急剧改变, 可能也是导致材料的力学性质发生巨大改变的原因之一。

1. 冲击压缩下的屈服强度

既然冲击加载状态不在屈服面上而准等熵加载状态位于屈服面上, 如果使受预冲击加载的材料紧接着再受到准等熵再加载或准等熵卸载, 材料将从冲击压缩状态沿准等熵加载路径或准等熵卸载路径分别进入上屈服面或下屈服面。根据从冲击加载状态到上屈服面和到下屈服面的准等熵再加载路径和卸载路径, 就可以确定屈服面的位置, 获得屈服强度。这是根据弹–塑性屈服和屈服强度的定义直接测量冲击压缩下的屈服强度的基本实验方法。基本原理如图 10.3.6 所示。

利用准连续型阻抗梯度飞层 (FGI) 和双台阶样品进行 “冲击加载–准等熵再加载” 或 “冲击加载–卸载” 的实验装置类似于图 10.3.2(a)。当 FGI 的阻抗从碰撞面开始逐渐增大时, 它在样品中产生 “冲击加载–准等熵再加载” 波, 如果 FGI 的阻抗从碰撞面开始逐渐减小, 则产生 “冲击加载–准等熵卸载” 波, 粒子速度剖面如

图 10.3.2(b) 所示。上述设想目前已经获得一项国家自然科学基金资助，研究工作正在进行中。为了同时测量沿着再加载和卸载路径的声速和粒子速度，需要进行多台阶样品拉氏测量。图 10.3.2(a) 中的 FGI 前端的均质金属片选用与待测试样品相同的材料制造，它撞击靶样品后产生足够幅度的预冲击波；其后的 FGI 产生光滑连续的准等熵压缩波。FGI 的物理设计和研制是实验成功的关键；从理论上说，这种拉氏测量至少需要进行两发飞层速度完全相同的实验，实验难度很高。从实测粒子速度剖面计算拉氏声速、原位粒子速度、应力、应变的方法已经在 10.1 节中进行了介绍。

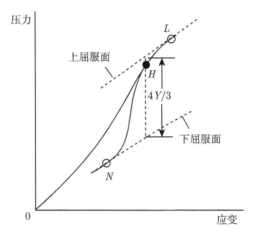

图 10.3.6 利用双屈服面法测量 Hugoniot 状态下的屈服强度的示意图

材料的初始冲击状态在 H 点，经过准等熵再加载和卸载分别进入上屈服面和下屈服面。H 点的应变状态
对应的上、下屈服面之间的距离为 $4Y/3$

Asay 和 Chhabildas 用两种不同阻抗的均质材料制造的双层组合飞层代替图 10.3.4(a) 中的 FGI，本节简称为 "双飞层装置"。由于很难找到阻抗十分接近的两种材料，在靶样品中产生的 "再加载波" 不一定能够满足 "准等熵压缩波" 的要求，当飞层速度较高时，这样的再加载波很可能是冲击波，试样材料受到的不是准等熵再加载作用，而是二次冲击加载。这将导致不能满足双屈服面法的要求，以及物理数据异常或失去物理含义。直至目前，Asay 等用 "双飞层装置" 仅测量到铝合金在 20GPa 以下的屈服强度 [22]，更高应力下的实验测量则以失败告终。

2. 冲击压缩下的剪切模量

冲击压缩状态 (Hugoniot 状态) 既然不在屈服面上，从冲击压缩状态经准等熵再加载波或卸载波达到上、下屈服面的过程必定要经历弹–塑性转变。这种发生在再加载或卸载中的弹–塑性转变被称为 "准弹性–塑性" 转变。在图 10.3.2(b) 中可以清楚看到准弹性波的存在。描述准弹性下偏应力对偏应变的响应特性的剪切模量称为 "有效剪切模量"，用 G_{eff} 表示:

$$G_{\text{eff}} = \frac{1}{2} \left(\frac{\partial S}{\partial e_s} \right)_{\text{re}} \tag{10.3.16}$$

下标 "re" 表示准等熵再加载 (reloading) 或卸载 (release)。通过测量沿着准等熵再加载或卸载路径的声速和粒子速度，不难得到有效剪切模量。

俞宇颖等对 LY12 铝在冲击加载压缩状态下和从冲击压缩状态卸载时沿着准弹性卸载路径的有效剪切模量进行了详细研究，利用拉氏测量技术，测量了沿着冲击绝热线的剪切模量，得到了剪切模量随冲击加载应力的变化规律 [15]。事实上，Steinberg-Cochran-Guinan 早在 1980 年就提出了描写固体在冲击压缩下的剪切模量和屈服强度的两个基本方程 [24]，国内简称为 SCG 模型。他们给出的剪切模量方程和屈服强度分别为

$$G_{\text{scg}} = G_0 \left[1 + \alpha_0 \frac{\sigma_{\text{H}}}{\eta^{1/3}} + \alpha_1 (T_{\text{H}} - T_0) \right] \tag{10.3.17a}$$

$$Y = Y_0 \left[1 + \beta(\varepsilon + \varepsilon_i) \right]^n \frac{G_{\text{scg}}}{G_0} \tag{10.3.17b}$$

式中，$\alpha_0 = \left(\frac{\partial G}{\partial P} \right)_0$，$\alpha_1 = \left(\frac{\partial G}{\partial T} \right)_0$ 为材料常数；σ 为应力；T 为温度；下标 "H" 表示冲击压缩状态下的量，下标 "0" 表示 "零压" 状态；$\eta = V_0 / V_{\text{H}}$ 表示初始比容与 Hugoniot 状态下的比容之比值；β 和 n 为与材料相关的常数。SCG 模型中的两个方程都是从低压强动态实验、准静态和静态实验结果结合理论分析提出来的经验关系，它们在高压强下的适用性并未得到证实。

俞宇颖等利用 "冲击加载-准等熵卸载" 实验，同时测量 LY12 铝从 20GPa 至 110GPa 冲击应力下沿着准弹性-塑性卸载路径的声速和粒子速度。其中在固相区 (20~110GPa) 冲击加载应力下沿着准弹性卸载路径的剪切模量随卸载应力的变化如图 10.3.7 所示。实验测量结果与 SCG 模型给出的计算结果的差异甚大；谭华等分析了 SCG 模型在物理模型上的缺点 [25]，提出了新的剪切模型方程分别描写沿着冲击绝热线的剪切模量和沿着准弹性卸载路径的剪切模量。其中，描写沿着冲击绝热线的剪切模量的基本形式为

$$G_{\text{H}} = G_0 \left[1 + \alpha_0 \sigma_{\text{H}} + \alpha_1 (T_{\text{H}} - T_0) \right] \tag{10.3.18}$$

式 (10.3.18) 在形式上是剪切模量在 "零压" 点的一阶 Taylor 展开，在数学上是一个合理的结果，虽然与式 (10.3.17) 形式上差异不大，但在物理上有更深刻的考虑 [15]，而且与铝合金 [15] 和无氧铜的实验结果符合很好。

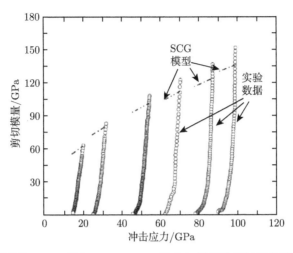

图 10.3.7 实验测量的 LY12 铝在 20~100GPa 冲击加载下的剪切模量随冲击加载应力和卸载应力的变化 (圆圈数据) 及其与 SCG 模型计算结果 (虚线) 的比较

SCG 模型认为从冲击压缩状态卸载时, 沿着准弹性卸载路径的剪切模量方程与式 (10.3.17a) 具有完全相同的形式。对 LY12 铝沿着准弹性卸载路径的剪切模量的实验研究表明: 沿着卸载路径的剪切模量 G_{eff} 与沿着冲击绝热线的剪切模量 G_{H} 表现出完全不同的性质 (图 10.3.7), 从现象学分析, 俞宇颖等提出描写沿着准弹性卸载路径的有效剪切模量 G_{eff} 可以近似表达为卸载应力 σ 的线性函数, 即

$$G_{\mathrm{eff}}(\sigma) = G_{\mathrm{H}} - G'_{\mathrm{ep}} \left(\sigma_{\mathrm{H}} - \sigma \right) \tag{10.3.19}$$

其中

$$G'_{\mathrm{ep}} = b_0 + b_1 \cdot \sigma_{\mathrm{H}} \tag{10.3.20}$$

b_0 和 b_1 为与材料相关的参数。根据实测声速和粒子速度得到 20GPa 以上 LY12 铝合金的参数为

$$b_0 = 1.45, \quad b_1 = 0.241 \mathrm{GPa}^{-1} \tag{10.3.21}$$

对于无氧铜, 从 40GPa 以上的实验得到

$$b_0 = 12.93, \quad b_1 = 0.057 \mathrm{GPa}^{-1} \tag{10.3.22}$$

显然, 从数学上看, 式 (10.3.19) 也是有效剪切模量在冲击加载应力 (σ_{H}) 点的一阶 Taylor 展开。与 SCG模型 (10.3.17a) 不同, 沿着准弹性卸载路径的剪切模量表达式中仅显含了卸载应力, 似乎与温度无关。这是由于在准弹性卸载的应力变化范围内卸载温度的变化很小, 有效剪切模量的变化主要由卸载应力决定。当 $G_{\mathrm{eff}} = 0$ 时,

式 (10.3.19) 给出发生准弹性-塑性转变的应力 σ_{ept}：

$$\sigma_{\text{ept}} = \sigma_{\text{H}} - \frac{G_{\text{H}}}{G'_{\text{ep}}} \tag{10.3.23}$$

式 (10.3.19) 给出的沿着准弹性卸载路径的剪切模量方程的基本形式是单轴应变本构关系研究中取得的一项重要进展。长期以来，认为沿着冲击绝热线的剪切模量随应力和温度的变化形式与沿着卸载路径的形式是相同的，在冲击加载-卸载计算中，采用相同的本构方程进行计算，在卸载波剖面的计算发现 SCG 模型无法正确描写准弹性卸载波剖面的特点，尽管采用了各种人为修正和参数调整，但是依然无法达到目的。本节采用新的剪切模量方程式 (10.3.19) 和式 (10.3.20) 用同一套本构参数 (式 (10.3.21)) 对国产 LY12 铝合金及国外 6061-T6 铝合金和 2024 铝合金进行了计算，对这些材料经历 "冲击压缩-卸载" 时的粒子速度剖面进行了计算预测，结果表明，新型剪切模量方程预测的波剖面与实验测量结果符合得很好 [18]，能够重现卸载剖面的准弹性特征。

加载和卸载时剪切模量方程在形式上的巨大差异隐含了深刻的意义：在材料的本构关系研究中，应当区分描写加载的本构方程与描写卸载的本构方程。经过冲击加载后，Hugoniot 状态下材料对剪切加载的响应特性已经发生了巨大变化，从 Hugoniot 状态卸载时的剪切模量代表了一种 "新" 材料的准弹性性质，也反映了准等熵卸载过程与冲击加载的巨大差异对剪切模量方程的影响。

10.4　结　束　语

单轴应变准等熵加载技术作为一种研究超高应变率加载下固体材料的物态方程和屈服强度特性的重要手段，对于全面了解和深入认识极端条件下材料的动力学响应特性具有重要意义，将开拓动高压物理研究的一个崭新领域，值得我们去探索。

几十年来，我们对低应力和低、中应变率单轴应力加载下材料的强度特性进行了大量研究，但是这种研究方法基本不能用于高应力-超高应变率准等熵加载研究；我们根据单轴应力研究建立的一套本构关系和获得的材料强度特性知识也不能简单地外推到超高应变率-高应力情况下。在几十年的平面冲击加载研究中，我们致力于材料物态方程的研究，建立了较成熟的实验方法和物理模型，对单轴应变准等熵加载的研究却很少；平面冲击单轴应变加载的实验测量基本上属于欧拉测量方法 (如气炮实验中用电探针测量冲击波速度或用电磁粒子速度计测量飞层速度等)，这一套实验方法和数据解读方法也大都不能照搬到超高应变下准等熵加载研究。超高应变率准等熵加载下的实验技术、测试技术和数据解读需要进行超高时空分辨率研究, 属于拉氏测量的范畴, 显然比平面冲击加载下的欧拉测量更复杂和困难。建立具有高时空分辨能力的拉氏分析方法是开展超高应变率准等熵加载的基础。

我们已经发明了以全光纤位移干涉仪 (DISAR、DPS 等) 为代表的具有皮秒时间分辨力的激光速度干涉技术; 基本建立了平面应力波加载下的声速测量技术, 阐明了描写单轴应力加载下固体强度特性的两个基本方程及其物理含义, 提出了判定弹–塑性屈服的屈服模量判据, 基本建立了通过多台阶样品的粒子速度剖面测量和声速测量确定有效剪切模量及屈服强度的方法。这些工作为进行超高应变率准等熵研究提供了重要基础。但是我们尚缺少能够产生波形非常光滑连续、应变率基本不变或变化不大的准等熵加载技术, 以及更精密的计算机数据解读方法等, 有待我们投入更多的努力去解决它。在解决了这些问题以后, 才能够将准等熵压缩技术用于物态方程研究, 而要将准等熵压缩应用于低应力加载下的固–固相变研究中, 屈服强度的确定对于建立多相物态方程具有特别重要的意义。

参 考 文 献

[1] Nguyen J H, Orlikowski D, Streitz F H, et al. High-pressure tailored compression: Controlled thermodynamic paths. J. Appl. Phys., 2006, 100: 023508.

[2] Hall C A, Asay J R, Knudson M D, et al. Experimental configuration for isentropic compression of solids using pulsed magnetic loading. Review of Scientific Instruments, 2001, 72: 3587-3595.

[3] Swift D C, Johnson R P. Quasi-isentropic compression by ablative laser loading: Response of materials to dynamic loading on nanosecond time scales. Physical Review E, 2005, 71: 066401.

[4] 杨桂通. 弹塑性力学引论. 北京: 清华大学出版社, 2004.

[5] 谭华. 实验冲击波物理导引. 北京: 国防工业出版社, 2007.

[6] Asay J R, Ao T, Davis J P, et al. Effect of initial properties of the flow strength of aluminum during quasi-isentropic compression. J. Appl. Phys., 2008, 103: 083514.

[7] Vogler T J. On measuring the strength of metals at ultrahigh strain rates. J. Appl. Phys., 2009, 106: 053530.

[8] Smith R F, Eggert J H, Jankowski A, et al. Stiff response of aluminum under ultrafast shockless compression to 110 GPA. Physical Review Letters, 2007, 98: 065701.

[9] Rosenberg Z, Partom Y. Longitudinal dynamic stress measurements with in-material piezoresistive gauges. J. Appl. Phys., 1985, 58: 1814-1818.

[10] Kanel G I, Fortov V E, Razorennov S V. Shock Phenomena and the Properties of Condensed Matter. New York: Springer-Verlag, 2004.

[11] Asay J R, Lipkin J. A self-consistent technique for estimating the dynamic yield strength of a shock-loaded material. J. Appl. Phys., 1978, 49: 4242-4247.

[12] 张江跃, 谭华, 虞吉林. 双屈服法测定 93W 合金的屈服强度. 高压物理学报, 1997, 11(4): 255.

[13] Weng J D, Tan H, Wang X, et al. Optical-fiber interferometer for velocity measurements with picosecond resolution. Appl. Phys. Lett., 2006, 89: 111101.

[14] Yu Y Y, Tan H, Dai C D, et al. Sound velocity and release behavior of shocked-compressed LY12Al. Chinese Physics Letter, 2005, 22(7): 1742-1745.

[15] Yu Y Y, Tan H, Hu J B, et al. Determination of effective shear modulus of shock-compressed LY12 Al from particle velocity profile measurements. Journal of Applied Physics, 2008, 103: 103529.

[16] Hu J B, Zhou X M, Tan H, et al. Shock-induced bct-bcc transition and melting of tin identified by sound velocity measurements. J. Appl. Phys., 2008, 104: 083520.

[17] Hayes D. Backward integration of the equations of motion to correct for free surface perturbations. SAND2001-1440, 2001.

[18] Chhabildas L C, Asay J R, Barker L M. Shear strength of tungsten under shock-and quasi-isentropic loading to 250GPa. SAND88-0306, 1988.

[19] Martin L P, Orlikowski D, Nguyen J H. Fabrication and characterization of graded impedance impactors for gas gun experiments from tape cast metal powders. Materials Science and Engineering A, 2006, 427: 83-91.

[20] Patterson J R, Orlikowski D, Nguyen J H. Application of tape-cast graded impedance impactors for light-gas gun experiments. J. Appl. Phys., 2007, 102: 023507.

[21] Johnson J N, Hixon R S, Gray G T, et al. Quasielastic release in shock-compressed solids. J. Appl. Phys., 1992, 72: 429-441.

[22] Huang H, Asay J R. Compressive strength measurements in aluminum for shock compression over the stress range of 4-22 GPa. J. Appl. Phys., 2005, 98: 033524.

[23] Yu Y Y, Tan H, Hu J B, et al. Shear modulus of shock-compressed LY12 aluminium up to melting point. Chinese Physics B, 2008, 17: 264-269.

[24] Steinberg D J, Cochran S G, Guinan M W. A constitutive model for metals applicable at high-strain rate. J. Appl. Phys., 1980, 51: 1498-1504.

[25] Tan H, Yu Y Y, Hu J B, et al. Shear modulus of LY12 aluminum alloy under shock loadings and quasi-elastic unloading and the constitutive relations//Proceedings of 9[#] International Conference on the Mechanical and Physical Behavior of Materials under Dynamic Loading (DYMAT-2009). Royal Military Academy, Brussel Belgium, EDP Science, 2009: 1333-1337.

第11章　延性金属动态拉伸断裂的损伤演化研究

彭　辉　裴晓阳　贺红亮

(中国工程物理研究院流体物理研究所冲击波物理与爆轰物理重点实验室)

延性金属的动态拉伸断裂是高强加载下材料的一种典型破坏形式，是武器物理学和工程学的一个重要基础科学问题，在航空航天、装甲防护等领域具有非常广泛的应用背景。延性金属动态拉伸断裂是包含微孔洞形核、增长和聚集的跨越多个时空尺度的复杂物理过程，深入认识延性金属动态拉伸断裂的损伤演化行为，需要同时运用到材料学、力学和物理学等多学科知识。对于延性金属的动态损伤演化行为研究，一般从典型的动态拉伸断裂 —— 层裂 (spallation) 问题入手。然而，长期以来，由于对层裂的演化图像和物理过程缺乏深刻、系统的认识，在实验数据解读、理论模型建立等方面总是蕴含着重大机遇，同时也面临着极大挑战。

自 20 世纪 60 年代末以来，很多学者致力于 "物理判据" 的建立，试图从物理学的范畴来研究层裂破坏问题，其中 1972 年 Davison 和 Stevens[1] 基于连续介质理论提出的 "损伤度" 概念是层裂认识上的重要突破。根据 "损伤度" 的物理思想，层裂是材料内部的微损伤成核、长大以及贯通，最后导致材料发生灾变式断裂的一种损伤演化过程。在 "损伤度" 物理概念的基础上，层裂研究的实验方法、物理建模以及数值模拟都获得了长足发展。但是，将层裂的 "物理判据" 应用于科学地预测武器系统那样的复杂加载应力和复杂几何构型，仍然有许多重要的基础问题需要开展深入研究。

总地来说，对于动态拉伸断裂的研究由最初的寻找断裂与力学状态的联系，逐步深入到对损伤演化的准确描述上，实质上就是从寻找断裂的力学宏观量判据转为寻找能反映损伤断裂内禀特征的物理判据。由于在外界加载条件下，损伤演化与材料微结构变化密切相关，反过来又与材料力学状态量耦合，整个过程覆盖宏、细、微观多尺度空间，非常复杂。这给不依赖于加载条件和样品构型，具有相当的普适性的物理模型构建带来了困难。当前，对于金属材料损伤演化问题的研究一方面主要通过实验测试诊断和数据分析获得宏、细、微观多尺度认识，另一方面通过理论分析并结合计算机模拟损伤演化机理，但是这两种手段都不能完全真实地给出损伤演化各个阶段的表象和特征。随着研究的深入，有必要对现有研究中的结论和问题进行梳理和总结，为后续研究提供参考。本章将从宏观响应、微细观机理、损伤演化模型等方面对延性金属动态拉伸断裂进行综合性分析。

11.1　延性金属动态拉伸断裂的宏观响应研究

延性金属的层裂演化起源于原子尺度的点阵缺陷，并通过微孔洞形核、增长、聚集形成宏观断裂，具有典型的多尺度特征。宏观尺度获得的测试数据是认识层裂现象的重要手段，也是理论模型校验的基础性数据，因此，延性金属层裂的宏观响应特征和规律一直都是关注的焦点，学者们一方面关注层裂响应随着加载条件的变化规律，另一方面对材料初始微结构对层裂的影响规律和机制充满兴趣。

已有研究表明，不论是延性还是脆性材料，其层裂响应对冲击剖面形状十分敏感[2-4]，根本原因在于加载冲击波形的变化会造成材料内部不同区域上拉伸应变率、峰值应力、拉伸应力持续时间的改变，进而影响损伤演化的动力学进程。

11.1.1　应变率对延性金属拉伸断裂的影响

自由面曲线作为延性金属层裂的重要测试数据，一直是认识宏观响应的重要数据，特别是通过自由面计算的层裂强度。在层裂研究的早期，以瞬态强度理论为基础，认为层裂强度是材料的本征参数，并在此基础上建立了响应的瞬态判据[5-7]。然而，大量实验数据证实，层裂强度会随着加载条件的变化不断变化。Buchar 等[8]指出，当加载的应变率在 $10^4 \sim 10^6 \mathrm{s}^{-1}$ 范围内时，铜的层裂强度将首先随着加载应变率的增加而单调递增，但是到一定临界值后，应变率的增加将不再引起层裂强度的变化。需要指出的是，Buchar 等的实验是在轻气炮上开展的，而 $10^6 \mathrm{s}^{-1}$ 是轻气炮加载的极限。综合本课题组开展的实验[9]与激光加载实验[10-12]，从更宽的应变率范围内来看，层裂强度随着应变率的增加而单调递增，如图 11.1.1 所示。

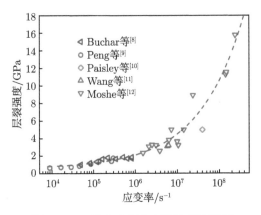

图 11.1.1　较宽应变率下铜的层裂强度

应变率敏感性将延迟材料力学失稳的起始条件, 应变率的增加将导致损伤发展演化需要更高的临界应力, 这个高的临界应力使得材料内部的位错密度增加, 更多的滑移系被启动, 更多潜在的形核点能够形成孔洞[13], 形核的饱和程度变高。孔洞的形核是拉伸应力激活了材料内部非均匀的微结构, 其对拉伸应变率有强依赖性[14,15]。同时应变率导致的硬化效应, 将对孔洞的增长速率和最终尺寸产生影响[16,17], 并且这种影响效应随着孔洞体积分数的增加而变小[18]。显然, 应变率对层裂响应的影响是多方面的综合效应, 随着应变率的升高, 微孔洞成核机制主导的损伤演化效应增强。

11.1.2　应力幅值对延性金属拉伸断裂的影响

应力幅值是动态加载中重要的输入参数, 其对延性金属拉伸断裂的影响很早就受到学者的关注[19]。值得注意的是, 学者们对加载应力幅值是否对层裂强度产生影响还存在争议, 在相当的加载应力幅值范围内, 一些实验结果表明, 加载应力幅值对层裂的强度没有明显的影响[20]; 也有实验结果表明, 层裂强度随着加载应力幅值的增加而增加[21]。Williams 等[22] 和 Chen 等[23] 的课题组分别对 1100-O 和 1060 铝的研究发现: 层裂强度随着加载应力幅值的增加先增加, 到了某一特定值以后, 层裂强度随着加载应力幅值的增加逐渐减小。Liao 等[24] 在数值模拟中再现了这种规律, 并且指出这是由应变率硬化与温度软化相互竞争导致的。

虽然对加载应力幅值与层裂强度之间的关联没有获得一致的认识, 但是通过回收实验表征获得的一个共同现象是: 加载应力幅值越大, 材料内部损伤越严重, 如图 11.1.2 所示。裴晓阳等[25] 研究较低加载应力幅值对高纯铜层裂的影响时, 发现在应变率 ($3 \times 10^4 s^{-1}$ 左右) 基本相同情况下, 随着加载应力幅值 (2.5GPa、2.75GPa 和 3.75GPa) 的升高, 虽然层裂强度没有变化, 但自由面速度剖面上 "回跳"(Pullback) 信号后的回跳速率和幅值显著增大。对于 Pullback 点后回跳的层裂峰值速度, 张友君[26] 指出: 对于初始层裂, 随着加载应力的增加而增加; 但是对于完全层裂而言, 层裂峰值速度则保持不变。同时 Kanel 等[27] 在动力学分析的基础上, 认为 Pullback 信号后自由面回跳斜率与损伤演化速率存在着定性的关联。

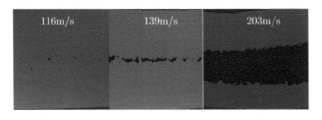

图 11.1.2　高纯铜在不同碰撞速度下的损伤程度

加载应力的大小一方面影响潜在形核点的形核饱和程度，另一方面给损伤演化的过程提供驱动力。通过层裂强度来判断加载应力幅值对延性金属的影响规律存在一定的局限性，需要结合自由面速度曲线上其他特征以及样品回收、表征进行综合分析。

11.1.3　应力持续时间对延性金属拉伸断裂的影响

应力持续时间对延性金属拉伸断裂的影响，是在认识到损伤具有累积效应之后才引起大家的重视。在应力持续时间对宏观状态量的影响上，学者们一方面关注其对层裂强度的影响规律，另一方面试图通过与应力幅值相关联，构建动力学不变量。大量的实验结果[4,9] 表明：在相同加载应力幅值下，层裂强度随着应力持续时间的减小而增加。Li 等 [28] 所在课题组的研究表明，虽然层裂强度会随着应力持续时间的变化而改变，但是其变化量不大。早在 1968 年，Tuler 和 Butcher[29] 就意识到层裂损伤是应力幅值与时间的综合作用。俄罗斯科学家在此基础上提出了层裂的动力学不变量[30]($P^{\alpha}t=$ 常数，其中 P 为应力幅值，t 为时间) 的概念，并通过大量实验确定了相关实验参数。Qi 等[31] 也通过定义加载应力与时间的乘积为加载冲量，发现层裂的损伤程度与加载冲量之间存在着临界行为特征。

实验中，由于应力幅值、应变率和应力持续时间相互耦合，给获取不同时刻的层裂物理图像带来了极大困难。因此，建立应力持续时间单一因素可控的层裂实验方案，显得尤为重要。裴晓阳[32] 提出了一种双层靶实验技术，提供可单一控制拉伸应力持续时间的技术方案，并获得了不同拉伸应力持续时间下样品损伤截面形态。结果显示，随着拉伸应力持续时间的增加，材料内部损伤演化的时间越长，损伤局域化越明显，损伤程度越大，如图 11.1.3 所示。

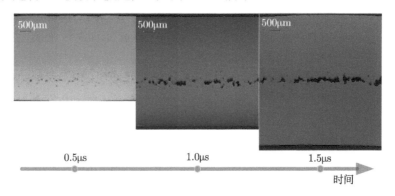

图 11.1.3　不同拉伸应力持续时间下的损伤

延性金属动态拉伸断裂需要在一定的拉伸应力持续时间下进行。然而，损伤演化是时空多尺度相互耦合的复杂现象，不同时间尺度下的主导机制不同，给损伤演化认识带来了极大的困难。一部分学者试图通过时间来建立多尺度耦合的联系，例如，Barenblatt[33] 就建议将宏观动力学方程与微结构动力方程统一，并且定义微结构弛豫时间与宏观外载荷作用时间比值的 Deborah 特征数，试图通过该无量纲量建立宏微观联系。Bourne[34] 在此基础上认为，对于延性金属动态拉伸断裂而言，微结构弛豫时间就是微孔洞的形核时间 (约 10ns)，他认为当 Deborah 数小于 1 时，层裂强度较低并且几乎保持不变，但是当 Deborah 数大于 1 时，层裂强度随着其增加而不断增大。

11.1.4 材料微结构对延性金属拉伸断裂的影响

延性金属动态拉伸断裂本质上是材料内部微缺陷被激活并随时空演化的复杂的多尺度、多物理动力学过程，材料内部夹杂物、二相粒子以及材料本身的缺陷将成为损伤发展的起点[35]，对延性金属动态拉伸断裂的宏观响应产生重要影响。

近年来，采用高纯金属来研究晶粒度对层裂的影响，是认识材料学因素对延性金属拉伸断裂影响的重要内容。然而，晶粒度对延性金属宏观动态响应的影响并没有获得一个统一的认识，例如，Buchar 等 [8] 指出随着晶粒度的增加，层裂强度减小；Schwartz 等 [36] 则发现随着晶粒度的增加，层裂强度增加；而 Chen 等 [37] 则认为材料晶粒度对层裂强度没有明显的影响。造成这种结果差异的原因可能是多方面的：一方面是晶粒度是一个平均量，本身就存在微观不均匀性；另一方面是目前采用的自由面测试技术主要是点测量，也存在一定的分散性，两者相互叠加，导致结果的不确定性。虽然如此，单晶材料的层裂强度比多晶体层裂强度高则获得了一致的认可[9,21,38]，如图 11.1.4 所示。

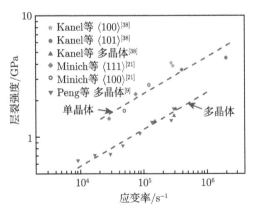

图 11.1.4 单晶体与多晶体层裂强度对比

从材料学角度总地来看，材料内部初始微缺陷越多，其潜在损伤演化的起点越多。同时，演化的物理过程与加载的应力、应变率和应力持续时间相互耦合[39]。而宏观自由面速度的变化，实质上是材料内部压缩或稀疏波与自由面相互作用的结果，这种复杂波系的相互作用与损伤演化行为相互影响。作为间接测量的自由面速度曲线，存在着不能获得直接的损伤演化数据的局限性[40]。更为重要的是，在自由面测试中获得的 "Spike"[21] "Shoulder"[23] "Dip"[41] 等特征并不能从宏观尺度获得解释。显然，延性金属动态损伤演化的研究需要多个尺度的协同，需要获得材料动态拉伸断裂过程的损伤演化机理，并从介观尺度获得对其物理图像的认识。

11.2　材料动态拉伸断裂过程的损伤演化机理研究

随着金相表征、扫描电镜 (SEM)、透射电镜 (TEM) 以及电子背散射衍射 (EBSD) 等表征测试技术的发展，对于微细观尺度上层裂损伤演化的认识不断深入。微结构的演化的研究主要体现在两个方面：一是基于高精度的表征测试设备，探寻材料内部微孔洞形核的起源和孤立孔洞的早期增长行为；二是介观尺度上大量微损伤演化特征及规律研究，其目的在于获得介观演化的物理认识，并以此来解释和预测宏观尺度的响应。

11.2.1　损伤演化早期、中期，孔洞的形核和增长研究

早在 20 世纪 80 年代，学者们从回收样品的金相观测发现，微孔洞主要成核于第二相粒子、杂质、晶界和沉淀物[42,43]。这从材料学角度为工程设计提供了参考，然而并没有回答微孔洞是如何产生的这一根本性问题。为了对微孔洞的起源获得清晰的认识，学者们开始采用高纯度的多晶或者单晶材料开展研究。Belak 等[44] 利用斯坦福同步辐射光源 (Stanford Synchrotron Radiation Lightsource, SSRL) 对冲击加载后的单晶和多晶铝样品进行三维测试，发现单晶样品中的孔洞尺寸较大并且呈孤立状态，而多晶中孔洞数量多而不均匀。利用 EBSD 表征技术，对回收样品截面进行大面积测试和统计，发现不同晶界类型存在不同的形核条件，例如，$\Sigma1$ 和 $\Sigma3$ 晶界不易形核[45]，而晶界角为 $25° \sim 50°$ 的晶界容易形核[46]。显然，在排除其他影响因素之后，材料内部的晶体界面成为影响动态拉伸形核的最重要因素，晶界成核是多晶体材料最重要的成核方式[47]，如图 11.2.1 所示。

值得一提的是，在延性金属损伤演化研究上，分子动力学模拟扮演着不可或缺的角色，为损伤演化提供微细观尺度的机理和规律认识[48,49]。Pang 等[50] 对单晶铜的 108 个不同层错面交叠构型研究，指出只有 4 种构型的交叠引起的空穴体积最大，使孔洞形核，而其他情况则不能形核。Fan 等[51] 利用分子动力学计算研究了 Fe 的形核机理，指出空位团簇的增长与温度存在一定的联系。Belak[52] 利用分子动力学对单晶铜的形核研究，发现孔洞之间的形核距离与应变率存在着反比的关系。

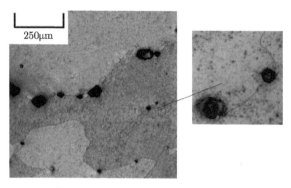

图 11.2.1 晶界处的孔洞形核与长大

原子尺度的模拟表明,孔洞通过表面发射位错长大[53,54]。对于晶界形核的孔洞,由于晶界两边的晶体取向存在差异,其滑移系启动的阈值不同,孔洞的增长会偏向于位错更易于发射的一侧,即孔洞的增长偏向晶界的一侧 (图 11.2.1)。另一方面,由于晶界分布的微观不均匀性,并且与样品内复杂波系的相互耦合,微孔洞存在形核的先后之分,增长过程中存在不同尺寸孔洞的竞争[55]。先形核的孔洞,其应力松弛作用对其附近缺陷点的形核有抑制作用;不同尺寸的孔洞相互之间的尺寸效应使得样品中局部区域损伤的发展受到抑制,损伤度随空间分布就呈现一个非连续的演化进程[56]。这种非连续的空间演化对后续的损伤演化直至宏观断裂将产生深远影响。

11.2.2 损伤演化后期的孔洞聚集研究

微损伤的演化包含形核、增长和聚集三个阶段。形核是在冲击作用下,材料内部局部微区的非均匀性的非平衡过程,可以忽略不同孔洞形核的相互影响,因此可以通过概率分布描述[57]。然而,随着孔洞的增长,相互之间的竞争和影响逐渐加强,这种相互作用对演化的进程产生至关重要的影响。一方面,由于损伤演化的迅速发展,难以通过实验直接观测到相互作用的过程;另一方面,相互作用中拓扑形态的不断变化,给理论分析带来极大的困难。因此,通过分子动力学模拟获得机理认识和回收样品的统计分析,成为演化特征研究的重要手段。

微孔洞的聚集是一个迅速演化的过程,通过分子动力学模拟有助于再现演化的物理过程。Seppälä等 [58] 利用分子动力学研究单晶铜中两个孔洞的聚集,结果表明,当孔洞之间间距与孔洞直径相当时,相邻孔洞各自的周围塑性区开始交互作用,引起局域硬化、热软化和剪切变形。显然孔洞之间相互作用的临界距离是聚集演化的重要参数。然而,Deng 等[59] 的分子动力学模拟发现,孔洞中心连线与冲击加载方向的夹角为 60° 时,孔洞最容易聚集,即孔洞之间相互作用的临界距离与加载方向相关。Peng 等[60] 对坍塌及再形核、长大最后聚集的全过程进行模拟,表明孔洞之间的聚集主要机制是剪切型位错环发射。

　　对回收样品内部损伤精确的量化描述,是对损伤演化行为进行统计描述的基础。通过金相图片拍摄与图像拼接技术相结合是早期研究的主要方式之一[43]。也有学者采用层析技术[61]、CT 扫描[62]、超声波[63] 等技术对样品内部损伤状态进行探测,这些技术难以同时满足统计分析的高精度大范围要求。因此,通过对样品截面的损伤测量,并结合体视金相学分析,获得材料内部损伤分布,建立与动态加载条件之间的关联,成为一种有效的方式。祁美兰等[31,64,65] 通过对高纯铝损伤统计,发现随着加载冲量的增加,样品内部最大损伤度存在一个临界特征,从实验上明确了损伤演化的临界行为,并且在高纯铜中也存在近似的规律[32],如图 11.2.2 所示,该临界点与微损伤的聚集行为相关。彭辉[66] 通过改进测试技术,有效地提高损伤的空间分辨率的同时,发现损伤演化存在空间不连续特征,并构建了用于描述聚集行为的模型。

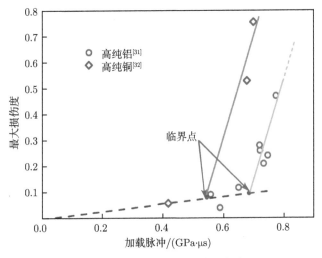

图 11.2.2　损伤演化的临界行为

　　损伤演化后期的孔洞聚集行为,起源于介观尺度上损伤的相互作用,是样品的微细观损伤向宏观断裂演化的最重要阶段,包含了数个空间尺度。分子动力学模拟需要对局部微区的机理进行确认;样品的终态表征,一方面需要刻画损伤的微细观特征;另一方面要能够描述宏观的统计平均特性,需要具有跨尺度的包容性。这种微细观结构演化,最终导致宏观特性的变化,需要通过模型建立起相互之间的关联。显然,从损伤演化的微细观统计特征出发,建立包含真实演化规律的物理模型,能有效提升对材料动态行为的预测能力。

11.3 材料动态拉伸断裂的损伤演化物理模型

意识到动态拉伸断裂是损伤演化发展的结果，基于传统力学的瞬态断裂准则逐渐被摒弃。在此过程中，粒子类描述和模拟方法[67,68]、谱方法[69] 等多种建模思路和模拟方法起着重要的作用。其中，以微损伤演化的形核、增长和聚集的物理过程为基础，在不同时间尺度考虑相应的主导机制，构建分布式物理模型开始受到学者的青睐和重视。

斯坦福研究所的 Seaman，Curren，Shockey[43] 构建的 NAG(nucleation and growth) 模型无疑是该类模型的典型代表。在对大量实验回收样品统计分析的基础上，模型主要考虑了损伤演化的形核和长大两个阶段。其中微孔洞的形核模型为

$$\dot{N} = \begin{cases} \dot{N}_0 \exp\left(\dfrac{\sigma - \sigma_{n0}}{\sigma_i}\right), & \sigma > \sigma_{n0} \\ 0, & \sigma \leqslant \sigma_{n0} \end{cases} \tag{11.3.1}$$

其中，σ_{n0} 代表损伤成核的拉伸应力阈值，$\dot{N}_0$ 为成核率阈值，σ_i 是材料常数。类似的损伤增长也是受到临界应力阈值的限制，当基体应力大于损伤增长的临界应力阈值时，其增长速率满足

$$\dot{R} = R \exp\left(\frac{\sigma - \sigma_{g0}}{4\eta}\right) \tag{11.3.2}$$

σ_{g0} 为损伤长大的拉伸应力阈值，η 为黏性系数，R 为损伤半径。该模型需要通过实验获得的参数较多，这给实际的使用带来了诸多困难。

构建物理意义明确的微孔洞增长阶段的损伤演化模型，在相当长一段时间内是动态拉伸断裂物理模型构建的主要内容[70-72]。Bai 等[73] 基于统计物理的方法，认为含微损伤的状态可以构成一个相空间，并给出了一维理想微损伤系统的演化方程：

$$\frac{\partial n}{\partial t} + \sum_i \frac{\partial(n\dot{v})}{\partial v} = n_N \tag{11.3.3}$$

n 是一维相空间中微孔洞的数密度函数，$\dot{v}$ 是微孔洞的扩散速率，n_N 是微孔洞的成核速率。

封加波[74] 在 Bai 等[73] 的基础上把 Griffith-Orowan 提出的裂纹扩散能量观点用于分析微孔洞长大的动力学过程，并且假设孔洞长大的表面能由应变能提供，建立了微孔洞长大的动力学方程

$$\dot{V} = \frac{3VC(P_S^2 - \sigma_0^2)}{4\lambda B} \tag{11.3.4}$$

和损伤演化方程

$$\dot{D} = \begin{cases} D\dfrac{\left(P_S{}^2 - \sigma_0{}^2\right)}{\dfrac{4}{3}B\dfrac{\lambda}{C}} - \dfrac{D}{V}\dot{V}, & |P_S| > \sigma_0 \\[4mm] 0, & |P_S| \leqslant \sigma_0 \end{cases} \tag{11.3.5}$$

其中，P_S 为受损伤材料中基体的压力，下标 S 表示基体材料的量；σ_0 为产生损伤的临界应力；B,λ,C 分别为体积模量，断裂比功和声速。与 NAG 模型的增长方程相比，该模型具有更加明确的物理意义。

针对微孔洞增长过程中的驱动力，裴晓阳[32] 在单胞模型的基础上，认为微孔洞长大包含弹塑性长大和塑性长大两个阶段，并且给出两个阶段的不同驱动应力：

$$P_c = \begin{cases} 2\gamma/a + \dfrac{2}{3}\sigma_y\left(\dfrac{D}{D_{\text{p-c}}}\ln(1/D) + 1\right), & D \leqslant D_{\text{p-c}} \\[4mm] 2\gamma/a + \dfrac{2}{3}\sigma_y\ln(1/D), & D \geqslant D_{\text{p-c}} \end{cases} \tag{11.3.6}$$

其中，γ 为材料单位面积表面能，a 是微孔洞尺寸，σ_y 为基体材料屈服强度，$D_{\text{p-c}}$ 为弹塑性增长向塑性增长转变的临界损伤度。

作为分布式损伤演化模型的第一步，微孔洞的成核描述一直没有受到足够的重视。在数值模拟中，给初始材料赋予一定的损伤量，作为损伤演化的起点，从而避免了形核模型的描述。正如前文所述，微孔洞的增长是基于表面发射位错，显然，孔洞表面能否发射位错可以作为孔洞形核的判定。在此基础上，裴晓阳[32] 给出了微孔洞形核的临界应力和临界尺寸：

$$P = \dfrac{2}{3}\sigma_y + \dfrac{2\gamma}{a} \tag{11.3.7}$$

$$a_c(P) = \dfrac{2\gamma}{P - \dfrac{2}{3}\sigma_y} \tag{11.3.8}$$

延性金属动态拉伸断裂模型面临的最大困难在于微损伤聚集阶段的描述，一方面，相对于微损伤的形核和增长，微损伤的聚集是一个迅速发展的过程，实验上很难直接观测；另一方面，微损伤的聚集行为是多尺度强耦合的动力学过程，难以建立微细观尺度与宏观断裂行为之间的关联。构建损伤演化导致表观模量和强度下降的关联成为通行做法，然而这种关联多为经验型的，缺乏足够的物理基础作为支撑[75,76]。王永刚[77] 在逾渗理论的基础上，构建了描述损伤演化后期到断裂灾变之前，由微损伤聚集而导致的材料承载能力迅速下降的过程的逾渗软化函数：

$$F_{\text{PS}}(D) = 1 - \theta(D) = \begin{cases} 1, & D < D_1 \\[3mm] 1 - k\left(\dfrac{D}{D_1} - 1\right)^\beta, & \beta \geqslant 0, \quad D_f \geqslant D \geqslant D_1 \end{cases} \tag{11.3.9}$$

式中, D_1 和 D_f 是损伤演化中的两个临界损伤物理量, 其物理意义是: 当损伤 D 大于 D_1 时, 微损伤之间开始聚集, 用它表征微损伤之间开始聚集起始的临界点; D_f 则是微损伤聚集结束并且发生灾变式断裂的临界点, 可以定义为断裂的临界损伤度。在此基础上, 彭辉[66] 考虑聚集过程导致的微孔洞形状变化, 通过引入与损伤 D 和孔洞长轴与短轴比值 ϕ 相关的键占有率 α, 构建了新的软化函数 (式 (11.3.10))。该模型可以通过假定聚集过程中微孔洞形状保持球形不变, 退化到式 (11.3.9)。

如图 11.3.1 所示, 在应力松弛过程中, 考虑形状因素的应力松弛比球形损伤的应力松弛更快。在聚集过程中, 损伤形状的改变量越来越大, 其在断裂时刻所对应的临界损伤量要远小于不考虑形状影响时对应的损伤量。这一点也可以通过一个较为极端的例子得到佐证: 脆性材料断裂所对应的损伤量远小于延性金属断裂时所对应的损伤量。显然, 考虑损伤演化后期, 微损伤的聚集导致损伤形态的改变, 更符合实际的损伤演化图像

$$
F(\alpha) = \begin{cases} 1, & \alpha < \alpha_c \\ 1 - k\left(\dfrac{\alpha}{\alpha_c} - 1\right)^{\beta}, & \alpha_c \leqslant \alpha < \alpha_c\left((1/k)^{1/\beta} + 1\right) \\ 0, & \alpha \geqslant \alpha_c\left((1/k)^{1/\beta} + 1\right) \end{cases} \tag{11.3.10}
$$

由单胞模型的几何关系可得

$$
\alpha = \sqrt[3]{\frac{6D\phi^2}{\pi}} \tag{11.3.11}
$$

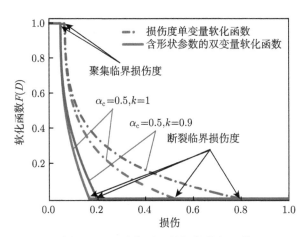

图 11.3.1　聚集过程的损伤软化函数

11.4　结　束　语

近年来,人们认识到如果只停留在宏观层面上,而不深入到微细观的分析中去,就很难理解材料变形、损伤与破坏的根本原因,因此,关注的焦点正从连续介质尺度上的理解向原子及介观尺度转变。这种转变受到美国科技工作者的极大重视,先进光源的动态压缩部 (The Dynamic Compression Sector at the Advanced Photon Source, DCS@APS) 将微结构不均匀性随时间的演化作为优先研究方向[78]。延性金属层裂破坏从原子层次上产生扩展到宏观层次,是跨空间尺度、跨时间、跨结构层次的多尺度耦合现象,是不可逆的、远离平衡的过程。对材料宏观层裂行为起至关重要作用的功能性从原子或纳米尺度开始显现——微孔洞成核,在介观尺度上由于不同尺度微损伤的相互作用不断放大,直至宏观尺度上的破坏。其中,大量分布式微孔洞的时空尺度关联及耦合效应是该问题复杂性的主要特征,介观尺度上所体现的与宏观和微观层次不同的物理现象及异质性正是损伤演化复杂行为的主要内容。目前介观层次上既缺乏足够的实验手段和诊断技术,又缺乏相关的理论,基本处于空白状态。

面对延性金属层裂问题研究所面临的科学挑战,一方面需要确认缺陷的形成机制和主导因素,并追踪其动态演化;另一方面需要认识缺陷的集体长期行为改变宏观性能的机制。业已证明,加载方式和材料的微结构特征是层裂损伤演化的两种主要依赖因素,动力学效应和微结构因素的耦合主导了分布式微损伤的时空演化行为,加剧了介观尺度上的物理现象的复杂性和响应行为的异质性。因此,动力学效应和微结构因素的解耦研究可能是攻克该问题介观尺度上科学挑战的一种最可行的策略,进而达到联系微观尺度上的损伤机制理解和宏观尺度上的破坏行为预测的目的。

参 考 文 献

[1] Davison L, Stevens A L. Continum measures of spall damage. J. Appl. Phys., 1972, 43(3): 988-994.

[2] Zhan X J, Shu D Q. Spalling phenomena analysis of brittle materials under three kinds of impulse loads. Eng. J. Wuhan University, 2003, 36(2): 45-48. [占学军, 舒大强. 三种脉冲荷载作用下脆性材料层裂现象分析. 武汉大学学报 (工学版), 2003, 36(2): 45-48.]

[3] Koller D D, Hixson R S, GrayIII G T, et al. Influence of shock-wave profile shape on dynamically induced damage in high-purity copper. J. Appl. Phys., 2005, 98(10): 103518.

[4] Escobedo J P, Brown E N, Trujillo C P, et al. The effect of shock-wave profile on dynamic brittle failure. J. Appl. Phys., 2013. 113: 103506.

[5] Rinehart J S. Some quantitative data bearing on the scabbing of metals under explosive attack. J. Appl. Phys., 1951, 22: 555-562.

[6] Whiteman P. Atomic weapons research establishment report. AWRESWAN-10/61. 1962.

[7] Bread B R, Mader C L, Venable D. Technique for the determination of dynamic-tensile-strength characteristics. J. Appl. Phys., 1967, 38(8): 3271-3275.

[8] Buchar J, Elices M, Cortez R. The influence of grain size on the spall fracture of copper. J. Physique IV, 1991, 01(C3): C3-623-C3-630.

[9] Peng H, Li P, Pei X Y. Rate-dependent characteristics of copper under plate impact. Acta Phys. Sin., 2014, 63(19): 196202. [彭辉, 李平, 裴晓阳, 等. 平面冲击下铜的拉伸应变率相关特性研究. 物理学报, 2014, 63(19): 196202.]

[10] Paisley D L, Warnes R H, Kopp R A. Laser-driven flat plate impacts to 100 GPa with sub-nanosecond pulse duration and resolution for material property studies. Proceedings of the APS 1991 Topical Conference on Shock Compression of Condensed Matter, Williamsburg, VA, 1991: LA-UR-91-3306.

[11] Wang Y G, He H L, Boustie M, et al. Measurement of dynamic tensile strength of nanocrystalline copper by laser irradiation. J. Appl. Phys., 2007, 101(10): 103528.

[12] Moshe E, Eliezer S, Henis Z, et al. Experimental measurements of the strength of metals approaching the theoretical limit predicted by the equation of state. Appl. Phys. Lett., 2000, 76(12): 1555-1557.

[13] Dongare A, Rajendran A, Lamattina B, et al. Atomic scale simulations of ductile failure micromechanisms in nanocrystalline Cu at high strain rates. Phys. Rev. B, 2009, 80(10): 104108.

[14] Wright T W, Ramesh K T. Statistically informed dynamics of void growth in rate dependent materials. Int. J. Impact. Eng., 2009, 36: 1242-1249.

[15] Reina C, Marian J, Ortiz M. Nanovoid nucleation by vacancy aggregation and vacancy-cluster coarsening in high-purity metallic single crystals. Phys. Rev. B, 2011, 84(10): 104117.

[16] Wu X Y, Ramesh K T, Wright T W. The dynamic growth of a single void in a viscoplastic material under transient hydrostatic loading. J. Mech. Phys. Solids, 2003, 51(1): 1-26.

[17] Zhou H Q, Sun J S, Wang Y S. The growth of microvoids in ductile materials under dynamic loading. Explosion and Shock Waves, 2003, 23(5): 415-419. [周洪强, 孙锦山, 王元书. 动载荷下延性材料中微孔洞的增长模型. 爆炸与冲击, 2003, 23(5): 415-419.]

[18] Wang Z P. Void-containing nonlinear materials subject to high-rate loading. J. Appl. Phys., 1997, 81(11): 7213-7227.

[19] Stevens A L, Tuler F R. Effect of shock precompression on the dynamic fracture strength of 1020 steel and 6061-T6 aluminum. J. Appl. Phys., 1971, 4213: 5665.

[20] Kanel G I, Razorenov S V, Bogatch A, et al. Spall fracture properties of aluminum and magnesium at high temperatures. J. Appl. Phys., 1996. 79(11): 8310-8317.

[21] Minich R W, Cazamias J U, Kumar M, et al. Effect of microstructural length scales on spall behavior of copper. Metall. Mater. Trans. A, 2004. 35A: 2663-2673.

[22] Williams C L, Chen C Q, Ramesh K T, et al. On the shock stress, substructure evolution, and spall response of commercially pure 1100-O aluminum. Metall. Mater. Trans. A, 2014, 618: 596-604.

[23] Chen X, Asay J R, Dwivedi S K, et al. Spall behavior of aluminum with varying microstructures. J. Appl. Phys., 2006, 99(2): 023528.

[24] Liao Y, Xiang M, Zeng X, et al. Molecular dynamics studies of the roles of microstructure and thermal effects in spallation of aluminum. Mech. Mater., 2015, 84: 12-27.

[25] Pei X Y, Peng H, He H L, et al. Study on the effect of peak stress on dynamic damage evolution of high pure copper. Acta. Phys. Sin., 2015, 64(5): 054061. [裴晓阳, 彭辉, 贺红亮, 等. 加载应力幅值对高纯铜动态损伤演化特性研究. 物理学报, 2015, 64(5): 054061.]

[26] 张友君. 退火与未退火高纯无氧铜的层裂特性研究. 绵阳: 中国工程物理研究院, 2012.

[27] Kanel G I, Razorenov S V, Bogatch A, et al. Simulation of spall fracture of aluminum and magnesium over a wide range of load duration and temperature. Int. J. Impact. Eng., 1997, 20: 467-478.

[28] Li C, Li B, Huang J Y, et al. Spall damage of a mild carbon steel: Effects of peak stress, strain rate and pulse duration. Mater. Sci. Eng. A, 2016, 660: 139-147.

[29] Tuler F R, Butcher B M. A criterion for the time dependence of dynamic fracture. Int. J. Fracture, 1968, 4(4): 431-437.

[30] Kanel G I. Dynamic strength of materials. Fatigue Fract. Eng. M, 1999, 22: 1011-1019.

[31] Qi M L, Luo C, He H L, et al. Damage property of incompletely spalled aluminum under shock wave loading. J. Appl. Phys., 2012, 111(4): 043506.

[32] 裴晓阳. 高纯无氧铜动态拉伸破坏 (层裂) 的损伤演化动力学研究. 绵阳: 中国工程物理研究院, 2013.

[33] Barenblatt G I. Micromechanics of fracture//Bodner S R, et al. Theoretical and Applied Mechanics. Amsterdam: Elesevier Science Publishers, 1992: 25-52.

[34] Bourne N K. Materials-physics in extremes: Akrology. Metall. Mater. Trans. A, 2011, 42(10): 2975-2984.

[35] Zheng J, Wang Z P. Experimental study and numerical analysis of dynamic fracture in ductile solids. Acta. Mech. Solida. Sin., 1994, 15(4): 345-350. [郑坚, 王泽平. 延性材料动态断裂的实验研究和数值分析. 固体力学学报, 1994, 15(4): 345-350.]

[36] Schwartz A J, Cazamias J U, Fiske P S, et al. Grain size and pressure effect on spall strength in copper. Shock Compression of Condensed Matter, 2001.

[37] Chen T, Jiang Z X, Peng H, et al. Effect of grain size on the spall fracture behaviour of pure copper under plate-impact loading. Strain, 2015, 51(3): 190-197.

[38] Kanel G I, Razorenov S V, Utkin A V. Dynamic Fracture and Fragmentation//Davison L, Grady D E, Shahinpoor M. High-Pressure Shock Compression of Solids Ⅱ. New York: Springer, 1993.

[39] Escobedo J P, Cerreta E K, Dennis-Koller D, et al. Influence of shock loading kinetics on the spall response of copper. Journal of Physics: Conference Series, 2014, 500(11): 112023.

[40] He H L. Discussion on the spallation behavior resolved by free surface velocity profile. Chin. J. High Press Phys., 2009, 23(1): 1-8. [贺红亮. 关于自由面速度剖面解读层裂问题的几点商榷. 高压物理学报, 2009, 23(1): 1-8.]

[41] Whelchel R L, Sanders T H, Thadhani N N. Spall and dynamic yield behavior of an annealed aluminum-magnesium alloy. Scr. Mater., 2014, 92: 59-62.

[42] Meyers M A, Aimone C T. Dynamic fracture (spalling) of metals. Prog. Mater. Sci., 1983, 28: 1-96.

[43] Curran D R, Seaman L, Shockey D A. Dynamic failure of solids. Phys. Rep., 1987, 147(5-6): 253-388.

[44] Belak J, Cazamias J, Fivel M, et al. Microstructural Origins of Dynamic Fracture in Ductile Metals. 2004.

[45] Escobedo J P, Dennis-Koller D, Cerreta E K, et al. Effects of grain size and boundary structure on the dynamic tensile response of copper. J. Appl. Phys., 2011, 110(3): 033513.

[46] Wayne L, Krishnan K, DiGiacomo S, et al. Statistics of weak grain boundaries for spall damage in polycrystalline copper. Scr. Mater., 2010, 63(11): 1065-1068.

[47] Qi M L, Zhong S, He H L, et al. Effect of grain size and arrangement on dynamic damage evolution of ductile metal. Chin. Phys. B, 2013, 22(4): 046203.

[48] Yuan F, Wu X. Shock response of nanotwinned copper from large-scale molecular dynamics simulations. Phys. Rev. B, 2012, 86(13): 4172-4181.

[49] Shao J L, Wang P, He A M, et al. Spall strength of aluminium single crystals under high strain rates: Molecular dynamics study. J. Appl. Phys., 2013, 114(17): 173501.

[50] Pang W W, Zhang P, Zhang G C, et al. The nucleation and growth of nanovoids under high tensile strain rate. Sci. Sin.—Phys. Mech. Astron., 2012, 42(5): 464-474. [庞卫卫, 张平, 张广财, 等. 高应变率拉伸下纳米空洞的成核与早期生长. 中国科学: 物理学 力学 天文学, 2012, 42(5): 464-474.]

[51] Fan Y, Kushima A, Yip S, et al. Mechanism of void nucleation and growth in bcc Fe: Atomistic simulations at experimental time scales. Phys. Rev. Lett., 2011, 106(12):

125501.

[52] Belak J. On the nucleation and growth of voids at high strain-rates. J. Comput.—Aided Mater., 1998, 5: 193-206.

[53] Lubarda V A, Schneider M S, Kalantar D H, et al. Void growth by dislocation emission. Acta Mater., 2004, 52(6): 1397-1408.

[54] Seppälä E T, Belak J, Rudd R E. Molecular dynamics study of void growth and dislocations in dynamic fracture of fcc and bcc metals. 2003: UCRL-JC-151375.

[55] Tvergaard V. Effect of void size difference on growth and cavitation instabilities. J. Mech. Phys. Solids, 1996, 44(8): 1237-1253.

[56] Peng H, Li P, Pei X Y, et al. Experimental study of the spatial discontinuity of dynamic damage evolution. Acta Phys. Sin., 2013, 62(22): 226201. [彭辉, 李平, 裴晓阳, 等. 动态损伤演化的空间不连续性实验研究. 物理学报, 2013, 62(22): 226201.]

[57] Molinari A, Wright T W. A physical model for nucleation and early growth of voids in ductile materials under dynamic loading. J. Mech. Phys. Solids, 2005, 53(7): 1476-1504.

[58] Seppälä E, Belak J, Rudd R. Onset of void coalescence during dynamic fracture of ductile metals. Phys. Rev. Lett., 2004, 93(24): 245503.

[59] Deng X L, Zhu W J, Song Z F, et al. Microscopic mechanism of void coalescence under shock loading. Acta Phys. Sin., 2009, 58(7): 4772-2778. [邓小良, 祝文军, 宋振飞, 等. 冲击加载下孔洞贯通的微观机理研究. 物理学报, 2009, 58(7): 4772-2778.]

[60] Peng X J, Zhu W J, Chen K G, et al. Molecular dynamics simulations of void coalescence in monocrystalline copper under loading and unloading. J. Appl. Phys., 2016, 119(16): 165901.

[61] Kondrokhina I N, Podurets A M, Ignatova O N, et al. Space distribution of damage at early stage of spall fracture in copper. 19th European Conference on Fracture, Kazan, Russia, 2012.

[62] Bontaz-Carion J, Pellegrini Y. X-ray microtomography analysis of dynamic damage in tantalum. Adv. Eng. Mater., 2006, 8(6): 480-486.

[63] Nishimura N, Murase K, Ito T, et al. Ultrasonic evaluation of spall damage accumulation in aluminum and steel subjected to repeated impact. Int. J. Impact Eng., 2011, 38(4): 152-161.

[64] Qi M L, He H L. Statistic analysis of damage distribution in ductile metals Under dynamic impact. J. Wuhan University Tech., 2008, 30(8): 23-26. [祁美兰, 贺红亮. 延性金属材料中损伤分布的统计方法. 武汉理工大学学报, 2008, 30(8): 23-26.]

[65] 祁美兰. 高纯铝拉伸型动态破坏的临界行为研究. 武汉: 武汉理工大学, 2007.

[66] 彭辉. 延性金属动态拉伸断裂的微损伤聚集特性研究. 北京: 北京理工大学, 2015.

[67] Xu A G, Zhang G C, Ying Y J, et al. Complex fields in heterogeneous materials under shock: Modeling, simulation and analysis. Sci. Sin.—Phys. Mech. Astron., 2016, 59(5): 650501.

[68] Xu A G, Zhang G C, Ying Y J, et al. Simulation study on cavity growth in ductile metal materials under dynamic loading. Frontiers of Physics, 2013, 8(4): 394-404.

[69] Lebensohn R A, Escobedo J P, Cerreta E K, et al. Modeling void growth in polycrystalline materials. Acta Mater., 2013, 61(18): 6918-6932.

[70] Chen Q Y, Liu K X. A void growth model considering the bauschinger effect and its application to spall fracture. Chin. Phys. Lett., 2011, 28(6): 064602.

[71] Rajendran A M, Dietenberger M A, Grove D J. A void growth based failure model to describe spallation. J. Appl. Phys., 1989, 65(4): 1521-1527.

[72] Gurson A L. Continuum theory of ductile rupture by void nucleation and growth: Part I —Yield criteria and flow rules for porous ductile media. J. Eng. Mater. Tech., 1977, 99: 2-15.

[73] Bai Y L, Ke F J, Xia M F. Formulation of statistical evolution of microcracks in solids. Acta Mech. Sin., 1991, 23(3): 290-298. [白以龙, 柯孚久, 夏蒙棻. 固体中微裂纹系统统计演化的基本描述. 力学学报, 1991, 23(3): 290-298.]

[74] 封加波. 金属动态延性破坏的损伤度函数模型. 北京: 北京理工大学, 1992.

[75] Cochran S, Banner D. Spall studies in uranium. J. Appl. Phys., 1977, 48(7): 2729-2737.

[76] Feng J P, Jing F Q, Zhang G R. Dynamic ductile fragmentation and the damage function model. J. Appl. Phys., 1997, 81(6): 2575-2578.

[77] 王永刚. 延性金属动态拉伸断裂及其临界损伤度研究. 绵阳: 中国工程物理研究院, 2006.

[78] Pullman W A. New research opportunities in dynamic compression science. Report on the DAC User Workshop, 2012.